数学文化丛书

TANGJIHEDE
+
XIXIFUSI
GEWUZHIZHI JI

唐吉诃德+西西弗斯

格物致知集

刘培杰数学工作室 ○ 编

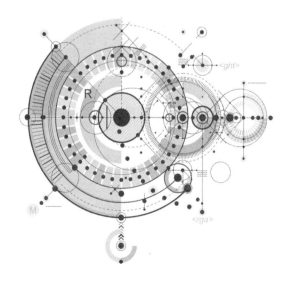

哈尔滨工业大学出版社
HARBIN INSTITUTE OF TECHNOLOGY PRESS

内 容 提 要

本丛书为您介绍了数百种数学图书的内容简介,并奉上名家及编辑为每本图书所作的序、跋等.本丛书旨在为读者开阔视野,在万千数学图书中精准找到所求著作,其中不乏精品书、畅销书.本书为其中的格物致知集.

本丛书适合数学爱好者参考阅读.

图书在版编目(CIP)数据

唐吉诃德+西西弗斯:格物致知集/刘培杰数学工作室编. —哈尔滨:哈尔滨工业大学出版社,2023.5
(百部数学著作序跋集)
ISBN 978-7-5603-9870-9

Ⅰ.①唐… Ⅱ.①刘… Ⅲ.①数学-著作-序跋-汇编-世界 Ⅳ.①O1

中国版本图书馆 CIP 数据核字(2021)第 273643 号

策划编辑 刘培杰 张永芹
责任编辑 王勇钢
封面设计 孙茵艾
出版发行 哈尔滨工业大学出版社
社 址 哈尔滨市南岗区复华四道街 10 号 邮编 150006
传 真 0451-86414749
网 址 http://hitpress.hit.edu.cn
印 刷 辽宁新华印务有限公司
开 本 787 mm×960 mm 1/16 印张 28.75 字数 404 千字
版 次 2023 年 5 月第 1 版 2023 年 5 月第 1 次印刷
书 号 ISBN 978-7-5603-9870-9
定 价 78.00 元

格物致知,《现代汉语词典》(第7版)的解释:

"推究事物的原理法则而总结为理性知识."

目录

走进量子力学

约翰·P.拉尔斯顿　著

编辑手记

　　这是一部引进的影印版科普著作.最近有个很响亮的口号是"遇事不决,量子力学",恰好这本书就叫《走进量子力学》.

　　本书以一种直观简洁的方式介绍了量子力学,作者独辟蹊径,避开那些烦琐晦涩的方程式来解释量子力学,这也是第一本抛开那些令人困惑的公理和基本原理来介绍量子理论的书籍,可以帮助我们轻松理解这个深奥的主题.

　　书中包含很多原创的主题,作者带我们探究了与那些真正有所成就却未被认可的科学家们有关的原始历史资料和趣闻轶事.虽然这些科学家们并没有获得诺贝尔奖,但他们的成就可不容小觑.

　　图书市场上有关量子力学的书很多,但优质的少.作家王小波曾说过:"世上只有两种小说,一种是好小说,一种是坏小说."其实科普著作亦然.窃以为本书无疑是属于那种好的.

　　一本科普书能否成功,作者是关键.像量子力学这样的话题一定要具有相关资质的人才能谈论,本书作者是约翰·P.拉尔斯顿博士,他现在是堪萨斯大学物理学和天文学教授,拥有俄勒冈大学高能理论物理学博士学位,他的研究兴趣包括高能理论、单分子方法和药物数据分析等.

　　被称为"汉代第一人"的王充说过写书是圣贤之人做的事.写书是有门槛的,但是现在全乱套了,什么人都写书,于是很多

1

书的水平很"可疑".要是文学类的书还危害不大,毕竟"文无第一",每个人都有自己独特的感受.但科普书不行,作者一定要是真正的专家才行,否则会误人子弟,也会给全社会带去一种错误的世界图景.

本书的核心是讲量子理论中的波.从目录可以看出:

1. 连续的宇宙
2. 任何东西都是一个波
3. 物质没有经典理论
4. 物质波
5. 更多的量子实验
6. 原子是乐器
7. 已知解的波
8. 可观察量
9. 描述波的更多方式
10. 缠绕

本书的主题是"万物皆波",甚至连难以描述的引力都是. 1936 年,在预测引力波存在的 20 年之后,阿尔伯特·爱因斯坦向美国物理学会主办的《物理评论通讯》(*Physical Review Letters*)的前身《物理评论》(*Physical Review*)投稿,论文题目是"引力波存在吗".他在论文中给出的结论是——引力波根本不存在.《物理评论》由于不能认同这个结论而拒绝了这篇论文,从那以后,爱因斯坦拒绝再向这本物理学权威学术期刊供稿.

2016 年,整整 80 年以后,《物理评论通讯》编辑部收到一份投稿,论文详细论述了人类第一次探测到引力波的过程,论文有 1 004 位联合署名作者.在这其中,有 3 位作者已经离开了这个世界,他们分别是:引力波探测领域创始人之一的 Roland Schiling 先生、在麻省理工学院 LIGO 实验室工作多年的 Marcel Bardon 先生、37 岁的女科学家 Cristina Valeria Torres 博士.

本书是一部优秀的高级科普读物.科普这个话题年年讲,从领导到管理部门都"异常"地重视,但就是在老百姓那里得不到应有的响应.这里面一定有深层次的原因.

最近清华大学教授吴国盛写了一篇文章,似乎把这个问题说清楚了,题目是"在中国,是科学对人文的傲慢".

吴国盛教授指出:斯诺提出的"两种文化"概念颇具命名力,如今被广泛用来刻画当代文化危机.所谓两种文化说的是,由于教育背景、知识背景、历史传统、哲学倾向和工作方式的诸多不同,有两个文化群体即科学家群体和人文学者群体之间相互不理解、不交往,久而久之,或者大家老死不相往来、相安无事,或者相互瞧不起、相互攻击.斯诺的意思是希望两种文化之间多沟通、多理解,使差距和鸿沟慢慢缩小,使大家的关系变得融洽.

斯诺本人由于同时兼有科学家和作家两种角色,说起两种文化来似乎比较温和、不偏不倚,但也看得出他实际上偏向科学家群体,认为两种文化问题的要害在于人文知识分子的傲慢和自负.他曾经"恼火地"问人文学者:"你们中间有几个人能够解释一下热力学第二定律?"很替科学文化抱不平.

斯诺所说的英国的两种文化(的分裂)问题,即人文学者对科学的傲慢、科学家对人文的无知,在中国的情况有所不同."无知"可能是普遍存在的,但"傲慢"却未必,如果说有的话,那也更多的是科学对人文的傲慢.

盖尔曼在《第三种文化》中形容西方的两种文化时是这样说的:"不幸的是,艺术人文领域里有人,甚至在社会科学领域里也有人以几乎不懂科学技术或数学为自豪,相反的情况却很少见.你偶尔会遇到一个不知道莎士比亚的科学家,但你永远也不会遇到一个以不知道莎士比亚为荣的科学家."这话要放在中国,也许应当这样说:"不幸的是,自然科学和工程技术领域里有人,甚至在社会科学领域里也有人以几乎不懂文史哲艺为自豪,相反的情况却很少见.你几乎不会遇到一个不知道爱因斯坦的人文学者,而且你永远也不会遇到一个以不知道爱因斯坦为荣的人文学者."我记得在20世纪80年代,文学知识分子个个对控制论、信息论、系统论着迷,而90年代的霍金热很大程度上也是文学知识分子炒起来的.

中国有没有两种文化和解的势头?吴国盛教授的答案是:还没有.

中国还少有知名的科学家直接著书,向公众阐述自己的科学思想.中国的科学主义意识形态虽然发达,但中国的科学并不发达,还没有足够多的科学家站在科学的前沿,引领科学的发展方向.中国多年的偏科教育,使中国的科学家多数比较缺乏直接面向公众的写作能力.还有,中国并不存在人文学者对待科学的傲慢,并不存在媒体对待科学文化的歧视,相反,中国的人文知识分子和媒体热诚地欢迎科学文化.但中国的问题是,由于科学过于高深莫测、令人望而生畏,人文知识分子和媒体大都敬而远之,不敢望其项背.

但在中国的特殊条件下,斯诺所希望的两种文化的"和解"和"融通"却是很有希望达到的.在通往"和解"和"融通"的道路上,需要同时做两件事情,一件是以人文学者熟悉的方式向他们讲述科学的故事,让他们理解科学的人文意义,而不是把科学当成一个遥远而神秘的东西;另一件是向科学家重新阐述科学的形象,唤起他们之中本来就有的人文自觉,让他们意识到他们自己同样也是人文事业的建设者、人文价值的捍卫者.吴国盛教授认为,这是中国语境下"科学与人文"话题应有的思路.

在人文学者和科学家群体中分别促进对科学的人文意义的理解,应有不同的着眼点,这是当代中国的科学传播需要特别考虑的问题.针对人文学者,科学传播者应把科学带入人文话题之中,促成科学与人文的对话与交流,比如讨论科学的社会功能,科学家的社会责任,科学与宗教、艺术的关系.针对科学家,应着重揭示科学中的"自由"的维度,科学家对思想自由的捍卫、对科学发现中创造之美的领悟、对"为科学而科学"和"无用之学"的坚持,均是这种"自由"维度的表现.以"自由之科学"压倒"功利之科学",正是科学的人文精神的胜利.

谁来完成这两大任务?中国的科学史界、科学哲学界、科学社会学界和科学传播界正适合担此重任.这里的成员通常都有理科背景,是分科教育制度下难得的"异类";这些学科都是科学与人文的交叉学科,天然适合做沟通两种文化的桥梁.可惜的是,这四个领域尽管有着明显的家族相似性,但还没有一个合适的统称.吴教授称之为科学人文类学科.

4

　　近几年,科学人文类学科中的一些善于大众写作、善于在媒体露面的学者,举起了"科学文化"的旗帜.这里的科学文化即是科学的传媒化,是中国当代科学传播的新鲜力量.

　　在我国老一辈科学家眼中物理学素养相当重要.有一则轶事,顾准的女儿顾淑林 1965 年从中国科学技术大学化学物理系毕业后被选派为著名力学家郭永怀的助手.郭永怀要求她通读朗道(Lev Landau)的理论物理学.学过物理的人都知道《朗道物理学》皇皇十卷,几乎覆盖了物理学的全部.而朗道又是被誉为天才的物理学家,所以要想通读他的这套教程,难度要有多大.

　　本书是我们物理工作室引进的版权图书.笔者年轻时学过一点数学,仅懂些皮毛.对于物理学,特别是近代物理学敬畏有加,但学识明显不逮,恐有自不量力之嫌.金庸曾到北京大学讲学时恭维过几句,说是人生有四大自不量力:"班门弄斧,兰亭挥毫,草堂赋诗,北大讲学."所以如有选题判断之误,还望方家明示.

刘培杰

2020 年 5 月 22 日

于哈工大

量子世界中的蝴蝶
——最迷人的量子分形故事

金杜·萨蒂亚　著

本书是我们工作室引进的一部高级科普著作英文影印版，中文书名可译为《量子世界中的蝴蝶——最迷人的量子分形故事》.

印度 LiveMint 的记者兼作家迪普利·德索萨的推荐语是："很少有人能读完这一整本书，但这本书丰富而广阔的想法让我惊讶."

本书的两大亮点是：

1. 由蝴蝶图形的发现者道格拉斯·霍夫施塔特（Douglas Hofstadter）倾情作序！

2. 有史以来第一本讲述"霍夫施塔特蝴蝶（Hofstadter's Butterfly）"的书籍！

分形成为显学的标志是 1975 年在法国巴黎出版了一本由美籍法国数学家、经济学家 B. B. 曼德尔布罗特（Benoît B. Mandelbrot）所著的《分形对象——形、机遇与维数》（Les Objets Fractals：Forme，Hasard et Dimension）.

1976 年，道格拉斯·霍夫施塔特当时还是俄勒冈大学（University of Oregon）的一名物理学研究生，正在试图理解磁场存在下晶体中电子的量子行为. 当他把电子的容许能量画成磁场的函数图来进行探索时，他发现这幅图就像一只蝴蝶，有着谁也没有预料到的高度复杂的递归结构. 此图只是由它自己

6

的无数的复制品组成,无限深地相互嵌套着.这幅图最初被称为"上帝的图像",现在被物理学家和数学家亲切地称为"霍夫施塔特蝴蝶".

本书由道格拉斯·霍夫施塔特作序,是有史以来第一本讲述"霍夫施塔特蝴蝶"的书."霍夫施塔特蝴蝶"是一个美丽而迷人的图形,位于物质量子理论的核心.本书讲述了蝴蝶的故事和它与量子霍尔效应的联系.它揭示了霍尔电阻惊人的精确量子化背后的秘密是如何被编码在数学的一个叫作拓扑的分支中的.拓扑学揭示了一个球体和一个立方体之间隐藏的数字量,同时将它们与甜甜圈和咖啡杯区分开来.量子霍尔效应背后的深层拓扑现象是物理学的一个抽象版本,它构成了傅科摆日常活动的基础;它可以被认为是这种进动量子的表亲,被称为贝里相.

本书的一开始提到了古希腊数学家阿波罗尼乌斯(Apollonius),他在公元前300年创造了"椭圆"和"双曲线"这两个术语,并探索了相切圆的性质.法国哲学家勒内·笛卡儿(René Descartes)重新发现了这个问题,然后又由诺贝尔化学奖获得者弗雷德里克·索迪(Frederick Soddy)发现,他在一首名为《精确吻》(the Kiss Precise)的诗中赞美了这个问题.本书使用了量子力学的一些概念,主要采用了几何方法,最终将阿波罗尼乌斯、笛卡儿和索迪的《精确吻》联系起来.

"蝴蝶"图形与许多其他重要的现象密切相关,包括傅科摆、准晶体、量子霍尔效应等.在本书中,作者以完美的个人风格讲述了这个故事,采用了大量丰富而生动的历史轶事、照片、美丽的图像甚至诗歌,将她的书变成一场饕餮盛宴,让你的眼睛、心灵和灵魂尽享科学的魅力.

本书从图书分类上分可算作科普类图书,但它是一本高级科普书.

写科普书是中国人的短板,除了早期的高士其、叶永烈(刚刚离世,享年80岁)等就没有太广为人知的了.大专家不愿写(因其没名没利),小人物写不了(因其无法深入浅出),而且中国后来的教育文理分家,所以文理兼备者甚少.如果再奢求点艺术修养那就更寥若晨星了,所以目前还是以引进为主流.

7

　　下面对本书作者做一点介绍.本书作者是一位女性,叫金杜·萨蒂亚(Indubala I. Satija).她出生于印度,在孟买长大,从孟买大学(University of Mumbai)获得物理学硕士学位后,她来到纽约,在哥伦比亚大学(Columbia University in the City of New York)获得了理论物理学博士学位.目前,她是弗吉尼亚州费尔法克斯的乔治梅森大学(George Mason University)的物理学教授.她最近的研究领域包括拓扑绝缘体、玻色-爱因斯坦凝聚体和孤子.她发表了许多科学论文,这是她的第一本书.

　　物理学是金杜的初恋,而户外活动则是她的第二个恋人.她和丈夫苏希尔(Sushil)住在华盛顿特区郊区的波托马克(Potomac),她是美国国家标准与技术研究所的物理学家.金杜和苏希尔都是马拉松选手,他们也喜欢徒步旅行和骑自行车.他们有两个孩子:拉胡尔(Rahul)是生物学家,而尼娜(Neena)是一名调查记者.

　　道格拉斯·霍夫施塔特为本书的序作者,更是位名人,他是"霍夫施塔特蝴蝶"分形的发现者,著名认知科学家,出生于纽约,其父亲是诺贝尔奖获得者、物理学家罗伯特·霍夫施塔特(Robert Hofstadter).他曾担任科普杂志《科学美国人》的专栏作家(1981—1983).道格拉斯·霍夫施塔特的首部著作《GEB——一条永恒的金带》获得了 1980 年的普利策奖和美国图书奖,那本书已被译作多种文字流传世界.

　　1958—1959 年他就读于日内瓦国际学校;

　　1965 年,他以优异的成绩从斯坦福大学(Stanford University)毕业;

　　1975 年获得俄勒冈大学物理学博士学位,在那里他研究了磁场中布洛赫电子的能量水平,从而发现了被称为"霍夫施塔特蝴蝶"的分形.

　　本书的内容十分引人入胜.单从目录中就可以看出:

　　1.分形族

　　2.几何、数论和蝴蝶:友好的数字和密切联系的圈子

　　3.阿波罗与蝴蝶之间的联系

8

关于为什么要引入本书版权,不想说那些高大上的谎话,引用一个名人典故来说明.

奥威尔在谈到为何写作时,曾经调侃,写作可以报复一下少年时欺负自己的那些成年人.借用此调侃笔者也可以说:编辑出版一些高大上的科学著作是借此消除一下青年时被它们难住的心理阴影.笔者求学的时代恰逢20世纪80年代那个全民爱科学的年代,像大多数国人一样,笔者也对数理科学的著作非常迷恋.但许多时候都是半途而废,原因是预备知识不够,所以这些没能卒读的阴影多年之后还在.今天与当年比起来,知识储备似乎多了一些,看看有没有一点改变呢?

在自媒体时代传统出版业的垄断被打破,科学著作发表的平台一下子变得很多.这个变化的优点是使每一个有发表欲的人都得到了满足,但这又同时带来了一个更大的危机,那就是对人们有限的注意力的分流.当泥沙俱下之时,真正的珍珠往往会被遗失.这时出版机构及编辑的本质就会被重新认识,那就是选择与鉴赏.一个编辑的核心能力绝不是简单的技术性操作,而是鉴赏.发现的眼光远胜于貌似努力的勤奋.现在数理的公众号很多,许多人都发布了他(她)以为好的选题内容,但优秀的真的不多.笔者有把握将本书推荐给读者,因为它从任何角度看都是优秀的.

本书即将付梓之际,笔者想起早年间顾城有一首著名的诗:

> 我在幻想着,
> 幻想在破灭着;
> 幻想总把破灭宽恕,
> 破灭却从不曾把幻想放过.

不知是否适合此时的心境.

刘培杰
2020 年 4 月 23 日
于哈工大

量子场理论——
解释世界的神秘背景
（英文）

罗伯特·勒戈　著

本书是一部引进版权的英文科普著作,书名可译为《量子场理论——解释世界的神秘背景》.

量子场论(简称QFT)可以追溯到20世纪30年代,但是在那个时代,只有量子电动力学是确定存在的,还有其他关于QFT的理论研究,但作为解释世界基本定律的理论,它得到全面认可是在20世纪60年代末到70年代初的那几年.这些发展产生的结果构成了所谓的粒子物理学标准模型,这个模型已经被许多实验观察彻底地检验和证实了.它描绘了一幅可以被看作是概括量子电动力学的图画:物质根据它的各种电荷与各种辐射相互作用.

本书作者宣称他不是要教QFT,相反,他将试图通过避免公式化和隐喻来描述它,面对它的各个方面的发展和问题,目的是让门外汉意识到它们的存在和我们正在谈论的东西.他也试图避免对QFT进行不加批判的赞扬,特别是这本书的最后几章将接近研究的前沿,从本质上讲,这些研究更侧重于开放的问题,而不是已经确定的结果.

量子这个词的意思涉及QFT的量子力学,然而,整个量子力学学科并不是被严格需要的.在量子力学的标准教科书中,很少涉及一个古老而又不太为人所理解的问题:著名的"薛定谔的猫",既死又活,并不经常出现(也许对爱猫的人来说是一种安慰). 因此, 作者并不假设任何量子力学的前提知识, 也不试图做任何尝试去教授它.

虽然图书市场上有很多关于粒子物理的好书, 但是很少有全面描述量子场论的非专业性的书籍. 这本小书带我们了解最深奥的理论物理学课题, 采用简单的单词且避免复杂晦涩的公式, 简明扼要, 涵盖量子场论各方面的前沿知识. 量子场论是量子力学和经典场论相结合的物理理论, 已被广泛应用于粒子物理学和凝聚态物理学中.

最近还有另一本知名度更广的量子方面的科普著作面市. 武夷山教授以"有趣的故事, 深刻的认识"为标题进行了评论.

2020 年 4 月, 美国芝加哥大学出版社出版了美国麻省理工学院科学史教授和物理学教授、麻省理工学院"计算之社会与伦理责任"计划副主任戴维·凯泽的一本文集, *Quantum Legacies: Dispatches from an Uncertain World*(可译为《量子遗产: 从不确定世界发回的消息》). 文集收入凯泽的 19 篇文章, 多数曾经分散发表于不同渠道.

凯泽的专业背景是很难得的. 很多人先学习了理工科专业, 然后转向科学技术史的学习与研究, 很少有人像凯泽这样同时拥有科学史教授和物理学教授的头衔. 事实上, 他在 2019 年仅发表了 1 篇科学史方面的文章, 但发表了 4 篇物理学论文.

他在 2011 年发表过题为 *How the Hippies Saved Physics* 的专著. 2011 年 12 月 2 日武夷山教授在科学网发表的博文中介绍过此书, 中科院成都山地研究所研究员、科学网博主李泳也介绍过此书. 湖南科学技术出版社 2014 年 4 月出版了该书的中译本《嬉皮士救了物理学——读心、禅和量子》.

凯泽的新书之所以题为《量子遗产: 从不确定世界发回的消息》, 是因为其中多篇文章都与量子力学的发展史相关, 它还涉及 20 世纪物理学家在美国政治中的角色、粒子物理学标准模型的发展、宇宙论, 等等.凯泽善于将几十年的历史浓缩于几页之间,而且有大量的参考文献作为坚实支撑,第一线的科学家不太可能接触到那么丰沛的文献.

人们往往认为,物理学是很纯粹的知识追求领域,离社会现实较远,而凯泽的文章表明,像其他所有人类活动一样,物理学也在历史波浪中沉浮,摆脱不了社会现实的影响.

其中一篇文章写道,美国曾经夸大苏联物理学专业的毕业生人数,以致认定其会对美国造成威胁.多年来,美国新闻媒体和政客一直将一些统计数字抽离出来做文章,使公众对苏联的科技实力增长忧心忡忡,最终导致一项法律的出台,将美国培养物质科学研究生的能力提升了70%.其实,美国并不需要那么多物质科学研究生.到了1968年,招聘广告所反映的物理学专业毕业生需求量与求职的物理学毕业生数量约为1∶4的关系.凯泽写道:"(人才)稀缺的议论走过一个循环:从虚张声势到需求放大再到真实情形的反馈."

另一篇文章评论了深奥著作成为畅销书的现象.1973年,美国马里兰大学物理学教授查尔斯·米斯纳后来与2017年获得诺贝尔物理学奖的基普·索恩以及美国国家科学院院士、物理学家约翰·惠勒三人合写了 Gravitation(《引力》)一书.

该书反映了20世纪70年代初期人们对广义相对论的认识,洋洋洒洒,有图表,有方程,有习题,有技术性很强的解释,也有通俗的哲学思想介绍.没想到,该书不仅受到物理学家欢迎,也成为大众热捧的畅销书.作者之一惠勒猜测说,"很多读者不打算也绝不会深究(书中涉及的)数学问题",书中的很多解释技术性细节的框图和插图反而平添了这本书的神秘感和吸引力.2017年10月,普林斯顿大学出版社再版了此书,米斯纳和索恩合写了一篇新的导言(另一位作者惠勒已于2008年去世).

13

德国法兰克福高等研究院的女物理学家 Sabine Hossenfelder 在《自然》杂志发表了对《量子遗产:从不确定世界发回的消息》的评论文章. 她认为,该书写得很漂亮,阅读它是一番享受. 可惜的是,许多问题可以进一步深挖,但凯泽没有做到.

例如,凯泽认为,如果早一点开展现状核实工作,本可以避免物理学专业培养人数过多的失误. Sabine Hossenfelder 则问道:那么,我们今天在开展类似的现状核实吗? 如果 1973 年出版的那本充满方程式的著作都能引起非专家读者的极大兴趣,那么,我们今天是否低估了数学界人士在科普上愿意付出的努力程度? 等等.

如果说房地产行业重要的因素永远是"地段、地段、地段",那么科普书的要素就是"作者、作者、作者". 他一定要是位真正懂行的人. 本书作者罗伯特·勒戈博士是 SISSA(意大利国际高等研究院)的教授,现已退休,但仍然隶属于理论粒子物理小组. 他是许多量子场论和弦论等各个方面的科学出版物的作者,他多年来一直教授博士生的量子场论课程,他还曾担任 SISSA 人文科学跨学科实验室和科学传播硕士主任.

近代物理学可定义为需要相对论和量子论来解释的物理学,这两个理论是经典物理学在说明实验观察方面遇到越来越大的困难的时候,在 20 世纪的最初二三十年中发展出来的. 和相对论一样,量子论是经典物理的推广,它包含经典物理定律,后者作为它的一个特殊情况,正如相对论把物理定律的应用引申到高速运动的领域一样,量子力学则引申到微观领域. 为了使读者更快地了解本书的内容,版权经理李丹编辑将目录翻译附于下:

1. 远距离的相互作用? 那是场的传播
2. 相互作用的信使:场的"量子"
3. 物质场,一个罕见的自我回避型领域
4. 无论发生什么都是行动

5. 真空：场表演的舞台

6. 动作的对称形状

7. 所有事物的波动

8. 真空不是空的

9. 还有什么？

10. 量子场论：为什么？

同时，我们考虑到许多读者第一次接触到量子物理，对其历史发展不了解，我们选择了 D. Kleppner & R. Jackiw 的《量子物理百年回顾》①作为背景介绍.

关于 20 世纪影响最深远的科学进展的一份内行的清单多半会包括广义相对论、量子力学、大爆炸宇宙学、基因密码的破解、生物进化论，以及可能其他若干由读者选择的课题. 在这些进展当中，量子力学因为它深邃激进的特性是独一无二的. 量子力学迫使物理学家改造他们关于实在的观念；迫使他们在最深层次上重新审视事物的本性；迫使他们修正位置和速度的概念以及他们的因果观.

尽管量子力学是为描述远离我们日常生活经验的抽象原子世界而创立的，但它对我们日常生活的影响无比巨大. 离开因量子力学才使之成为可能的各种工具，就不可能有化学、生物、医学以及实质上其他每一门学科的激动人心的进展. 没有量子力学就没有全球经济可言，因为将我们带入计算机时代的电子学革命是量子力学的产物，将我们带入信息时代的光子学革命也是如此. 量子物理的诞生伴随着一场科学革命的全部好处和风险，改变了人类世界.

① Daniel Kleppner, Roman Jackiw. *Science*, Vol. 289, No. 5481, pp. 893-898. 摘自《量子菜根谭：量子理论专题分析》，张永德著，清华大学出版社，2012.

既不像来自对引力与几何关系的非凡洞察的广义相对论,也不像揭开生物学一个新世界的 DNA 解码,量子力学不是一蹴而就的.相反,它是古往今来历史上少有的天才荟萃在一起共同创造的.量子的观念是如此的令人困惑以至于它们在被引入以后的 20 年中几乎没有取得进展的基础.在此后三年激荡的岁月中一小群物理学家创立了量子力学,这些科学家曾为自己所在做的事情所困扰,有时为自己所做过的事情而苦恼.

用下面一段评述或许能更好地概括这一重要而又令人难以捉摸的理论的独特状况:量子理论是科学史上最精确地被实验检验的最成功的理论.然而,量子力学依旧深深地困扰它的创立者,在这一理论实质上已被表述为目前形式之后多年的今天,一些科学界的精英们尽管承认它强大的威力,但仍然对它的基础和诠释不满意.

今年是 Max Planck 提出量子概念 100 周年.在他关于热辐射的开创性论文中,Planck 假定振动系统的总能量不能连续改变,而必须以不连续的步子,即能量子从一个值跳到另一个值.能量子的概念太激进了,以至于 Planck 后来将它搁置下来.随后,Einstein 在他的 1905 奇迹年认识到光量子化的意义.即使到那时量子的观念还太离奇,以至于几乎没有取得进展的基础.现代量子理论的创立还需要再等一段时间以及全新一代的物理学家.

您只要看一下量子理论诞生以前的物理学就能体会到量子物理的革命性影响.1890—1900 年间的物理期刊充斥着的是关于原子光谱和实质上其他一些可以测量的物质属性的论文,如黏性、弹性、电导率、热导率、膨胀系数、折射系数,以及热弹性系数等.由于维多利亚时代工作机制的活力和越来越精巧的实验方法发展的刺激,知识以巨大的速度累积.

然而,在现代人看来当时最显著的对于物质属性

16

的简明描述基本上是经验性的. 成千上万页的光谱数据罗列了大量元素波长的精确值, 但谁都不知道光谱线为何会出现, 更不知道它们所传递的信息. 热导率和电导率仅由符合大约半数事实的参考性的模型解释, 有许多经验定律, 但它们不能令人满意. 比如说, Dulong-Petit 定律建立了一种物质的比热容和其原子质量的简单关系, 很多情况下它满足关系式, 有时它又不满足关系式. 在多数情况下相同体积气体的质量比满足简单的整数关系. 为蓬勃发展的化学提供关键的组织规则的元素周期表, 也根本没有理论基础.

这场变革中最大的进展之一是, 量子力学提供了一种定量的物质理论. 现在, 我们基本上理解原子结构的每一个细节, 元素周期表也有了简单自然的解释, 而大量排列的光谱数据也纳入了一个优美的理论框架. 量子力学使得定量理解分子、液体和固体, 以及导体和半导体成为可能. 它能解释诸如超流体和超导体等离奇现象, 能解释诸如中子星和 Bose-Einstein 凝聚(在这种现象里气体中所有原子的行为像一个单一的超级原子)等奇异的物质存在形式. 量子力学为每一门科学和每一项高技术提供了必不可少的工具.

量子物理实际上包含两个方面: 一个是原子层次的物质理论——量子力学, 正是它使得我们能理解和调控物质世界; 另一个是量子场论, 它在科学中充当一个完全不同的角色, 后面我们再回到它上面来.

量子力学

量子革命的导火线不是来自对物质的研究, 而是来自关于辐射的一个问题. 这一特定的难题就是理解热物体发射的光——黑体辐射的频谱. 注视着火的人都熟悉这样一种现象: 热的物体发光, 越热发出的光越明亮, 光谱的范围宽广, 随着温度的升高, 光谱的峰值波长从红线向黄线移动, 然后又向蓝线移动(尽管我们不能直接看见这些).

结合热力学和电磁学的概念似乎可以对光谱的形状做出解释,不过所有的尝试均告失败.而通过假定辐射光的振动电子的能量是量子化的,Planck 得到了一个表达式,它与实验符合得相当完美.但是他也充分认识到,这一理论在物理上是荒唐的,就像他后来所说的那样:"是一个走投无路的做法."

Planck 将他的量子假设应用到辐射体表面振子的能量上.如果没有新秀 Albert Einstein,量子物理恐怕在那里就结束了.1905 年,Einstein 谨慎地断言:如果振子的能量是量子化的,那么辐射的电磁场即光的能量也应该是量子化的.这样 Einstein 在他的理论中赋予了光的粒子行为,尽管 Maxwell 理论以及一个多世纪的可靠实验都表明光的波动本性.随后 10 年的光电效应实验显示光被吸收时其能量实际上是分束到达的,就像是被一个个粒子携带着一样.光的波粒二象性取决于你观察问题的着眼点,这是始终贯穿于量子物理且令人费解的第一个实例.波粒二象性成为接下来 20 年中一个理论上的难题.

通往量子理论的第一步是由辐射的一个两难问题促成的,第二步则由关于物质的一个两难问题促成.众所周知,原子包含正负两种电荷的粒子,异号电荷相互吸引.根据电磁理论,正负电荷彼此将按螺旋运动相互靠近,并辐射出宽频的光,直到原子坍塌为止.

前进的大门再一次由一个新秀 Niels Bohr 打开.1913 年,Bohr 提出了一个大胆的假设:原子中的电子只能处于包含基态在内的定态上,电子在两个定态之间"跃迁"而改变它的能量,同时辐射出一定波长的光,光的波长取决于定态之间的能量差.将已知的定律与关于量子行为的这一离奇的假设结合,Bohr 解决了原子的稳定性问题.Bohr 的理论充满了矛盾,但是为氢原子光谱提供了定量的描述.出于非凡的预见力,他聚集了一批物理学家以创立新物理学.一代年

18

轻的物理学家花了 12 年时间终于实现了他的梦想.

开始时,发展 Bohr 量子论(所谓的旧量子论)的尝试遭受了一次又一次的失败,接着一系列的进展完全改变了量子论的思想进程.

1923 年 Louis de Broglie 在他的博士论文中提出光的粒子行为应该有对应的粒子波动行为.他将粒子的波长和动量联系起来:动量越大,波长越短.这一想法是极有趣的,但没有人知道粒子的波动性意味着什么,也不知道它与原子结构有何联系.不管怎么样,de Broglie 的假设是就要发生的那些事情的一个重要前奏.

1924 年夏天,又一个前奏出现了.Satyendra N. Bose 提出了一种全新的方法来解释 Planck 辐射定律.他把光看作一种无(静)质量的粒子(现称为光子)组成的气体,这种气体不遵循经典的 Boltzmann 统计规律,而遵循一种基于全同粒子的不可区分性的一种新的统计理论.Einstein 立即将 Bose 的论证应用于实际的有质量粒子的气体上,从而得到了一种新的描述气体中粒子数关于能量的分布规律,即著名的 Bose-Einstein 分布.在通常情况下新旧理论预测的气体中原子的行为仍相同.Einstein 没有进一步的兴趣,因此这一结果也被搁置了 10 多年.然而,它的关键思想——全同粒子的不可区分性,即将变得极其重要.

突然,一系列事件纷至沓来,最后引来一场科学革命.从 1925 年 1 月到 1928 年 1 月的 3 年间:

(1)Wolfgang Pauli 提出了不相容原理,为元素周期表奠定了理论基础.

(2)Werner Heisenberg, Max Born 和 Pascual Jordan 创立了矩阵力学,这是量子力学的第一个版本.理解原子中电子的运动这一历史目标被放弃而让位于梳理可观测的光谱线的系统方法.

(3)Erwin Schrödinger 创立了波动力学,这是量子力学的第二种形式.在波动力学中,体系的状态用

Schrödinger 方程的解——波函数来描述. 矩阵力学和波动力学貌似矛盾, 但被证明是等价的.

(4) 电子被证明遵循一种新的统计规律——Fermi-Dirac 统计. 人们认识到, 所有粒子要么遵循 Fermi-Dirac 统计, 要么遵循 Bose-Einstein 统计, 这两类粒子具有完全不同的性质.

(5) Heisenberg 阐明不确定度关系.

(6) Paul A. M. Dirac 发展了电子的相对论性波动方程, 该方程解释了电子的自旋并且预言了反物质.

(7) Dirac 提出电磁场的量子描述, 建立了量子场论的基础.

(8) Bohr 提出互补原理, 这一哲学原理有助于解决量子理论中一些明显的佯谬, 特别是波粒二象性.

量子理论创立过程中的主角都是年轻人. 1925 年, Pauli 25 岁, Heisenberg 和 Enrico Fermi 24 岁, 而 Dirac 和 Jordan 23 岁. Schrödinger 这年 36 岁, 是一个大器晚成者. Born 和 Bohr 就更年长了, 要强调的是他们的贡献大多是诠释性的. 量子力学这一智力成果深邃激进的属性由 Einstein 的反应可见一斑: 尽管他发明了一些导向量子理论的关键概念, 但 Einstein 不接受量子理论. 他关于 Bose-Einstein 统计的论文是他对量子物理的最后一项贡献, 也是对物理学的最后一项重要贡献.

需要新一代物理学家来创立量子力学并不奇怪, Lord Rayleigh① 在祝贺 Bohr 1913 年关于氢原子的论文的一封书信中表述了其中的原因. 他说, Bohr 的论文中有很多真理, 可他自己永远不能理解. Rayleigh 认为全新的物理学必将出自无拘无束的头脑.

1928 年, 革命结束而量子力学的基础实质上已经

---

① 这里以及下面一处 Rayleigh, 原文是 Kelvin, 这里据该文的勘误 (见 *Science*, Vol. 289, No. 5487, pp. 2052) 更改.

建立好了. 已故的 Abraham Pais 在他的《内向界限》中详细叙述的一段轶事展示了这场革命发生时的狂热的节奏. 1925 年, Samuel Goudsmit 和 George Uhlenbeck 已提出了电子自旋的概念, Bohr 对此深表怀疑. 12 月 Bohr 乘火车前往荷兰的莱顿参加 Hendrik A. Lorentz 获博士学位的 50 周年庆典. Pauli 在德国汉堡火车站迎接 Bohr, 想探询 Bohr 对电子自旋可能性的看法, Bohr 用他那著名的低调评价的语言回答说, 自旋这一建议是"非常, 非常有趣的". 后来, 在莱顿 Einstein 和 Paul Ehrenfest 上了火车接 Bohr, 也为了讨论自旋. 在那里, Bohr 说了自己的反对理由, 但是 Einstein 指出了化解这一反对理由的办法, 从而使 Bohr 成为自旋的支持者. 在返回的旅途中, Bohr 遇到了更多的讨论者. 当他所乘的火车经过德国的哥廷根时, Heisenberg 和 Jordan 已等在车站为询问他的意见. 到柏林火车站时, Pauli 也已特意从汉堡赶过去在那里等候了. Bohr 跟他们每个人都说自旋的发现是一重大进步.

量子力学的创建触发了科学的淘金热. 早期的成果有: 1927 年 Heisenberg 得到了氢原子 Schrödinger 方程的近似解, 建立了原子结构理论的基础; 紧接着 John Slater, Douglas Rayner Hartree 和 Vladimir Fock 提出了原子结构的一般计算方法; Fritz London 和 Walter Heitler 求解了氢分子的结构, 在该结果的基础上, Linus Pauling 建立了理论化学; Arnold Sommerfeld 和 Pauli 建立了金属电子理论的基础, 而 Felix Bloch 创立了能带结构理论; Heisenberg 解释了铁磁性的起因; α 粒子发射的放射性衰变的随机本性之谜在 1928 年由 George Gamow 给出了解释, 他指出 α 衰变是由量子力学的隧道效应引起的. 随后几年中, Hans Bethe 建立了核物理的基础并解释了恒星的能量来源. 随着这些进展, 原子物理、分子物理、固体物理和核物理进入了近代物理的时代.

争议与混乱

伴随着这些进展,围绕量子力学的诠释和正确性却发生了激烈的争论.争论的主角有信奉新理论的 Bohr 和 Heisenberg,以及对新理论感到不满意的 Einstein 和 Schrödinger.要体会这些混乱的原因,必须理解量子理论的一些主要特征,总结如下.(为简单起见,我们只叙述 Schrödinger 版本的量子力学,有时称为波动力学.)

基本描述:波函数.体系的行为由 Schrödinger 方程描述,方程的解称为波函数.体系的全部信息由它的波函数描述,通过波函数可以计算测量任意可观测量并取其各可能值的概率.在空间给定体积内找到一个电子的概率正比于波函数幅值的平方,因此,粒子的位置弥散分布在波函数所在的体积内.粒子的动量依赖于波函数的斜率:波函数越陡,动量越大.因为从一个地方到另一个地方斜率是变化的,所以动量也是弥散的.这样,有必要放弃位移和速度能确定到任意精度的经典图像,而采纳一种模糊的概率图像,这也是量子力学的核心.

对于同样制备的相同体系进行同样测量不一定会给出同一结果.相反,结果分散在波函数描述的范围内.因此,电子具有特定的位置和动量的观念失去了基础.这由不确定度关系如下定量表述:要使粒子位置测得精确,波函数必须是尖峰型的,而不是弥散的.然而,尖峰必有很陡的斜率,因此动量分散就大.相反,若动量分散小,波函数的斜率必须小,这意味着波函数分布于大的体积内,这样描述粒子位置的精确度就变低.

波的干涉.波峰相加还是相减取决于波的相对相位,波幅同相时相加,反相时相减.当波沿着几条路径从波源到达接收器,比如光的双缝干涉,接收器上的亮度显示一般会呈现干涉图样.粒子遵循波动方程,将有类似的行为,如电子衍射.这一类推似乎是合理的,若不是探究波的本性.波通常被认为是介质中的一种扰动.量子力学中没有介质,从某种意义上说根本就没有波,波函数本质上是我们对系统信息的一种陈述.

对称性和全同性.氦原子由一个原子核以及绕其运动的两个电子构成.氦原子的波函数描述每一个电子的位置,然而没有办法区分电子究竟是哪一个.因此,两电子交换后体系看不出有何变化,也就是说在给定位置找到电子的概率不变.由于概率依赖于波函数的幅值的平方,因而粒子交换后体系的波函数与原始波函数的关系只可能是下面的一种:要么与原波函数相同,要么改变符号,即乘以−1.到底是哪一种情况呢?

在量子力学中令人震惊的发现之一是电子的波函数对于电子交换总是变号.其结果是戏剧性的,若两个电子处于相同的量子态,其波函数不得不等于将其反号的量,因此波函数为零.这就是说两个电子处于同一状态的概率为零,此即 Pauli 不相容原理.所有半整数自旋的粒子(包括电子)都遵循这一原理,并称为费米子.对于自旋为整数的粒子(包括光子)体系,其波函数对于交换不变号,这样的粒子称为玻色子.电子是费米子,因而在原子中分壳层排列.光由玻色子组成,所以激光以单一超强的光束(实质上是一个量子态)出现.最近,气体中原子被冷却到量子区域而形成 Bose-Einstein 凝聚,这时体系可发射超强物质束,形成原子激光.

上述这些观念仅对全同粒子适用,因为不同粒子交换后波函数显然不同,所以仅当粒子体系是全同粒子时才显示出玻色子或费米子的行为.同类粒子是完全相同的,这是量子力学最神秘的侧面之一,作为其成就之一量子场论能对此疑谜做出解释.

这意味着什么?类似于波函数到底是什么以及

进行一次测量是什么意思这样的问题在早期都激烈争论过. 然而, 到了 1930 年, Bohr 和他的同事发起了关于量子力学的多少算是标准的诠释, 即所谓的哥本哈根诠释. 其关键点是物质和事件的概率描述, 以及通过 Bohr 的互补原理协调物质的类波本性以及类粒子本性. Einstein 从不接受量子理论, 他一直就量子力学的原理与 Bohr 争论, 直至 1955 年去世.

关于量子力学争论的焦点是: 究竟是波函数包含了体系的所有信息, 还是可能有隐含的因素——隐变量决定了特定测量的结果. 在 20 世纪 60 年代中期 John S. Bell 证明, 如果存在隐变量, 那么实验观测到的概率应该在特定的界限之下, 此被称为 Bell 不等式. 许多小组进行了实验, 发现 Bell 不等式被破坏, 他们汇总出来的数据明确否定了隐变量存在的可能性. 这样, 大多数科学家对量子力学的正确性就不再怀疑了.

然而, 由于对有时被描述为"量子怪"的东西的痴迷, 量子理论的实质不断吸引着人们的注意力. 量子体系怪异的性质起因于所谓的纠缠, 简单说来, 量子体系(如原子)不仅能处于一系列的定态, 也可以处于它们的叠加态. 测量处于叠加态原子的某种性质(如能量), 一般说来, 有时得到这一个值, 有时得到另一个值. 至此还没有出现任何怪异.

但是也可以构造处于纠缠态的双原子体系, 使得两个原子的性质是相互共享的. 当这两个原子分开以后, 一个原子的信息在另一个原子态中共享(或者说是纠缠). 这一行为只有量子力学的语言才能解释. 这个效应如此让人惊讶以至于它成了一个小的然而活跃的理论和实验团体的研究焦点. 研究并不限于原理性问题, 因为纠缠态具有应用性. 纠缠态已经应用于量子信息系统, 而纠缠构成量子计算各种方案的基础.

二次革命

在 20 世纪 20 年代中期创立量子力学的狂热年代里,另一场革命也在进行着.量子物理的另一个分支——量子场论的基础正在建立.不像量子力学那样创立于短暂的一阵忙乱中并且出现时就基本完成了,量子场论经历了一段曲折的延续至今的历史.虽然有各种困难,但量子场论的预言是整个物理学中最为精确的,并且量子场论为一些理论探索的最重要领域提供了范例.

促使量子场论产生的问题是电子从激发态跃迁到基态时原子怎样辐射光.1916 年,Einstein 提出了称为自发辐射的过程,但他无法计算自发辐射系数.解决这个问题需要发展关于电磁场的完全的相对论性量子理论,即光场的量子理论.量子力学是解释物质的理论.量子场论正如其名,是研究场(不仅是电磁场,还有后来发现的其他场)的理论.

1925 年,Born,Heisenberg 和 Jordan 发表了光的量子场论的初步想法,但开创性的一步是年轻且本不知名的在孤立状态下工作的物理学家 Dirac 迈出的,Dirac 在 1926 年提出了他的场论.Dirac 的理论有很多缺陷:令人生畏的计算复杂性,无限大量的预言,并且和对应原理明显矛盾.

20 世纪 40 年代晚期,Richard Feynman,Julian Schwinger 和朝永振一郎发展了量子场论的一种新方法,即量子电动力学(缩写为 QED).他们通过称为重整化的方法回避无穷大量,这一方法实质上是通过减掉一个无穷大量来得到有限的结果.因为理论的复杂方程没有精确解,所以近似解用级数的形式来表示,其中级次越高的项越难算.级数中的项虽然依次减小,但是在一些点它们又开始增大,暗示着近似方法失效.尽管存在这些风险,QED 仍被列入物理学史上最辉煌的成功理论之一,用它预言由电子和磁场的作用强度已被实验验证达到 2/1 000 000 000 000 的精度.

尽管 QED 取得了了不起的成功,但它仍然充满谜团.这一理论对于内无一物的空间(真空)提供的看法初看起来显得荒谬.它表明真空不是真的虚空,而是充满着小的发生涨落的电磁场.这些真空涨落是解释自发辐射的关键.并且,它们使原子能量和诸如电子等粒子的性质产生可观测的小的偏移.这个效应虽然似乎是奇怪的,但已经被一些迄今以来最精密的实验所验证.

对于我们周围世界的低能情形,量子力学却有令人难以置信的精确.但对于高能情形,当相对论效应作用显著时,需要更全面的处理方法,量子场论是为了使量子力学与狭义相对论协调而创立的.

量子场论在物理学中突出的作用体现在它为物质本性相关的一些最深刻的问题提供了答案.它解释了为什么存在玻色子和费米子这两类基本粒子,它们的性质及如何与内禀自旋发生关系.它描述了粒子(不单光子,还有电子、正电子即反电子)是怎样产生和湮灭的.它解释了量子力学中神秘的全同性——为什么全同粒子是绝对相同的?是因为它们产生于相同的基本场.QED 描述的不仅是电子,还描述包括 μ 子、τ 子及其反粒子的称为轻子的一类粒子.

QED 是一个关于轻子的理论,当然它不能描述被称为强子的更复杂的粒子,它们包括质子、中子和大量的介子.对于强子,就必须创立一个新的理论,这就是 QED 的推广,称为量子色动力学(QCD).QED 和 QCD 之间存在很多类似.电子是原子的组成要素,夸克是强子的组成要素.在 QED 中带电粒子之间的相互作用通过光子传递;在 QCD 中夸克之间的相互作用通过胶子传递.尽管有这些相似之处,但 QED 和 QCD 之间存在一个关键的区别:与轻子和光子不同,夸克和胶子被永远囚禁在强子内部,它们不能被释放出来并在隔绝条件下研究.

　　QED 和 QCD 构成了被称为标准模型的大统一的基石.标准模型成功地解释了迄今进行的每一次粒子实验,然而许多物理学家认为它还不够好,因为各种基本粒子的质量、电荷以及其他属性的数据还要来自实验.一个理想的理论应该对所有这些给出预言.

　　今天,寻求对物质终极本性的理解是每一项重大科学研究的焦点,使人不自觉地想起创立量子力学那段狂热的奇迹般的日子,而其结果可能将更加深远.现在义无反顾要努力寻求引力的量子描述.虽说经过半个世纪的努力,在 QED 中如此成功地用于电磁场的量子化程序对于引力场还没有成功,但问题是紧要的,因为如果广义相对论和量子力学都成立,那么它们对于同一事件最终应当提供相容一致的描述.在我们周围的日常世界中不会有任何矛盾,因为在原子中引力相对于电力来说是如此微弱以至于其量子效应可以忽略,从而引力的经典描述已足够完美,但对于黑洞这样的引力难以置信的强劲的体系,我们没有可靠的办法预测其量子行为.

　　一个世纪以前,我们对物理世界的理解是经验性的.量子物理给我们提供了一个物质和场的理论,它改变了我们的世界.展望 21 世纪,量子力学将继续为各门学科提供基本的观念和必不可少的工具.我们能信心十足地做这样的预言是因为量子力学为我们周围的世界提供了精确而又完备的理论.然而,今日物理学与 1900 年的物理学在这一点上还是相同的:因为它说到底还是经验性的——我们不能完全预言组成物质的基本单元的属性,仍然需要测量它们.

　　或许,超弦理论或者某个目前还在构想中的理论可以解决这一难题.超弦理论是量子场论的推广,它通过以延展体取代诸如电子的点状物体来消除所有的无穷大量.无论结果如何,正如从科学的黎明时期开始时一直是这样的,对自然的终极理解之梦将继续成为新知识的推动力.从现在开始的一个世纪,不断

27

地追寻这个梦,其结果将是现在的我们所想象不到的.

本书是一本高度原创的英文科普著作. 这样的好书在英文图书市场上很多. 2019 年笔者读过且值得一提的第一本书,是 2018 年在纽约出版的《迷失在数学中:美如何使物理学误入歧途》(Lost in Math:How Beauty Leads Physics Astray). 作者 Hossenfelder 是位物理学家,她认为:当代物理学陷入"危机"的原因之一,是物理学家们不自觉地被"审美"价值诱入了歧途. 这方面最著名的例子便是爱因斯坦在发现了 $E=mc^2$ 及其简洁优美之后展开的对"大一统理论"的追求. 作者反问道:物质宇宙的运动规律,怎会关心人类觉得它美不美? 她认为当今物理学的两大支柱,即时空理论和基本粒子理论,都受到了人类物理学家的审美观影响,然而人类的心理偏好是演化史与周遭世界的产物,它们都与超出人类身体尺度的微观或宏观宇宙无关. 不够"美"的理论未必不够真. 然而随着科学研究日益艰深,验证新理论的技术条件越来越苛刻,经济成本越来越高昂,实验物理学家只能选择性地验证那些"看上去好"的理论,这时直觉就发挥了作用.

国内比较严肃的科普类量子力学图书中,相对通俗易懂的是张永德教授所写的《量子菜根谭:量子理论专题分析》①,这本书仅用寥寥数语便将量子理论的发展勾勒出来.

自从量子理论诞生以来,它的发展和应用一直广泛深刻地影响、促进和触发人类物质文明的大飞跃. 人类全部历史可以证明这一点.

如果读者还不信,举例,可以把所有学科名称前面冠以"量子"二字,就会发现:已经形成或将要形成一门新的理论、一门新的学问. 物理学内部就有很多这种情况. 不必说物理学中以量子力学为主要理论支柱的学科,单是直接添加这两个字就形

---

① 摘自《量子菜根谭:量子理论专题分析》,张永德著,清华大学出版社,2012.

28

成新学问的就有:光学——量子光学,电子学——量子电子学,电动力学——量子电动力学,统计力学——量子统计力学,经典场论——量子场论. 在物理学之外也有大量的新学问:化学——量子化学,生物学——量子生物学,宇宙学——量子宇宙学,网络——量子网络,信息论——量子信息论,计算机——量子计算机. 就连投机家索罗斯的基金会也时髦地称为量子基金会.

百年(1901—2002)内共颁发诺贝尔奖 96 次(其中 1916,1931,1934,1940,1941,1942 共 6 年未颁奖),单就物理奖而言:直接由量子理论得奖或与量子理论密切相关而得奖的有 57 次(其中直接由量子理论得奖 25 次).

Nature 杂志 2000 年总结 100 年来它所发表的文章,从登载的数千篇文章中精选出 21 篇具有里程碑性的文章,其中与量子力学有关的竟占 14 篇.

量子理论自 20 世纪 20 年代创立至今,已逐步成为核物理、粒子物理、凝聚态物理、超流和超导物理、半导体物理、激光物理等众多物理分支学科的共同理论基础,而且在量子理论的框架内建立了弱电统一的标准模型,量子理论进入了宇宙起源和黑洞理论.

总之,量子理论诞生后这 80 年来的发展,使得:量子理论成为整个近代物理学的共同理论基础.

量子信息论和量子计算机:位(bit)——量子位(qubit)($|\text{Yes}\rangle+|\text{No}\rangle$). *New York Time* 说:既是 Yes 又是 No,既不是 Yes 又不是 No,一测量,不是 Yes 就是 No!).

存储器——量子存储器(各个位不一定有确定的状态),逻辑门——量子逻辑门,网络——量子网络,算法——量子算法(并行计算、超高速、超大容量),通信——量子通信(超大容量、天然保密),编码——量子编码,密码——量子密码,密钥——量子密钥,经典可克隆——量子不可克隆(经典克隆是硬件克隆;量子克隆是软硬件全部克隆,原理上不可能),经典通信的定域传播——量子通信的非定域传播.

例如:Lov K. Grover, *Quantum Mechanics Helps in Searching for a Needle in a Haystack*, Physical Review Letters, Vol. 79, No. 2,

1997("量子力学帮助在干草堆里找一根针",《物理评论快报》,第 79 卷,第 2 期,1997 年).

从量子场论的发展历程来看,首先人们研究的高速微观现象是关于光子的现象.光子是电磁场的量子,是静质量等于零的粒子,只能以光速运动.因此有关光子的现象实质上是相对论性的现象.由于光子的静质量等于零,即便在很小能量转化的过程中光子也能产生和消失.因此,即使在日常生活中,光子的产生和消失也是经常见到的现象.麦克斯韦(Maxwell)的电磁场理论本来就满足特殊相对论的要求.我们有理由期望,假设将这一理论量子化,就有可能得到一个既能反映高速现象特点,又能反映微观现象特点的理论,就有可能解释光子的存在、产生和消失,因此,建立量子电磁场理论作为发展高速微观物理现象的开始就是很自然的事.

据《中国科学报》报讯(见习记者杨凡),近日,德国蔡司公司公布,授予中国科学技术大学教授潘建伟 2020 年度蔡司研究奖,以表彰他在光量子信息领域,特别是在量子通信和量子计算方面的杰出贡献.

蔡司公司发布的新闻通稿指出,潘建伟作为国际量子信息技术研究的引领者之一,在量子通信方面的先驱性研究,使得安全实用的远距离量子密码技术成为可能,同时,他在多光子纠缠和高性能玻色取样等方面的研究,为展示量子计算优越性和实现可扩展光量子计算奠定了重要基础.

蔡司研究奖以德国光学家、蔡司公司的创始人卡尔·蔡司命名,用于表彰在国际光学领域做出杰出贡献的科学家.1990年以来,该奖项在世界范围每两年评选一位科学家,其中 1992, 1996, 2000, 2002 年的获奖人 Ahmed Zewail, Eric Cornell, Shuji Nakamura, Stefan Hell 已先后获得诺贝尔奖.

2020 年度蔡司研究奖的评委包括:亥姆霍兹协会前主席 Jürgen Mlynek,夫琅和费研究所所长 Andreas Tünnermann,诺贝尔奖得主 Stefan Hell,以及量子物理学家、沃尔夫奖获得者 Alain Aspect.

最近,一只命运的蝴蝶,在美国突然展开了它颠覆之翅!这次看似不太起眼的翅膀扇动,却很可能将在不远的将来,引起山呼海啸般的风暴!

前段时间,谷歌宣布:已经成功利用一台 54 量子比特的量子计算机,实现了传统架构计算机无法完成的任务. 在世界最厉害的超级计算机需要计算 1 万年的实验中,量子计算机只用了 200 秒. 是的,你没看错:谷歌量子计算机,仅仅用了短短 200 秒,就完成世界最强大的超级计算机花费 1 万年所需的计算量,这真是一个堪称"恐怖"的计算速度! 而这一切,已经登上了《自然》杂志 150 周年版的封面,说明谷歌这一信息并非一厢情愿的吹嘘,而是货真价实,童叟无欺!

这个科技突破的分量有多大? 按照谷歌的说法,在量子计算机面前,谷歌原来那些轰动全球的计算机识别猫、AlphaGo 战胜李世石,那简直都算不得什么了. 只有莱特兄弟的第一次飞行,才能与之相提并论. 为了这个历史性时刻,谷歌已经为此埋头攻坚了 13 年!

是的,请记住这个日子:在这一天,量子计算领域的划时代的突破,终于出现了,它标志着量子计算正在走向实用化:以前看起来遥不可及的量子计算机,一下就逼近了人类的身边. 从今天开始,人类开始迈出了走向超人的第一步!

先来看看,量子计算机究竟有多厉害!

信息表明,谷歌量子计算机的消息一发布,比特币价格突然闪崩,一小时内从 8 000 美元下降至 7 500 美元附近,跌幅高达 500 美元,创下五个月内最低价格的纪录. 比特币为什么突然闪崩了? 被量子计算机吓得! 因为,量子计算机可怕的计算力,恰恰是比特币最大的克星:比特币拥有高强度的算法需要依靠强大的计算力完成解密,一旦量子计算机投入到"挖矿"行业中,原计划在 2140 年才能挖完的 2 100 万枚比特币将很快被挖完,乃至被破解.

再举一个例子:要破解现在常用的一个 RSA 密码系统,用当前最大、最好的超级计算机需要花 60 万年,但用一台有相当储存功能的量子计算机,则只要花上不到 3 个小时!

这仅仅是两个小例子,但是管中窥豹,可以看出量子计算机的威力:在量子计算机面前,我们曾经引以为豪的传统电子计算机,就相当于以前的算盘,显得笨重又古老,分分钟被降维打击!

有人或许还会问:量子计算机为什么那么厉害?归根结底,在于量子计算机和传统计算机所运用的原理和计算路径是完全不一样的.现有传统电子计算机的运算单元,一个比特在特定时刻只有特定的状态,要么0,要么1.量子计算机利用量子特有的"叠加状态",采取并行计算的方式,终极目标可以让速度以指数量级提升.这样说,估计很多人更不懂了.下面给大家讲一个故事.

中国有一个寓言,叫"杨子见歧路而哭之".杨朱听说有一只羊在道路分叉的地方走失了,不知道走哪条路去寻找,难过地哭了.传统计算机解答问题也是这种套路:只能是先走一条路,然后再走另外一条路,做不到两条路一起走.量子计算机则不一样了,它可以像孙悟空变出很多个小孙悟空走不同的路一样,搞平行计算.这就相当于,一台计算机一下子化身成千千万万台计算器,同时开工做算术题.

从电子计算机飞跃到量子计算机,整个人类计算能力、处理大数据的能力,就将出现上千上万乃至上亿次的提升.

这真是一场天时地利人和的完美邂逅!

谷歌量子计算机的面世,来得正是时候:5G已经成熟并接近运用,大数据也在蓬勃发展,人工智能来到了临门一脚的关口.

奇点正在迅速到来.量子计算机+人工智能,将不断迭代出更高级的量子计算机+人工智能,两者之间将出现正向回馈:AI会加速量子计算,量子计算也会加速AI,发展的速度和斜率将一下子陡峭起来.

一个量子计算+人工智能时代,将比我们曾经最激进的想象带来的影响要疯狂得多:

(1)彻底破解天道.正如毕达哥拉斯学派所言:万物皆数,数是宇宙万物的本原.

当强大的量子计算机破解出上帝创造万物背后深藏的底层密码时,各种事物的运行规律将豁然展现在人类面前,人类将因此掌握以前做梦也不敢想象的知识和能力.

(2)彻底破解地道.社会运行产生的各种大数据,本来茫然如烟霞,无法梳理和分析.随着量子计算机和人工智能的到来,各种社会现象原本背后的数学逻辑,各种经济大数据背后蕴藏的概率,都将被破译出来,大数据将成为比石油更重要的资源.

(3)彻底破解人道.生命科学家认为,生物体都是一套生化算法.无论是基因生长组成人体器官,还是人类各种感觉、情感和欲望的产生,都是由各种进化而成的算法来处理的.

随着量子计算机的产生,这些算法将被彻底破解,人体内那些被称为基因的23 000个"小程序",将能够被重新编程,帮助人类远离疾病和衰老,一种能力远高于人类的超人,将因此产生.

但是,量子计算机的出现,很可能是一把双刃剑.好消息是:量子计算机+人工智能,让人类拥有以前做梦也不敢想象的能力,让人类远离饥荒和病痛,甚至让人类变成不死之神.坏消息是:很可能,在不远的将来,人类在量子计算+人工智能面前,就可能像臭虫面对人类一样无力和脆弱.思考一下,当你把一只臭虫冲进下水道的时候,你的内心起过一丝波澜吗?

这也就是为什么霍金一再告诫人类:机器人的进化速度可能比人类更快,而它们的终极目标将是不可预测的.很可能,人工智能是人类真正的终结者,彻底开发人工智能将导致人类灭亡!

未来已来!今天,我们再次抵达了命运之门!

一个量子计算+人工智能的时代,对人类社会来说,这或是一场充满不确定性的大海啸!这场革命的最大特征是,它不改变我们所做的事,它改变的是我们自己!

如果说以前几次技术革命顶多是人的手、脚等身体器官的延伸和替代,那么这次量子计算+人工智能+基因科学将成为人类自身的替代.它对人类社会家庭乃至整个社会的冲击,将是前所未有的.

最直接的,是在越来越多的领域,人工智能正在快速超越人类.这也意味着,大批的翻译、记者、收银员、助理、保安、司机、交易员、客服……都可能在不远的未来,失去自己原来的工作.对此,斯坦福教授卡普兰做了一项统计,美国注册在案的720个职业中,将有47%被人工智能取代.在中国,这个比例可能超过 70% .

作为历史进程中的一分子,人生最重要的任务是"追随历史运行的方向",不要莫名其妙被历史"碾死". 面对人工智能,我们改变不了科技的进程,但是,我们可以改变自己,以及我们下一代的知识结构.

最后说一点我们出版方选版权书的标准. 借万圣书店的老板刘苏里老师的选书标准——"三无",即"无趣的不买,无聊的不买,无益的不买".

我们是无趣的不出,无聊的不出,无益的不出.

刘培杰

2020 年 6 月 29 日

于哈工大

计算物理学概论（英文）

奥马尔·祖拜里

弗里多林·韦伯　著

编辑手记

计算物理学是英文"Computational Physics"的中译文. 通常人们也把它等同于计算机物理学（Computer Physics）. 它是一门新兴的边缘科学，是物理学、数学、计算机科学三者相结合的产物. 计算物理学也是物理学的一个分支，它与理论物理、实验物理有密切联系，但又保持着自己相对的独立性. 如果非要给计算物理学下一个定义的话，似乎可以这样说：计算物理学是以计算机及计算机技术为工具和手段，运用计算数学的方法，解决复杂物理问题的一门应用科学.

计算物理学是偏正结构，有两种侧重方式. 一种是侧重于计算机语言，即着重讲计算机在物理学中的应用，如本书就是这样安排的. 还有一种是侧重于物理学，即如何利用计算机这一辅助工具来研究物理学. 为了对比我们将本书目录与中国科技大学物理系用的一版《计算物理学》教材（马文淦编著，中国科学技术出版社 2001 年版，合肥）目录做一下对比便可知.

图书市场上中文版的《计算物理学》教程很多，笔者也有若干，但案头只能找到这本了.

本书中文目录如下：

1. Linux/Unix 操作系统
2. 文本编辑器

3. Fortran 90 编程语言

4. 数值技巧

5. 解决问题的方法论

6. 工作表的作业

7. 家庭作业

A. Fortran 语言的特征摘要

B. 使用 Python 绘图

C. Fortran 90 示例程序

我们再来看看后者的目录就能发现两者的不同. 当然中国科学技术大学作为国内一流大学,其教材难度还是略高于本书的.

马文淦所编著的《计算物理学》目录如下:

从内容上看,我国的计算物理教材更自恰,更完备,既有讲起源,讲发展,又有讲数学方法,计算机的符号处理只是其中一章,而本书则几乎是全部了,所以本书最恰当的书名是《计算物理学概论》.

据其内容简介说:这是一本计算物理的入门教材,适用于已经上过大一物理导论系列课程的大二或大三的本科生.内容包括:古典力学导论、电、磁和现代物理学.本书可以帮助读者更好地理解多变量微积分和线性代数.本书介绍了编程语言,如 Fortran 90/95,并介绍了诸如微分、积分、根查找和数据拟合等数字技术.本书内容还包括如何使用 Linux/Unix 操作系统和其他相关软件,如绘图程序、文本编辑器和标记语言(如 La-TeX),还包括很多操作练习的题目.

这本教科书将使读者成为一个熟练的 Linux/Unix 操作系统用户.读者将能够用 Fortran 编程语言编写、编译和调试计算机代码.除了应用数值方法解决微分、积分、矩阵理论和求根等问题外,读者还将能够应用诸如迭代过程、逻辑条件和内存分配计算技术.读者能够利用本书的内容,将它们应用于各种科学和工程应用中.

计算物理学与传统和古典内容相比是相对新的分支.

如果要做一点普及的话,应该这样讲:

计算物理学研究的主要内容是如何运用高速计算机作为工具,去解决物理学中极其复杂的问题.例如:在高能物理实验中,由于实验技术的发展和测量精度的提高,实验规模越来越大,实验数据惊人地增加,被测实验数据在单位时间内的产额非常高,因而单靠人力和通常的电子仪器已无法完成实验设备的管理和实验数据的处理工作.

如果追溯这个分支产生的历史,我们可以这样讲:

物理学研究与计算机和计算机技术紧密结合起始于 20 世纪 40 年代,当时正值第二次世界大战时期.美国在研究原子弹的过程中,要求准确地计算出与热核爆炸有关的一切数据.迫切需要解决在瞬时发生的最复杂的物理过程的数值计算问题. 然而这是利用传统的解析方法求解或手工数值计算所根本无法达到的. 这样计算机进入物理学便成为必然, 计算物理学因此得以产生.

自计算机出现以来, 科学研究的格局发生了深刻的改变, 就像今天的"互联网+"一样, 只要将一个分支前面冠以计算两字便立马成为一门新学科、新分支, 如计算力学(Computational Mechanics)是根据力学中的理论, 利用现代电子计算机和各种数值方法, 解决力学中的实际问题的一门新兴学科. 计算力学是数学、计算机科学和力学的交叉学科, 主要分支有计算流体力学、计算热力学、计算电磁学和计算固体力学等.

还有近年盛行的所谓量子计算. 量子计算的文献非常多, 但如果不从功利的观点看, 理论性文章中最值得细读的还是 Shov 1994 年发表的那篇成名之作. 那篇文章提出和探讨的是真正的量子计算问题, 而许多声称与量子计算有关的文章所处理的实际上只是披上了量子计算外衣的量子力学问题.

计算物理学是伴随着物理研究的深入和计算机技术的日趋成熟而产生的, 如在电子反常磁矩修正的计算, 对四阶修正的手工解析计算已经相当繁杂, 而对六阶修正的计算已经包含 72 个费曼图, 手工解析运算已不可能完成, 所以计算机的应用已不可避免.

量子计算问题, 读者要想了解可读 Ekert 和 Jozsa 的综述性文章, 进一步可读 Manin 的那篇建立了庞大的理论框架的文章.

下面我们再来介绍一下本书的两位作者.

一位是奥马尔·祖拜里(Omair Zubairi), 他拥有圣地亚哥州立大学物理学学士和硕士学位, 克莱蒙特研究生院和圣地亚哥州立大学计算科学博士学位, 在圣地亚哥州立大学主要从事紧凑恒星物理学的研究. 奥马尔目前是温特沃斯理工学院的物理学助理教授, 他的其他研究兴趣还包括广义相对论、计算天体物理以及计算方法和技术.

本书的另一位作者是弗里多林·韦伯(Fridolin Weber), 他是圣地亚哥州立大学著名的物理学教授, 加州大学圣地亚哥分校的研究科学家. 韦伯博士拥有理论核物理博士和理论天体物理学博士学位, 这两个学位均来自德国慕尼黑大学. 他出版过两种著作, 同时还是近 200 种出版物的作者或合著者, 并在相关物理会议和大学物理系发表了约 300 次演讲.

我们引进这一系列的国外物理学著作是经过深思熟虑的, 因为我们发现作为精神食粮的出版物来讲国内还是太单一了, 缺乏多样性, 对改变此现状要有所作为才行.

笔者今年 57 岁, 按过去的标准是个准老人了, 今天的称呼是"前浪". 一个老人, 容易感伤, 喜欢怀旧, 这应该是可以理解的. 有人说:感伤不宜过度, 怀旧不能成癖. 感伤情绪过浓, 鉴赏文艺作品时, 难免为情所"困";怀旧习气太深, 面对当下生活, 常会发出今不如昔之叹. 遥想 20 世纪 80 年代, 出版物之丰富, 编辑眼界之高, 恍若隔世!

刘培杰

2020 年 5 月 7 日

于哈工大

物质、空间和时间的理论
——量子理论(英文)

尼克·埃文斯

史蒂夫·金　著

编辑手记

　　本书是一部引进版的英文名校教材,中文书名为《物质、空间和时间的理论——量子理论》.其内容简介如下:

　　这本书和《物质、空间和时间理论——经典理论》是由英国南安普顿大学物理学本科学位课程(作者所教授的课程)发展而来.这两本书并不是对古典力学、狭义相对论、电磁学和量子理论的初级课程知识的简单介绍,而是致力于揭示这一系列学科及其相互依赖关系的更为复杂的知识和理论,其目标是通过简明的分析,引导学生深入研究理论物理的一些棘手的问题,同时揭示每个学科的关键性理论.

　　作者的第二本书着眼于量子力学领域,首先快速回顾量子力学的基础;然后将薛定谔(Schrödinger)方程与引入费曼路径积分法的最小作用原理联系起来,并给出了克莱因(Klein)、戈登(Gordon)和迪拉克(Dirac)的相对论波方程;最后,将麦克斯韦电磁学方程转化为光子的波动方程,并在第一个量子化能级引入量子电动力学(QED).

　　通过这两本书,作者希望将学生对这些理论的理解从初级带到更深层次的阶段.

　　自从海森堡(Heisenberg)和薛定谔发现了量子力学以后,量子力学就一直被用来解决一系列古典物理学无法解决的问题.在这个领域群星闪耀,人才辈出,如一个少年名叫泡利,出生于 1900 年,从维也纳多布林中学毕业时,他刚满 18 岁,就提交了题为《论引力场的能量分量》的论文,研究的就是广义相对论的课题. 1918 年秋,泡利进入德国慕尼黑大学,师从物理学家索末菲. 索末菲认为泡利已经符合物理学家的标准,但慕尼黑大学有规定,学生入学六个学期后才能申请博士学位. 在这六个学期里,索末菲干脆让泡利为他编纂的数学科学百科全书写作相对论的条目.

1921 年,泡利在第六学期完成时,以关于氢分子的量子力学研究获得博士学位. 两个月后,他的相对论综述文章刊行,洋洋洒洒 237 页,至今依然是有关相对论的经典文献.

最先人们研究的高速微观现象是关于光子的现象. 光子是电磁场的量子,是静质量等于零的粒子,只能以光速运动. 有关光子的现象实质上是相对论性的现象. 本书作者是研究高能物理的,量子场这一概念是反映高速微观现象的有力概念,各种不同的基本粒子是相应的各种不同的量子场的激发. 例如,和中微子,μ 介子,π 介子,K 介子,质子,中子,Λ 超子及 Σ 超子相应,引入了与之相应的场,其后又引入了各种量子场之间的相互作用来处理各种基本粒子之间的相互作用和相互转化问题. 用这种方法处理基本粒子现象取得了重要成就.

本书作者之一为尼克·埃文斯. 1993 年,尼克在南安普顿大学完成了他的对撞机现象学博士学位. 他在美国耶鲁大学和波士顿大学进行了早期的研究工作,1999 年回到南安普顿并获得英国政府的 5 年奖学金. 他的工作重点是强相互作用的粒子系统,包括复合希格斯模型,他在研究强核力和质量产生机制方面发挥了很大作用. 他的大部分工作都集中在真空的结构上,他现在是南安普顿大学的教授和物理科学与工程研究生院的主任.

正如张永德教授在其著作《量子菜根谭:量子理论专题分析》中的序言所指出:

> 自然界最不可思议的事是:自然界中竟然无时无处不存在着各种各样永恒普适的规律. 用爱因斯坦 (Einstein) 的话概括就是: The most incomprehensible thing about the world is that it is comprehensible. 他认

为:每一个严肃地从事科学事业的人都深信,宇宙定律中显示出一种精神,这种精神大大超越人的精神,我们在它面前必须感到谦卑①.

现在的人们将这些亘古不变、万有普适的规律统称为"绝对真理",是老子说的第一个"道".它们是外在于人类的客观永恒的存在.但是,一旦人们以人类能够理解的方式、用能够接受的语言将它们表述出来,成为"可道"之"道",就只能是相对真理.这些由人们创造出来的"可道"之"道"当然不是不可以更替的"常道"之"道",不是绝对真理.说到底,人们能够掌握并表述出来的东西永远是"相对真理"!庞加莱(Poincaré)说,几何点是人的幻想.又说,几何学是不真实的,但是是有用的②.他强调的正是这个观念.人类只能通过一次次建立"相对真理"去接近"绝对真理",永远达不到掌握"绝对真理"的境界,更谈不上创造"绝对真理"!

可以打个比喻:上帝创造了世界,很是自豪.为了杰作不成为"锦衣夜行",希望能有智慧生命体欣赏歌颂他的杰作,他创造了人类,赋予人类认识自然规律的能力.但是,上帝并不是那么慷慨,非但没有赋予人类创造绝对真理的能力,甚至连完全彻底一次性认识绝对真理的能力也没有给,只给了人类认识相对真理的能力.这种相对真理的认识能力,还得让人们努力地一步一步地去"思",去"悟"!

物理学,顾名思义是讲"物质世界运动变化的基础道理".从非相对论量子力学到相对论量子场论的整个量子理论(QT)是讲解微观物质世界运动变化的

----

① 安·罗宾逊编著.张卜天译.《爱因斯坦相对论一百年》.长沙:湖南科技出版社,2006,第188页.

② 庞加莱编著.叶蕴理译.《科学与假设》.北京:商务印书馆,1989,第63,65页.

基础道理.QT是应当而且能够讲清道理的,但却又是最不容易讲清道理的道理.许多老师将基本道理和物理解释推向未来,常常向学生强调,先掌握数学计算再说.等到时间一长,学生也就不太管那些解释和道理了.其实,QT远非只是计算对易子、求解本征方程、算算概率、算算 Feynman 图、减减发散等.数学计算只是 QT 的外衣,更重要也更难的是理解它的灵魂——物理动机、物理观念、物理思想、物理本质、物理逻辑……QT 的物理属性极其丰富,除了常说的波粒二象性、不确定性、全同性这"老三性",还有完备性、可观测性、内禀非线性、相干叠加性、纠缠性、逻辑自洽性、不可逆性、因果性、或然性、多粒子性、空间非定域性等.这些物理属性交织衍生、演绎变幻,谱写出"八部天龙"般雄浑开阔、壮丽诡异的景观,铸成 QT 独特的理论品味.就连它的数学外衣,也涉及本征函数完备性、算符奇性、非高斯型路径积分的数学基础、理论可重整性是否必要、相对论性定域因果律的处理等尚未解决的重要数学问题.

更何况,QT 虽然历经百余年长足进展,逐步建成雄浑博大、深邃精美的科学宫殿群落,但从原理上看,仍然有许多地方没弄清楚.主要是:怎样充实量子测量和粒子产生湮灭描述的唯象性质?如何避免定域描述的消极结果?究竟怎样解释理论的或然性质?怎样理解空间非定域性?QT 和相对论性定域因果律相互兼容吗?等等.

正因为如此,Feynman 说:"I think I can safely say that nobody understands quantum mechanics."显然,他这句话并非是针对学生和普通人说的,而是针对当时物理学界说的,其中也许还包括他自己.的确,真正懂得量子力学并非易事.强记硬背量子力学基本内容不难,就事论事地讲清量子力学的数学外衣也很容易,但传授对量子力学物理思想的理解,深化对量子力学物理逻辑的分析,懂得量子力学的本质,则相当不容易.即便是颇有建树的物理学家或是教授量子力学几十年的教师,也未必总能满意地回答莘莘学子基于直觉提出的问题.

所以,学习和掌握 QT 的时候,要时时注意摆脱经典物理学先入为主的成见、人择原理的偏颇、宏观观念的束缚、人造虚像的干扰.这里最重要的是,第一,体察:人类最先掌握的经典物理学只是离自己最近的物理学,未必是自然界最基础层面的物理学;第二,树立"只信实验,只信逻辑;不信积习,不信成见"的科学求真精神;第三,认知:人类在建立"可道"理论过程中必然引入的绝对化、理想化、局域性、片面性中所固有的人为、近似和相对的属性.

所有了解近代物理学争论的人都知道,著名物理学家们在阐述观点、争论问题的时候,一直都用量子理论中的量子力学说事,很少用量子场论说事.我们当然不能无端揣度那些由于他们不了解迟些出现的量子场论.除了用到的数学知识少些,能够说得明白些的考量外,我认为最重要的原因还是:量子理论的几乎所有重要问题都蕴含在量子力学这个层次上!就是说,量子力学蕴含着量子理论的几乎所有基因!在整个量子理论中,相对而言,非相对论量子力学又是逻辑自洽性相对最好的部分.

量子理论纷繁复杂,争论不休.如最著名的玻尔理论及其推广虽然获得了很多成功,但其应用范围具有明显的局限性,虽然对于单电子原子在多方面应用得很有成效,并对于碱金属原子也近似适用,可是这种理论竟不能应付有关中性的氦原子的实验事实,更不必说较复杂的原子了,就是对于单电子原子,玻尔理论也没有用来计算观察到的谱线强度的指示.更为严重的是,无论玻尔理论还是普朗克理论都不是微观体的一种严密理论.不如说这些理论类似于用某些特殊情况来取代已宣告无效的经典理论而拼凑起来的大杂烩.所以,我们特别需要学习像本书这样的近代理论.

45

本书的主要内容如目录所示：

1. 相对论量子力学
2. 量子力学的路径积分方法
3. 相对论量子力学
4. 量子电动力学

在由 J. M. 安德逊著，邹宪法译的《量子化学中的数学》中有这样的论述：

欲严格地介绍量子力学，应该先知道在 19 世纪末和 20 世纪初那些令人激动的实验，这些实验要求的理论说明，不是来自牛顿力学和麦克斯韦电磁学。重温此背景将使我们离开本书的目的。

按传统的讲法，量子力学课是从评述经典力学的失败开始。对量子力学的最常用的处理方法，是用波动-微粒二象性这个十分自然的观点，并以德布罗意的工作为例。在开始时就应该认识到，习惯上将经典波动方程和德布罗意的动量-波长关系式结合，并不是薛定谔方程的推导，而薛定谔方程则是量子力学发展的基本方程。只能将薛定谔方程作为假定，从这个假定出发形成对物理世界的看法。此看法只借助相对论和场论的导引在描述亚微观物质上取得巨大的成就。无论如何，波动力学不能推导而只是假定。量子力学的另一种处理方法，更抽象和更基本些，是建立算符和对应的力学量之间的联系。沿此方向就能提出量子力学的简单的和自洽的一组假定，这些假定是抽象的和基本的①。再一次提出，在开始时就不应把这里

———

① 例如，参考 R. H. Dicke, J. P. Wittke, *Introduction to Quantum Mechanies*, 第六章, Addisan-Wesley, Reading, Massachusetts, 1960 中的出色的处理。

讲的处理方法理解为推导,只能理解为假定.它比薛定谔力学的物理内容既不多也不少.作者希望,用已经熟悉的术语陈述量子力学而不用人们可能不太熟悉的波动术语,至少在比较量子力学和经典力学时,会产生新的认识,甚至可能使在两种物理学之间的峡沟上搭桥,不是信念的飞跃而是推理的发展.

玻尔①认为,由于经典力学对宏观体系是"正确的",因此量子力学的引入不能全盘根除过去的经典理论.量子力学必须把经典力学作为极限情况②包括在内.这种陈述本身可以看作是对应原理.怎样用公式表示出由量子力学得到经典力学的极限的本性呢?这个问题能在许多复杂的水平上回答.这里只给一种指出量子力学的经典极限的方法以及它们之间的对应性;还有别的表示这种对应性的方法.

例如,按 Dicke 和 Wittke③ 的处理,人们可从量子力学的下述假定开始:每个物理可测量结果是对应该量的算符的本征值.

在经典力学极限中,物理量的算符特性失去了,或更精确讲,物理量 Q 的算符 $\mathcal{Q}$ 必须用"Q 乘被作用函数"来定义,即 $\mathcal{Q}f \to Qf$. 若这一点成立,则在经典力学极限中对应于物理的全部算符是可对易的.在唯有量子力学才能"正确地"描述问题的情况下,全部算符是不可对易的.因此,量子力学的经典力学极限的本性必定是

---

①　N. Bohr, "The Quantum Postulate and the Recent Development of Atomic Theory" *Nature* 121,32,(1929).

②　L. D. Landau, E. M. Lifschitz, *Quantum Mechanics : Nonrelwtizistic Theory*,19. Translated from Russian by J. B. Sykes and J. S. Bell(volume 3 in Course in Theoretical physics） Addison-Wesley, Reading Massachussctts, 1958.

③　Dicke and Wittke. *op*,*cit*,91.

$$[\mathscr{A},\mathscr{B}]=(\text{小的数})(\text{对应于}\,A,B\,\text{的某函数的算符})$$
$$(1)$$

在发展量子理论的过程中,一个"小的数"一次又一次地出现. 这个数是普朗克常数. 事实上,方程(1)中的数就是 $\hbar$,这在理论最终与实验比较中得到证实. 现在

$$[\mathscr{A},\mathscr{B}]=i\hbar(\text{对应于}\,A,B\,\text{的某函数的算符})\quad(2)$$

我们对经典力学和量子力学之间的对应性的寻找,差不多完成了. 由于量纲的原因,"A,B 的函数"的量纲,必须是 $AB/\text{尔格}\cdot\text{秒}$,因为 $i\hbar$ 的单位是尔格·秒. 这样的函数就是 A 和 B 的泊松括号,因此

$$[\mathscr{A},\mathscr{B}]=i\hbar(\text{对应于}\,\{A,B\}\,\text{的算符})\quad(3)$$

它就是 Dicke 和 Wittke 的第七个假定①. 方程(3)不是推导出来的,而是"规定"或"辅助导引"出来的. 从经典力学和量子力学之间的对应性和极限的陈述出发,我们可以推导(现在用推导这个词是正确的)出一些重要的结果.

第一,比较一力学量和哈密尔顿函数的泊松括号,与对应的算符和哈密尔顿算符的换位子

$$\frac{\mathrm{d}f}{\mathrm{d}t}=\{f,H\}+\frac{\partial f}{\partial t}$$

再求助于经典力学极限的原理,算符 $\mathfrak{F}$ 的行为就像函数 f 一样

$$\frac{\mathrm{d}\mathfrak{F}}{\mathrm{d}t}=-\frac{i}{\hbar}[\mathfrak{F},\mathscr{H}]+\frac{\partial\mathfrak{F}}{\partial t}=\frac{i}{\hbar}[\mathscr{H},\mathfrak{F}]+\frac{\partial\mathfrak{F}}{\partial t}\quad(4)$$

这就是海森堡运动方程. 海森堡的观点(重点放在线性算符及其矩阵表示),将一力学量的全部时间变量通过方程(4)放到其对应的算符中. 此方程使我们能用守恒定理来表述对应原理:在经典力学中运动守恒的量,在量子力学中仍然是运动守恒的量. 特例是,若

① Dicke and Wittke, *op*, *cit*, 102.

48

经典哈密尔顿量不显函时间,则能量是守恒的

$$\frac{\mathrm{d}H}{\mathrm{d}t} = \{H,H\} + \frac{\partial H}{\partial t} = \{H,H\} = 0 \qquad (5a)$$

其量子力学的类似关系为

$$\frac{\mathrm{d}\mathscr{H}}{\mathrm{d}t} = \frac{i}{\hbar}[\mathscr{H},\mathscr{H}] + \frac{\partial \mathscr{H}}{\partial t} = \frac{i}{\hbar}[\mathscr{H},\mathscr{H}] = 0 \quad (5b)$$

薛定谔用的另一种观点①,是使算符不显函时间,而其本征值显函时间. 为此,开始时用其本征函数为 φ 的算符的本征值 f 的运动方程

$$\frac{\mathrm{d}\mathfrak{F}}{\mathrm{d}t} = \frac{\mathrm{d}}{\mathrm{d}t}\langle \varphi | \mathfrak{F} | \varphi \rangle = \langle \frac{\mathrm{d}\varphi}{\mathrm{d}t} | \mathfrak{F} | \varphi \rangle + \langle \varphi | \mathfrak{F} | \frac{\mathrm{d}\varphi}{\mathrm{d}t} \rangle \quad (6)$$

由方程(4)得

$$\frac{\mathrm{d}\mathfrak{F}}{\mathrm{d}t} = \langle \varphi \left| \frac{i}{\hbar}[\mathscr{H},\mathfrak{F}] \right| \varphi \rangle = \langle \varphi \left| \frac{i}{\hbar}\mathscr{H}\mathfrak{F} - \frac{i}{\hbar}\mathfrak{F}\mathscr{H} \right| \varphi \rangle$$

$$= \langle -\frac{i}{\hbar}\mathscr{H}\varphi | \mathfrak{F} | \varphi \rangle + \langle \varphi | \mathfrak{F} | -\frac{i}{\hbar}\mathscr{H}\varphi \rangle \qquad (7)$$

为使方程(6)和方程(7)一致,则要求

$$\mathscr{H}\varphi = i\hbar \frac{\mathrm{d}\varphi}{\mathrm{d}t} \qquad (8)$$

这就是薛定谔方程.

这样,我们就看到了经典力学和量子力学之间的简洁的对应关系能够建立起来,它既可引出海森堡运动方程又能引出薛定谔运动方程,并伴随着守恒定理.

在矩阵力学和波动力学中处理本征值–本征向量问题有两种观点. 在第一种观点里,算符是微分算符,因而本征值方程是微分方程. 在第二种观点里,算符用矩阵表示,因而本征值方程是用一组联立线性齐次方程表示. 这两种观点的综合可在希尔伯特空间的概

---

① 这里使用"观点"一词表示运动方程在量子力学中是用什么方式来描述. 别的作者用"表示"表示此概念,如"海森堡表示""薛定谔表示". 但我们用"表示"表示十分不同的意思,因而这里不用它.

念中找到①.

其实代数法也可应用于连续变量问题(许多量子力学问题所具有的). 若定义希尔伯特空间为由有定义内积的归一化函数张成的向量空间,则我们就可以建立矩阵力学和波动力学的综合. 希尔伯特空间的概念允许向量空间是无限维的. 此无限个数可以是分立的,并且可如基组 $\{H_n(x)\}$ 中指标 n 那样标记为 $n = 0,1,2,\cdots$ 或此无限个数可以是连续的,如直线上的点那样不能用数标记.

在希尔伯特空间里,算符的矩阵表示可以是无限维的;本征函数可用无限长的列向量表示. 例如,位置算符 $\mathscr{X}$ 具有连续域,或特征值谱,如 $\{x'\}: \mathscr{X}|x'\rangle = x'|x'\rangle$. 希尔伯特空间中的任何本征向量 $|\xi'\rangle$ 都可用 $\mathscr{X}$ 的本征向量(因为它们形成一完备正交归一组)展开

$$|\xi\rangle = \sum |x'\rangle\langle x'|\xi\rangle = \int |x'\rangle\langle x'|\xi\rangle \,dx'$$

因希尔伯特空间是无限维的,所以我们用对连续变量 x' 积分代替求和. 系数 $\langle x'|\xi\rangle$ 是(复)函数,它组成以 $|x'\rangle$ 为基的向量 $|\xi\rangle$ 的表示. 我们可称此复函数集合为波函数:$\Psi_\xi(x') = \langle x'|\xi\rangle$. 两个希尔伯特空间向量的内积 $\langle\xi|\eta\rangle$ 为

$$\langle\xi|\eta\rangle = \int dx' \int dx'' \langle\xi|x'\rangle\langle x'|x''\rangle\langle x''|\eta\rangle$$

$$= \int dx' \langle\xi|x'\rangle\langle x'|\eta\rangle = \int dx' \Psi_\xi^*(x') \Psi_\eta^*(x')$$

之所以在这里重复这些基础性的东西是希望读者们在学习量子力学的原理和应用的过程中,不要被表达量子力学的数学语言所羁绊.

---

① 更深入的讨论可参看 J. D. Jackson, *Mathematics for Quantum Mechanics*, 5-10 和 5-11 节. W. A. Benjamin, New York, 1962.

　　看到这里,可能许多读者会问:中国科学家对包含量子理论的近代物理有什么重大贡献吗? 回答是:有的. 中国科技大学理论物理专家闯沐霖教授曾写过一本英文著作,书名叫 *De Sitter Inrariant Special Relativity*,译成中文名为《德西特不变狭义相对论》.

　　闯沐霖教授认为,由陆启铿、邹振隆、郭汉英创立(由闯沐霖拓展完善)的德西特不变狭义相对论,是中国科学家于 20 世纪做出的物理学重要理论贡献,可惜这一贡献未能及时得到物理学界的普遍重视. (De Sitter 不变狭义相对论是爱因斯坦宇宙常数 Λ 不为零时空中的狭义相对论.)

　　量子力学和物理学的较早理论相比,是相当公式化和抽象的. 对于训练或在宏观经验基础上思考的智力来说,它在概念上是困难的,虽然熟悉了它不久就会使我们对这个理论感到习惯. 这部分也是由早期量子理论获得的知识和经验.

　　相对论量子力学可以应用于所有的原子、原子核、分子和固体,而量子统计学可以发展而代替经典统计学. 复旦大学前任校长杨福家早年曾组织人翻译了 V. F. 韦斯科夫 1959 年发表的一篇文章,较好地介绍了这方面的内容. 如下:

量子物理中的质和量①

　　在这篇文章中,我们把对偶语"质与量"用来泛指下面这些对比:特定的和非特定的,单个的和连续的,或者,完全确定的花样和无序的流动. 在这个意义上,质和量在量子物理的基本概念中,以及在我们对自然界的科学模写中,都起着根本的作用. 当然,我们对这个对偶语所做的陈述只能是比较简略的概要,只是由于物理学家还没有把量子论的基本观念讲得很清楚,而量子论又是这样的一个人类思想的领域,它比任何

---

① 摘自《二十世纪物理学》,V. F. 韦斯科夫著. 杨福家,汤家镛,施士元,倪光炯,张礼,译,科学出版社,1979.

别的科学成就都更多地加强和扩大了我们对所生活的这个世界的理解,所以我们写这篇文章也许是必要的.

一个恰当的例子是关于行星系结构的那些观念的历史.让我们考察一下这段历史的三个时期:古代毕达哥拉斯学派的观念;基于牛顿引力学说的近代观念;以及我们目前关于另外一个行星系——一些电子绕原子核运转的体系,即原子——的观念.

我们这里对天体的毕达哥拉斯体系的详情(譬如哪个天体是中心,哪个天体绕着中心转圈运动等)不感兴趣,而只关心它的一个特色:毕达哥拉斯学派认为,不同天体的轨道半径的数值比与旋转周期的数值比具有根本的重要性.他们把这些数据之间的简单数值关系视为他们理论体系的精华.按照他们的观念,这些关系体现了"天体的和谐",表现了天体世界较之尘世具有一种天赋的对称性,各种天体运动的和谐的相互作用会产生一种音乐,理性的耳朵可以听得见它的谐音,它们是宇宙间神圣秩序的显现.因此不仅太阳系的一般结构,而且那些轨道的特定形状和实际周期本身,也都是意义重大的和预先唯一地确定了的,任何偏离都会扰乱天体的和谐,因而是不可想象的.

随着人们对基本事实的理解不断深化,太阳系的这样一种图像就被淘汰了.牛顿认识到,引力吸引的现象才是全面理解行星运动的指导原则.这一发现是长期发展的最终产物,这种发展完全改变了人们对行星运动问题的看法,不仅太阳是天体的中心这一点变得明显了,而且人们也认识到,支配行星运动的定律同那些支配地球上现象的定律毫无二致.这里,对于我们的目的来说,重要的是引力定律允许行星用许多种方式绕太阳转圈,它的轨道可以是任何椭圆形状的轨道.我们的行星实际上所采取的特定轨道不能用运动的基本定律来决定,而是取决于体系形成时存在的那些所谓"初始条件".在这个意义上,那些实际的形

52

状是偶然的,开始时的条件稍有变化,就将形成不同的轨道.我们现在有充分理由相信,在众多的星体中还有许多别的太阳系,它们的行星所采取的轨道同我们的太阳系中的大不一样.

在量子物理出现之前的那个时期一般称作"经典"物理时期,贯穿这个时期的物理思想的特征就是这样,基本定律只决定现象的一般特征:它们承认现实的情况有连续变化的多样性.实际上现实的现象究竟如何,则取决于它是否在受外来干扰而自由地发展之前所受到的影响.例如,如果有另一颗星从近处掠过我们的太阳系,那么所有行星的轨道都将发生剧烈改变,而当那颗星离开以后,这些行星的轨道就都与以前大不相同.类似地,如果在另一个行星系中有一个恒星像我们的太阳,这些行星同我们太阳系的行星有一样的质量,那么,虽然这些行星的轨道仍是椭圆,它们运转一周的时间与椭圆轨道的大小之间的函数关系也同我们的一样,但除此之外,它们的轨道与我们太阳系的轨道几乎不可能有任何相似之处.

这就是20世纪开始时经典物理的典型特征,它的定律只预定现象的一般性质,只当过去某个时刻的情况是确切地已知,才能根据定律预测尔后事件的确切进程,定律只告诉我们事件如何发展,而不告诉我们为什么我们有这个而不是另一个"方程的解",虽然另一些解也会同样好地适合于定律,这一选择被认为是偶然的.

从牛顿时期开始,经典物理就以科学一向具有的渐进步伐发展着,而且成就越来越大,这不仅在力学中是如此,而且还涉及许多不同的现象(诸如电和热),在这一进程中所发现的自然定律,极其成功地描述了各式各样现象的特征,因此这些定律必定是我们周围世界的真实结构的一部分.然而,在20世纪开始的前后,有一件事情变得明显了,就是经典物理世界缺乏在现实世界中存在的某些本质性的特征,这种情况为某些新的发现准备了条件.

为了阐述量子物理初创时期的情况,让我们回到一个与太阳和它的那些行星所组成的体系相类似的行星系——原子的行星系.太阳系的性质,通过应用经典力学的定律,已经充分理解了,卢瑟福和他同时代人所做的实验又已揭示,还存在着另一种相似的体系——原子中电子的体系.它由一些绕着原子核旋转的电子组成.犹如绕着太阳旋转的那些行星一样.代替引力的吸引力是带负电的电子和带正电的核之间的电吸引.这样的力在两种情况下应当产生相同类型的运动,因为它有一个重要的特征:力的大小依距离的平方反比而减小.

建立在原子模型基础上的预测在许多方面得到验证.例如电子转一周的时间(它可由原子发光的频率推算)正好差不多是人们根据轨道的大小(得自原子的尺度)所预期的.然而,原子还具有某些在行星系中决不会有的、非常重要的性质,其中最惊人的,要算是同一种材料的那些原子的全同性.纯净材料显示出全同的性质,不论它们从哪里得到,也不论它们先前的历史怎样;这个事实必然给人以深刻的印象.两块金,尽管采自两个不同的地点,用非常不同的方法处理,它们还是一模一样、不能够相互区分.每个单独的金原子的所有性质都是确定的,与其过去的历史完全无关.

个别原子的这种全同性,显然不同于人们从力学体系,特别是像行星系那样的力学体系所预期的结果.人们预期,轨道的特殊形状和大小明显地取决于体系过去的历史;从而要能发现两个原子具有完全相同的大小和形状,将是极其不可能的.当我们考虑像空气那样的气体时,这个困难就变得更加明显.空气中的原子每秒碰撞好几百万次,按照经典力学,这些碰撞中的每一次都将彻底地改变电子的轨道.然而事实上,每次碰撞以后,原子就显得已经完全恢复它们原来的形状了.

一方面是原子现象中的确定的形状,另一方面是经典力学中任意地改变的形状,这个矛盾充满在原子物理中.在原子世界中本来预期可以有数量差别的地方,我们发现的却是确定的不同的'质',物质的晶体结构显示出原子结构中的很确定且全同的几何花样,这些花样按经典力学就应该是不能存在的.自然界在我们周围展示了各种材料的特征的和确定的性质,这些性质不管它们多么琳琅满目,却总是可以复制和再现的,自然界中材料具有质的特定性,这件事需要一种根本性的解释.

即使是基本粒子,诸如电子、质子和中子的存在,也需要某些更好的理解.这些粒子是建造原子的基石,如果某种给定形式的原子被证明是全同的,那么电子、质子、中子中的同一种成员之间必须更不容置疑地显示完全的全同性.在经典物理的框架内,难以理解为什么不存在电荷稍少或质量不同的电子,为什么不存在其自旋(绕轴的旋转)与被观察电子的自旋多少有点不一致的电子.自然界存在如此丰富多彩而又确定的特征性质,这一事实同经典物理的精神正好是背道而驰的.

与此相关,我们必须谈谈玻尔兹曼佯谬,虽然它的基本意义可能不会引起非物理学家的注意.我们沿着下述的道路不断追根寻源,似乎是没有尽头的:物质由原子组成,原子由电子和核组成,核由质子和中子组成,电子、质子和中子由……组成……依此类推,一直追溯下去,本来不应该使我们担心;反而可以持续不断地促进一步步的研究.然而,1890年玻尔兹曼指出,在经典力学的基础上,对于原子组成的体系,在给定温度下,当达到热平衡时,人们预期热能应分配到所有的运动模式.这就产生了一个谜:所有可能的运动都应该参与热运动;当一块材料加热时,电子将旋转得更快;质子将在核内振动得更强;质子借以组成的那些部分将在它们各自束缚的范围内运动得更快;等等. 因此上面提到的追溯将不可避免地导致热能会有无限大的"深渊",为了使物质的最小部分加热,就需要巨大的能量. 这里又同前面一样,经典物理允许的运动模式明显地太不确定和太多样化了,它们不能解释物质的结构.

经典物理的一个主要特色是每一过程的可分性,每一个物理过程都可以看成是由一系列部分过程组成的,至少在理论上,每一过程都可以在时间上和空间中一步步地跟踪. 绕核电子的轨道可以看作是许多微小位移的连接而成,一定电荷的电子可以是由一部分较小的电荷所并成,如果我们要解我们在自然界中所看见的事实:质、特定性和个体性,经典物理的这一特点必须抛弃才行.

为解决上述佯谬而向前跨出的一大步只用了十三年——从玻尔 1913 年发现原子的量子轨道开始,最后到玻尔、海森堡、薛定谔和迪拉克 1926 年发明量子力学,虽然量子作用量的观念早在 1900 年就由普朗克提出来了.

研究原子的性质使人们看到了许多新的现象,远远地超出了经典物理的眼界,最令人惊异的事情莫过于粒子和波的二象性. 在经典物理中,一束光和一束电子是根本不相同的,前者是一束经由空间的某一方向传播的电磁波;物质并没有动,变化的仅是电磁场在空间的状态,与之相反,一束粒子则由实在的物质以一个个小单元笔直地向前运动组成;它们之间的差异犹如湖面上的波动与一群沿着同一方向游动的鱼. 因此,当物理学家发现电子束有波性,而光束又有粒子性的时候,还有什么事情比这更使他们吃惊呢?

由于发现了光的颗粒结构,人们揭露了光的粒子性;光束的能量和动量转移给物质时是以一个定量为单位的——这就是所谓光量子,能量量子的大小比例于频率 f,其数值为 hf,这里 h 是普朗克常数. 已经证实,能量存在着最小的包装单位 hf,是任何振动过程的普遍性质.

粒子束的波动性表现在许多方面,其中之一就是粒子束显示出同波束相同类型的"干涉",这是著名的观测结果.通过两个狭缝穿越屏幕的粒子束,显示特征性的强度图样,它们与发自狭缝的两个独立束按经典图像得出的简单的强度叠加很不一样,这种强度图样事实上就像是波通过两个狭缝所得到的一样.

另一个或许不那么直接但却是最根本的波性表现是在原子本身中发现的,电子的轨道在许多方面同约束在原子范围内做振动的波显示出惊人的相似.举例来说,约束在有限体积内的波(驻波)只能选取某些数目有限的形状,特别是当假定它的频率很低的时候(按照普朗克定律,那些能量最低的状态频率必然是低的).这些形状是完全确定的,而且具有简单的对称结构,这件事大家从其他的驻波例子,例如小提琴弦上的或者风琴管空气柱中的那些驻波,就已经知道了,那些驻波还具有"再生"的性质:每当扰动的效应使得形状发生变化时,它们在扰动过去以后,就又恢复它们原来的形状.不过这里我们发现了一些很重要的新特色,它们在经典图像中是没有的,我们发现了一些典型的完全确定的形状,就是一些受原子核的吸引力约束的电子波所选取的振动形状,这些形状是普适的,仅仅取决于约束电场的对称性和强度,它们是物质借以组成的根本花样,为什么铜原子,不论它在哪里、不论它过去的历史如何,总是完全一样的呢?原因就在于此.

物质的这些典型的、总是能够复原的性质基于电子的波性.必定有人会问:运动中的粒子怎么能显示任何波性呢? 电子怎么可能部分地是粒子又能部分地是波呢? 最后如果我们仔细地沿着电子的运动对它跟踪,应该就能解决这个问题,而将其纳入这两个范畴之一.这里,我们碰到了原子现象可分性的问题.

57

我们真能进行这样的跟踪吗？这样做要碰到一些技术问题.如果我们想要"看看"轨道的详细结构,我们就必须利用波长很短的光波,然而,这样的光具有高频率,因而具有大的能量量子,当它击中电子时会把电子撞出轨道从而破坏我们正要检查的那个客体,这些考虑是海森堡不确定关系的基础.通常采用否定性的叙述把它们表示成为:某些物理量的测定是不可能的.特别有意思的是,正是那些希望在电子(或质子,或任何别的客体)的波性或粒子性之间做出抉择的测量不可能做的.如果我们进行这些测量操作,物体恰恰就只因为受到该操作的作用而全盘改变了它的状态.

这里我们认识到一个非常重要的事实:某些测量之所以不可能绝不仅是由于目前技术上的限制,这绝不是有朝一日把仪器搞得灵巧些就能克服的困难,假如真能对单一客体进行这样的测量,那么其中波动性质和粒子性质的共处关系便顷刻瓦解,因为这些测量将要判决这两种选择中必有一种是错误的,可是,我们由大量的确凿观测了解到,我们的客体既显示波动性质又显示粒子性质.因此海森堡的限制必须还有更深的根源:它们是原子客体二象性的必然结果,假如它们受到破坏的话,我们对原子现象的广阔领域所做的解释就会只是一大堆谬误,而它的惊人的成功就是建立在巧合的基础之上了.

原子现象向我们显示的实在性比我们在宏观的经典物理中所熟悉的要丰富得多.客体对于我们实验的响应显现出一些特色,它们是我们宏观经验中的客体所不曾提供过的,因此我们不能再像以前那样把对客体的描述与观察过程"拆开来".要描述原子的实在,只能如实地说出当我们以各种不同的方式观察一个现象时,究竟发生了什么事情.虽然,对于一个外行人来说,关于同一个给定的客体,居然会有这么多的事情发生,似乎是难以令人置信的.

电子在原子中的波性,是与原子状态的不可分性和它的整体性密切相关的.如果我们硬要细分一个过程,试图更精确地"看看"电子"真正地"在这个波内的什么地方,那么我们将在那里发现它是一个真正的粒子,但是我们却已经破坏了"量子态"的微妙的个性.然而,正是波性保证了量子态的特征性质:它的简单形状,原来的形式在扰动以后还会复原;或者简单地说,波性保证了原子的特定性,量子物理的重大发现在于这些独特的量子态的存在,它们之中的每一个,只要不受到穿透性强的观察手段的破坏,本身便组成一个不可再分的整体,一旦想观察那些细节,那就要使用很高能量的手段,它们就会把量子态的精致结构全都破坏掉.

在先前讨论的、电子束通过屏幕上的一对狭缝并在以后显示干涉现象的例子中,也有同样的情况.这个现象也有它的个性,即整体性.当人们试图安排一种跟踪实验来确定电子通过的究竟是哪一个孔时,干涉现象便消失了.跟踪是一种过于强烈的操作,它破坏了量子现象的整体性.

讨论到这里,看来十分自然的是:关于原子现象的预言有时必须只能是概率性的.要预测将能找到电子的精确位置,必须先用高能量的光把量子态破坏掉,就是此类问题的一个实例.量子态是一种独特的实体,虽然它在空间中展布在有限的区域上,但是不毁坏它是不能把它分成几个部分的.如果用极细的光来观察量子态,那么我们可以在波区内的某些地方找到电子,而精确的位置仍旧是不确定的.

现在我们可以来讨论同类原子为什么全同,以及它们为什么具有特征的性质了.当电子被核的电吸约束时,电子驻波的种类和形状便固定下来并且是给定了的,正如小提琴弦的振动形状是固定的一样.最低频率的驻波是球对称的,高一级的驻波具有"8字形"对称性;每一级都有它完全确定的形状.这些就是

59

构成原子结构的基本形式,如果我们移去一个电子而破坏一个原子,并在稍后试图再把它重新建立起来,电子将会返回到先前把它移出来的那同一个量子态上去.对每种原子来说只存在唯一的一种最低的能态,这一点与经典行星系中的情况是完全相反的.

它使我们重新回想起毕达哥拉斯学派的"预先制定的和谐".原子的量子态具有特定的形状和频率,它们是预先唯一地确定了的.世界上每个氢原子都奏出一样频率的和音,如巴尔麦的谱项公式所示.这里我们在原子的世界中又重新发现了"天体的和谐",但这一次是把它清楚地理解为受约束的电子波的振动现象.两个金原子完完全全一样,原因是相同数目的电子受到在中心的相同电荷的约束,因而产生相同的波振动.

人们常说,原子的世界没有我们周围看得见的物质世界那么"实在",因为我们不能离开观测它的方式来描述原子现象,还因为我们所用的波粒二象性的描述方法不能以任何简单的方式来想象,不用抽象数学也不能做计算,海森堡说:

"基本粒子的客观实在性概念从此奇妙地升华掉了,它不是升华到某种新的、朦胧的或迄今尚不理解的实在性概念的迷雾之中,而是升华到清澈明晰的数学之中,这种数学所表示的不再是基本粒子的行为,而毋宁说是我们关于这种行为的知识"①.

我们并不同意那些认为在原子世界中缺乏任何实在性的论点.归根到底,真实可见的世界是由显示这种奇异行为的、相同的原子组成的.诚然,同我们用经典概念所能看到的相比,原子现象五光十色、丰富多彩;原子世界同我们熟悉的世界之间的差异出乎任何人的意料,但是所有这些丝毫无损于它的实在性.

---

① 海森堡. 在现代物理中自然的描述,*Daedalus*,1958(87),100.

在基本粒子的真实行为和我们关于这些行为的知识之间做出区分,这件事并不是很有意义的.恰恰是我们对自然界详细规律的日益加深的理解,使我们确信已经发现了关于实在世界的某些东西.

量子态的个性和稳定性具有一定的限度,只有当外来干扰的强度不足以激发原子到较高量子态时,原子才具有唯一和特定的形状.在外界非常强烈的干扰下,量子效应的个性将完全消失,而体系便带有经典的连续特征了(通常称之为对应原理).因此力学体系的量子特征是有限制的;仅当扰动的因素弱于较高量子态的激发能量时,它才能显现出来.这种激发阈取决于体系的特性.体系的空间线度越小,它就越高.举例来说,改变一个大分子的量子态所需的能量非常小;改变原子的量子态所需的能量要大得多;而要引起原子核内部的变化,所需的能量还要大上好几千倍.这样,我们便遇到了一种状态的特征系列,不妨称之为"量子阶梯".

在很低温度下,每种物质的分子都排成一个大单元——一块束缚得紧的晶体,其中每一个部分同任何别的部分都是完全相同的.如果我们把它加热到较高的温度,那么它开始熔化或蒸发而形成液体或气体.在正常温度下的气体(譬如空气)中,每一个分子各自沿不同的路径运动,由于不规则的运动而碰来碰去.分子的运动不再是一样的;它们经历着不断地变化,相应的运动可以用经典力学来预测.然而,分子本身彼此之间仍然全同,它们就像是不活泼的弹子球那样地相互作用.碰撞的能量还没有高到足以破坏它们量子态的程度.

在更高的温度下,碰撞能量超过分子的激发能.原子和电子的内部运动开始参与能量交换,这就是气体开始起辉发光时的温度.倘若再供给更多的能量,分子就分裂为原子,而如更进一步,电子都从原子中扯裂开来了.于是原子失去了它们的个性和特定性.

61

电子和原子核自由地、混乱地运动,没有两个电子的运动会完全一样,这种状态发生在像恒星内部那样高的温度.然而,也有可能在实验室内对少量原子创造出相似的条件.这就是"等离子体物理"的对象.在这样的能量下,原子核仍处在它们的基态上.它们仍是全同的和特定的,纵然原子早已从它们的特定的质降格为非特定的混乱的行为了①.仅当有上百万电子伏的能量输入体系时,如同我们在大型粒子加速器中所做的那样,核的较高量子态才会激发出来,或者核竟分解为其组元——质子和中子.一旦这样做了,则核也失去了它的质和它的特定性质,也就是变成为质子和中子的经典气体了.

最新的巨型加速器注入质子和中子本身的能量差不多到达这样的程度,以致中子、质子开始显示出内部结构和差异,从而丧失了它们固有的全同性.随着能量进一步增加,这一进程可能迈向新的未知结构——或者它也可能停在某个点上,不再提供任何新粒子.我们不知道而且可能永远也不会知道,除非我们一直做下去.

量子阶梯使我们有可能一步一步地发现自然界的结构.当我们在原子能量范围研究一些现象时,我们不需要考虑核的内部结构;当我们研究气体在正常温度下的机制时,我们不需要考虑原子的内部结构,在前一种情况下,我们可以把核看作是全同的、不可改变的单元,换句话说,看作是基本粒子;在后一种情况下,对每一个原子也可以这样看.因此观察的现象是比较简单的,一点不知道组元的内部结构也能理解这些现象,只要所采用的能量如此之低,以致组元可

---

① 这里在我们的术语上可能有些混淆:"量子"一词同我们所理解的"量"(相对于质)没有什么联系."量子态"一词用来专指原子、分子或核中那些独特的运动状态,它们是这些客体的特定性和质的基础.

以看作是不变的单元就行.

量子阶梯的现象也解决了玻尔兹曼佯谬,物质的较精细的结构,直到平均能量达到它的量子激发水平以前,是不参与能量交换的,因此,参与热的交换的只有量子能量在所用温度下就能被激发的那些形式的运动.

现在让我们沿着量子阶梯往下走,从今日所知最高的台阶开始.这可能是极高温度下,动能约为好几百万电子伏的质子、中子和电子的气体.在这些条件下,除了三种基本粒子以外,找不到太多的个性.它们的运动是混乱的,因而没有任何特定的秩序.在较低的温度下,譬如其动能小于一个百万电子伏,则质子和中子集聚而成为原子核.于是在我们的画面中,开始有更多的特定性进去了.有许多种可能的原子核,譬如九十二种元素和它们的同位素的核,每一种都是完全确定的独特的态.然而,电子和原子核的运动仍然是混乱的、无序的、连续地改变的,在更低的温度下,相应于能量只有若干电子伏——这是相应于太阳表面温度的能量——电子已经落到环绕着原子核的一定的量子态上.在量子阶梯上的这一点,具有它们的特定个性和化学性的原子才出现了.如果我们再往下降,降到十分之一电子伏区,我们看到原子可能形成简单分子,我们还发现了为数更多的化合物,同原子一样地清晰、一样有特定性,只是稳定性稍差一些.

能量再降低到一个电子伏的几百分之一(室温),我们就会看到大多数分子集聚成为液体和晶体,从而使物质更加多样化了,这也是形成长链大分子的区域,这时我们已经揭开了物质特定性的全新的一章——生命组织出现了.它开始于碳同氢、氧以及氮形成大量的化合物,例如核酸、氨基酸和蛋白质.这些大分子的机理至今还不很清楚,但它们的某些性质已相当了解,它们能够把较简单的分子按照大分子本身的样式结合起来而形成它们的复制品,这种能力是最令人惊异的.

复制的可能性引起一种新的机制：最适宜于复制的结构，亦即最不易受伤害的结构，将最大量地复制它自己. 因此结构得以链式发展，按照自然选择的机制，生命组织逐渐变得适应性更强了. 生命结构的复制是由某些大分子决定和引导的，其中最重要的是DNA(脱氧核糖核酸). DNA 的内部结构(特别是嘌呤基和嘧啶基在其中排列的次序)是一种决定因素，它支配着生命的循环中不断地复制着的那些单元的性质. 因此，又是量子态的个性成为生命的特定性的原因. 核酸基的特定结构以及它们在 DNA 中排列次序的稳定性，这是另一个形成唯一和全同量子态的例子，虽然是一个复杂的例子. 由于大分子的长度长，可能量子态的数目比简单原子或分子情况中的数目多许许多多倍，它们的形式十分错综复杂，这反映为生命样品的极大的多样性.

生命的存在要求温度必须足够低，使大分子得以形成，但也要求温度足够高，以保证供给生命过程所需的能量. 如果我们沿着量子阶梯往下一直降到绝对零度，那么生命瓦解，所有的物质都排列成为大晶体，其中许多已存在的多样性虽然还保持着，却都被冻结为没有活动性的了. 每样东西因而只能处在它最低的状态上，这种状态具有高度特定性，但是没有任何变化或运动. 这就是死亡的阶段.

非常可能的是，在宇宙的历史中，物质的发展正如我们所描述的那样，从高能到低能沿着量子阶梯往下递降，每一级上都有一些新的性质添加进来，我们环顾四周触目可见的那个物质世界的历史可能从一个年轻的恒星内部开始，那里在引力压缩下，极高能的质子、中子和电子开始了某种集聚过程. 这是差异很小的时期. 稍后. 基本粒子集聚为原子核，在恒星的较冷区域，原子便形成了. 这是向着质和组织发展的第一步. 个体的性质开始出现，运动和辐射也不再完全均匀.同种物体的类别被创造出来,一样东西可以同另外一些东西相区别了.

在恒星和某些较冷行星的表面上,温度继续降低,于是具备了适宜于形成各种各样化合物的条件.在那个阶段上的世界面貌,我们也是晓得的,那就是岩石、沙漠和水的世界,那里富于矿物质和化合物,但是还没有任何形式的生命.最后,在宇宙中某些条件有利的地方,自然的伟大进军出发了.在这一进军中,我们自己有幸成为它的一部分.有机大分子开始了它们的复制循环,同时向着多种形式生命的进化过程也出现了.于是,从量到质的发展到达了多样性和丰富性很大的一个阶段,它就是我们在其中生活的这个世界.人类的生命,人的思想和人的感觉都不过是这个阶段的某一种显现而已.

同刚开始时那种没有形状的混乱无序作一对比,最生动地表明了物质朝着可区别性和特定性发展的固有倾向,而这种倾向最终是基于量子态的稳定性和个性之上的.生活在20世纪的我们,有幸目睹这一发展过程中最为激动人心的场面:正是在这一时期,自然界以人类的形式开始认识自己的一些本质的特性.

作为一家专门出版数学类图书的工作室为什么要引进版权出版此书,根本的原因还是数学.

虚数的出现可溯源至15世纪时求解三次方程,但直到18世纪的欧拉时代,仍称之为"想象的数"(imaginary numbers).数学界正式接受它,要到19世纪,经柯西、高斯、黎曼、魏尔斯特拉斯的努力,以漂亮的复变函数论赢得历史地位.至于在物理学领域,一直认为能够测量的物理量只是实数,复数是没有现实意义的.尽管在19世纪,电工学中大量使用复数,有复数的电动势、复值的电流,但那只是为了计算的方便.不用复数,你能算出来,只不过麻烦一些而已.计算的最后结果也总是实数,并没有承认在现实中真有"复数"形态的电流.

有鉴于此,杨振宁先生说,直到20世纪初,情况仍然没有

多少改变. 一个例证是创立了量子波动力学的薛定谔, 据说他在 1926 年初就已经得到我们现在熟悉的方程

$$ih\frac{\partial \psi}{\partial t}=H\psi(x,t) \tag{1}$$

其中含有虚数单位 i, 波函数是复函数, 但最后总是取实部. 薛定谔将上式两边求导后化简, 得到了一个不含复数但更复杂的高阶微分方程

$$-h^2\ddot{\psi}=H\psi \tag{2}$$

1926 年 6 月 6 日, 薛定谔在给洛伦兹的一封长信中, 认为这个不含复数的方程 (2) "可能是一个普遍的波动方程". 这时薛定谔正在为消除复数而努力. 但是到了同年的 6 月 23 日, 薛定谔领悟到, 这是行不通的. 在论文中, 他第一次提出: "波函数是时空的复函数, 并满足方程 (1)." 他把方程 (1) 称为真正的波动方程, 原因是, 描述量子行为的波函数, 不仅有振幅大小, 还有相位, 二者相互联系构成整体, 所以量子力学方程非用复数不可. 另一个例子是外尔在 1918 年发展的规范理论, 被爱因斯坦拒绝接受, 也是因为没有考虑相位因子, 只在实数范围内处理问题. 后来由 Fock 和 London 用加入虚数 i 的量子力学加以修改, 外尔的理论才又复活.

牛顿力学中的量全都是实数量, 但一旦进入量子力学, 就必须使用复数量. 杨振宁和 Mills 在 1954 年提出非交换规范场, 正是注意到了这一点, 才会把外尔规范理论中的相位因子推广到李群的李代数, 从而完成了一项历史性的革命.

1959 年, Aharanov 和 Bohm 设计一个实验表明, 在量子力学中, 与标量势一样, 向量势也是可以测量的, 打破了 "可测的物理量必须是实数" 的框架. 这一实验相当困难, 最后由日本的 Tonomura 及其同事于 1982 年和 1986 年先后完成. 这样, 物理学中的可测量终于拓展到了复数.

有一位叫孙鑫的业内人士专门为此问题访谈了杨振宁先生.

孙鑫:我想请问杨先生一个关于爱因斯坦的问题. 爱因斯坦的相对论, 他都是用的实变函数, 他的研

究工作没有牵涉复变数.他的理论非常漂亮,物理与数学结合得非常完美,使大家陶醉了.但是他的范围都是实变函数的范围.所以杨先生,你们当时关于相变,是突破了实数的范围,跑到复变数上面去研究了,一下就看清楚了.在实变函数里没有奇点的,到了复变函数它就有奇点了.一取热力学极限,奇点跑到实轴上来,那就相变了.我看到你们的文章也提到,爱因斯坦看到这一点,他也很感兴趣,因为他平常不碰复数,所以请你们去讨论交流了.我就想问一下,杨先生还记得吧,当时爱因斯坦对复变函数,他的总的概念,觉得这个东西只是奇怪,还是非用不可? 在物理中为什么他一直不用?

杨振宁:是这样,我想孙鑫刚才讲的是 1951—1952 年李政道与我写的一篇文章,这篇文章把一个配分函数,本来在统计力学里头是实数的,我们把它推广到复数空间,解决了当时一个比较复杂的问题.爱因斯坦对这个问题产生了兴趣,所以他就来找李政道和我去跟他谈了一个多钟头.不过那一个多钟头,当然我现在已经记不太清楚了,我不觉得他特别注意的,是把实数推广到复变函数方面.我看了很多爱因斯坦的文章.对于把实数变成复变函数的这个方向,我没有看见他发表过任何一篇文章.这并不代表说是他反对它,只是他对这个领域,我自己的印象,没有特别去研究过.我对这个是研究过的,我写了一篇文章,是关于薛定谔的,起先怎么也不肯把 i,这个 -1 的平方根,引进到量子力学里头,花了好几个月的努力以后,最后才投降了,就把 i 写到薛定谔方程式里头去.关于这个,我在有一篇文章里头说,我认为这个可能还不是这个方向的终点.所以我一直觉得还要再推广.大家知道,从实数,先是有正的实数,后来有负的实数,这是一个重要的推广.然后后来有复数,这又是一个推广,那么下一个推广呢,是四元数,哈密尔顿研究的四元数.哈密尔顿发现四元数以后,就认为这是最重要的发现,所以他以后就专门研究这个,可是不太成功,并且后来被有些人嘲笑.可是我是一直觉得,恐怕最后基础物理学再发展的话,会了解到四元数是在基础物理学有一个基本的位置.不过是怎么做法呢,我尝试过好些次,没写过什么文章,因为没出来什么真正有重要意义的文章.可是有人写了很多文章,大家晓得,有人写过一本书.

施郁:普林斯顿大学的 Stephen Adler.

谈到相对论,只有一位大家是根本没法回避的,甚至可以说他就是相对论的同义词,这个人就是爱因斯坦.爱因斯坦的名气之大在科学界直追牛顿,就像当今许多平庸之人爱傍名人蹭热度一样,爱因斯坦更是一个超级大 IP(这里 IP 是网络用语,其实就是"知识财产").

这两天,一本书中对于一个定理的表述火了.这个定理便是著名的勾股定理.书中提到爱因斯坦用相对论证明勾股定理,还震惊了数学界.如下:

2005 年是爱因斯坦建立相对论 100 周年.爱因斯坦在相对论中给出了一个著名的质能方程 $E = mc^2$,其中 E 表示物质所含的所有能量,m 是物质的质量,c 是光速.这个质能方程是现代制造核武器、核电站的理论基础.

据说,勾股定理也曾经引起了这位著名物理学家的浓厚兴趣,与大家不同的是,爱因斯坦是用相对论来证明勾股定理的.

假设直角三角形三条边长为 a, b, c,过直角顶点作斜边 c 的垂线段(图 1).

假设原三角形面积为 E,根据相对论,有

$$E = mc^2$$

同理,内部分割出来的两个小三角形的面积分别是

$$E(a) = ma^2, E(b) = mb^2$$

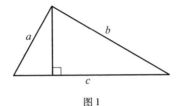

图 1

因为内部两个小三角形拼成原三角形，所以

$$E = E(a) + E(b)$$

也就是

$$mc^2 = ma^2 + mb^2$$

两边约去 m，就得到了勾股定理

$$c^2 = a^2 + b^2$$

爱因斯坦的这个证明发表以后，震惊了国际数学界，大家发现原来相对论有这么大的威力. 后来德国著名的数学刊物 *Mathematische Annalen* 聘请爱因斯坦去做了多年的主编.

尤其那个震惊世界的描述，有着浓浓的"民科"味道. 业内人士一开始并不在意，毕竟在当下的环境，一本杂牌书发表任何惊世骇俗的声明都不会是新鲜事情. 但定睛一看，不对！这个不是杂牌书，而是人民教育出版社出版的数学自读课本. 这……有人找到了这种说法的疑似英文出处. 在这份英文材料里，描述了这个勾股定理、爱因斯坦以及他的相对论. 但材料里明确说到，这里出现的 $E = mc^2$ 和爱因斯坦著名的质能方程虽然样子很像，但这完全是巧合，如下：

In this chapter some of these topics are introduced informally, together with the leading dramatis personae.

When Jacob Einstein taught (Euclidean) geometry to his 11-year-old nephew Albert, the young Einstein—even then striving for utmost parsimony—felt that some of

69

Euclid's proofs were unnecessarily complicated. For example, in a typical proof of Pythagoras's theorem $a^2 + b^2 = c^2$, was it really mandatory to have all those extra lines, angles, and squares in addition to the basic right triangle with hypotenuse, c and sides a and b?

After "a little thinking", the sharp youngster came up with a proof that required only one additional line, the altitude above the hypotenuse (图 2). This height divides the large triangle into two smaller triangles that are similar to each other and similar to the large triangle.

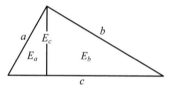

图 2   Pythagoras's theorem: sketch for proof by the
11-year-old Einstein based on similarity

Now, in Euclidean geometry, the area ratio of two similar (closed) figures is equal to the square of the ratio of corresponding linear dimensions. Thus, the areas E_a, E_b, and E_c (E as in German Ebene) of the three triangles in Figure 2 are related to their hypotenuses a, b, and c by the following equations

$$E_a = ma^2 \tag{1}$$
$$E_b = mb^2 \tag{2}$$
$$E_c = mc^2 \tag{3}$$

where m is a dimensionless nonzero multiplier that is the same in all three equations.

Now a second look at Figure 2 will reveal that the area of the large triangle is, of course, the sum of the areas of the two smaller triangles

$$E_a + E_b = E_c$$

or, with equations 1 to 3

$$ma^2 + mb^2 = mc^2$$

Dividing this identity by the common measure m promptly produces Pythagoras's renowned result

$$a^2 + b^2 = c^2$$

proved here by an 11-year-old person by combining two fertile scientific principles that were going to stand the grown-up Einstein in good stead: simplicity and symmetry, of which self-similarity is a special case. Yet the true beauty of Einstein's proof is not that it is so simple, but that it exposes the true essence of Pythagoras's theorem: similarity and scaling.

The resemblance of equation 3 to Einstein's later discovery, his famous $E = mc^2$, is of course entirely fortuitous. The equivalence of mass m and energy E, which is at the basis of nuclear power in all its guises, is a consequence of Lorentz invariance. This invariance, which underlies special relativity, was predicted by Einstein in 1905 after, it seems, several false starts and a "little more thinking".

应该说，如果表述中没有相对论的乱入，这个证明还是挺巧妙的. 思路大致如下：设直角三角形的斜边长度是 c，两条直角边长度是 a 和 b. 用斜边上的高把直角三角形分成两个小直角三角形. 这样两个小直角三角形和大直角三角形相似，斜边分别为 c, a, b. 于是，三个三角形的面积与 c^2, a^2, b^2 成正比（这里你还可以进一步认为，都正比于某个单位面积）. 设这个比例为 m，就有面积带来的等式

$$mc^2 = ma^2 + mb^2$$

消去 m，得到

$$c^2 = a^2 + b^2$$

数学上，完全没有问题，但这和相对论没有半点关系.

记得有一位物理学家对错误分了几个等级，小错误、严重

71

错误、连错误都不如,这里的乌龙,我们认为就属于后者.

为了使英文不那么太好,物理基础不那么牢固的读者购买到此书后,不至于一点收获都没有,我们附一个爱因斯坦小传于后,供爱好者阅读.

爱因斯坦 1879 年生于德国东部的乌尔姆(Ulm)城.他的父亲名赫尔曼(Hermann),开了一个电化工厂.在爱因斯坦出生一年后,他的父亲即迁到慕尼黑(Munich)去开厂,所以他少年时期的教育是在慕尼黑的学校开始的.他在中学时,不喜欢各种强迫训练及形式主义的功课,但当他读到几何学时,立刻产生浓厚的兴趣,使他不能放下书本.因为几何学中理论的明确,演证的有步骤以及图形与说理的清楚,使他感觉到在这个杂乱无章的世界中还有秩序井然的存在.又因为在他刚 6 岁的时候,即开始学习小提琴,对于教师所用的呆板方法深感不满,后来用他自己所创的特殊方法去学习方觉满意.因此,他对于古典音乐有了深嗜笃好.到他 14 岁时,已能登台伴奏.这样,数学物理和古典音乐就成了他一生的两个伴侣.

爱因斯坦在中学时,一般功课皆属平常,但算术的成绩则远在全班同学之上.当他十五岁时,他的父亲因经营工厂失败而迁到意大利去了,他也因为性情孤僻,不被学校中的师友所喜爱,于是退学到了瑞士的苏黎世(Zurich),进了一所有名的高等工业学校(The Swiss Federal Polytechnic School),目的在于专攻理论物理与数学,为将来担任学校教授做好准备.就在 20 世纪开始的一年,爱因斯坦在这个学校毕业了,因为他非瑞士人,要找到一个教学的职位甚不容易,后来由一位同学把他介绍到伯尔尼(Berne)的发明专利局去做一名检验员.这个职位对于他很相宜,因为既使他有了充分的余暇,又使他接触到很多发明家的新观念,给他一种思想上的刺激.就在伯尔尼发明专利局任职期间,1905 年爱因斯坦发表了他的狭义相对论.

　　狭义相对论的出发点,是要解决多年以来在物理学家心中的"以太"(Ether)问题,也就是绝对空间是否存在的问题.这个问题是古典物理学遗留下来的.因此,我们有回溯一下相对论发明以前物理学情形的必要.

　　我们知道,牛顿力学是以物体在空间距离的改变来表示运动的.牛顿力学的基本观念,又从伽利略(Galileo)的物体运动原则发展而来.伽利略把物体下落的运动,分析为两种运动:

　　(一)惯性运动,即物体运动开始后其运动的速度与方向均保持不变;

　　(二)重力运动,即物体以一定的加速度从垂直方向下落的运动.

　　牛顿把这个形式推广到天体中的复杂运动,建立了他的力学三定律和万有引力说.力学三定律的第一定律说:每一物体均继续其静止的状况,或在一直线上继续其匀速运动,除非是受了外力的作用而改变其状况.

　　第二定律说:运动的改变与外加的力成正比例,并且在外力的方向上发生.

　　第三定律说:每一个作用都有一个相等的而在反方向上的反作用.

　　最后,他的万有引力说:宇宙中每一质点皆吸引其他质点,引力的方向为联结此两质点间的直线,其大小与它们质量的乘积成正比,与两质点间的距离的平方成反比.

　　牛顿的力学三定律和万有引力说,在原理上是非常的根本与重要,在应用上又是那么的广泛与成功,因此成了一切物理学、天文学、机械工程学的基础.18世纪以后,机械哲学竟成了一切自然科学界的领导思想,凡是科学上所有的新发明、新现象,都要归总到机械学说来说明;凡是不能用机械原理说明的,都认为

73

是对于物理性质不够了解.

但牛顿的力学定律有一点不够清楚,即说物体在没有外力作用时,常在一条直线上继续其不变速度的运动.此外,所谓"在一条直线上"的意思是什么?在平常生活中它的意思很明白.如一个台球沿球桌的边平行运动时,我们可以说它是在一条直线上运动,但球桌是停在地球上的,地球则时时刻刻绕着自转轴自转并围着太阳公转.这样,在地球以外的人看来,这个台球运动的路径却是非常繁杂的.所以我们说这个台球在一条直线上运动,仅是指对于在球房中人的位置而言的.

因此,我们知道牛顿力学原来含有一个相对原理.就是说,力学原理在一个惯性系统中是有效的,在另一个惯性系统中也是有效的;而且只要这个惯性系统对另一个惯性系统用均一速度运动时,我们用了伽利略变换式可以立刻得到另一个惯性系统中运动的形式.换句话说,任何物体在一个惯性系统中的未来运动可从它对于这个系统的开始位置及运动速度来决定,不需要知道惯性系统本身的运动.这是牛顿力学成立的原理,它在有限范围内运用起来是有效的.但在处理一切天体的现象时不免产生困难,因为实际上这种严格的惯性系统是不存在的.

牛顿力学一方面是非常成功的,另一方面是作为最后惯性系统的不存在,使物理学家感觉到理论上的缺憾.同时,自从18世纪以来,各门科学发展的突飞猛进,特别是光学和电磁学的许多新发明,使物理学家感觉到这些光波和电磁波需有一个在空间传播的媒介.于是创造了"以太"这个神秘的东西来说明光、热、电磁等现象."以太"是弥漫空间,无所不在的,而且地球在空中运行不会把"以太"带着走,是从天空中星光的视差而证明了的.因此,我们如果能利用在"以太"海中的光波与地球运行的关系而觉察出"以太"的存在,那么,"以太"就可以代表空间的绝对性,而牛顿力学的最后症结也就得到了解决. 根据这个希望, 迈克生(Michelson)-莫尔列(Morley)在 1887 年施行了他们有名的光学实验. 实验的结果却是一个完全的负面. 于是科学家又碰到了更大的难关, 他也许要放弃"以太"这个神秘东西, 不然就得承认地球是不动的. 固然, 自从哥白尼证明了太阳中心说以后, 没有人再怀疑地球是环绕太阳的行星, 不过也有少数的物理学家, 对于"以太"仍旧恋恋不舍. 与爱因斯坦同时期的, 后来成了纳粹党员, 专门以攻击爱因斯坦为事业的德国物理学者菲列普·理纳特(Philipp Lenard)就是一个.

爱因斯坦看到以上种种困难, 是因为假定"以太"的存在, 然后研究光在"以太"中的运动的关系得来的. 假如不问光在"以太"中运动的结果怎样, 而只问光和运动作用的结果是怎样, 那么, 牛顿力学的相对原则也就可用来解释光的现象, 而迈克尔生-莫尔列试验的负结果乃当然的事了. 这样, 解决了"以太"的问题, 说明了不但"以太"这个假想的物质不存在, 即绝对空间的观念也是不必要的. 从空间的相对性推阐到时间的相对, 从空间、时间的相对性就可得到运动的相对, 从运动的相对性又可知物质也是相对的. 这一系列的推论, 都是狭义相对论的结果. 但它把物理学上这些基本观念放在一个和古典物理学完全不同的基础上, 由此又得到一些异乎寻常的结论, 如长度因运动而缩短, 质量因运动而增加, 等等, 使普通的人听了不免要瞠目结舌, 但它在叙述某些自然现象上, 比古典物理学要更精确些.

在此期间, 爱因斯坦还有两个重要的发明: 一个是质与能的联系公式, 即物质当吸收或放射动能而增加或减少质量时, 其质与能的联系常用公式 $E=mc^2$ 来表示. 这个公式在原子能发展的研究上是何等重要, 已经成了普通常识, 此处不必再加以说明. 另一个是光的量子说. 20 世纪初, 光的性质还不十分明了, 因此,光的现象也不能解释清楚.例如光的由红到紫,从玻尔兹曼(Boltzmann)的统计律说来,它只是与绝对温度成正比例,那就是说,它是和气体分子运动的平均动能成正比例的.但从实验的结果来说,频率高的紫光总要比频率低的红光放出得少些,无论温度是如何增高.要解释这个现象,普朗克(Planck)在 1900 年提出了量子的理论,说原子放出或吸收的能量不能为任何数值,这必定是一个常数的倍数.普朗克这个量子说,只是拿来解释热或光的吸收或发射现象,爱因斯坦则把量子理论应用到光的一切性质,说光的本身就是由一定量的能量构成.他创立了"光子"(Photon)的名词.用了这个观念,不但许多光的现象容易解释,而且使光与原子构造发生密切关系,成了后来光电学的基础,而物理学上光和电磁学的根本观念也非修改不可了.他在 1922 年凭借这个发现获得了诺贝尔科学奖.

狭义相对论在物理学上冲破了近代科学思想的藩篱,是一个破天荒的大创造.它发表之后,物理学界无不惊异爱因斯坦的发明天才.1909 年苏黎世大学请他去任物理学教授.1910 年布拉格(Prague)大学的理论物理学教授出缺,他又被推为候选人之一.布拉格大学是德国最古老的大学之一,在当时属于奥地利行政系统.当时奥地利的教育部长蓝姆巴(Lampa)曾问普朗克对于爱因斯坦的意见,普朗克回答说:"如果爱因斯坦的理论被证明是正确的——这个我想没有问题——爱因斯坦将被认为是 20 世纪的哥白尼."普朗克是德国理论物理学的权威,从他对爱因斯坦的称誉,可见当时的科学界对于爱因斯坦是何等的重视了.

1912 年爱因斯坦回到苏黎世,即在他毕业的高等工业学校担任教职.就在这时,他发展了狭义相对论使它包括万有引力,成为广义相对论.大概说来,广义相对论是以加速运动来代替重力作用,而加速运动又

76

可解释为四维空间的曲度. 爱因斯坦说, 在重力场中的空间的几何性, 不同于其他不在重力场中的空间的几何性. 换句话说, 即物质在空间可制造一种曲度, 使在此空间的物质都依照此空间形式而运动. 光也是物质的一种, 故光在有大质量物质的附近通过, 可能发生偏折的现象. 这个新理论推算的结果, 经 1919 年日全食时所摄经过日球附近星光的照相而得到证明. 这是爱因斯坦的完全胜利, 从此再没有人怀疑相对论的科学价值了.

爱因斯坦于 1912 年重到苏黎世的时候, 已经是世界仰望的大物理学家了. 苏黎世这样一个小地方, 当然不能长久留住他. 1913 年他被任命为德皇威廉研究所 (Kaiser Wilhelm's Institute of Research) 的研究教授, 并同时做了普鲁士科学研究院 (Prussian Academy of Science) 院士. 在当时这是一个德国学者所能得到的最高荣誉, 但爱因斯坦并没因此改变他反对德国武力主义的主张. 1914 年第一次世界大战开始时, 德国的权威学者共九十二人发表了一个联合声明, 替德国的文化作辩护, 爱因斯坦拒绝在这个声明上签名. 在当时这也是一个震惊世界的事件.

在战争期间, 尽管心理状况紧张, 但是爱因斯坦仍不断地研究他的广义相对论, 使它在逻辑上能够更完美, 在数学上成为更精密的系统. 例如在 1912 年, 他根据自己重力的理论, 用了牛顿力学定律来计算光线经过日球附近的曲折率为 0.87 s, 但根据他的空间曲度新理论计算则为 1.75 s, 恰为前数的两倍, 是和实测相切合的. (实际观测所得数值为 1.64 s.)

广义相对论拿空间的曲度来代替了重力作用, 空间的曲度则是因物质的存在而发生, 同时又作用于其他的物质. 这种情形在电磁力场也一样存在, 因带电的质点产生电磁力场, 这个力场又作用于其他带电质点. 最后原子核与核内电子的关系也有同样情形. 爱因斯坦因此想发现一个统一场论 (Theory of unified

77

field），这将是广义相对论的扩大，使它包括一切电磁现象，并对于光的量子理论得到一个更满意的表示. 如果可能的话，将不止于四维空间的曲度而会有其他特殊的因子加入考虑. 这个艰巨的工作，据说在爱因斯坦五十岁生日的那年(1929)已完成了一部分. 但令当时人士失望的是：当他在普鲁士科学院的会报上发表出来时，不过寥寥的几页，而且大部分是数学符号，不是平常人所能了解的.

　　爱因斯坦是德籍犹太人，他对于犹太人处处受到迫害和他们的复国运动有很强的同情心. 同时他也是热烈的和平主义者，对于德国的武力主义从小即抱着深切的厌恶. 因此，在第一次世界大战结束后，他在柏林成为排斥犹太人攻击的目标. 1922 年，他为犹太人办的耶路撒冷大学筹款到美国，受到盛大欢迎. 同时也到过东方，在日本住了相当长的时间，在上海则匆匆一过而已. 1931 年，他以访问教授的名义再到美国加州工科大学(California Institute of Technology)讲学，因为他确信战后的美国是与世界和平有重大关系的. 这些行为，为后来希特勒对他的压迫伏下引线，也使他最后移居到美国，在普林斯顿的高级学术研究所(Institute of Advanced Study at Princeton)继续他的研究工作成为可能.

　　爱因斯坦从 1933 年迁到美国普林斯顿居住，一直到 1955 年逝世为止，其间经过第二次世界大战. 他和这次大战产生的重大关系，是因为他的一封信，促成了原子弹的出现. 原来在原子结构的研究过程中，原子核内中子的存在，以及中子击破原子核机遇的增进，铀原子被高速质子冲击而分裂成为原子重大约相等的两种不同元素，同时放出大量的能量等事实，都已陆续发现，成为物理学界共有的知识了. 当时只要使中子击破铀原子的作用成为链式，在瞬间进行，那么一个能量巨大的爆炸武器即成为可能. 这种武器若是落在纳粹德国的手里，将成为世界的大灾难. 因此，由欧洲逃难来美的两个物理学家——匈牙利的里奥·史拉德和意大利的费米①——去见爱因斯坦,要他把这个重要事件提出来,请美国当局注意.于是爱因斯坦在 1939 年 8 月 2 日写了一封信给美国的罗斯福总统,请他注意这件事,并组织研究原子能应用的机构.结果在 1945 年出现了人类历史上第一颗原子弹在日本广岛爆炸的事件.

原子能在毁灭性武器上的应用,将为人类带来无穷灾难和恐惧,爱因斯坦和许多权威物理学家深深感到他们对于世界和平及人类前途的重大责任.他曾不惮烦劳地发表公开言论,呼吁各大国牺牲一部分主权,成立世界政府来管理原子武器,使它不能成为人类的威胁.他说,"一切共同管理,必须先有国际协定来执行视察和监督的任务.这种协定又需先有彼此间极高度的信任.假如有了这种信任,战争危险即可消灭,不管有原子弹或无原子弹."不用说,他的这个希望,到现在为止还是未能实现的空想,而他也终于赍志以殁了.

爱因斯坦逝世后,世界各国的言论界、学术界、同声一致地写文章悼念这位不世出的哲人.美国物理学会(American Physical Society)出版的《现代物理学评论》季刊 1956 年 1 月登载了奥本海默②的一篇短文,对于爱因斯坦的生平学术贡献有清楚确切的评价.现在我们把它译出附载于后,以作本章的补充.奥本海默是美国理论物理学的权威,曾负责监造第一颗原子弹,对于爱因斯坦学术思想的了解,在同时期的物理学家中是无出其右的.以下是奥本海默的话:

---

① Leo Szilard 及 Enico Fermi 两人皆是哥伦比亚大学的物理学教授.

② J. Robert Oppenheimer：“Einstien”. *Review of Modern Physics*, Vol 28 No. 1 January,1956.

1955 年 4 月爱因斯坦的逝世,物理学家失去了他们最强的同行伙伴. 在 20 世纪最初 20 年的黄金时代中,物理学史是与爱因斯坦的发现史分不开的.

爱因斯坦开始的工作是 19 世纪的统计力学和电磁理论发展起来的. 在他成熟工作的第一年,他的关于布朗运动(Brownian movement)的论文,扩大和明确了统计理论,并导致到变动现象的洞察,在对于量子论的贡献上有极大关系. 他的第二篇论文,把光的量子假说十分近似地做成了定律,使我们对于原子范围内物质进程的了解,有了不可挽回的改变. 第三篇论文就是他的狭义相对论. 在这篇论文里虽然也包含了许多洛伦兹和庞加莱等同时独立发表的结果,但只有爱因斯坦看到在本质上光的有限速度在决定我们观察的性质、定义和空间、时间的间隔上的作用;从这些又引到更深的逻辑上不可避免的现象,后来依靠实验才验证的:运动着的钟表要走得慢些.

在此后的十年内,爱因斯坦总是抓着惯性、物质、加速度、重力等问题,从不放手. 第一,他发现了物质与能量是同一的东西. 这个发现,在二十五年后才被详细证明,并且替在第二次世界大战中及以后的人类历史的决定性发展打下基础. 他开始了解惯性与重力场中的物质恰恰相等的意义,从这里他看出重力的几何学理论基础. 他留意保存逻辑上必要的物理算式的一般共变性,直到这些努力归宿到广义相对论及力场方程式的发明. 他差不多同时指出了在观察技术可能的情形下的三种实验,来比较他的理论包含的稀奇结论. 在此后四十年中,这些是重要的,唯一的实验与广义相对论的关系,只除了一个例外. 这个例外在宇宙学范围内,在这里,爱因斯坦是第一个看出了广义相对论开出了全新的路径. 广义相对论与其他物理学上的大进展不同,它完全是一个人的工作. 没有爱因斯坦,也许会隐藏很长时间而不能被发现.

在这个时期内爱因斯坦一直和飞速发展的原子

现象的量子理论保持着亲密关系.他回复到应用统计的论点和变动现象的逻辑意义来发现光线的发射与吸收的定律,并建立了布罗格里(Broglie)的波动与罗斯(Rose)叙述光量子的统计律的关系.这个时期,随着1925年量子力学的发现,特别是玻尔(Bohr)逐渐把它形成了一定形式,爱因斯坦的任务也改变了.他感觉到自己一开始就是对新力学的统计与因果的性质激动且不满意的一个人,而对这个力学的发现他是有巨大贡献的.

在长时期的尖锐的讨论和分析中,特别是和埃令费斯特(Ehrenfest)和玻尔的讨论,他不止一次表示这个新力学虽然有很多地方和实验结果符合,仍包含着逻辑上的错误和不一致.但在分析之后,许多例子都表现它和量子理论的协调与一致,他终于接受了它,不过常常保留他的不变信心,说这个不能成为原子世界的最终形容,而最后的叙述必须要把因果的和统计的项目除去.

这样,在他一生的最后十年中,他没有完全分享他的多数同行的信念和兴趣.相反地,用了他的与日俱增的独立思想,一心一意去发现于他对物质原子性的基本的并且是满意的叙述.这也就是统一场的课题.此外,他打算把没有物质的广义相对论力场的算式普遍化,使它也能够描述电磁现象.他想要找出一些算式,它的解决要合于物质与电荷的区域性集合,而其性质又同于量子论所正确叙明的原子世界.他努力工作一直到去世为止.这个课题没有引起许多物理学家的重视与兴趣;但他对于他们工作的知识与他的判断,始终是坚定与明确的.

倘若天气够好,他常从工作地点走回家.不久以前有一天他告诉我说:"只要有一天你得到了一个合理的事去做的时候,从此你的工作与生活都会有一点特别的美."的确,他真做了一些合理的事情.他在我们当中使我不至于陷入愚昧的苦境,而凡是认识他的人没有不被他的大度所感动的.

近年爱因斯坦的相对论原理在其诞辰百年之后再次受到全世界的关注.

2016 年 2 月 11 日,美国"激光干涉仪引力波天文台(LIGO)"项目组宣布发现引力波,证实了爱因斯坦 100 年前所做的预测,广义相对论彻底获得验证.引力波发现后,美国麻省理工学院校长发了一封公开信,信中评价基础科学研究的一番话发人深省:"它是艰苦的、严谨的和缓慢的,又是震撼的、革命性的和催化性的.没有基础科学,最好的设想就无法得到改进,创新只能是修修补补.只有基础科学进步,社会才能进步."亚利桑那州立大学的理论物理学家劳伦斯克劳斯日前在一篇专栏文章中写道:"人们常常会问,如果不能生产更快的汽车或更好的烤面包机,像(引力波)这样的科学研究有什么用处.但是对于毕加索的油画或莫扎特的交响乐,人们却很少问同样的问题,这些人类创造力的巅峰之作改变了我们对于自身在宇宙中的位置的看法.与艺术、音乐和文学一样,科学拥有令人惊奇和兴奋、目眩和迷惑的能力.科学的文化贡献及其所具有的人性,或许就是它最为重要的特征."

请不要忘记,电磁波的发现最终使人类有了无线电通信和手机,在狭义相对论中质能关系理论指导下,科学家最终制造出了原子弹、氢弹和核反应堆,卫星定位等技术也借助了狭义相对论的知识.基础科学研究可以带给人类什么? 它带给人类无穷的可能.

正如 Peter Lax 所指出:数学和物理的关系尤其牢固.其原因在于,数学的课题毕竟是一些问题,而许多数学问题是物理中产生出来的,并且不止于此,许多数学理论正是为处理深刻的物理问题而发展出来的.

为了吸引广大中学生读者购买本书,我们也准备添加点中学元素进来.

我们先从四道 IPhO(International Physics Olympiad,国际物

理奥林匹克竞赛)试题谈起.

国际奥林匹克物理竞赛是中学生的物理大赛,1967 年由波兰等三个东欧国家的物理学家倡议发起,第一届竞赛在波兰华沙举行,邀请五个东欧国家的代表队参赛,包括捷克斯洛伐克、匈牙利、波兰、保加利亚和罗马尼亚. 每个代表队有三名队员.以后范围扩大到西欧、美洲和亚洲等许多国家,逐渐成为国际性的中学生物理竞赛. 中国 1986 年首次参赛.

竞赛的目的是增进中学物理教学的国际交流;促进物理学课外活动的开展,加强各国青年之间的相互了解与合作;激发参赛者的创造能力,提高中学生解决实际问题的能力. 我们发现爱因斯坦的狭义相对论在历届试题中时有出现,下面仅举几例.

题1 某电子显微镜的加速电压 $U = 512$ kV,先将静止电子加速,加速后的电子束进入非均匀磁场区,非均匀磁场由一系列线圈 $L_1, L_2, \cdots, L_N$ 产生,各线圈中的电流强度分别为 $i_1, i_2, \cdots, i_N$. 电子在非均匀磁场区沿一确定轨道 T 运动. 今欲将该电子显微镜改装成质子显微镜,以 $-U$ 加速静止质子,要求质子进入非均匀磁场区后沿着与电子完全相同的轨道运动,则各线圈中的电流 $i_1', i_2', \cdots, i_N'$ 与原电流 $i_1, i_2, \cdots, i_N$ 应有何种关系?

分析 首先弄清轨道完全相同的条件. 设空间曲线切线方向的单位矢量用 $\boldsymbol{\tau}$ 表示,曲线弧长改变 $\mathrm{d}s$ 时, $\boldsymbol{\tau}$ 的改变量为 $\mathrm{d}\boldsymbol{\tau}$. 若两条光滑曲线 $\boldsymbol{\tau}_1$ 和 $\boldsymbol{\tau}_2$ 的对应点恒有

$$\frac{\mathrm{d}\boldsymbol{\tau}_1}{\mathrm{d}s_1} = \frac{\mathrm{d}\boldsymbol{\tau}_2}{\mathrm{d}s_2} \tag{1}$$

则通过曲线的平移操作,总能使 $\boldsymbol{\tau}_1$ 和 $\boldsymbol{\tau}_2$ 处处重合. 本题中电子和质子均从同一点进入磁场区,只要满足式(1),两者的轨道就完全重合.

电子和质子在磁场中受洛伦兹力 $\boldsymbol{F} = q\boldsymbol{v} \times \boldsymbol{B}$ 的作

用,它们在磁场中的运动轨道由动力方程 $\boldsymbol{F}=\dfrac{\mathrm{d}\boldsymbol{p}}{\mathrm{d}t}$ 决

定,据此可得 $\dfrac{\mathrm{d}\boldsymbol{\tau}}{\mathrm{d}s}$ 与磁感应强度 $\boldsymbol{B}$ 的关系,再由条件式

(1),并应用动量和能量的相对论关系,可得出使用电子束和质子束时所需磁场之间的关系.

解 设带电粒子的电量为 q,速度为 $\boldsymbol{v}$,动量为 $\boldsymbol{p}$,则其动力方程为

$$q\boldsymbol{v}\times\boldsymbol{B}=\frac{\mathrm{d}\boldsymbol{p}}{\mathrm{d}t} \tag{2}$$

上式两边点乘 $\boldsymbol{p}$,得

$$(q\boldsymbol{v}\times\boldsymbol{B})\cdot\boldsymbol{p}=\frac{\mathrm{d}\boldsymbol{p}}{\mathrm{d}t}\cdot\boldsymbol{p}$$

因 $\boldsymbol{p}=m\boldsymbol{v}$,上式左边为零,右边为

$$\frac{\mathrm{d}\boldsymbol{p}}{\mathrm{d}t}\cdot\boldsymbol{p}=\frac{1}{2}\frac{\mathrm{d}}{\mathrm{d}t}(\boldsymbol{p}\cdot\boldsymbol{p})\frac{\mathrm{d}\boldsymbol{p}}{\mathrm{d}t}=\frac{1}{2}\frac{\mathrm{d}}{\mathrm{d}t}p^2$$

故

$$\frac{\mathrm{d}p^2}{\mathrm{d}t}=0$$

$$p=常量 \tag{3}$$

由式(2),有

$$q\boldsymbol{v}\times\boldsymbol{B}=\frac{\mathrm{d}\boldsymbol{p}}{\mathrm{d}t}=\frac{\mathrm{d}\boldsymbol{p}}{\mathrm{d}s}\cdot\frac{\mathrm{d}s}{\mathrm{d}t}=v\frac{\mathrm{d}\boldsymbol{p}}{\mathrm{d}s}=vp\frac{\mathrm{d}}{\mathrm{d}s}\left(\frac{\boldsymbol{p}}{p}\right)$$

上式最后一步用到了式(3)$p=$常量.因

$$\boldsymbol{\tau}=\frac{\boldsymbol{v}}{v}=\frac{\boldsymbol{p}}{p}$$

故上式可写为

$$\frac{\mathrm{d}\boldsymbol{\tau}}{\mathrm{d}s}=\frac{q}{pv}\boldsymbol{v}\times\boldsymbol{B}=\frac{q}{p}\boldsymbol{\tau}\times\boldsymbol{B}$$

分别用下标 e 和 p 区别电子和质子的有关量,用电子束时的磁场为 $\boldsymbol{B}$,用质子束时的磁场为 $\boldsymbol{B}'$,则有

$$\frac{\mathrm{d}\boldsymbol{\tau}_e}{\mathrm{d}s_e}=\frac{q_e}{p_e}\boldsymbol{\tau}_e\times\boldsymbol{B} \tag{4}$$

$$\frac{\mathrm{d}\boldsymbol{\tau}_p}{\mathrm{d}s_p}=\frac{q_p}{p_p}\boldsymbol{\tau}_p\times\boldsymbol{B}'=-\frac{q_e}{p_p}\boldsymbol{\tau}_p\times\boldsymbol{B}' \tag{5}$$

84

轨道重合的条件为

$$\frac{d\boldsymbol{\tau}_e}{ds_e} = \frac{d\boldsymbol{\tau}_p}{ds_p}$$

此时轨道的每一点有

$$\boldsymbol{\tau}_e = \boldsymbol{\tau}_p$$

由式(4)(5),得

$$\boldsymbol{B}' = -\frac{p_p}{p_e}\boldsymbol{B} \tag{6}$$

根据式(3),p_p 和 p_e 均为常量,等于由加速电压 $U = 512$ kV 加速后的动量. 只要求出 p_e 和 p_p,根据式(6),即可得出 $\boldsymbol{B}$ 与 $\boldsymbol{B}'$ 之间的具体关系. 对电子,加速后的动能正好等于电子的静止能量,即

$$E_{ke} = 512 \text{ keV} = m_e c^2$$

式中,m_e 为电子的静止质量,计算电子动量必须用相对论公式

$$p_e^2 c^2 = (E_{ke} + m_e c^2)^2 - m_e^2 c^4 = 3E_{ke}^2$$

故

$$p_e = \frac{\sqrt{3}}{c} E_{ke}$$

对质子,其静止能量为

$$m_p c^2 = \frac{1.67 \times 10^{-27} \times (3 \times 10^8)^2}{1.60 \times 10^{-19}} \text{eV} = 941 \text{ MeV}$$

可见,质子动能

$$E_{kp} = 512 \text{ keV} \ll m_p c^2$$

质子动量 p_p 可用经典近似,为

$$p_p = \sqrt{2m_p E_{kp}} = \frac{1}{c}\sqrt{2(m_p c^2)E_{kp}}$$

于是,得出

$$\frac{p_p}{p_e} = \sqrt{\frac{2m_p c^2}{3E_{ke}}} = \sqrt{\frac{2 \times 941 \times 10^3}{3 \times 512}} = 35.0$$

由式(6),有

$$\boldsymbol{B}' = -35.0\boldsymbol{B}$$

因此,当用质子束代替电子束时,为使两者的轨道完

全重合,磁场区每个点的 $\boldsymbol{B}'$ 应为 $\boldsymbol{B}$ 的 35.0 倍,而方向则相反. 因 i 与 $\boldsymbol{B}$ 成正比,故各线圈的电流应满足

$$i'_n = -35.0 i_n, n = 1, 2, \cdots, N$$

(本题是 1989 年第 20 届 IPhO 试题.)

题 2 如图 3 所示,有一均匀带电的正方形绝缘线框 $ABCD$,每边边长为 L,线框上串有许多带电小球(看成质点),每个小球的带电量为 q,每边的总带电量为零(即线框的带电量和各小球的带电量互相抵消). 今各小球相对线框以速率 u 沿绝缘线做匀速运动,在线框参考系中测得相邻两小球的间距为 a ($\ll L$). 线框又沿边 AB 以速率 v 在自身平面内相对 S 系做匀速运动. 在线框范围内存在一均匀电场 $\boldsymbol{E}$,其方向与线框平面的倾角为 θ. 考虑相对论效应,试在 S 系中计算以下各量:

1. 线框各边上相邻两小球的间距 a_{AB},a_{BC},a_{CD},a_{DA}.

2. 线框各边的净电量 Q_{AB},Q_{BC},Q_{CD},Q_{DA}.

3. 线框和小球系统所受的电力矩大小.

4. 线框和小球系统的电势能.

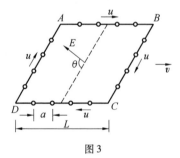

图 3

分析 首先建立坐标系. 设进行观测的坐标系为 S,绝缘线框静止的坐标系为 S',小球静止的坐标系为 S'',各坐标系的 x 轴与边 AB 一致. 求 a_{AB} 时,首先将 S' 系中的小球间距根据洛伦兹收缩公式转换成 S'' 系中的间距,再由相对论速度合成法则求出小球(即 S''

系)相对 S 系的运动速度,再次利用洛伦兹收缩公式,将 S'' 系中的间距转换到 S 系中.其他各边的间距可用同法求得.

计算各边净带电量时,必须注意以下事实,即带电量是交换不变量,所以绝缘线的带电量不因坐标变换而改变.但计算小球总的带电量时,必须考虑边长的洛伦兹收缩和小球间距的改变,前者仅与速度 v 有关,后者不仅与 v,而且还与 u 有关.故两者对小球带电总量的影响不能抵消,从而出现不为零的净电荷.

各边的净电量算出后,电力矩和电势能就容易求得.

解 1.先算 a_{AB}.设在 S'' 系中相邻两小球的间距为 a_0,它是静止长度.题给间距 a 是 S' 系中的间距,S' 和 S'' 的相对速度为 u,根据洛伦兹收缩公式,有

$$a_0 = \frac{a}{\sqrt{1 - \dfrac{u^2}{c^2}}} \qquad (1)$$

按速度合成法则,小球(即 S'' 系)相对 S 系的速度为

$$u_{AB} = \frac{u + v}{1 + \dfrac{uv}{c^2}} \qquad (2)$$

把 S'' 系中的间距转换到 S 系,得出 S 系中的间距为

$$a_{AB} = \sqrt{1 - \frac{u_{AB}^2}{c^2}}\, a_0$$

把式(1)(2)代入,化简后得

$$a_{AB} = \frac{\sqrt{1 - \dfrac{v^2}{c^2}}}{1 + \dfrac{uv}{c^2}}\, a \qquad (3)$$

计算 a_{CD} 时,因小球相对线框的速度反向,故只要把式(3)中的 u 用 $-u$ 代替即可,得

$$a_{CD} = \frac{\sqrt{1-\frac{v^2}{c^2}}}{1-\frac{uv}{c^2}}a$$

由于边 BC 和 DA 与线框的运动方向垂直,故线度测量在 S' 与 S 系间无洛伦兹收缩,所以

$$a_{BC} = a_{DA} = a$$

2. 在 S' 系中每边绝缘线上的电量为

$$Q_L = -\frac{L}{a}q$$

其中, $\frac{L}{a}$ 为各边上的小球数. 因电量是变换不变量,故在 S 系中也是该值.

先算 Q_{AB}. 在 S 系中边长为 $L\sqrt{1-\frac{v^2}{c^2}}$, 小球间距为 a_{AB}, 故 AB 边上小球带电总量为

$$Q_{AB, 球} = \frac{L\sqrt{1-\frac{v^2}{c^2}}}{a_{AB}}q$$

把式(3)代入,得

$$Q_{AB, 球} = \frac{L}{a}\left(1+\frac{uv}{c^2}\right)q$$

于是 AB 边净电量为

$$Q_{AB} = Q_L + Q_{AB, 球} = \frac{Luv}{ac^2}q$$

同理可得边 CD 上小球的带电总量为

$$Q_{CD, 球} = \frac{L\sqrt{1-\frac{v^2}{c^2}}}{a_{CD}}q = \frac{L}{a}\left(1-\frac{uv}{c^2}\right)q$$

边 CD 净电量为

$$Q_{CD} = Q_L + Q_{CD, 球} = -\frac{Luv}{ac^2}q$$

在 S 系中测得 BC 和 DA 的边长仍为 L,小球间距仍为 a,故

$$Q_{BC,球} = Q_{DA,球} = \frac{L}{a}q$$

这两条边的净电量为

$$Q_{BC} = Q_{DA} = Q_L + \frac{L}{a}q = 0$$

总之，AB 和 CD 两边所带净电量等量异号，而 BC 和 DA 两边不带电（正、负电之和为零）.

3. 边 AB 和 CD 所受电场力分别为

$$F_{AB} = Q_{AB}E = \frac{Luv}{ac^2}qE$$

$$F_{CD} = Q_{CD}E = -\frac{Luv}{ac^2}qE$$

上述两力对线框形成力偶矩，其大小为

$$M = |F_{AB}|L\sin\theta = \frac{L^2uv}{ac^2}qE\sin\theta$$

4. 因边 AB 和 CD 均与 E 垂直，故边 AB 和 CD 均处于 E 场的等势位置，设它们的电势分别为 U_{AB} 和 U_{CD}，则线框的电势能为

$$W = Q_{AB}U_{AB} + Q_{CD}U_{CD}$$

为确定 U_{AB} 和 U_{CD}，如图 4 所示，建立与 E 垂直的参考平面 P，边 AB 与平面 P 的垂直距离为 R，并规定平面 P 的电势为零，则边 AB 和 CD 的电势为

$$U_{AB} = -ER$$

$$U_{CD} = -E(R + L\cos\theta)$$

故线框电势能为

$$W = -ERQ_{AB} - E(R + L\cos\theta)Q_{CD}$$

因 $Q_{AB} = -Q_{CD}$，代入，得

$$W = ELQ_{AB}\cos\theta = \frac{L^2uv}{c^2a}\cos\theta$$

（本题是 1991 年第 22 届 IPhO 试题.）

题 3 相对论性粒子.

在狭义相对论里，一个质量为 m_0 的自由粒子的能量 E 和动量 p 之间的关系为

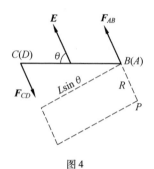

图 4

$$E = (p^2c^2 + m_0^2c^4)^{\frac{1}{2}} = mc^2$$

当这样的粒子受到一个保守力作用时,其总能量,即 $(p^2c^2 + m_0^2c^4)^{\frac{1}{2}}$ 与势能之和是守恒的. 如果粒子的能量非常高,那么它的静止能量可以忽略,这样的粒子叫作极端相对论性粒子.

1. 考虑一个能量极高的做一维运动的粒子(忽略静止能量),受到一个大小为 f=常量的向心吸引力的作用. 设开始时 $(t=0)$ 粒子处于力心 $(x=0)$,具有初始动量 p_0. 试在 (p,x) 图上(动量–空间坐标图)和在 (x,t) 图上(坐标–时间图)分别画出粒子运动的图像,要求至少画一个运动周期,标明各转折点的坐标(用所给参数 p_0 和 f 表示),并在 (p,x) 图上用箭头指示出运动过程的方向.

2. 介子是一种由两个夸克构成的粒子. 介子的静止质量 M 等于两夸克系统的总能量除以 c^2.

考虑一个关于静止介子的一维模型,其中两个夸克沿着 x 轴运动,它们之间存在着一个常数吸引力,大小为 f,并假定它们可以自由地互相穿透. 在分析夸克的高能运动时,它们的静止质量可以忽略. 设开始计时时 $(t=0)$ 两夸克都在 $x=0$ 处. 试在 (x,t) 图上和 (p,x) 图上指示出运动的方向,并求出两夸克之间的最大距离.

3. 上面第 2 问中所用的参考系记为 S,今有一实

验室参考系 S', S' 相对于 S 以恒定速度 $v=0.6c$ 沿负 x 轴方向运动. 两参考系的坐标这样选择, 即使得 S 系中的 $x=0$ 点与 S' 系中的 $x'=0$ 点在 $t=t'=0$ 时重合. 试在 (x', t') 图上画出两夸克的运动图像, 标出转折点的坐标 (用 M, f 和 c 表示), 并给出 S' 系观察到的两夸克之间的最大距离.

在 S 系和 S' 系中观察到的粒子的坐标之间的关系由洛伦兹变换决定, 即

$$x'=r(x+\beta ct)$$

$$t'=r\left(t+\frac{\beta x}{c}\right)$$

式中, $\beta=\dfrac{v}{c}$, $r=\dfrac{1}{\sqrt{1-\beta^2}}$, v 是 S 系相对于 S' 系的速度.

4. 已知一介子, 其静止能量为 $Mc^2=140$ MeV, 相对于实验室系 S' 的速度为 $0.60c$. 试求出它在 S' 系中的能量.

解 1. 取力心为空间坐标 x 的原点和势能零点, 则粒子的势能 $U(x)$ 和总能量 W 分别为

$$U(x)=f|x|$$

$$W=\sqrt{p^2c^2+m_0^2c^4}+f|x| \tag{1}$$

若忽略静止能量, 得

$$W=|p|c+f|x| \tag{2}$$

因总能量 W 在整个运动过程中守恒, 故有

$$W=|p|c+f|x|=p_0c \tag{3}$$

取粒子初始动量的方向为 x 的正方向, 则上式可写为

$$\begin{cases} pc+fx=p_0c, & \text{当 } x>0, p>0 \\ -pc+fx=p_0c, & \text{当 } x>0, p<0 \\ pc-fx=p_0c, & \text{当 } x<0, p>0 \\ -pc-fx=p_0c, & \text{当 } x<0, p<0 \end{cases} \tag{4}$$

当 $p=0$ 时, 粒子到达离原点最远处, 设此距离为 L, 由式(3)可得

$$L=\frac{p_0c}{f} \tag{5}$$

91

由 $x=0$ 时 $p=p_0$ 和牛顿定律,得

$$\frac{\mathrm{d}p}{\mathrm{d}t}=F=\begin{cases}-f, & \text{当 } x>0 \\ f, & \text{当 } x<0\end{cases} \tag{6}$$

可求得粒子从原点运动至离原点最远处$(p=0)$所需时间 τ 为

$$\tau=\frac{p_0}{f} \tag{7}$$

由式(3)及式(6),可求得粒子运动的速率为

$$\left|\frac{\mathrm{d}x}{\mathrm{d}t}\right|=\frac{c}{f}\left|\frac{\mathrm{d}p}{\mathrm{d}t}\right|=c$$

即粒子总是以光速 c 运动. 当它位于与 $x=\pm L$ 点极为接近的区域时,由于获得式(3)的条件 $pc\gg m_0c^2$ 不再满足,此时粒子的速度不再等于 c,但在本题中以后的计算均忽略此差别引起的微小影响. 此粒子将在 $x=L$ 和 $x=-L$ 两点之间往复运动,周期为 $4\tau=\dfrac{4p_0}{f}$,速率为 c,x 和 t 之间的关系为

$$\begin{cases}x=ct, & \text{当 } x\leqslant t\leqslant\tau \\ x=2L-ct, & \text{当 } \tau\leqslant t\leqslant 2\tau \\ x=2L-ct, & \text{当 } 2\tau\leqslant t\leqslant 3\tau \\ x=ct-4L, & \text{当 } 3\tau\leqslant t\leqslant 4\tau\end{cases} \tag{8}$$

式中,$\tau=\dfrac{p_0}{f}$. 第 1 问的答案如图 5 和图 6 所示.

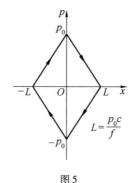

图 5

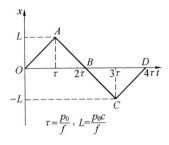

$$\tau = \frac{p_0}{f}, \quad L = \frac{p_0 c}{f}$$

图6

2. 两夸克系统的总能量可表为

$$Mc^2 = |p_1|c + |p_2|c + f|x_1 - x_2| \qquad (9)$$

式中，x_1, x_2 和 p_1, p_2 分别为夸克1和夸克2的位置坐标和动量. 在介子参考系中，两夸克的总动量为零，且 $t=0$ 时两夸克都在 $x=0$ 处，因而有

$$p_1 = -p_2, \quad x_1 = -x_2 \qquad (10)$$

即两者始终对称地在原点附近做彼此反向的往复运动. 设夸克1在 $x=0$ 处的动量为 p_0，则有

$$Mc^2 = 2p_0 c \quad \text{或} \quad p_0 = \frac{1}{2}Mc \qquad (11)$$

因 $|p_1| = |p_2|$，$|x_1 - x_2| = 2|x_1|$，$Mc^2 = 2p_0 c$，代入式（9），得

$$p_0 c = |p_1|c + f|x_1| \qquad (12)$$

此式表明，夸克1的运动与第1问中单粒子的运动一样，只是初始动量 $p_0 = \frac{1}{2}Mc$. 因而由第1问的答案即可得到夸克1的 (x_1, t) 图和 (p_1, x_1) 图，如图7和图8所示. 夸克2的情形与夸克1类似，只要改变 x 和 p 的正、负号即可得到夸克2的 (x_2, t) 图和 (p_2, x_2) 图，如图7和图8所示. 两者的运动方向分别由 $p = p_0$ 和 $p = -p_0$ 出发，夸克1向 $+x$ 方向运动，夸克2向 $-x$ 方向运动，由图7容易看出，两夸克之间的最大距离为

$$d = 2L = \frac{2p_0 c}{f} = \frac{Mc^2}{f} \qquad (13)$$

3. 参考系 S 以恒定速率 $v = 0.6c$ 相对于实验室参

93

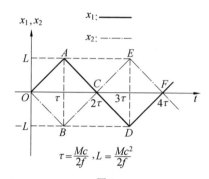

$$\tau = \frac{Mc}{2f},\ L = \frac{Mc^2}{2f}$$

图 7

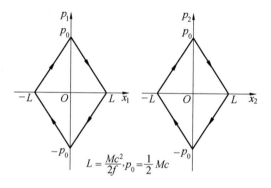

$$L = \frac{Mc^2}{2f},\ p_0 = \frac{1}{2}Mc$$

图 8

考系 S' 沿 x' 方向运动, S 系和 S' 系的原点在 $t=t'=0$ 时重合. 这两个参考系之间的洛伦兹变换为

$$x' = r(x + \beta ct)$$
$$t' = r\left(t + \frac{\beta x}{c}\right)$$

其中

$$\beta = \frac{v}{c} = 0.6$$
$$r = \frac{1}{\sqrt{1-\beta^2}} = 1.25$$

因为洛伦兹变换是线性的, (x,t) 图中的直线经变换

94

后在 (x',t') 图中仍为直线,所以只要计算出各转折点在 S' 系的 x' 和 t' 的数值,即可得到 (x',t') 图. 夸克 1 和夸克 2 应分别计算. 对于夸克 1,计算结果为:

参考系 S		参考系 S'	
x_1	t_1	$x_1'=r(x_1+\beta ct_1)$ $=\dfrac{5}{4}x_1+\dfrac{3}{4}ct_1$	$t_1'=r\left(t_1+\dfrac{\beta x_1}{c}\right)$ $=\dfrac{5}{4}t_1+\dfrac{3}{4}\dfrac{x_1}{c}$
0	0	0	0
L	τ	$r(1+\beta)L=2L$	$r(1+\beta)\tau=2\tau$
0	2τ	$2r\beta L=\dfrac{3}{2}L$	$2r\tau=\dfrac{5}{2}\tau$
$-L$	3τ	$r(3\beta-1)L=L$	$r(3-\beta)\tau=3\tau$
0	4τ	$4r\beta L=3L$	$4r\tau=5\tau$

其中 $L=\dfrac{p_0 c}{f}=\dfrac{Mc^2}{2f}$, $\tau=\dfrac{p_0 c}{f}=\dfrac{Mc}{2f}$, $\beta=0.6$, $r=1.25$.

对于夸克 2,计算结果为:

参考系 S		参考系 S'	
x_2	t_2	$x_2'=r(x_2+\beta ct_2)$ $=\dfrac{5}{4}x_2+\dfrac{3}{4}ct_2$	$t_2'=r\left(t_2+\dfrac{\beta x_2}{c}\right)$ $=\dfrac{5}{4}t_2+\dfrac{3}{4}\dfrac{x_2}{c}$
0	0	0	0
$-L$	τ	$-r(1-\beta)L=-\dfrac{1}{2}L$	$r(1-\beta)\tau=\dfrac{1}{2}\tau$
0	2τ	$2r\beta L=\dfrac{3}{2}L$	$2r\tau=\dfrac{5}{2}\tau$
L	3τ	$r(3\beta+1)L=\dfrac{7}{2}L$	$r(3+\beta)\tau=\dfrac{9}{2}\tau$
0	4τ	$4r\beta L=3L$	$4r\tau=5\tau$

利用上面的结果可画出如图 9 所示的 (x'_1,t') 图和 (x'_2,t') 图. 图中的直线 OA 和 OB 的方程为

$$OA:x'_1(t')=ct',0\leqslant t'\leqslant r(1+\beta)\tau=2\tau \quad (14a)$$

$$OB:x'_2(t')=-ct',0\leqslant t'\leqslant r(1-\beta)\tau=\frac{1}{2}\tau \quad (14b)$$

由图 9 可以看出,两夸克之间的距离,在 $t'=\frac{1}{2}\tau$ 时达到最大值,从而可以求出此最大值的数值为

$$d'=2cr(1-\beta)\tau=2c\times1.25\times0.4\times\frac{Mc}{2f}=\frac{Mc^2}{2f} \quad (15)$$

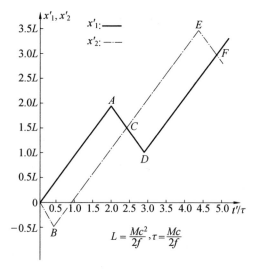

图 9

4. 已知介子的静止质量为 $Mc^2=140$ MeV,介子相对于实验室系的运动速度 $v=0.60c$,在实验室中,测出此介子的能量为

$$E'=\sqrt{p^2c^2+M^2c^4}=\sqrt{\frac{M^2v^2c^2}{1-\frac{v^2}{c^2}}+M^2c^4}$$

$$= \left(\sqrt{\frac{0.36}{0.64}+1} \right) Mc^2$$

$$= \frac{5}{4} \times 140 = 175 \ (\text{MeV})$$

（本题是 1994 年第 25 届 IPhO 试题.）

题 4 引力红移和恒星质量的测定.

1. 频率为 f 的一个光子具有惯性质量 m, 此质量由光子的能量确定. 在此假定下光子也有引力质量, 量值等于惯性质量. 与此相应, 从一颗星球表面向外发射出的光子, 逃离星球引力场时, 便会损失能量.

试证明, 初始频率为 f 的光子从星球表面到达无穷远处, 若将它的频移（频率增加量）记为 Δf, 则当 $\Delta f \ll f$ 时, 有

$$\frac{\Delta f}{f} \approx -\frac{GM}{Rc^2}$$

式中, G 为引力常量, R 为星球半径, c 为真空光速, M 为星球质量. 这样, 在距星球足够远处对某条已知谱线频率红移的测量, 可用来测出比值 $\frac{M}{R}$, 如果知道了 R, 星球的质量 M 便可确定.

2. 在一项太空实验中发射出一艘无人驾驶的宇宙飞船, 欲测量银河系中某颗恒星的质量 M 和半径 R. 宇宙飞船径向地接近目标时, 可以监测到从星球表面 He^+ 离子发射出的光子对飞船实验舱内的 He^+ 束进行共振激发. 共振吸收的条件是飞船 He^+ 朝着星球的速度必须与光子引力红移严格地相适应. 共振吸收时的飞船 He^+ 相对星球的速度 v（记为 $v = \beta c$）, 可随着飞船到星球表面最近距离 d 的变化而进行测量, 实验数据在下面的表格中给出. 请充分利用这些数据, 试用作图法求出星球的半径 R 和质量 M. 解答中不必进行误差估算.

共振条件数据表:

速度性参量 $\beta = \dfrac{v}{c}(10^{-5})$	3.352	3.279	3.195	3.077	2.955
到星体表面距离 $d/(10^8\mathrm{m})$	38.90	19.98	13.32	8.99	6.67

3. 为在本实验中确定 R 和 M, 通常需要考虑因发射光子时离子的反冲造成的频率修正(热运动对发射谱线仅起加宽作用, 不会使峰的分布移位, 因此可以假定热运动的全部影响均已被审查过了).

(a)令 ΔE 为原子(或者说离子)在静止时的两个能级差, 假定静止原子在能级跃迁后产生一个光子并形成一个反冲原子. 考虑相对论效应, 试用能级差 ΔE 和初始原子静止质量 m_0 来表述发射光子的能量 hf.

(b)现在, 试对 He^+ 离子这种相对论频移比值 $\left(\dfrac{\Delta f}{f}\right)_{反冲}$ 做出数值计算.

计算结果应当得出这样的结论, 即反冲频移远小于第2问中得出的引力红移.

计算用常量:

真空光速 $c = 3.0 \times 10^8$ m/s, He 的静质量 $m_0 c^2 = 4 \times 938$ MeV, 玻尔能级 $E_n = -\dfrac{13.6 Z^2}{n^2}$ eV, 引力常量 $G = 6.7 \times 10^{-11}$ N·m²/kg².

解 1. 一个光子所有的惯性质量 m 可由关系式

$$mc^2 = hf$$

求得, 为

$$m = \frac{hf}{c^2}$$

据题文假设, m 是惯性质量, 也是引力质量. 光子在距星球中心 r 处形成时的能量若为 hf, 向外射出过程中便会损失能量.

从能量守恒考虑, 光子能量的损失应等于引力势

能的增加. 用下标 i 表示初态, 下标 f 表示远离星球的终态, 则有

$$hf_i - hf_f = -G\frac{Mm_f}{\infty} - \left(-G\frac{Mm_i}{r}\right)$$

即

$$hf_f = hf_i - G\frac{Mm_i}{r}$$

$\Delta f \ll f$ 意味着光子能量的相对变化很小, 故有

$$m_f \approx m_i = \frac{hf_i}{c^2}$$

继而可作如下推演

$$hf_f \approx hf_i - G\frac{M\left(\dfrac{hf_i}{c^2}\right)}{r} = hf_i\left(1 - \frac{GM}{rc^2}\right)$$

$$\frac{f_f}{f_i} = 1 - \frac{GM}{rc^2}$$

$$\frac{\Delta f}{f} = \frac{f_f - f_i}{f_i} = -\frac{GM}{rc^2}$$

等号右边的负号表明 Δf 取负, 频率减小, 即有频率红移, 波长 λ 则将增大.

对于从半径为 R 的星球表面发射的光子, 便有

$$\frac{\Delta f}{f} = -\frac{GM}{Rc^2}$$

2. 光子初位置 r_i 到终位置 r_f 的能量减少为

$$hf_i - hf_f = -\frac{GMm_f}{r_f} + \frac{GMm_i}{r_i}$$

已假定光子能量变化很小, 即 $\Delta f \ll f$, 也就是

$$m_f \approx m_i = \frac{hf_i}{c^2}$$

因此

$$hf_i - hf_f \approx G\frac{M(hf_i)}{c^2}\left(\frac{1}{r_i} - \frac{1}{r_f}\right)$$

解出

$$\frac{f_f}{f_i} = 1 - \frac{GM}{c^2}\left(\frac{1}{r_i} - \frac{1}{r_f}\right)$$

本项实验中,r_i 即为星球半径 R,r_f 则为 R 与 d 之和,故有

$$\frac{f_f}{f_i} = 1 - \frac{GM}{c^2}\left(\frac{1}{R} - \frac{1}{R+d}\right) \tag{1}$$

为了能对飞船中的 He^+ 进行共振激发,射来的光子必须通过多普勒效应使其频率又从 f_f 升到 f_i. 相对论的多普勒效应公式为

$$\frac{f'}{f_f} = \sqrt{\frac{1+\beta}{1-\beta}}$$

式中,f' 为飞船离子接收到的光子频率. 参照实验数据表可知 $\beta \ll 1$,故有

$$\frac{f_f}{f'} = (1-\beta)^{\frac{1}{2}}(1+\beta)^{-\frac{1}{2}}$$

$$\approx \left(1 - \frac{\beta}{2}\right)\left(1 - \frac{\beta}{2}\right) \approx 1 - \beta$$

也可采用经典多普勒效应公式直接得出

$$\frac{f_f}{f'} = 1 - \beta$$

共振吸收的条件是

$$f' = f_i$$

故有

$$\frac{f_f}{f_i} = 1 - \beta \tag{2}$$

把式(2)代入式(1),解出

$$\beta = \frac{GM}{c^2}\left(\frac{1}{R} - \frac{1}{R+d}\right) \tag{3}$$

根据已给的实验数据,设法找出一种有效的作图解法. 为此,先将式(3)改写为

$$\beta = \frac{GM}{c^2} \cdot \frac{d}{R(R+d)}$$

两边取倒数,得

$$\frac{1}{\beta} = \left(\frac{Rc^2}{GM}\right)\left(\frac{R}{d}+1\right) \tag{4}$$

利用题目给定的 $\beta \sim d$ 数据,可得出 $\dfrac{1}{\beta} \sim \dfrac{1}{d}$ 数据表如下:

$\dfrac{1}{\beta}(10^5)$	0.298	0.305	0.313	0.325	0.338
$\dfrac{1}{d}/(10^{-8}\ \mathrm{m^{-1}})$	0.026	0.050	0.075	0.111	0.150

据此可画出 $\dfrac{1}{\beta} \sim \dfrac{1}{d}$ 的线性关系曲线,如图 10 所示. 对于该直线,有

$$斜率 = \alpha R,\ \alpha = \frac{Rc^2}{GM} \tag{5}$$

$$\frac{1}{\beta}轴的截距 = \alpha \tag{6}$$

$$\frac{1}{d}轴的截距 = -\frac{1}{R} \tag{7}$$

由式(5)和式(6)可以很容易定出 R 和 M,式(7)则可用来检查 R 的计算结果,但本题并不作此要求.

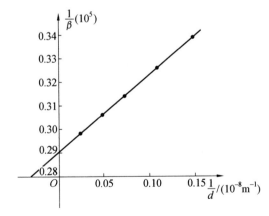

图 10

按此作图法,由图 10 可以得出

$$\alpha R = 3.2 \times 10^{12} \text{ m}$$

$$\alpha = 0.29 \times 10^5$$

$$R = \frac{\alpha R}{\alpha} = 1.104 \times 10^8 \text{ m}$$

$$M = \frac{Rc^2}{G\alpha} = 5.11 \times 10^{30} \text{ kg}$$

事实上设计题文所给数据表时,已先取定

$$R = 1.11 \times 10^8 \text{ m}, M = 5.2 \times 10^{30} \text{ kg}$$

作图法所得结果与此是很接近的.

3.(a)原子发射光子前、后的关系如图 11 所示. 光子的动量 p' 与能量 E' 分别为

$$p' = \frac{hf}{c}$$

$$E' = hf$$

原子总能量 E 和动量 p 的相对论关系为

$$E^2 = p^2 c^2 + m_0^2 c^4$$

在实验室参考系中,发射光子前的系统总能量为

$$E_0 = m_0 c^2 \tag{8}$$

发射光子后的系统总能量为

$$E = \sqrt{p^2 c^2 + m_0'^2 c^4} + hf \tag{9}$$

系统能量守恒

$$E_0 = E \tag{10}$$

由式(8)(9)(10),得

$$(m_0 c^2 - hf)^2 = p^2 c^2 + m_0'^2 c^4$$

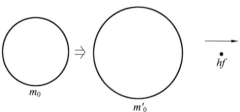

图 11

由动量守恒,得

$$p = p' = \frac{hf}{c}$$

把此式代入上式,并作如下推演

$$(m_0 c^2 - hf)^2 = (hf)^2 + m_0'^2 c^4$$

$$(m_0 c^2)^2 - 2hf m_0 c^2 = m_0'^2 c^4$$

$$hf(2m_0 c^2) = (m_0^2 - m_0'^2) c^4$$

$$= (m_0 - m_0') c^2 (m_0 + m_0') c^2$$

考虑到题文所给能级差 ΔE 与 m_0 和 m_0' 的关系为

$$\Delta E = m_0 c^2 - m_0' c^2$$

可得

$$hf(2m_0 c^2) = \Delta E [2m_0 - (m_0 - m_0')] c^2$$

$$= \Delta E (2m_0 c^2 - \Delta E)$$

由此解出

$$hf = \Delta E \left(1 - \frac{\Delta E}{2m_0 c^2} \right)$$

(b)考虑原子反冲,所发射的光子的频率 f 满足关系式

$$hf = \Delta E \left(1 - \frac{\Delta E}{2m_0 c^2} \right)$$

不考虑原子反冲,所发射的光子的频率 f_0 满足关系式

$$hf_0 = \Delta E$$

反冲频移 $\Delta f = f_0 - f$ 对应的频移比为

$$\frac{\Delta f}{f_0} = \frac{\Delta E}{2m_0 c^2}$$

以 He^+ 从能级 $n = 2$ 到 $n = 1$ 的光子发射为例,作一计算

$$\Delta E = 13.6 \times 2^2 \times \left(1 - \frac{1}{2^2} \right) = 40.8 \text{ eV}$$

$$m_0 c^2 = 3\,752 \times 10^6 \text{ eV}$$

可算出由离子反冲产生的频移比为

$$\frac{\Delta f}{f_0} = 5.44 \times 10^{-9}$$

由前面讨论的引力红移公式 $\dfrac{\Delta f}{f} = -\dfrac{GM}{Rc^2}$，可估算得

$$\frac{|\Delta f|}{f} \sim 10^{-5}$$

前者远小于后者，在太空引力红移实验中完全可以忽略.

（本题是 1995 年第 26 届 IPhO 的试题.）

最后稍微详细介绍一点国际物理奥林匹克竞赛的历史.

为组织国际性物理学科竞赛，波兰的 Cz. Scistowski 教授、捷克斯洛伐克的 R. Kostial 教授和匈牙利的 R. Kunfalvi 教授做了艰苦的准备工作，使得首届 IPhO 于 1967 年在波兰的首都华沙举行. 第 1 届赛事仅有波兰、捷克斯洛伐克、匈牙利、保加利亚和罗马尼亚参加. 第 2 届 IPhO 于 1968 年在匈牙利的布达佩斯举行，苏联、东德和南斯拉夫等国也组队参加，参赛国增加为 8 个. 第 3 届 IPhO 于 1969 年在捷克斯洛伐克的布尔诺举行，参赛国不变. 而后，第 4 届和第 5 届相继在苏联的莫斯科和保加利亚的索菲亚举行. 1972 年在罗马尼亚的布加勒斯特举办第 6 届赛事时，法国与古巴也参加了. 这是第一次有西方国家和非欧洲国家加盟 IPhO. 以后参赛国逐渐增多. 1981 年越南作为第一个亚洲国家参赛. 1985 年加拿大作为第一个北美国家参赛. 特别值得一提的是 1986 年我国与美国正式参加竞赛，这是 IPhO 历史上的一件大事，因为我国的高等教育理论水平和美国的高科技水平是举世公认的. 1987 年澳大利亚第一次组队参赛，这意味着 IPhO 活动已扩展到除非洲以外的四大洲. 1993 年在美国的威廉斯堡举行了第 24 届 IPhO，参赛国已多达 40 个.

国际物理奥林匹克竞赛举办地

2021 年　维尔纽斯,立陶宛

2019 年　特拉维夫,以色列

2018 年　里斯本,葡萄牙

2017 年　日惹,印度尼西亚

2016 年　苏黎世,瑞士和列支敦士登

2015 年　都柏林,爱尔兰

2014 年　阿斯塔纳,哈萨克

2013 年　哥本哈根,丹麦

2012 年　塔尔图和塔林,爱沙尼亚

2011 年　曼谷,泰国

2010 年　萨格勒布,克罗地亚

2009 年　梅里达,墨西哥

2008 年　河内,越南

2007 年　伊斯法罕,伊朗

2006 年　新加坡,新加坡

2005 年　萨拉曼卡,西班牙

2004 年　浦项,韩国

2003 年　台北,中国

2002 年　巴厘岛,印度尼西亚

2001 年　安塔利亚,土耳其

2000 年　莱斯特,英国

1999 年　帕多瓦,意大利

1998 年　雷克雅未克,冰岛

1997 年　萨德伯里,加拿大

1996 年　奥斯陆,挪威

1995 年　堪培拉,澳大利亚

1994 年　北京,中国

1993 年　威廉斯堡,美国

1992 年　赫尔辛基,芬兰

1991 年　哈瓦那,古巴

1990 年　格罗宁根,荷兰

1989 年　华沙,波兰

1988 年　巴特伊施尔,奥地利

1987 年　耶拿,德意志民主共和国

1986 年　伦敦,英国

1985 年　波尔托罗,南斯拉夫

1984 年　西格图纳,瑞典

1983 年　布加勒斯特,罗马尼亚

1982 年　马伦特,德意志联邦共和国

1981 年　瓦尔纳,保加利亚

1979 年　莫斯科,苏联

1977 年　赫拉德茨－克拉洛韦,捷克斯洛伐克

1976 年　布达佩斯,匈牙利

1975 年　居斯特罗,德意志民主共和国

1974 年　华沙,波兰

1972 年　布加勒斯特,罗马尼亚

1971 年　索菲亚,保加利亚

1970 年　莫斯科,苏联

1969 年　布尔诺,捷克斯洛伐克

1968 年　布达佩斯,匈牙利

1967 年　华沙,波兰

最后我们结合量子理论谈一点科学传播在中国遇到的问题.最近有一个非常火的视频叫《后浪》,它对今天的时代称赞有加,尽管评论不一,但有一点是值得肯定的,那就是今后的"后浪"及"前浪"在科学知识的获得方面获得了巨大的权利与方便.以与相对论有关的天文学为例,从前这些都是皇家的特权.

除了 1668 年和 1711 年两次有转折点意义的日影观测外,清廷还举行了数次日影观测,更有意思的是,操作者是康熙.1691 年 2 月发生日食,康熙和大臣做了观测,意在让大臣知道他学习取得的进步.1692 年的日影观测,康熙在御门听政的场

106

所和大臣讨论历算问题,还命大臣候视日影,更命人当场演奏音乐.康熙口授音乐理论,亲自测量日影无误,令大臣们"钦服"不已.

康熙笃爱科学,数十年不改,并时时操练,终成"科学学霸".他学科学除了兴趣和治理国家的需要外,还有一个重要动力——权术.康熙在大臣前的表演并不是单纯的个人炫耀,而是隐含了重要的政治动机.也正是通过对西学的学习和宣扬,康熙塑造了博学多能的形象,凸显了满族君主的才能.

韩琦说:"从传教士的信件里可以看出,康熙实际上并不想把在宫廷里传播的科学内容让大众及时知道."一些科学新知翻译后,要等二三十年得以出版,如《几何原本》在1690年左右已经译成,但直到1722年才刊印.康熙曾把安多叫到宫里翻译代数学著作,并叮嘱他翻译好以后不要跟别人讲,由此看出康熙是想"留一手",并不想把传进来的东西及时传授给大众.可以说,康熙这位"专享"科学的"学霸",一方面促进了科学的部分传播,另一方面也阻碍了科学的及时传播.

量子力学与相对论在今天的社会已经成为一个巨大的产业,有所谓"遇事不决,量子力学"之语.还有一大类人群就是喜欢用哲学的语言来谈论量子理论,因为像空间和时间这类话题早期也主要是哲学家喜欢高谈阔论.

比如哲学家马赫就曾指出:

> 引起我们返回到一个我们经常讨论的问题的理由之一是,最近在我们关于力学的观念中发生的革命.如同洛伦兹所构想出的,相对性原理会不会把全新的空间和时间概念强加于我们,从而迫使我们抛弃似乎已经建立起来的一些结论?我们不是曾经说过,几何学被心智设想为经验的结果,但是毫无疑问,经验并没有把它强加于我们,以至于一旦把它构造出来,它就免除了一切修正,超越于来自经验的新攻击所能到达的范围?而且,作为新力学建立的基础的实验看来不是已经震撼它了?为了看到我们针对它应该思考的东西,我们必须简短地回忆几个基本的观

107

念.首先,我们将排除所谓的空间感觉的观念,该观念把我们的感觉定义在一个预定的空间里,这种空间概念先于所有的经验而存在,先于所有经验的这种空间具有几何学家的空间的一切性质.事实上,什么是这种所谓的空间感觉呢?当我们希望了解动物是否具有空间感觉时,我们做了什么实验呢?我们把动物所需要的目标放在动物附近,我们观察动物是否知道不用试错法做出容许它接近目标的动作.我们是怎样觉察到别人被赋予这种宝贵的空间感觉呢?正因为他们为了接近目标也能够有目的地收缩他们的肌肉,而目标的存在在他们看来是被某些感觉揭示出来的.当我们观察我们自己意识中的空间感觉时,还有什么更多的东西呢?在改变了的感觉的参与下,我们在这里又认识到,我们能够进行我们的动作,这些动作能够使我们接近被我们视为是这些感觉的原因的目标,从而能够使我们作用于这些感觉,使它们消失或使它们更强烈.唯一的差别在于,为了意识到这一点,我们不需要实际进行这些动作;我们在心中想到它们就足够了.这种理智不能传达的空间感觉只能是一些埋藏在无意识的最深处的某种力量,因此对我们来说,这种力量只能够通过它引起的行为来认识;这些行为恰恰就是我刚说过的动作.因此,空间感觉简化为某些感觉和某些动作之间的恒定的联系,或者简化为这些动作的表象.(为了避免经常重复出现的含糊其词,不管我经常重复解释,是否有必要再次重申,我们用这个词并不意味着在空间中表象这些动作,而是意味着表象伴随动作发生的感觉?)

那么,空间为什么是相对的?它在多大程度上是相对的?很清楚,如果我们周围的所有物体和我们身体本身以及我们的测量仪器在它们彼此之间的距离丝毫不变的情况下被转移到空间的另一个区域,那么我们便不会觉察到这一转移.这就是实际所发生的情况,因为我们被地球的运动携带着而不能觉察这一点.假使所有的物体也和我们的测量仪器以相同的比例伸长,我们也不会觉察到它.因此,我们不仅无法知道物体在空间中的绝对位置,甚至连"物体的绝对位置"这种说法也毫无意义,我们同意仅仅说它相对于另一个物体的位置;"物体的绝对大小"和"两点之间的绝对距离"的说法也无意义,我们必须说的只是两个大小的比例、两个距离的比例.但是,就此而言还有更多的东西让我们设想,所有的物体都按照某一比原先的规律更复杂的规律形变.不管按照任何规律,我们的测量仪器也按同一规律形变.我们也将不能觉察出这一点:空间比我们通常认为的还要相对得多.我们只能觉察到跟同时发生的测量仪器的形变不相同的物体的形变.

我们的测量仪器是固体;要不然就是由相互可移动的固体制造,它们的相对位移通过这些物体上的标记、通过沿刻度尺移动的指针来指示:我们正是通过读这些刻度尺来使用我们的仪器的.因此,我们知道,我们的仪器或者以与不变的固体相同的方式改变位置,或者没有改变位置,由于在这种情况下,所说的指示没有改变.我们的仪器也包括望远镜,我们用它进行观测,以至可以说,光线也是我们的仪器之一.

我们关于空间的直觉观念会告诉我们更多的东西吗?我们刚刚看到,它被简化为某些感觉和某些动作之间的恒定联系.这等于说,我们用来做这些动作的四肢也可以说起着所谓测量仪器的作用,这些仪器没有科学家的仪器精确,但对于日常生活来说已足够了,与原始人的智力相仿的儿童,用这些肢体来测量空间,或者更确切地讲,构造满足他日常生活需要的空间.我们的身体是我们的第一个测量仪器.像其他测量仪器一样,它也由许多可以彼此相对运动的固体部件构成,某些感觉向我们提供了这些部件相对位移的信息,正如在人造仪器中的情况一样,我们知道我们的身体作为一个不可变的固体是否改变了位置.总而言之,我们的仪器(儿童把它们归功于自然,科学家把它们归功于他的天才)以固体和光线作为它的基本要素.

在这些条件下,空间具有独立于用来测量它的仪器的几何学特性吗? 我们说过,如果我们的仪器经受了同样的形变,那么空间也能够在我们意识不到它的情况下经受无论什么样的形变. 因此,空间实际上是无定形的、松弛的形式,没有刚性,它能适应于每一个事物;它没有它自己的特性.把空间几何化就是研究我们的仪器的性质,即研究固体的性质.

但是,由于我们的仪器是不完善的,每当仪器被改进时,几何学都必须修正.建筑师应当能在他们的说明中写上:"我提供了比我的竞争对手优越得多、单纯得多、方便得多、舒适得多的空间."我们知道,这并非如此,我们会被诱导去说,如果仪器是理想的话,那么几何学就是研究仪器所具有的性质.但是,为了做到这一点,就必须知道,什么是理想的仪器(而我们并不知道,因为不存在理想的仪器),只有借助几何学,才能够确定理想的仪器;这是一种循环论证.于是,我们将说,几何学研究一组规律,这些规律与我们的仪器实际服从的规律几乎没有什么不同,只是更为简单而已,这些规律并没有有效地支配任何自然界的物体,但却能够用心智把它们构想出来.在这种意义上,几何学是一种约定,是一种在我们对于简单性的爱好和不要远离我们的仪器告诉我们的知识这种愿望之间的粗略折中方案.这种约定既定义了空间,也定义了理想仪器.

我们就空间所说过的话也适用于时间.在这里,我不希望像柏格森的信徒所设想的那样谈论时间、谈论绵延;绵延远非是没有一切质的纯量,可以说,它是质的本身,它的不同部分(它们在其他方面各部分相互渗透)在质上相互区分.这种绵延不会成为科学家的仪器;只有像柏格森所说的那样,通过经历深刻的

110

变换,通过使它空间化,它才能够起这种作用.事实上,它必须变成可测量的东西;不能被测量的东西不能成为科学的对象.因此,能够被测量的时间本质上也是相对的.如果所有的现象都慢下来,我们的钟表也是如此,那么我们便不会意识到它;无论支配这种放慢的规律是什么,情况都是如此,只要它对于所有各种现象和所有钟表都相同.因此,时间的特性只不过是我们钟表的性质而已,正如空间的特性只不过是测量仪器的特性一样.

这还并非一切,心理的时间、柏格森的绵延适合于对发生在同一意识中的现象进行分类,科学家的时间就起源于它们.它不能对发生在两个不同意识背景中的两个心理现象进行分类,更不必说对两个物理现象进行分类了.一个事件发生在地球上,另一个事件发生在天狼星上,我们将怎样知道,第一个在前发生,或同时发生,或在第二个之后发生呢? 这只能是作为约定的结果.

但是,我们能够从一个全然不同的观点来考虑时间和空间的相对性.让我们考虑世界所服从的规律,这些规律能够用微分方程来表述.我们看到,如果直角坐标轴改变了,或者这些轴依然不动,这些方程未被证伪;如果我们改变时间原点,或用运动的直角坐标轴代替固定的直角坐标轴,坐标轴的运动是匀速直线运动,这些方程也不被证伪.如果从第一种观点来考虑,请允许我把相对性称为心理的相对性;如果从第二种观点来考虑,请允许我把相对性称为物理的相对性.你立即会看到,物理的相对性比心理的相对性受到多得多的限制.例如,我们说,假如我们用同一常数乘以所有的长度,倘若乘法同时用于所有的物体和所有的仪器,那么一切都不会有什么变化.但是,如果我们用同一常数乘所有的坐标,那么微分方程就有可能不成立.如果使该系统与运动的、旋转的坐标轴相关,它们也会不再成立,因为这时必然要引入通常

111

的离心力和复合的离心力. 由此, 傅科(Foucault)实验证明了地球的旋转. 也有一些事情动摇我们关于空间相对性的思想, 动摇我们基于心理的相对性的思想, 这种不一致似乎使许多哲学家进退维谷.

让我们来更加仔细地考察一下这个问题. 世界的所有部分都是相互依赖的, 天狼星无论多么遥远, 毋庸置疑, 它对发生在这个地球上的事件不可能绝对没有影响. 因此, 假使我们希望写出支配这个世界的微分方程, 那么这些方程要么是不精确的, 要么它们将依赖于整个世界的条件. 不可能存在一个适合于地球的方程组、另一个适合于天狼星的方程组; 必然只存在一个方程组, 它将适用于整个宇宙.

于是, 我们不直接注意微分方程; 我们注意的是有限方程, 这种方程是可观察现象的直接翻译, 通过微分能够从它们导出微分方程. 当坐标轴像我们描述过的那样进行变化时, 微分方程不被证伪; 但是, 同样的情况对于有限方程并不为真. 事实上, 坐标轴的改变会迫使我们改变积分常数. 结果, 相对性原理不能用于直接观测到的有限方程, 但可以用于微分方程.

这样一来, 我们如何从有限方程——它们是微分方程的积分——得到微分方程呢? 那就必须根据赋予积分常数的值了解几个彼此不同的特殊积分, 然后用微分消除这些常数. 尽管存在着无限多的可能解, 但是这些解中只有一个在自然界是可以实现的. 为了建立微分方程, 不仅必须知道可以实现的解, 而且也必须知道所有可能的解.

于是, 如果我们只有一个适合于整个宇宙的规律系统, 那么观察将只给我们提供一个可以实现的解: 因为永远只有一个宇宙摹本被复制出来, 这就是最主要的困难.

此外, 作为心理的空间相对性的结果, 我们只能观察我们的仪器能够测量的东西; 例如, 它们将给予我们所需要考察的星球之间的距离, 或各种物体之间的距离.它们将不会向我们提供它们相对于固定坐标系或运动坐标系的坐标,因为这些坐标系的存在纯粹是约定的.如果我们的方程包含这些坐标,那么它是通过一种虚构的,这种虚构可以是方便的,但不管怎样总是一种虚构.如果我们希望我们的方程直接表示我们观察到的东西,那么距离将必然在我们的独立变量中出现,于是其他变量将自行消失.此时,这就是我们的相对性原理,但它不再具有任何意义.它仅仅表示,我们在方程中引入了无法把事物描述明确的辅助变量——寄生变量,而且有可能消去这些变量.

假如我们不坚持绝对的严格,那么这些困难将会消失.世界的各部分是相互依赖的,但是如果距离很远,那么引力就微弱得可以忽略.于是,我们的方程将分解为独立的方程组,一个只可适用于地球上的世界,另一个适用于太阳,再一个适用于天狼星,或者甚至适用于更小的区域,像实验桌这样的区域.

这样一来,说只存在一个宇宙的摹本就不对了,在一个实验室可以有许多桌子.通过改变条件,重新开始实验将是可能的.我们仍然不知道唯一的解,唯一的一个实际实现的解,而知道大量的可能解,从有限的方程推进到微分方程,问题将变得容易些.

而且,我们将不仅知道一个这样的较小区域的各种物体的各自距离,而且也能知道它们距邻近小区域的物体的距离.我们可以这样来安排它,使得在第一种距离保持不变时,只有第二种距离发生变化.于是,这就好像我们改变了第一个小区域所参照的几个坐标轴一样.这些星球太遥远了,以至于对地上的世界没有可觉察的影响,但是我们看到了它们,多亏它们,我们才能够把地上的世界和与这些星球相联系的坐标轴关联起来.我们具有测量地上物体各自距离和这些物体相对于这个不同于地上世界的坐标系的各坐标的方法.因此,相对性原理才具有意义,它变得可以验证了.

　　不过,我们要注意到,我们只是通过忽略某些力得到了这些结果,我们还不认为我们的原理仅仅是近似的;我们赋予它以绝对的价值.实际上,我们的小区域相互之间无论相距多么远,相对性原理依然为真,我们便会异口同声地说,它对于宇宙的精确方程而言也为真.这个约定将永远不会发现有错误,因为当把它应用于整个宇宙时,该原理是不可验证的.

　　让我们现在返回到稍前提到的情况.一个系统此刻与固定坐标轴有关,然后与旋转坐标轴有关.支配它的方程将发生变化吗?是的,按照通常的力学确是如此.这是严格的吗?我们观察到的东西不是物体的坐标,而是它们的各自的距离.于是,通过消去只不过是寄生的、观察不可达到的变量的其他方程,我们就能够尝试建立这些距离所服从的方程.这种消元法总是可能的,唯一的事情是,如果我们保留坐标,我们便会得到二阶微分方程;相反地,在消去了所有不可观察的变量后,我们推导出的方程将是三阶微分方程,这样它们将给出通向大量可能的方程的途径.根据这种推断,相对性原理在这种情况下还将适用.当我们从固定坐标轴进入到旋转坐标轴时,这些三阶方程将不变化.发生变化的将是确定了坐标的二阶方程;但是,可以说,二阶方程是三阶方程的积分,正如在微分方程的所有积分中一样,其中包含着积分常数.当我们从固定坐标轴进入到旋转坐标轴时,没有保持相同的正是这个常数.但是,由于我们假定,我们的系统在作为整个宇宙来考虑的空间中是完全孤立的系统,我们无法得知整个宇宙空间是否旋转.因此,描述我们观察到的东西的方程实际上是三阶方程.

　　我们不去考虑整个宇宙,让我们现在考虑一些小的孤立区域,在这些区域中,没有机械力相互作用,但这些区域却是相互可见的.如果这些区域中的一个旋转着,那么我们将看到它旋转.我们将承认,我们必须赋予刚刚提到的常数的值取决于旋转速度,因而学力学的学生通常采用的约定将被认为是正确的.

因此,我们认清了物理相对性原理的意义,它不再是简单的约定.它是可以验证的,因此它可能不会被证实.它是实验的真理,而这种真理的意义是什么呢?从前面的考虑很容易推断它.它意味着,当两个物体之间的距离无限增加时,它们相互的引力趋于零.它意味着,两个遥远的世界的行为就像它们互不相关一样;我们能够更好地理解,物理的相对性原理为什么没有心理的相对性原理广泛.由于我们理智的真正本性,它不再是必然的;它是一个实验的真理,实验把限制强加给这个真理.

这个物理的相对性原理能够用来定义空间,可以说,它向我们提供了新的测量工具.让我们自己弄清楚:固体怎么能够使我们测量空间,或确切地讲,怎么能使我们构造空间呢?通过把一个固体从一个位置移动到另一个位置,我们公认有可能在开始使它适合于一个图形,然后使它适合于另一个图形,我们一致同意,可以认为这样两个图形是相等的.由于这种约定,几何学产生了,于是,在不改变图形的形状和大小的情况下,空间本身的变换对应于固体的每一个可能的移动.几何学只不过是这些变换的相互关系的知识,或者是利用数学语言研究这些变换所形成的群的结构,即研究固体运动群的结构.

由此断定,存在着另一种变换群,即我们的微分方程不会被证明是错的那种变换群,这是定义两个图形相等的另一种方法.我们将不再说:当同一固体开始与一个图形重合,然后与另一个图形重合时,这两个图形则是相等的.我们将说:当同一个力学系统距邻近的力学系统足够远,以至于可以看成是孤立系统,开始以这样的方式放置,使系统的不同质点再现出第一个图形,再以这样的方式放置,使它们再现出第二个图形,如果这样的同一个力学系统以同一方式行动,那么这两个图形便相等.

这两种观念彼此之间有本质上的区别吗？不，固体在它的各个分子相互间的引力和斥力的影响下形成它的形状；力的这种系统必须处于平衡.当固体的位置变化时，它依然保持自己的形状，用这种方法定义空间即用下述方式定义空间：描述固体平衡的方程不会因坐标轴的变化而证明是错的，因为这些平衡方程只不过是普遍的动力学方程的特例，根据物理的相对性原理，它不会因坐标轴的这种变化而被修正.

固体是一个力学系统，正像任何其他力学系统一样.我们前面关于空间的定义与新定义之间唯一的差别就在于，新定义在它容许用任何其他力学系统代替固体的这个意义上其范围更为广泛一些.而且，新约定不仅定义了空间，而且也定义了时间.它告诉我们，什么是两个同时的瞬间，什么是相等的时间间隔，或者一个时间间隔是另一个间隔的两倍意味着什么.

一个结论性的评论：正如我们已经说过的，由于与天然固体的特性相同的理由，物理的相对性原理是经验的事实.例如，它容易受到不断的修正，而几何学必须摆脱这种修正.正因为如此，它必须再次变成约定，相对性原理必须认为是一种约定.我们已经提到，它的实验意义是什么，它意味着，两个十分遥远的系统，当它们的距离无限增加时，它们之间的相互引力趋近于零.经验告诉我们，这近似地为真；经验不能够告诉我们，这完全为真，因为两个系统之间的距离总是有限的.但是，没有任何东西妨碍我们假定这完全为真；即使经验与该原理似乎不符，也没有任何东西妨碍我们.让我们设想，当距离增加而相互之间的引力减小，此后引力又开始增加的情况.没有任何东西妨碍我们承认，对更大的距离而言，引力再减小，并最终趋于零.只有把目前所考虑的原理本身作为约定，这才能使它免受经验的冲击.约定是经验向我们提示的，但我们却可以自由地采用它.

那么，近来因物理学的进步而引起的革命是什么

116

呢? 相对性原理在它的前一个方面被抛弃了;它被洛伦兹的相对性原理所代替. 正是"洛伦兹群"的变换,未把动力学的微分方程证伪. 如果我们设想, 系统不再与固定坐标轴相联系, 而是与用变化着的变换表示其特性的坐标轴相联系, 那么我们就必须承认, 所有的物体都发生了形变. 例如, 球变成椭球, 椭球的短轴平行于轴的平移. 时间本身也必须显著地加以修正. 在这里有两个观察者, 第一个与固定的坐标轴相联系, 第二个与旋转坐标轴相联系, 但是每一个观察者都认为另一个观察者处于静止. 不仅对这样一个图形, 第一个人认为是球, 而在第二个人看来似乎是椭球, 而且, 对于两个事件, 第一个人认为是同时的, 对第二个人来说却并非如此.

每一个事件发生着, 就像时间是空间的第四维一样, 就像起源于通常的空间和时间的结合的四维空间不仅能够绕通常的空间轴以时间不改变的方式旋转, 而且能够绕无论什么轴旋转. 因为比较在数学上是精确的, 所以有必要把纯粹虚值赋予空间的第四个坐标. 在我们的新空间中, 一个点的四个坐标不再是 x, y, z 和 t, 而是 x, y, z 和 $t\sqrt{-1}$. 但是, 我没有坚持这种观点, 主要的问题是要注意, 在新概念中, 空间和时间不再是两个决然不同的、能够被独立看待的实体, 而是同一整体的两个部分, 是两个如此紧密结合的部分, 以至于不能轻易地把它们分开.

另一个评论:以前我们试图定义发生在两个不同环境的两个事件的关系, 如果一个事件可以认为是另一个事件的原因, 那么就可以认为它发生在另一个事件之先. 这个定义变得不恰当了. 在这种新力学里, 没有瞬时传递的作用, 最大的传输速度是光速. 在这些条件下, 能够发生下述情况:事件 A(作为仅仅考虑空间和时间的一个结果) 既不会是事件 B 的结果, 也不会是事件 B 的原因, 如果它们发生的地点之间的距离如此之大, 以至于光在足够长的时间内不能从 B 地传播到 A 地,或从 A 地传播到 B 地.

鉴于这些新观念,我们的观点将是什么呢? 我们将不得不修正我们的结论吗? 当然不;我们已经采取了一种约定,因为它似乎是方便的,并且我们已经说过,没有任何理由能够强使我们放弃它. 今天,一些物理学家想采取一种新的约定.并非他们被迫这样做,而是他们认为这种新约定更为方便,这就是一切.没有接受这种见解的人能够合理地保留他们的旧见解,以便不触动他们的旧习惯.我们相信,这就是他们(就在我们中间),在未来的一个长时期内将要做的事情.

最后向读者表示歉意,这个编辑手记太长了. 在 1987 年岳麓书社出版的《胡适书评序跋集》(黄保定,季维龙选编)中有一篇长达 12 000 字的书评,是胡适发表在《读书杂志》上的. 咱们这个字数远超胡适的书评的字数. 其实原因只有一个,不想让读者"吃亏",因为原书很薄,而外方对定价又有严格要求. 考虑到中国国情:书的定价是由印张决定的,所以擅自将本书进行了"增肥",这肯定是狗尾续貂之举,还望读者见谅!

刘培杰

2020 年 9 月 23 日

于哈工大

118

物质、空间和时间的理论
——经典理论（英文）

尼克·埃文斯

史蒂夫·金　著

编辑手记

　　本书是一部引进自国外版权的大学英文原版教程，中文书名可译为《物质、空间和时间的理论——经典理论》.这本书和《物质、空间和时间的理论——量子理论》都是由英国南安普顿大学物理学本科学位课程（作者所教授的课程）发展而来.这两本书并不是对古典力学、狭义相对论、电磁学和量子理论的初级课程知识的简单介绍，而是致力于揭示这一系列学科及其相互依赖关系的更为复杂的知识和理论，其目标是通过简明的分析，引导学生深入研究理论物理的一些棘手的问题，同时揭示每个学科的关键性理论.

　　本书首先介绍了最小作用原理的关键领域，这是牛顿动力学的一种处理方法.第一章作者提出了对守恒定律的新理解，除此之外，还介绍了形式主义是如何从费马的最小时间原理演变而来的.

　　第二章介绍了狭义相对论，继而引出了四向量的形式，推导出所有运动变量的四向量，并将牛顿第二定律推广到相对论环境之中，然后回到自由相对论粒子的最小作用原理.

　　第三章回顾了麦克斯韦方程的积分形式和微分形式，然后将其推演为四矢量形式，使洛伦兹升压特性的电场和磁场是透明的.

　　牛顿甚至比后来连续几代的科学家们更了解他的力学著

述中所固有的基本困难,因为他是以绝对空间和绝对时间的概念为依据的.

总的来看,恰当地说,爱因斯坦扩大了牛顿相对性原理的范围,推广了牛顿的运动定律,并且后来把牛顿的万有引力定律纳入到他的时空框架之中.从本书的内容安排中,读者就可以看到这一逻辑展示.本书只有三大章,中文目录如下:

1. 最小作用原理
2. 狭义相对论
3. 相对论电磁学

很多学生从一上学就受到题海战术的训练,他们认为:所有不以解题为目的的理论都是"骗人"的.在这种情况下,产生了两类人:一类是身在祖国,望眼世界的留学精英;还有一类就是只会解题的"小镇解题师".考虑到此,我们也不免俗,由题入手.

题1 参考系 S' 相对惯性系 S 按图1所示方向以 v 匀速运动.两根细长的直尺 $A'B'$ 和 AB 的静止长度相同,它们分别按图中所示的方式静置于 S' 系和 S 系中,且设两尺在垂直于长度方向的间距可略.静止在 A' 和 B' 上的两个钟的计时率已按相对论的要求调好,静止在 A 和 B 上的两个钟的计时率也已按相对论的要求调好,但这四个钟的零点却是按下述方式确定的:当 A' 钟与 A 钟相遇时,两钟均调到零点;当 B' 钟与 B 钟相遇时,两钟均调到零点.

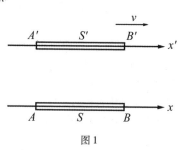

图1

120

设 A' 与 A 相遇时, A' 发出光信号, 已知 B' 接收到该信号时, B' 钟的读数为 1 个时间单位.

1. 试问 B 接收到该信号时, B 钟的读数为多少个时间单位?

2. 若 B' 接收到信号后, 立即发出应答光信号. 试问: (a) A' 接收到该应答信号时, A' 钟的读数为多少个时间单位? (b) A 接收到该应答信号时, A 钟的读数为多少个时间单位?

注意: 引入 $\beta = v/c$, 其中 c 为真空中的光速, 全部答案均请用 β 表述.

分析与解 设 $A'B'$ 和 AB 的静长为 l_0.

1. S' 系认为 AB 长为 $\sqrt{1-\beta^2}\, l_0$, B' 与 B 相遇时刻早于 A' 与 A 相遇时刻的时间为

$$\Delta t' = \frac{l_0 - \sqrt{1-\beta^2}\, l_0}{v}$$

A' 发出的光信号经 l_0 到达 B', 所需时间为 l_0/c, 故 B' 接收到信号时 B' 钟的读数应为

$$t_{B'} = \frac{l_0}{c} + \Delta t' = \frac{l_0}{c} + \frac{l_0 - \sqrt{1-\beta^2}\, l_0}{v}$$

已知

$$t_{B'} = 1$$

故

$$1 = \frac{l_0}{c}\left(1 + \frac{1 - \sqrt{1-\beta^2}}{\beta}\right)$$

即

$$\frac{l_0}{c} = \frac{\beta}{\beta + (1 - \sqrt{1-\beta^2})}$$

S 系认为 $A'B'$ 长为 $\sqrt{1-\beta^2}\, l_0$, B' 与 B 相遇时刻晚于 A' 与 A 相遇时刻的时间为

$$\Delta t = \frac{l_0 - \sqrt{1-\beta^2}\, l_0}{v}$$

A' 发出光信号经 l_0 到达 B 所需时间为 l_0/c, 故 B 接收到信号时 B 钟的读数应为

$$t_B = \frac{l_0}{c} - \Delta t = \frac{l_0}{c} - \frac{l_0 - \sqrt{1-\beta^2}\, l_0}{c} = \frac{l_0}{c}\left(1 - \frac{1-\sqrt{1-\beta^2}}{\beta}\right)$$

$$= \frac{\beta}{\beta + (1-\sqrt{1-\beta^2})} \frac{\beta - (1-\sqrt{1-\beta^2})}{\beta}$$

$$= \frac{\beta - (1-\sqrt{1-\beta^2})}{\beta + (1-\sqrt{1-\beta^2})}$$

$$= \sqrt{\frac{1-\beta}{1+\beta}} \quad (\text{时间单位})$$

2. (a) S' 系中的 A' 发出光信号经 l_0 的路程到达 B', B' 发出应答光信号经 l_0 的路程到达 A', 共需时间 $2\dfrac{l_0}{c}$, 故 A' 接收到应答信号时, A' 钟的读数应为

$$t_{A'} = \frac{2l_0}{c} = \frac{2\beta}{\beta + (1-\sqrt{1-\beta^2})} = 1 + \sqrt{\frac{1-\beta}{1+\beta}} \quad (\text{时间单位})$$

(b) S 系中的 A' 接收到应答信号时, A 钟的读数应为

$$t_A(1) = \frac{t_{A'}}{\sqrt{1-\beta^2}} = \frac{2l_0}{c\sqrt{1-\beta^2}}$$

此时 A' 与 A 相距

$$\Delta l_{AA'} = vt_A(1) = \frac{2vl_0}{c\sqrt{1-\beta^2}}$$

光信号又经 $\Delta l_{AA'}/c$ 时间到达 A, 故 A 接收到光信号时 A 钟的读数应为

$$t_A = t_A(1) + \frac{\Delta l_{AA'}}{c} = \frac{2(1+\beta)l_0}{c\sqrt{1-\beta^2}}$$

$$= \frac{2\beta(1+\beta)}{\sqrt{1-\beta^2}\,[\beta + (1-\sqrt{1-\beta^2})]}$$

$$= 1 + \sqrt{\frac{1+\beta}{1-\beta}} \quad (\text{时间单位})$$

题 2 如图 2 所示, 在一次粒子碰撞实验中, 观察到一个低速 k^- 介子与一个静止质子 p 发生相互作用, 生成一个 π^+ 介子和一个未知的 x 粒子, 在匀强磁场 B 中 π^+ 介子和 x 粒子的径迹已在图中

画出. 已知磁场的磁感应强度大小为 $B=1.70 \ \text{Wb/m}^2$, 测得 π^+ 介子径迹的曲率半径为 $R_1=34.0 \ \text{cm}$.

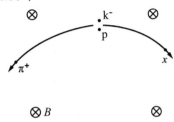

图 2

1. 试确定 x 粒子径迹的曲率半径 R_2;
2. 请参考表 1 确定 x 为何种粒子.

表 1

粒子名称	符号	静质量/MeV*	电荷(e)
正电子,电子	e^+,e^-	0.511	±1
μ 子	μ^+,μ^-	105.7	±1
π 介子	π^+,π^-	139.6	±1
k 介子	k^+,k^-	493.8	±1
质子	p	938.3	1
中子	n	939.6	0
Λ 粒子	Λ^0	1 115.4	0
正 Σ 粒子	Σ^+	1 189.4	1
中性 Σ 粒子	Σ^0	1 192.3	0
负 Σ 粒子	Σ^-	1 197.2	−1
中性 Ξ 粒子	Ξ^0	1 314.3	0
负 Ξ 粒子	Ξ^1	1 320.8	−1
Ω 粒子	Ω^-	1 675	−1

*此处静质量是指静能量 $m_0 c^2$.

分析 由题设, 碰撞前 k^- 介子低速运动, 可近似取为零. 碰撞后产生的 π^+ 介子和未知的 x 粒子, 一般来说运动速度都很

123

大,应采用相对论动力学来讨论.

由电荷守恒可知,x 粒子必为带 $-e$ 的粒子,因此与 π^+ 介子一样,在磁场中运动时会受到洛伦兹力的作用,其径迹正是如图 2 所示的图形曲线.因洛伦兹力不做功,粒子速度的大小不变,所以其质量(能量)也就是常量,相对论形式的牛顿第二定律简化为经典牛顿第二定律的形式.据此,π^+ 介子和 x 粒子轨道曲率半径的计算公式就是通常的经典公式

$$R=\frac{mv}{eB}$$

因速度 v 很大,所以式中的 m 不可近似地取为静质量 m_0.系统在碰撞前的动量近似为零,碰撞后产生的 π^+ 介子和 x 粒子的动量之和也应为零,因此图 2 中两者的运动方向相反.碰撞后,π^+ 介子和 x 粒子的动量大小相同,由上述公式可知 x 粒子径迹的曲率半径与 π^+ 介子径迹的曲率半径应相同.

π^+ 介子的静质量 m_{10} 可由表 1 查出,由

$$m_1=\frac{m_{10}}{\sqrt{1-\dfrac{v_1^2}{c^2}}}$$

结合径迹曲率半径的公式及 R_1 的数据,可求出 π^+ 粒子的速度大小 v_1,进而求出它的能量 $E_1=m_1c^2$.为了从表中查出 x 为何种粒子,必须确定 x 粒子的静质量 m_{20}.利用动量守恒可为 m_{20} 列出一个方程,但式中必定包含 x 粒子的速度 v_2,它也是一个未知量.为此,必须再列出一个独立的方程,例如可取系统能量守恒的表达式.系统的能量近似等于 k^- 介子静能与质子 p 静能之和,两个静能均可从表 1 中查出.解出 m_{20} 后,参考表 1 即可确定 x 为何种粒子.

解 1. 由电荷守恒,可知 x 粒子应带电 $-e$,考虑到系统碰撞前动量为零(近似),碰撞后产生的 π^+ 介子和 x 粒子的动量之和也必为零.设 π^+ 介子的速度为 v_1,质量为 m_1,并设 x 粒子的速度为 v_2,质量为 m_2,则

$$m_1v_1=m_2v_2$$

这两个粒子在磁场中都要受洛伦兹力的作用,但洛伦兹力都不做功,两个粒子速度大小和质量都保持不变.由相对论形式的

124

牛顿第二定律

$$F = \frac{\mathrm{d}}{\mathrm{d}t}(mv)$$

在 m 不变的情况下,可简化为

$$F = m\frac{\mathrm{d}v}{\mathrm{d}t} = ma \tag{1}$$

式(1)与经典形式相同,但注意式中的 m 并非静质量. π^+ 介子和 x 粒子在洛伦兹力作用下做匀速圆周运动,所需向心力由洛伦兹力提供,即有

$$evB = \frac{mv^2}{R}$$

旋转半径为

$$R = \frac{mv}{eB}$$

因 $m_1 v_1 = m_2 v_2$,且两粒子的电量(绝对值)相同,故 x 粒子圆形径迹的半径 R_2 与 π^+ 介子圆形径迹的半径 R_1 相同,即得

$$R_2 = R_1 = 34.0 \text{ cm}$$

2. 对于 π^+ 介子,有

$$eB = \frac{m_1 v_1}{R_1} = \frac{m_{10}}{\sqrt{1 - \left(\dfrac{v_1}{c}\right)^2}} \frac{v_1}{R_1} \tag{2}$$

式中:π^+ 介子的静质量

$$m_{10} = 139.6 \text{ MeV}/c^2 \tag{3}$$

由式(2)(3),解出

$$v_1 = \frac{eBR_1 c}{\sqrt{m_{10}^2 c^2 + e^2 B^2 R_1^2}}$$

$$= \frac{1.6\times10^{-19}\times1.7\times0.34\times3\times10^8}{\sqrt{\left(\dfrac{139.6\times10^6\times1.6\times10^{-19}}{3\times10^8}\right)^2 + (1.6\times10^{-19}\times1.7\times0.34)^2}} \text{ m/s}$$

$$= 2.34\times10^8 \text{ m/s}$$

π^+ 介子的能量为

$$m_1 c^2 = \frac{m_{10} c^2}{\sqrt{1 - \left(\dfrac{v_1}{c}\right)^2}} = 223 \text{ MeV}$$

因系统能量守恒,故 x 粒子的能量为

$$m_2 c^2 = (m_{k0}c^2 + m_{p0}c^2) - m_1 c^2$$

由表 1 可知,k^- 介子和质子 p 的静能量分别为

$$m_{k0}c^2 = 493.8 \text{ MeV}, m_{p0}c^2 = 938.3 \text{ MeV}$$

代入,得

$$m_2 c^2 = 1\ 209.1 \text{ MeV}$$

故 x 粒子速度的大小为

$$v_2 = \frac{m_1 v_1}{m_2} = \frac{m_1 c^2}{m_2 c^2} v_1 = 4.32 \times 10^7 \text{ m/s}$$

x 粒子的静质量为

$$m_{20} = m_2 \sqrt{1 - \left(\frac{v_2}{c}\right)^2}$$

x 粒子的静能量为

$$m_{20} c^2 = m_2 c^2 \sqrt{1 - \left(\frac{v_2}{c}\right)^2} = 1\ 196 \text{ MeV}$$

查表 1 可知,x 粒子为 Σ^- 粒子.

(这是北京大学物理试验班的试题之一. 该试验班是为了培训、选拔参加 IPhO 的中国队而设立的.)

南京大学物理学院的鞠国兴教授 2019 年 11 月在《大学物理》Vol. 38 N. 11 上发表了一篇题为"一道相对论竞赛题的分析和求解"的文章.

这是第 22 届全国中学生物理竞赛复赛中的一道与相对论运动学有关的问题,原题和竞赛委员会提供的参考解答摘录如下[①]:

> 封闭的车厢中有一点光源 S,在距光源 l 处有一半径为 r 的圆孔,其圆心为 O_1,光源一直在发光,并通过圆孔射出. 车厢以高速 v 沿固定在水平地面上的 x 轴正方向匀速运动,如图 3 所示. 某一时刻,点光源 S

---

① 全国中学生物理竞赛委员会办公室. 全国中学生物理竞赛专辑(2006 年第 22 届)[M].北京:北京教育出版社,2006.

恰位于 x 轴的原点 O 的正上方,取此时刻作为车厢参考系与地面参考系的时间零点.在地面参考系中坐标为 x_A 处放一半径为 $R(R>r)$ 的不透光的圆形挡板,板面与圆孔所在的平面都与 x 轴垂直.板的圆心 O_2 与 S,O_1 都等高,起始时刻经圆孔射出的光束会有部分从挡板周围射到挡板后面的大屏幕(图中未画出)上.由于车厢在运动,将会出现挡板将光束完全遮住,即没有光射到屏上的情况.不考虑光的衍射,试求:

(1)车厢参考系中(所测出的)刚出现这种情况的时刻;

(2)地面参考系中(所测出的)刚出现这种情况的时刻.

图3

解 (1)相对于车厢参考系,由光源 S 发出的光经小孔射出后成锥形光束,随离开光源距离的增大,其横截面积逐渐扩大.若距 S 的距离为 L 处光束的横截面正好是半径为 R 的圆面,如图4所示,则有

$$\frac{r}{l}=\frac{R}{L}$$

由此可得

$$L=\frac{Rl}{r} \tag{1}$$

当满足该条件时,在车厢前端距 S 为 L 处放置的半径为 R 的挡板就会将光束完全遮住.

在车厢参考系中,地面连同挡板以速度 v 趋向光源 S 运动.初始时,根据相对论,挡板离光源的距离为

$$x_A'=x_A\sqrt{1-\left(\frac{v}{c}\right)^2} \tag{2}$$

故出现挡板完全遮住光束的时刻为

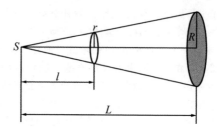

图 4

$$t' = \frac{x'_A - L}{v} = \frac{x_A \sqrt{1 - \left(\frac{v}{c}\right)^2} - L}{v} \tag{3}$$

将式(1)代入式(3)得

$$t' = \frac{x_A \sqrt{1 - \left(\frac{v}{c}\right)^2}}{v} - \frac{Rl}{rv} \tag{4}$$

（2）相对于地面参考系，光源与车厢以速度 v 向挡板运动. 光源与圆孔之间的距离缩短为

$$l' = l \sqrt{1 - \left(\frac{v}{c}\right)^2} \tag{5}$$

而因圆孔垂直于运动方向，半径 r 不变，所以从地面参考系来看锥形光束的顶角变大. 挡板完全遮光时其到光源 S 的距离应为

$$L' = \frac{Rl'}{r} = \frac{Rl}{r} \sqrt{1 - \left(\frac{v}{c}\right)^2} \tag{6}$$

初始时，挡板离 S 的距离为 x_A，出现挡板完全遮住光束的时刻为

$$t = \frac{x_A - L'}{v} = \frac{x_A}{v} - \frac{Rl}{rv} \sqrt{1 - \left(\frac{v}{c}\right)^2} \tag{7}$$

需要说明的是，上述关于挡板完全遮住光束的时刻的求解结果是正确的. 但是，纵观求解过程，其中实际上存在一些问题，是有必要和值得厘清的. 例如，挡板完全遮光的时刻和光源发光的时刻之间的关系如何？两问中求出的时刻之间是否有关系？从地面参

考系来看,光源是运动的,除了光源与小孔之间的距离需要考虑长度收缩外,是否有其他影响? 我们知道,运动的光源具有前灯效应(或称探照灯效应),这是一种相对论运动学效应,那么这个效应在该问题中是否会有所体现? 上面的参考解答实际上是一种等效的处理方法,完整的物理分析和求解过程又是如何? 逐一讨论这些问题,有助于准确地和完整地理解相关的物理概念和处理方法.

在问题的求解中应该明确的是,挡板完全遮光的时刻不同于光源 S(问题处理中将其视为点光源)发出这些被遮光的时刻. 因为光源连续发光,从车厢参考系来看,光束形成一个以光源为顶点的光锥(图4),挡板朝着光源运动,从计时原点开始到光锥和挡板相交的截面正好与挡板完全重合时所历经的时间就是第一问所要求的时间,这些被挡板遮住的光实际上是更早的时刻从光源发出的. 其次,要注意的是,某时刻挡板所遮住的光并不是同时从光源发出的,而是光源不同时刻发出的,原因在于挡板上的不同点与光源之间的距离是不同的. 但是,由于光源 S,圆孔中心 O_1 以及挡板中心 O_2 三者位于同一条直线上,且装置关于该直线具有旋转对称性,因而被挡板边缘遮住的所有光既是同时从光源发出的,也是同时到达挡板的. 在地面参考系中,由于光源运动,情况有些复杂,没有这样简单直观的图像,而上文的参考解答完全是一种等效的几何处理方法,下文中我们将再做详细分析和讨论.

考虑到上面所述的特点,现在将挡板完全遮光这个时刻光到达挡板边缘上任意一点作为一个事件(挡板边缘所有点遮住光构成一个同时发生的事件集合. 顺便指出,因为这些事件在车厢参考系中沿 x' 轴方向的空间坐标是相同的,所以根据洛伦兹变换可知,它们在地面参考系中也是同时发生的),则从不同参考系来看这样的事件,相关的时空坐标之间应该是满足洛伦兹变换的,这表明上面求出的 t 和 t' 之间是相互联系的. 取计时零点时两个参考系中的坐标系的坐标原点重合. 在地面参考系中,上述事件的时空坐标为 (x_A, t). 注意,对于我们现在的讨论,仅需给出事件沿 x(或 x')轴方向的空间坐标. 在车厢参考系中,该事件的时空坐标则为 $(x'_A = L = \dfrac{Rl}{r}, t')$. 根据洛伦兹变换,从地面参考系变换到车厢参考系,有

$$t' = \frac{t - \dfrac{v}{c^2}x_A}{\sqrt{1-\beta^2}} = \frac{1}{\sqrt{1-\beta^2}}\left[\frac{x_A}{v} - \frac{Rl}{rv}\sqrt{1-\beta^2} - \frac{v}{c^2}x_A\right]$$

$$= \frac{x_A}{v}\sqrt{1-\beta^2} - \frac{Rl}{rv}$$

其中 $\beta = \dfrac{v}{c}$. 上式与式(4)是相同的. 或者,从车厢参考系变换到地面参考系,有

$$t = \frac{t' + \dfrac{v}{c^2}x'_A}{\sqrt{1-\beta^2}} = \frac{1}{\sqrt{1-\beta^2}}\left[\frac{x_A}{v}\sqrt{1-\beta^2} - \frac{Rl}{rv} + \frac{v}{c^2}\frac{Rl}{r}\right]$$

$$= \frac{x_A}{v} - \frac{Rl}{rv}\sqrt{1-\beta^2}$$

这与式(7)是相同的.

现在我们采用另一种方法处理遮光问题,也先在车厢参考系中进行分析和讨论. 设某时刻挡板开始完全遮光,则在此时以及此后各时刻,挡板上光斑的边缘是由以光源为起点,刚好通过半径为 r 的圆孔边缘的光线形成的,即是顶点位于光源所在位置的光锥在挡板上的截面的边缘. 根据题中所给定的条件可知,挡板上的光斑边缘上所有点的光是同时从光源发出的,也是同时到达的,而边缘内部区域各点的光则是稍晚时刻从光源发出的. 所以,求挡板完全遮光的时刻就是求光斑半径刚好等于挡板半径时其边缘上任一点的光到达挡板的时刻. 设相对于车厢参考系在时

刻 t_1' 光源发出的光通过圆孔边缘,在时刻 t_A' 刚好到达挡板的边缘上一点,则根据几何和运动学关系,有

$$[c(t_A'-t_1')]^2 = (x_A'-vt_A')^2 + R^2 \qquad (8)$$

以及

$$R = c(t_A'-t_1')\sin\theta_0 \qquad (9)$$

其中 θ_0 是圆孔边缘对光源所张角的一半,x_A' 是初始时刻(即时间零点)挡板与光源之间的距离,vt_A' 表示光到达挡板边缘时挡板相对于地面参考系运动的距离. 根据几何关系以及洛伦兹长度收缩,有

$$\sin\theta_0 = \frac{r}{\sqrt{l^2+r^2}}, x_A' = \sqrt{1-\beta^2}\,x_A \qquad (10)$$

由以上式(8)~(10)可解得

$$t_A' = \frac{x_A}{v}\sqrt{1-\beta^2} - \frac{lR}{vr} \qquad (11)$$

$$t_1' = -\frac{Rl}{vr}\left[1+\beta\sqrt{1+\frac{r^2}{l^2}}\right] + \frac{x_A}{v}\sqrt{1-\beta^2} \qquad (12)$$

这两式表明光源发光和到达挡板边缘之间的时间差为 $\frac{R}{c}\sqrt{1+\frac{l^2}{r^2}}$. 根据题意,在车厢参考系中挡板完全遮光的时刻就是 t_A',这与式(4)是相同的.

在光源发光的 t_1' 时刻,光源与挡板之间的距离为

$$s_1' = x_A' - vt_1' = x_A\sqrt{1-\beta^2} -$$
$$v\left[-\frac{Rl}{vr}\left(1+\beta\sqrt{1+\frac{r^2}{l^2}}\right) + \frac{x_A}{v}\sqrt{1-\beta^2}\right]$$
$$= \frac{Rl}{r}\left(1+\beta\sqrt{1+\frac{r^2}{l^2}}\right)$$

在光到达挡板边缘的时刻 t_A',光源与挡板之间的距离为

$$s' = s_1' - v(t_A'-t_1') = x_A' - vt_A'$$
$$= x_A\sqrt{1-\beta^2} - v\left(\frac{x_A}{v}\sqrt{1-\beta^2} - \frac{lR}{vr}\right)$$
$$= \frac{lR}{r}$$

这与用几何方法确定的式(1)中的 L 相同. 这表明,在参考解答中实际上没有明显反映光的传播和挡板的运动过程(即从时刻 t_1' 到 t_A' 的过程),仅是考虑了一个特定时刻 t_A' 的状态.

在地面参考系中,挡板上光斑的边缘同样是由通过圆孔边缘的光线产生的. 但是由于光源运动,情况有点复杂. 设在时刻 t_1 光源发出的光能被挡板完全遮住. 然而,挡板边缘上的光不是该时刻光源和圆孔边缘连线方向的光线(例如图 5 中的光线 SC_1),而是要计及车厢的运动. 当光传播到圆孔时,因为车厢的运动,圆孔已处于图 5 中的虚线所在位置,可见是图 5 中沿 SC_2 之类方向传播的光线确定了挡板上光斑的边缘.

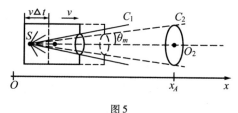

图 5

设能通过圆孔边缘的光线 SC_2 与 SO_2 连线之间的夹角为 θ_m,该光在光源与圆孔之间传播经历的时间为 Δt,则有下列关系

$$c\sin \theta_m \Delta t = r \tag{13}$$

$$c\cos \theta_m \Delta t = l\sqrt{1-\beta^2} + v\Delta t \tag{14}$$

注意,在式(14)中已考虑到相对于地面参考系圆孔和光源之间的距离有洛伦兹长度收缩. 由式(13)和(14)两式消去 Δt,有

$$\cos \theta_m - \beta = \frac{l}{r}\sqrt{1-\beta^2}\sin \theta_m$$

上式两边平方后再整理,有

$$\left[1+\frac{l^2}{r^2}(1-\beta^2)\right]\cos^2 \theta_m - 2\beta\cos \theta_m + \beta^2 - \frac{l^2}{r^2}(1-\beta^2) = 0$$

132

由此可解得

$$\cos \theta_m = \frac{1}{1+\frac{l^2}{r^2}(1-\beta^2)}\left[\beta \pm \frac{l}{r}(1-\beta^2)\sqrt{1+\frac{l^2}{r^2}}\right]$$

因为 $\beta \to 0$ 时 $\cos \theta_m$ 为正,上式含根号项前面为"-"的解应该舍去,所以取解

$$\cos \theta_m = \frac{1}{1+\frac{l^2}{r^2}(1-\beta^2)}\left[\beta + \frac{l}{r}(1-\beta^2)\sqrt{1+\frac{l^2}{r^2}}\right]$$

$$= \frac{1+\beta\sqrt{1+\frac{r^2}{l^2}}}{\beta+\sqrt{1+\frac{r^2}{l^2}}} \tag{15}$$

相应地,有

$$\sin \theta_m = \frac{r\sqrt{1-\beta^2}}{l\left(\beta+\sqrt{1+\frac{r^2}{l^2}}\right)} \tag{16}$$

与在车厢参考系中的处理类似,设在时刻 t_1 光源发出的光通过圆孔边缘在时刻 t_A 刚好到达挡板的边缘,则有关系

$$\left[c(t_A-t_1)\right]^2 = (x_A-vt_1)^2+R^2 \tag{17}$$

以及

$$R = c(t_A-t_1)\sin \theta_m \tag{18}$$

其中 x_A 是初始时刻挡板与光源之间的距离. 由以上式(15)~(18)可解得

$$t_A = \frac{x_A}{v} - \frac{lR}{vr}\sqrt{1-\beta^2} \tag{19}$$

$$t_1 = \frac{x_A}{v} - \frac{lR}{vr}\frac{1+\beta\sqrt{1+\frac{r^2}{l^2}}}{\sqrt{1-\beta^2}} \tag{20}$$

所得 t_A 与式(7)给出的结果 t 相同. 上两式表明,在地面参考系中光源发光和到达挡板边缘之间的时间差为

$$\frac{Rl}{vr}\frac{\beta}{\sqrt{1-\beta^2}}\left[\beta+\sqrt{1+\frac{r^2}{l^2}}\right]$$

注意到在车厢参考系中,光源的坐标为 $x_1'=0$,则式(12)和式(20)这两个时间之间有关系 $t_1=\gamma t_1'=\frac{1}{\sqrt{1-\beta^2}}t_1'$,即它们满足洛伦兹变换.如果将挡板完全遮光时光到达挡板边缘上任一点作为一个事件,相应的光源发出这样的光作为另一个事件,那么上面的结果表明,在两个参考系中讨论的是相同的两个事件.因此相关的时间之间自然应该满足洛伦兹变换关系.这一点在原来的参考解答中是根本得不到体现的.

在 t_1 时刻,光源与挡板之间的距离为

$$s_1=\frac{R}{\tan\theta_m}=\frac{Rl}{r}\frac{1+\beta\sqrt{1+\frac{r^2}{l^2}}}{\sqrt{1-\beta^2}}$$

而在光到达挡板边缘的时刻 t_A,光源与挡板之间的距离为

$$s=s_1-v(t_A-t_1)=\frac{Rl}{r}\sqrt{1-\beta^2}$$

这与用几何方法确定的式(6)中的 L' 是相同的.原参考解答相应于图6中位于 S_2 的光源发出的光将会被挡板完全遮住,这完全是一种等效,其中的图像与上面的分析和图5中(或图6中虚线部分)所显示的是不相同的.

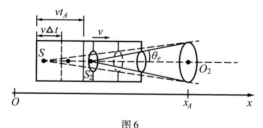

图6

现在我们采用洛伦兹变换来求相关的量,可以作

为对前面相关讨论的一个补充. 在前面所述发光和完全遮光事件的意义上, 在车厢参考系中, 它们的时空坐标分别为 $(x_1'=0,t_1')$ 和 $(x_A'-vt_A',t_A')$; 在地面参考系中, 两个事件对应的时空坐标则分别为 $(x_1=vt_1,t_1)$ 和 (x_A,t_A) . 对于发光事件使用洛伦兹变换 $x_1=\gamma(x_1'+vt_1')$ 和 $t_1=\gamma\left(t_1'+\dfrac{v}{c^2}x_1'\right)$, 可得同一关系

$$t_1=\gamma t_1' \tag{21}$$

对遮光事件, 由洛伦兹变换有

$$x_A=\gamma\left[(x_A'-vt_A')+vt_A'\right]=\gamma x_A'$$

$$\begin{aligned} t_A&=\gamma\left[t_A'+\frac{v}{c^2}(x_A'-vt_A')\right]\\ &=\sqrt{1-\beta^2}\,t_A'+\frac{v}{c^2}\gamma x_A' \end{aligned} \tag{22}$$

注意, 式(22)中的第一式就是式(10)的第二式. 在车厢参考系中, 完全遮光的条件是式(8)和式(9). 由式(21)(22)再结合条件(8)和(9)可解出与前面完全相同的 t_1',t_1,t_A',t_A .

狭义相对论中的前灯效应是一种运动学效应. 在点光源静止的参考系中, 它向各个方向均匀地发出光, 即是各向同性的, 某一时刻光的波阵面是以光源为中心的球面. 在另一个光源相对其以恒定速度运动的惯性参考系中, 沿光源运动方向, 光源静止参考系中的前半个球面现在变为一个以运动方向为对称轴的向前锥体, 即静止光源的光线分布在运动后发生了变化, 这个现象称为前灯效应. 前灯效应的本质在于, 在不同的惯性参考系中, 同一光线与光源运动方向之间的夹角是不同的, 即所谓的光行差现象.

具体到现在的情况, 需要考虑的问题是, 在车厢参考系中通过圆孔边缘的光线在地面参考系中其方向如何, 是否还是通过圆孔边缘? 在车厢参考系中, 设通过圆孔边缘的光线与 SO_2 连线之间的夹角为 θ_0 , 则有

$$\cos \theta_0 = \frac{l}{\sqrt{l^2+r^2}}$$

根据相对论速度变换关系 $v_x = \dfrac{v_x'+v}{1+\dfrac{v_x'v}{c^2}}$，再考虑到

$v_x'=c\cos \theta_0$，$v_x=c\cos \theta$，这里 θ 是同一光线在地面参考系中与 SO_2 连线之间的夹角，则有

$$\cos \theta = \frac{\cos \theta_0 +\beta}{1+\beta\cos \theta_0} = \frac{1+\beta}{l\beta+}\frac{\sqrt{l^2+r^2}}{\sqrt{l^2+r^2}} = \frac{1+\beta\sqrt{1+\dfrac{r^2}{l^2}}}{\beta+\sqrt{1+\dfrac{r^2}{l^2}}}$$

这与前面求出的 θ_m，即式(15)是相同的，表明在车厢参考系中通过圆孔边缘的光线在地面参考系中仍然还通过圆孔边缘，即在两个不同参考系中的边缘光线是相同的。又由方程(10)和(16)可以看出，$\theta_m<\theta_0$。它们是与前灯效应一致的。

然而，对于原来的参考解答，利用式(5)可知，在地面参考系中边缘光线与 SO_2 连线之间的夹角(记为 θ_e，参见图6)是

$$\cos \theta_e = \frac{l'}{\sqrt{l'^2+r^2}} = \frac{\sqrt{1-\beta^2}}{\sqrt{(1-\beta^2)+\dfrac{r^2}{l^2}}}$$

它与式(15)中的 θ_m 是完全不同的，因此与 θ_0 之间也就不能满足上面的变换关系。由上式以及前面关于 θ_0 的表示式也可以得到关系 $\theta_e>\theta_0$。可见，参考解答给出的等效方法无法说明相关的相对论运动学效应。

现在有关相对论的教程中文版的有许多了，但在早期，甚至到20世纪五六十年代中国的大学中都不甚普及，当时有一本不错的教材是张宗燧先生为综合性大学物理专业及师范学院物理专业师生所撰写的。张宗燧先生当时(1955年)在北京师范大学理论物理教研室教理论物理进修班。他在课余及生病疗养期间写了一本《电动力学及狭义相对论》，由科学出版社出

版,写得很详细,我们这里摘其一段,正好可以弥补本书短小精悍的特点.

狭义相对论的时空观及相对论原理[①]

在这一部分我们拟讨论狭义相对论.在近代的电子理论及场论中,狭义相对论占了极重要的地位.

1. 伽利略(Galileo)变换

讨论两个观察者 O, O' 观察某一件事情发生的所在地点及发生的时刻.为简单起见,假定这件事集中在空间某一点上,而它所经历的时间又极短,因此每一个观察者观察到四个数字 x, y, z, t;前三个描写事情的位置,最后一个描写事情所发生的时刻.称 O 所观察到的值为 x, y, z, t;O' 所观察到的值为 x', y', z', t'.那么我们必然会问,(x, y, z, t) 及 (x', y', z', t') 两组数字中有什么关系?

如果每个观察者测量一件事情的 x, y, z 时,始终以他自身为原点,又如果 O, O' 的 x, y, z 轴是平行的,又如果 O 看到 O' 在 O 的 x 轴上做等速运动,速率为 v,那么在相对论发现前,人们都认为 (x, y, z, t) 与 (x', y', z', t') 有以下的关系

$$\begin{cases} x' = x - vt, y' = y \\ z' = z, t' = t \end{cases} \tag{1.1}$$

或

$$\begin{cases} x = x' + vt', y = y' \\ z = z', t = t' \end{cases} \tag{1.2}$$

这便是著名的伽利略变换.式(1.1)与以上所说 O 看

① 摘自《电动力学及狭义相对论》,张宗燧著,科学出版社,1957.

到 O' 以速率 v 沿 x 轴运动是符合的,因为将 O' 作为被观察的对象(他的一连串的位置、情形,便是一连串的事情),他的 x' 始终是零,因此由式(1.1)得, $x=vt$. 显然地,由式(1.2)可以证明 O' 看到 O 以速率 v 沿 x 轴的负方向运动.

必须强调指出:我们不应该用任何先验的理由作为式(1.1)(1.2)的根据,因为运用任何先验的理由,本身即是反唯物主义的. 通常使我们相信式(1.1)(1.2)的根据是所谓的"直觉". 但直觉事实上是由于对于自然界的认识而来的,而往往这些认识是粗糙的,在相对认识逐渐的改进提高中,我们无法相信如此粗糙的相对认识所带来的概念可以是一成不变的. 式(1.1)及(1.2)的根据,除了直觉以外,便是实验结果. 由实验而得来的认识,也是可以随着实验的增加、改进等而改变的. 因此在原则上,式(1.1)(1.2)是可以改进的. 在讨论到光速以前,我们常常只研究 O,O' 相对速率 v 比光速小得很多时的情形;那时式(1.1)(1.2)同实验相符. 因此,物理学家认为式(1.1)(1.2)是正确的,甚至于推想它们对于任何 v 是有效的. 但事实上,下面的讨论将指出它们只是一个更正确的理论的近似.

依照式(1.1)(1.2),时空是"绝对"的. 这句话的具体意义是这样的:如果 A,B 是两件事,由观察者 O 看来,分别在 $(t_A,x_A),(t_B,x_B)$ 处发生;由观察者 O' 看来,分别在 $(t'_A,x'_A),(t'_B,x'_B)$ 处发生. 由式(1.1)

$$t_A=t'_A, t_B=t'_B$$

得

$$t'_B-t'_A=t_B-t_A \tag{1.3}$$

因此对于 O',它们的时间间隔正同 O 所观察的时间间隔一样,这被称为"绝对时间". 如果以上所说的两件事由 O 看来同时发生,即 $t_A=t_B$,那么由式(1.3)得出 $t'_A=t'_B$,并且由式(1.1),得

$$x'_B-x'_A=x_B-vt_B-(x_A-vt_A)=x_B-x_A \tag{1.4}$$

因此如果观察者 O 观察到两件事 A,B 同时发生,观察者 O' 非但观察到它们同时发生,并且观察到它们中的距离也同 O 所观察到的距离一样,后者称为"绝对空间".

有一点必须在此强调,即一般地讲,讨论某一个物体的某种运动时,必须说明这是哪个观察者所观察到的,也必须说明这是相对于哪个物体的.所谓 A 相对于 B 的运动,即是 BA 矢量的变化.因此"相对于物体 B"及"由某个观察者 B 看来"是代表内容不相同的两句话.当我们讨论一个物体的运动时,我们应该说"由某观察者 O 看来某物体 A 相对于另一物体 B 的运动";这样,这句话的意义才完全明确.有的时候,我们简说"由某观察者 O 看来物体 A 的某个运动",或说"物体 A 相对于某观察者 O 的某个运动",意即是"由 O 看来相对于 O 的某个运动".

可以指出:用了"绝对时间"的概念后(即用了式(1.1)后),两个物体 A,B 的相对位置、相对速度、相对加速度等,对于任何观察者是相同的.对于物体 A,我们有

$$x_A = x_A(t), y_A = y_A(t), z_A = z_A(t)$$
$$x'_A = x'_A(t'), x'_B = x'_B(t'), \cdots$$

同样地,对于物体 B 我们有 $x_B = x_B(t)$.利用式(1.1)(1.2),便不难证明当 $t' = t$ 时

$$x'_B(t') - x'_A(t') = x_B(t) - x_A(t)$$
$$y'_B(t') - y'_A(t') = y_B(t) - y_A(t)$$
$$\vdots \qquad\qquad (1.5)$$

将式(1.5)两边分别地对 t 微分,便证明了当 $t = t'$ 时

$$\frac{\mathrm{d}}{\mathrm{d}t'}(x'_B - x'_A) = \frac{\mathrm{d}}{\mathrm{d}t}(x_B - x_A), \cdots \qquad (1.6)$$

说明了相对速度对于任何观察者是相同的.微分两次,便证明了相对加速度对于不同观察者是相同的.

但是一个物体对于两个不同观察者 O, O' 的速度

是不同的. 令某个物体的运动由 O 看来为

$$x = ut, y = 0, z = 0$$

那么由式(1.1),得

$$x' = x - vt = ut - vt = (u-v)t = (u-v)t'$$
$$y' = y = 0, z' = z = 0$$

因此由 O' 看来,速度大小为 $u-v$,方向沿 x 轴. 一般来讲,如果 $\boldsymbol{u}, \boldsymbol{u}', \boldsymbol{v}$ 代表速度矢量($\boldsymbol{v}$ 是 O 看到 O' 相对于 O 的速度矢量,在上面的特殊情形下是以 x 轴为方向,v 为大小的矢量),我们得

$$\boldsymbol{u}' = \boldsymbol{u} - \boldsymbol{v} \tag{1.7}$$

如果某一个物体有加速度,而 $\boldsymbol{a}, \boldsymbol{a}'$ 代表 O, O' 所看到这个物体的加速度,那么当我们假定 $\boldsymbol{v}$ 不变时

$$\boldsymbol{a}' = \boldsymbol{a} \tag{1.8}$$

这一段的结果与上一段的结果是不矛盾的,因为在这段中,两个运动速度 $\boldsymbol{u}, \boldsymbol{u}'$ 是相对于两个不同物体的速度.

如果光波(或电磁场)集中于一个小区域内,而这个小区域的中心 G 由 O, O' 看来有运动速度 $\boldsymbol{u}, \boldsymbol{u}'$,那么显然 $\boldsymbol{u}, \boldsymbol{u}'$ 应该适合式(1.7). 换句话说,光波的群速度应该满足式(1.7). 至于光波的相速度,我们现在讨论如下.

假设 O 看到一个波

$$K \cos 2\pi \nu (t - \boldsymbol{n} \cdot \boldsymbol{r}/u) \tag{1.9}$$

式中,$\boldsymbol{r}$ 代表 (x, y, z),$\boldsymbol{n}$ 代表波前的进行方向,u 为一个常数,K 代表振幅. 显然,u 即是相速度. 可以设想 O' 对于这个波观察的结果,得一个类似的结果

$$K' \cos 2\pi \nu' (t' - \boldsymbol{n}' \cdot \boldsymbol{r}/u') \tag{1.10}$$

令 D 为某一物体,t_1 时在 (x_1, y_1, z_1) 处,t_2 时在 (x_2, y_2, z_2) 处,由 t_1 至 t_2 在它身上所经过的波腹(或波节)的数目,由 O 看来是

$$\nu \left(t_2 - \frac{n_x x_2 + n_y y_2 + n_z z_2}{u} \right) - \nu \left(t_1 - \frac{n_x x_1 + n_y y_1 + n_z z_1}{u} \right)$$

$$\tag{1.11}$$

而由 O' 看来是

$$\nu'\left(t'_2-\frac{n'_x x'_2+n'_y y'_2+n'_z z'_2}{u'}\right)-\nu'\left(t'_1-\frac{n'_x x'_1+n'_y y'_1+n'_z z'_1}{u'}\right)$$

$$(1.12)$$

式中 (t'_2,x'_2,y'_2,z'_2)，(t'_1,x'_1,y'_1,z'_1) 是 (t_2,x_2,y_2,z_2)，(t_1,x_1,y_1,z_1) 的函数，由式(1.1)决定. 显然式(1.11)与(1.12)对于任何 (t_2,x_2,y_2,z_2)，(t_1,x_1,y_1,z_1) 是相等的. 由这一点及式(1.1)，便可求出 $\nu,\nu',u,u',\boldsymbol{n},\boldsymbol{n}'$ 的关系. 为简单起见，取 $\boldsymbol{n}$ 在 xy 面中，即令

$$\boldsymbol{n}=(\cos\alpha,\sin\alpha,0)\qquad(1.13)$$

算出

$$\boldsymbol{n}'=(\cos\alpha',\sin\alpha',0)\qquad(1.14)$$

及

$$\alpha'=\alpha\qquad(1.15)$$

$$\nu'=\nu(1-(v/u)\cos\alpha)\qquad(1.16)$$

$$u'=u-v\cos\alpha\qquad(1.17)$$

因此相速度 $u'\boldsymbol{n}'$ 与 $u\boldsymbol{n}$ 不适合式(1.7). 只在 $\alpha=0$ 或 π 的情形下，它们才适合式(1.7). 可以看出：不论 α 是多少，只要它不等于 $\frac{1}{2}\pi,u,u'$ 就是不同的. 因此如果对于某一个观察者 O 而言，电磁场满足麦克斯韦微分方程，使电磁波的相速率等于 c，那么对于另一个观察者 O'，当 O' 以速度 v 相对于 O 运动时，光波的相速率不等于 c 而与 v 有关. 因此由他看来，电磁场不可能满足麦克斯韦方程，而适合一个含有 v 的微分方程. 因此一定可以在 O' 系统中做一些实验求出 v.

讨论群速也带来同样的结论. 对于原来的观察者 O，电磁场满足麦克斯韦方程，因此各方向各频率的电磁波的相速都是 c，且群速也是 c，对于观察者 O'，由式(1.7)求出的群速便不是 c. 因此由他看来，电磁场不可能适合麦克斯韦方程.

以上说明了式(1.1)的时空观后，只有一个观察者能够看到它的电磁场满足麦克斯韦方程，这个观

141

察者即是通常所谈的"以太". 在最早的电磁理论中, 以太是具有"力学"性质的, 意即是: 电磁现象相当于"以太"的形变. 但是从麦克斯韦方程被建立及超距理论被抛弃后, 我们便没有必要去保持以太的"力学"性质. 但以上的一段说明用了式(1.1)的时空观后, 以太就运动学而言依然有它的意义.

但是下面的讨论将说明光的相速、群速对于任何观察者都是 c(首先说明群速是 c, 后来说明相速也是 c). 这一方面否定了式(1.1)的正确性, 另一方面使我们有可能完完全全摆脱了"以太".

在这里我们附带地讨论声波的多普勒效应. 对于空气而言, 声波的速率在各个方向是相同的, 设它为 b. 如果声源对于空气而言有一个速度 v°; 如果对声源而言, 波的频率是 ν°, 波相速度方向是 n°; 对空气而言, 波的频率是 ν, 波相速度方向是 n, 那么依照式 (1.15)和(1.16)

$$n^\circ = n$$
$$\nu^\circ = \nu(1 - v^\circ \cdot n/b)$$

如果接收声波的物体对于空气有一个速度 v, 而对它, 波的频率为 ν', 波相速度方向为 n', 得

$$n' = n$$
$$\nu' = \nu(1 - v \cdot n/b)$$

因此

$$n' = n^\circ$$
$$\nu' = \nu^\circ \{1 - v \cdot n/b\} \{1 - v^\circ \cdot n/b\}^{-1}$$
$$= \nu^\circ \left\{ 1 - \frac{(v - v^\circ) \cdot n}{b} - \frac{(v^\circ \cdot n)[(v - v^\circ) \cdot n]}{b^2} \right\} +$$
$$O\left(\frac{1}{b^3}\right) \tag{1.18}$$

波的速率 u', u, u° 也有类似的关系. 上式表达了声源与声接收者所观察的频率的关系, 称为多普勒效应.

如果我们只要第一级的小量, ν', ν° 的相差只与 $v - v^\circ$ 有关, 亦即只与声源与声接收者的相对速度有

关. 以上的理论是与实际符合的;因为在实际中 v, v° 及 b 等都比光速 c 小很多,而对于这些 v 而言式 (1.1)是有效的.

对于光波而言,讨论是同样的,只需将空气换为以上所谈的某观察者 O(即对他而言麦克斯韦方程成立的观察者),将 b 换为 c. 结果是否有效只在乎式(1.1)的是否有效. 当 $v^2/c^2, v^{\circ 2}/c^2$ 是极小而可以忽略时,式(1.1)确是可以援用的,因此式(1.18)也是正确的.

所以要提出式(1.18)的理由是:当 $v^2/c^2, v^{\circ 2}/c^2$ 不可以忽略时,它是式(1.1)的一个考验. 如果在 $v^2/c^2, v^{\circ 2}/c^2$ 不可忽略时实验证实了式(1.18),那么式(1.1)完全可能是正确的. Ives 同 Stilwell 在实验中否定了式(1.18),亦即否定了式(1.1).

2. 迈克生-莫尔列(Michelson-Morley)实验

在上一小节中已经指出:如果承认式(1.1)是正确的,那么至多只能对某一个观察者 O 而言各个方向、各个频率的光波的相速度是 c(因而群速度也是 c). 电磁场适合麦克斯韦方程,而对其他的观察者 O' 而言,光波的相速度、群速度都不是 c;并且由 O' 所观察电磁场的结果,可以在原则上决定 O, O' 的相对速度. 迈克生-莫尔列实验便是为了这个目的而设计的.

这个实验的装置如图 7. 令 A 为光源,沿 AB 方向发光. S_0 为一个涂上银末的玻璃片,与 AB 线成 $45°$ 角①. 令光进行至玻璃片 S_0 的中点 C;该时 S_0 将光反

---

① 严格来讲,在这样的理论中,这个角不是 $45°$. 原因是:在这样的理论中,麦克斯韦方程只对于以太有效,而对于地球不成立,因此对于后者,寻常的反射定律——入射角等于反射角——不成立. 我们应该在以太系统中计算,计算这个角度应等于多少,才能使从 C 走向 S_2 的光,由以太看来与 AB 线成角 $\cos^{-1}(v/c)$(v 是地球相对于以太的速度,假定沿 AB 方向). 可以证明这个角等于 $45° + O(v^2/c^2)$. 这一点是《物理通报》读者王理提醒的.

射一半,透过一半.透过的光进行至镜 S_1,受反射,沿 DC 回来,至 S_0 再受反射,最后沿 CF 进行.在点 C 受 S_0 反射的光,行至镜 S_2,受反射,沿 EC 回来,遇到 S_0,通过 S_0,所以最后也沿 CF 进行.我们的眼睛放在点 F 处,面对着 C,观察两束光所产生的干涉.在实验中,我们将整个仪器装置绕通过点 C 而与纸面垂直的一条线旋转 $90°$,同时观察在这过程中干涉图案有没有变化,更明确地说,我们看点 F 的明暗有没有变化,如果有变化,我们看它变化了多少次(由明变暗再变为明,算为一次).

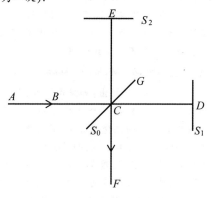

图 7

现在用式(1.1)的理论来计算两束光从 A 至 F 所需的时间的差别.在这个计算中,我们应该用群速度,而不应用相速度.

理由为:如果我们讨论"以太"所应观察到的结果,那么群速、相速的讨论是一样的.如果我们讨论地球上的观察者所应观察到的结果,那么必须用群速度.在仪器旋转前,在 CE 线上进行的光的方向,在以太看来不完全垂直于 AB,因此它的波前由以太看来(亦即由地球看来),与 AB 成一个角 α,$\alpha = \sin^{-1}(v/c)$(v 是地球相对于以太的速度,假定沿 AB 方向).令 l_1 为 t 时的某一个波前,令 l_2 为它在 $t+1$ 时刻所到达处. 它们的垂直距离是相速度, 而图 8 中的 ab 是群速度. 显然, 由地球看来, 光的行程是图中的 CE, 因此在计算一个波前从 C 至 E 所需的时间, 应该用群速度来计算. 以上仅是应该援用群速度的证明的一个提示, 详细讨论请读者自己补充.

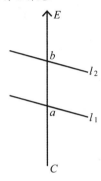

图 8

换句话说, 可以在讨论上述时间的差别时将光波认为是一个"点", 而援用式 (1.5)(1.6)(1.7)(1.8) 等. 因此我们可以说"光波点"与另一物体的相对位移、相对运动是什么, 而不必注明这是哪个观察者的观察结果.

假定在仪器旋转前 AB 的方向是地球相对于以太的运动方向, 相对运动速度是 v, 方向自左而右. 令 CD 的长为 l_1, CE 的长为 l_2. 因为 D 在地球上不动, 它相对于以太的速率是 v; 光相对于以太的速率是 c, 因此光从 C 走向 D 时相对于 D 的速率是 $c-v$. 同样, 光从 D 走向 C 时相对于 C 的速率是 $c+v$. 因此在 CD 过程上来回共需时间

$$\frac{l_1}{c+v}+\frac{l_1}{c-v}\approx\frac{2l_1}{c(1-\beta^2)}\quad\left(\beta=\frac{v}{c}\right)\qquad(2.1)$$

至于向 E 进行的光, 我们不能让它的运动方向对于以太而言是与 AB 垂直的, 因为如果如此, 当它反射回来时(由以太来看)玻璃片 S_0 的中点 C 已经走开, 两束

光便不能叠合而产生干涉. 为了产生干涉, 我们让向 E 进行的光对于地球而言是垂直于 AB 的. 令 t 为光从第一次反射(即从 AB 方向变为 CE 方向的反射)至遇到 S_2 所需的时间. 画出矢量 $C_1C_0 = vt$, 画出矢量 C_0E, 方向与 AB 垂直, 长度为 l_2(图 9). 它们分别为地球相对于以太, 光相对于地球在时间 t 中的位移. 作它们的矢量和 C_1E, 这便是光相对于以太在时间 t 中的位移. 它的长因此等于 ct. 由 $\triangle C_1C_0E$, 我们获得以下的关系

$$(ct)^2 = (vt)^2 + l_2^2$$

因此从第一次反射, 遇 E, 反射回来遇 S_0 所需的总时间为

$$2t = \frac{2l_2}{c(1-\beta^2)^{\frac{1}{2}}} \tag{2.2}$$

两束光从 A 至 F 的时间差是

$$\frac{2l_2}{c(1-\beta^2)^{\frac{1}{2}}} - \frac{2l_1}{c(1-\beta^2)} \tag{2.3}$$

旋转仪器后, 新的时间差为

$$\frac{2l_2}{c(1-\beta^2)} - \frac{2l_1}{c(1-\beta^2)^{\frac{1}{2}}} \tag{2.4}$$

两个时间差的差是

$$2(l_1+l_2)\frac{1}{c}\left\{\frac{1}{(1-\beta^2)^{\frac{1}{2}}} - \frac{1}{1-\beta^2}\right\} \approx \frac{l_1+l_2}{c}\beta^2$$

如果 $v \neq 0$, 这不等于零, 因此在仪器旋转时, 干涉图案应该有变化. 但最小心的实验证明了图案的不变化.

为了解释这个实验结果与理论的不一致, 物理学家想出了各种办法; 其中一部分保持了式(1.1), 另一部分或者明显地放弃了式(1.1), 或者实质上破坏了式(1.1). 凡是企图保持式(1.1)的办法, 多少与其他实验冲突, 因而不成立. 破坏了(1.1)的办法实质上带来了特殊相对论的时空观.

我们首先讨论想保持式(1.1)而同时解释迈克

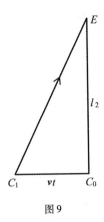

图 9

生-莫尔列实验的两种办法,指出它们的困难.

3. 想保持伽利略变换而解释迈克生-莫尔列实验的企图的失败

第一个企图是假定光相对于光源的速率是 c.

因为 S_0, S_1, S_2,光源 A 的运动是一样的,所以如此假定后,光相对于 S_0, S_1, S_2 的速率都是 c,因此在计算从 S_0 至 S_1,从 S_0 至 S_2 等时间,我们可以用

时间 = 从 S_0 至 S_1(或 S_2)的距离 $/c$

的公式,因此上面式中的 v 都应用零来代替,这样便解释了实验结果. 在这样的假定下,光对以太的速率反而不是 c 了! 在仪器旋转前,对于以太而言,光从 S_0 至 S_1 的速率是 $c+v$,光从 S_1 至 S_0 的速率是 $c-v$,从 S_0 至 S_2 及从 S_2 至 S_0 的速率是 $c(1+\beta^2)^{\frac{1}{2}}$.

有两个理由使这个假定不成立. 第一,决定电磁场的麦克斯韦方程明明白白地告诉我们电磁波的速率亦即光的速率与光源的速率没有关系,因此光相对于光源的速度必然与光源的速度有关,不可能在光源速度改变时不改变. 第二,让我们讨论天空中"双星"所射至我们的光."双星"中的两个星的速度是不同的. 因此,如果它们每个所发的光相对于它们每个的速率是一样的,那么这两束光相对于我们的速率将是

不同的. 由于它们离我们十分远的事实,相对于我们的速率的小小不同,将引起它们所射光到达我们所需的时间中一个很大的差别,而事实上,从我们对于双星的运动的理论研究及对于双星所射来的光的观察,知道这两束光到达我们所需的时间并没有很大的差别. 所以无论在理论上,或在实验中,我们无法接受上面所说的假定.

第二个企图是假定以太给地球拖住.

这便是一度有名的拖曳理论. 这个理论假定以太被光所经过的物质(或光的路程的附近的物质)所拖住,一起运动.

用这个理论去解释迈克生-莫尔列实验时,我们只需假定以太被地球所拖住一起运动,因此第 2 小节的式中的 v 等于零,因此两束光路程的时间差在仪器转动时没有变化,因而解释了实验结果.

单独地引入这个理论而不打破式(1.1),依然是同某些实验冲突的. 在此我们叙述两个如下的实验.

第一个是斐索(Fizeau)实验(图 10). 光从光源 A 射出,在镜 S_0 处分为两支. 一支的路程为

$$C_0CEC_1C_2DBC_3C_0F$$

另一支路程为

$$C_0C_3BDC_2C_1ECC_0F$$

两支光在 F 处会合. 图中粗线代表一个容器的壁,容器中充满了水,依照图中箭头方向流动. 在实验中,我们使水的流速从零值逐渐增加至 v,观察在 F 处的干涉图案在此过程中是否有变化.

当水的流速是零时,两束光从 C_0 绕一周返回至 C_0 所需的时间是相等的. 当水的流速是 v 时,以太也有了运动,速率也是 v(依照拖曳理论),因此对于第一束光而言,光相对于我们的速率等于光相对于以太的速率减去 v,亦即

$$\left(\frac{c}{n}\right)-v \tag{3.1}$$

148

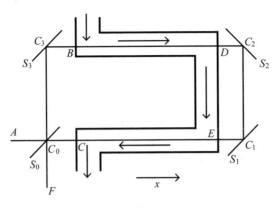

图 10

式中, n 代表水的折射率. 称 BD 加 CE 的长为 l, 光经过 BD 和 CE 所需的时间为

$$\frac{l}{\left\{\left(\frac{c}{n}\right)-v\right\}} \tag{3.2}$$

对于第二束光, 所需的时间为

$$\frac{l}{\left\{\left(\frac{c}{n}\right)+v\right\}} \tag{3.3}$$

时间差为

$$\frac{2ln^2\beta}{\{c(1-n^2\beta^2)\}} \quad \left(\beta=\frac{v}{c}\right) \tag{3.4}$$

但事实上, 从干涉图案的变化, 可以算出时间差

$$\frac{2l\beta(n^2-1)}{\{c[1-\beta^2n^{-2}(n^2-1)^2]\}} \tag{3.5}$$

为求得这个时间差, 必须将光在水中相对于我们的速率 $\left(\frac{c}{n}\right)-v,\left(\frac{c}{n}\right)+v$ 分别改为

$$cn^{-1}-v(1-n^{-2}),\ cn^{-1}+v(1-n^{-2}) \tag{3.6}$$

$(1-n^{-2})$ 在此称为拖曳系数, 意思是说水没有将以太完全拖住, 而只是使它有一个速率, 等于 v 的一部分.

第二个实验是光的"行差". 在此, 我们讨论一个

149

很远的星射至地球的光的方向. 我们先取一个观察者 O（在保持（1.1）的情形下，即等于选择一个坐标系，一个可以运动的坐标系），使对他而言地球在夏天的速度是沿 x 轴正向的，大小为 v，在冬天的速度是沿 x 轴负向的，大小也是 v.（这个观察者可以认为是太阳.）先讨论夏天在地球上观察星的情形. 对于我们所选择的观察者 O 而言，令星所射至地球的光的方向是 AB（图 11），速率是 u. 画出矢量 CB，沿 x 轴方向，长度是 v. AB，CB 分别代表光相对于 O，地球相对于 O 的速度，因此矢量 AC 代表光相对于地球的速度. 依照拖曳理论，后者的长度应等于 c.

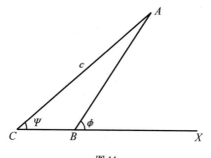

图 11

令 $\angle ABX = \phi$，$\angle ACB = \psi$，得

$$\frac{c}{\sin \phi} = \frac{v}{\sin(\phi - \psi)} \qquad (3.7)$$

由此得

$$\psi - \phi = -\beta \sin \phi + O(\beta^3) \qquad (3.8)$$

要考虑冬天的情形，只需将点 C 画在点 B 的右方即可（图 12）. AB 的方向必须认为与前相同（因为这是由于星与太阳的相对位置而决定的）. 因此称新的 ψ 为 ψ'，得

$$\frac{c}{\sin \phi} = \frac{v}{\sin(\psi' - \phi)} \qquad (3.9)$$

由此得

$$\psi' - \phi = \beta \sin \phi + O(\beta^3) \qquad (3.10)$$

但事实上,式(3.8)(3.10)的右方应该分别为

$$\mp\beta\sin\,\phi+\frac{1}{2}\beta^2\sin\,\phi\cos\,\phi+O(\beta^3) \qquad (3.11)$$

与式(3.8)(3.10)不符. 注意在以上的理论中我们由于应用拖曳理论的缘故,假定了 $AC=c$. 事实上,如果令 $AB=c$,结果也与(3.11)不符.

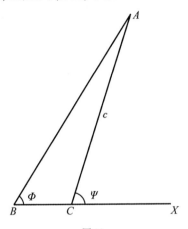

图12

在历史上,我们先有斐索实验(1851),后有迈克生-莫尔列实验(1886). 此外,有一个与斐索实验极类似的实验,称为霍克(Hoek)实验(1868),在此不拟介绍. 由于斐索实验的结果,我们假定当光在速率为 v 而折射率为 n 的介质中进行时,以太具有一个速率

$$v(1-n^{-2}) \qquad (3.12)$$

如果接收了这个理论,那么在迈克生-莫尔列实验中,由于光所经过的介质是空气,$n\approx1$,那么以太的速率(3.12)便等于零,亦即不随地球运动. 因此,便无法解释迈克生-莫尔列实验.

以上的讨论告诉我们如果只用拖曳理论而不打破式(1.1),不能同时解释斐索实验及迈克生-莫尔列实验,也不能解释光行差的实验.

151

至于为了解释迈克生-莫尔列实验而不保持式(1.1)的尝试,我们可以指出两个.

一个是假定对于任何观察者,光在真空中的速率都一样,都是 c.严格地说,这假定:对于一群相互做等速运动的观察者,光在真空中的速率都是 c.这破坏了式(1.7),因而破坏了式(1.1).在下一小节中我们将仔细地讨论这个假定.在这里,我们只指出它能解释迈克生-莫尔列实验,用它去解释这实验时只需令地球为观察者,便解决了一切.

另一个假定是斐兹杰惹(Fitzgerald)收缩.这个假定是说如果有一个物体在某一个观察者 O' 看来是不动的,而在另一个观察者 O 看来是沿 x 轴以速率 v 运动的,那么它沿 x 轴方向的长度由 O 量得的值 l_x 同由 O' 量得的值 l'_x 有以下的关系

$$l_x = l'_x (1-\beta^2)^{\frac{1}{2}} \qquad (3.13)$$

沿 y 轴或 z 轴方向的长度由 O, O' 量得的值则相等

$$l_y = l'_y, l_z = l'_z \qquad (3.14)$$

这个假定可以由上面所谈的假定获得;同时从这个假定及一些另外的补充假定可以求得上面的假定,这些放在以后讨论,在此我们看这个假定如何解释迈克生-莫尔列实验.

令 l_1, l_2 代表地球上一个观察者在仪器未旋转前所量得 CD, CE 的长度.我们设身处地以太,现在讨论两束光的干涉.因为斐兹杰惹收缩破坏了式(1.1),所以我们在讨论一段时间,一个运动时,必须说明观察者是谁.在此段中以下所讨论的,都是对于观察者以太而言的.在仪器未转动前,我们依然有式(2.1)中的相对速率 $c-v, c+v$(如果 v 是以太所观察到的地球相对于它的速率),但是因为 CD 对于以太而言是动的,而方向又与运动方向相同,式(2.1)中的 l_1 应改为 $l_1(1-\beta^2)^{\frac{1}{2}}$;此外式(2.1)没有改变.至于向 S_2 进行的光,我们令它的方向(由以太看来)与 AB 成一个角

$\cos^{-1}(v/c)$，如此方能使这束光被 S_2 折回而遇 S_0 时可以遇到 S_0 的中点 C，与至 S_1 而折回的光相叠合，因此式（2.2）依然有效．因此式（2.3）的唯一变化是将 l_1 变为 $l_1(1-\beta^2)^{\frac{1}{2}}$．同样式（2.4）的变化是将 l_2 变为 $l_2(1-\beta^2)^{\frac{1}{2}}$．因此以太所观察到的两个时间差（2.3）（2.4）完全相同，因而没有干涉图案的变化．注意在此我们没有讨论地球上观察者所应该观察到的结果．

必须强调指出：第一个尝试是更本质的，而第二个尝试及其他类似的尝试是片面的、零星的．必须指出，第一个尝试非但解释了迈克生–莫尔列实验，也直接建立了前文所提起两个观察者的 (x,y,z,t)，(x',y',z',t') 的关系，这个关系又能解释下列其他几个实验，成为一个完整的而与事实相符的理论（见以下几小节）．其他尝试，在没有引入补充的假定前，显然可能不是一个完整的理论，因而是不够理想的．

4. 洛伦兹变换

现在较详细地讨论解释迈克生–莫尔列实验而不保持（1.1）的第一个尝试．这便是假定对于许多互做相对等速运动的观察者，光速取相同的值 c．更严格地说，假定光的群速取同值 c．这带来了有名的洛伦兹变换．这个变换最初出现于洛伦兹的工作中，但完全地及正确地导出这个变换及阐明它的意义的第一个人是 A. 爱因斯坦．（不幸地，他的理论带有一些唯心的色彩，见后面第 9 小节）由光速不变的假定导出洛伦兹变换的具体讨论如下．

令 O,O' 为两个观察者，O 看到 O' 以速率 v 沿 x 轴正向相对于 O 运动．为肯定起见，令 $Ox,O'x',Oy,O'y',Oz,O'z'$ 成对地平行（即 $Ox \,/\!/\, O'x'$，$Oy \,/\!/\, O'y'$，$\cdots$）．又假定在 $t=0$ 时，O,O' 互相叠合，而那时 t' 也等于零．让我们假定 O,O' 所观察的任何一件事而得的 (x,y,z,t) 及 (x',y',z',t') 中有线性的关系．（所以如此假定，乃是因为这已经可以使光速对于 O,O' 取同值 c，也是因为空间、时间每一点

153

的性质应该是一样的,换句话说,是因为时间、空间中没有特殊性质的点.)在上述的 O,O' 的情形下,我们可以假定

$$t' = bt + gx \qquad (4.1)$$
$$x' = ax + ht \qquad (4.2)$$
$$y' = g_2 y \qquad (4.3)$$
$$z' = g_3 z \qquad (4.4)$$

式中, b,a,g,h,g_2,g_3 都是常数. 由于 O,O' 的对称性,得

$$y = g_2 y'$$

因此

$$y = g_2 y' = g_2(g_2 y) = g_2^2 y$$

即

$$g_2^2 = 1$$

亦即

$$g_2 = 1$$

同理

$$g_3 = 1$$

将 O' 认为是被研究的物体,它的 x 等于 vt,它的 x' 始终为零. 亦即,当 $x = vt$ 时,被研究的物体即是 O',因此 x' 等于零

$$0 = avt + ht$$

亦即

$$h = -av \qquad (4.5)$$

以此代入式(4.2),再由式(4.1)(4.2)求 x,得

$$x = \frac{b}{a(b+vg)}\left(x' + \frac{av}{b}t'\right) \qquad (4.6)$$

在本节中我们将证明式(4.2)中 x 的系数 a 的倒数 a^{-1},即是与 O' 一起运动的物体由 O 看来长度的收缩率(见下面式(4.14)),同样式(4.6)中 x' 的系数的倒数即是与 O 一起运动的物体由 O' 看来长度的收缩率. 由于 O,O' 在这一点上的对称性,得

$$a = \frac{b}{a(b+vg)} \qquad (4.7)$$

154

对于一束沿 x 轴正向进行的光, $x=ct$,因此

$$x'=a(x-vt)=a(ct-vt)$$

$$t'=bt+gx=bt+gct$$

依照光速等值的假定, x' 应该与 ct' 相等. 因此

$$c(bt+gct)=a(ct-vt)$$

亦即

$$c(b+gc)=a(c-v) \tag{4.8}$$

同样地讨论沿 x 轴负向进行的光,得

$$-c(b-gc)=-a(c+v) \tag{4.9}$$

由式 $(4.8)(4.9)$,得

$$a=b,g=-\frac{av}{c^2}$$

代入式 (4.7) ,得

$$a=b=(1-\beta^2)^{-\frac{1}{2}}$$

由此求出 g . 我们的最后结果是

$$\begin{cases} t'=(1-\beta^2)^{-\frac{1}{2}}\left(t-\frac{vx}{c^2}\right),y'=y \\ x'=(1-\beta^2)^{-\frac{1}{2}}(x-vt),z'=z \end{cases} \tag{4.10}$$

由此可求出

$$\begin{cases} t=(1-\beta^2)^{-\frac{1}{2}}\left(t'+\frac{vx'}{c^2}\right),y=y' \\ x=(1-\beta^2)^{-\frac{1}{2}}(x'+vt'),z=z' \end{cases} \tag{4.11}$$

由式 (4.11) 可以看到由 O' 看来, O 以速率 v 沿 x 轴负向运动. 式 (4.10) (4.11) 通常称为洛伦兹变换,是狭义相对论中最基本的公式.

由式 (4.10) 可以证明

$$x^2+y^2+z^2-c^2t^2=x'^2+y'^2+z'^2-c^2t'^2 \tag{4.12}$$

事实上,如果将 h 的值 (4.5) 代入式 (4.2) ,得

$$x'=a(x-vt) \tag{4.13}$$

而要求式 $(4.1)(4.13)(4.3)(4.4)$ 的系数 b,g,a,g_2 , g_3 如此地确定,使式 (4.12) 对于任何 (x,y,z,t) 而言是满足的,我们也可以获得式 $(4.10)(4.11)$. 证明在

此精简. 当式(4.12)成立时, 我们便有以下的情形. 如果由 O 看来, 光在 $t=0$ 时刻从原点出发, 光速等于 c, 那么式(4.12)左边等于零, 因此右边等于零. 现在由 O' 看来, 这束光在 $t'=0$ 时刻也从原点出发, 与式(4.12)右边等于零的意义一起考虑, 便得到了由 O' 看来光速也是 c 的结论. 反之, 如果有以上所谈的情形, 那么式(4.12)便成立. 因此由式(4.12)导出洛伦兹变换, 正是想象中的事.

现在我们讨论如何由式(4.10)(4.11)获得斐兹杰惹收缩的理论.

令 A,B 两点对于 O' 而言是不动的. 令它们的时空坐标是 (x_1',t_1'), (x_2',t_2'), (x_1,t_1), (x_2,t_2). O' 认为 AB 的长度是 $x_2'-x_1'$; 这显然是不变的, 因为 x_1',x_2' 都不变. O 认为 AB 的长度是 x_2-x_1, 但 A,B 两点对于 O 而言是运动着的, $x_1=x_1(t)$, $x_2=x_2(t)$, 所以长度是

$$x_2(t)-x_1(t)$$

$x_2(t),x_1(t)$ 两个函数可以分别由

$$x_1'=a[x_1(t)-vt], x_2'=a[x_2(t)-vt]$$

求得. 将上述两式相减, 得

$$x_2(t)-x_1(t)=a^{-1}(x_2'-x_1')=(1-\beta^2)^{\frac{1}{2}}(x_2'-x_1')$$

$$(4.14)$$

因此长度 x_2-x_1 与时间 t 无关, 而比 O' 所量得的长度小 $(1-\beta^2)^{\frac{1}{2}}$ 倍. 至于由式(4.10)去证明沿 y,z 轴方向的长度对 O,O' 是一样的, 是极显然的, 不必多提. 用同样的方法, 可以证明与 O 一起运动的两点 A,B, 由 O' 看来它们沿 x 轴方向的距离比由 O 看来的距离小, 小 $(1-\beta^2)^{\frac{1}{2}}$ 倍. 以上便是由式(4.10)求出斐兹杰惹收缩的讨论.

除了上面所述的斐兹杰惹收缩外, 式(4.10)另有一个影响, 称为钟的推迟. 具体地讲, 这是说一个对 O' 而言是不动的钟, 由 O 看来觉得它比一个对 O 不动的钟走得更慢. 证明如下: 一个对 O' 不运动的钟, x' 是

不变的. 令此钟的分针走一个全周;令此过程的始、终
时刻在 O,O' 看来为 t_1,t_2,t_1',t_2'. 由于

$$t_1 = (1-\beta^2)^{-\frac{1}{2}}\left(t_1'+\frac{vx'}{c^2}\right)$$

$$t_2 = (1-\beta^2)^{-\frac{1}{2}}\left(t_2'+\frac{vx'}{c^2}\right)$$

得

$$t_2-t_1 = (1-\beta^2)^{-\frac{1}{2}}(t_2'-t_1') \qquad (4.15)$$

因此在上述过程中, $t_2'-t_1'$ 等于一小时, 而 t_2-t_1 大于一
小时, 亦即当一个对 O' 不动的钟的分针走一周后, O
觉得时间已过去了比一点钟还多的时间. 换句话说, O
觉得那个钟走慢了.

以上两点是洛伦兹变换的直接结果, 是光速不变
的假定的必然结果. 这似乎是一时不易接受的, 但只
需我们认识到了 (x,y,z,t), (x',y',z',t') 中可能有不
同于式(1.1)的关系, 便不难接受这些较新的概念.

我们可以将式(4.10)推广至 v 不在 x 轴方向的情
形. 假定 $Ox,O'x',Oy,O'y'$ 等依旧成对地平行, 假定 v 用
这些坐标轴后成为 (v_x,v_y,v_z). 取轴 $Ox^*,O'x^{*\prime},Oy^*,O'$
$y^{*\prime},\cdots,$ 成对地平行, 使得 v 在 Ox^*,Oy^*,Oz^* 坐标中成
为 $(v,0,0)$. 坐标 $x^*,y^*,z^*,x^{*\prime},y^{*\prime},z^{*\prime}$ 及时间 t,t' 显然
满足式(4.10)(4.11). 通过 (x^*,y^*,z^*) 与 (x,y,z) 的关
系, $(x^{*\prime},y^{*\prime},z^{*\prime})$ 与 (x',y',z') 的关系, 便可以求出 $(x,y,$
$z,t)$ 与 (x',y',z',t') 的关系, 这个关系如下

$$\begin{cases} x' = \left\{1+\frac{(\gamma-1)v_x^2}{v^2}\right\}x+\frac{(\gamma-1)v_xv_y}{v^2}y+\frac{(\gamma-1)v_xv_z}{v^2}z-v_x\gamma t \\[2mm] y' = \frac{(\gamma-1)v_yv_x}{v^2}x+\left\{1+\frac{(\gamma-1)v_y^2}{v^2}\right\}y+\frac{(\gamma-1)v_yv_z}{v^2}z-v_y\gamma t \\[2mm] z' = \frac{(\gamma-1)v_zv_x}{v^2}x+\frac{(\gamma-1)v_zv_y}{v^2}y+\left\{1+\frac{(\gamma-1)v_z^2}{v^2}\right\}z-v_z\gamma t \\[2mm] t' = -\frac{\gamma v_x x}{c^2}-\frac{\gamma v_y y}{c^2}-\frac{\gamma v_z z}{c^2}+\gamma t \end{cases}$$

$$(4.16)$$

式中 γ 代表 $(1-\beta^2)^{-\frac{1}{2}}$. 想要从 x',y',z',t' 中求 $x,y,z,$ t, 只需在上式中将 (x',y',z',t') 与 (x,y,z,t) 交换, 同时将 v_x,v_y,v_z 换为 $-v_x,-v_y,-v_z$. 坐标轴 $Ox, O'x', Oy,$ $O'y', \cdots$ 不成对平行的情形也可以根据上面的方法的精神去讨论, 详细情形在此精简. 为了避免不必要的麻烦, 在以后的讨论中, 我们只讨论 v 沿 Ox 轴的情形.

最后, 补充一句关于由斐兹杰惹收缩求式 (4.10) 的讨论. 已有了式 (4.5) 及斐兹杰惹收缩的假定

$$a = \frac{b}{a(b+vg)} = \frac{1}{(1-\beta^2)^{\frac{1}{2}}} \qquad (4.17)$$

依然不能完全地确定 b,g 等. 为了确定 b,g 等, 必须引入补充的假定. 例如, 我们可以引入以下假定: 即当 O 看到 O' 以速度 v 运动时, O' 看到 O 以速度 $-v$ 运动. 由这个假定及式 (4.6), 得

$$\frac{av}{b} = v$$

即

$$a = b \qquad (4.18)$$

由式 (4.5)(4.17) 及 (4.18) 即可求出式 (4.10) 中所有的系数.

5. 速度及加速度的合成

为了解释第 3 小节中的斐索实验及光行差实验起见, 我们在此讨论当一个质点在 O' 看来有速度 $(u'_x,$ $u'_y, u'_z)$ 时, 在 O 看来它有速度 (u_x, u_y, u_z), 这称为 "速度的合成" 的讨论.

由式 (2.10), 我们知 x' 变至 $x'+dx'$, t' 变至 $t'+dt'$ 时, $\cdots\cdots$, x,y,z,t 也有变化. 它们中的关系为

$$dx = d\{\gamma(x'+vt')\} = \gamma(dx'+vdt')$$

$$dt = d\left\{\gamma\left(t'+\frac{vx'}{c^2}\right)\right\} = \gamma\left(dt'+\frac{vdx'}{c^2}\right)$$

在此, 我们已知 $dx' = u'_x dt'$, 因此

$$u_x = \frac{dx}{dt} = \frac{dx'+vdt'}{dt'+\dfrac{vdx'}{c^2}} = \frac{u_x'dt'+vdt'}{dt'+\dfrac{vu_x'dt'}{c^2}}$$

$$= \frac{u_x'+v}{1+\dfrac{vu_x'}{c^2}}$$

(5.1)

同样

$$u_y = \frac{u_y'}{\left(1+\dfrac{vu_x'}{c^2}\right)\gamma}$$

(5.2)

$$u_z = \frac{u_z'}{\left(1+\dfrac{vu_x'}{c^2}\right)\gamma}$$

(5.3)

由此,可以求出

$$\begin{cases} u_x' = \dfrac{u_x-v}{1-\dfrac{vu_x}{c^2}} \\[4mm] u_y' = \dfrac{u_y}{\left(1-\dfrac{vu_x}{c^2}\right)\gamma} \\[4mm] u_z' = \dfrac{u_z}{\left(1-\dfrac{vu_x}{c^2}\right)\gamma} \end{cases}$$

(5.4)

如果将 (u_x', u_y', u_z') 写为 $u'(\cos\theta', \sin\theta', 0)$,那么 (u_x, u_y, u_z) 便成为 $u(\cos\theta, \sin\theta, 0)$;而 (u,θ),(u',θ') 有以下关系

$$\begin{cases} u^2 = \dfrac{u'^2+v^2+2u'v\cos\theta'-u'^2(v/c)^2\sin^2\theta'}{(1+u'v\cos\theta'/c^2)^2} \\[4mm] \tan\theta = u'\sin\theta'(1-\beta^2)^{\frac{1}{2}}/\{u'\cos\theta'+v\} \end{cases}$$

(5.5)

$$\begin{cases} u'^2 = \dfrac{u^2+v^2-2uv\cos\theta-u^2(v/c)^2\sin^2\theta}{(1-uv\cos\theta/c^2)^2} \\[4mm] \tan\theta' = u\sin\theta(1-\beta^2)^{\frac{1}{2}}/\{u\cos\theta-v\} \end{cases}$$

(5.6)

如果 $\theta'=0$,那么 $\theta=0$,而同时

$$u = \frac{u' + v}{1 + \dfrac{u'v}{c^2}} \qquad (5.7)$$

由这些式子不难证明：当 $v \leqslant c$ 时，如果 $u' \leqslant c$，那么 $u \leqslant c$；如果 $u \leqslant c$，那么 $u' \leqslant c$. 换句话说，如果物体的速率原来小于 c，它便不可能由于观察者的改换而变为大于 c. 以后我们将说明有必要假定所有物体（质点）的速率都小于 c. 因为观察者本身可以认为是被观察的质点，所以它的速率也将假定小于 c. 假定这一点的理由在后面讨论（第 7 小节）.

我们可以援用同样的方法来讨论加速度的合成. 将式 (5.1) 两边取微分，得

$$\begin{aligned} \mathrm{d}u_x &= \mathrm{d}\left(\frac{u'_x + v}{1 + \dfrac{u'_x v}{c^2}} \right) \\ &= \frac{\mathrm{d}u'_x}{\left\{ \gamma \left(1 + \dfrac{u'_x v}{c^2} \right) \right\}^2} \end{aligned} \qquad (5.8)$$

但已知

$$\begin{aligned} \mathrm{d}t &= \gamma \left(\mathrm{d}t' + \frac{v\mathrm{d}x'}{c^2} \right) \\ &= \gamma \mathrm{d}t' \left(1 + \frac{vu'_x}{c^2} \right) \end{aligned} \qquad (5.9)$$

因此得

$$a_x = \frac{\mathrm{d}u_x}{\mathrm{d}t} = \frac{\mathrm{d}u'_x}{\mathrm{d}t'} \frac{1}{\gamma^3 \left(1 + \dfrac{vu'_x}{c^2} \right)^3}$$

亦即

$$a_x = \frac{a'_x}{\left\{ \gamma \left(1 + \dfrac{vu'_x}{c^2} \right) \right\}^3} \qquad (5.10)$$

同样地，我们证明

$$\begin{cases} a_y = \dfrac{a'_y}{\left\{\gamma\left(1+\dfrac{vu'_x}{c^2}\right)\right\}^2} - \dfrac{\gamma v u'_y a'_x}{c^2\left\{\gamma\left(1+\dfrac{vu'_x}{c^2}\right)\right\}^3} \\[4mm] a_z = \dfrac{a'_z}{\left\{\gamma\left(1+\dfrac{vu'_x}{c^2}\right)\right\}^2} - \dfrac{\gamma v u'_z a'_x}{c^2\left\{\gamma\left(1+\dfrac{vu'_x}{c^2}\right)\right\}^3} \end{cases} \quad (5.11)$$

要求用 $a_x, a_y, a_z, u_x, u_y, u_z$ 表出 a'_x, a'_y, a'_z 的式子,只需在上式中将

$$a_x, a_y, a_z, a'_x, a'_y, a'_z, u'_x, u'_y, u'_z, v$$

分别地换为

$$a'_x, a'_y, a'_z, a_x, a_y, a_z, u_x, u_y, u_z, -v$$

即可.

6. 用洛伦兹变换去解释第 3 小节中的两个实验

让我们首先解释斐索实验①. 称水为观察者 O',称我们为观察者 O. 对于观察者 O' 而言,介质是不动的,因此光的速率为 c/n. 那么当光沿

$$C_0 C E C_1 C_2 D B C_3 C_0 F$$

进行,而我们对于 CE 段中的光进行讨论时,O' 对于 O 的速度是 v,沿 x 轴负向,而 u'_x 是 c/n,因此

$$u_x = \frac{(c/n) - v}{1 - v\dfrac{c}{n}\dfrac{1}{c^2}} = \frac{(c/n) - v}{1 - \dfrac{v}{cn}} \quad (6.1)$$

如果讨论光由 D 进行至 B 时对我们的速度,那么 $u'_x = -c/n$,而 O' 对 O 的速度为 v,沿 x 轴正向

---

① 在这里我们用相对论中的速度合成来解释斐索实验,但我们也可以建立以地球为观察者的电磁场方程(此时介质——水——是运动的,所以这样的场方程也称为运动介质的场方程),由此直接证明式 (3.6). 参阅 H. A. Lorentz, *Lectures on Theoretical Physics*, Vol. Ⅲ, p.301. 在实质上,这说明了麦克斯韦方程对于任何观察者都有效.

$$u_x = \frac{-\left(\dfrac{c}{n}\right)+v}{1+v\left(-\dfrac{c}{n}\right)\dfrac{1}{c^2}} \qquad (6.2)$$

当 $(c/n)\gg v$ 时,式$(6.1)(6.2)$的绝对值都是

$$\left(\frac{c}{n}-v\right)\bigg/\left(1-\frac{v}{nc}\right)\approx\frac{c}{n}-v\left(1-\frac{1}{n^2}\right)+O\left(\frac{v^2}{c}\right)$$

$$(6.3)$$

同样可以证明当光沿

$$C_0C_3BDC_2C_1ECC_0F$$

进行时,它对于我们的速度的绝对值是

$$\frac{c}{n}+v\left(1-\frac{1}{n^2}\right)+O\left(\frac{v^2}{c}\right) \qquad (6.4)$$

因而证实了式(3.6).

以上是用群速度的讨论;我们也可以用相速度来讨论. 为简单起见,只讨论光由 B 至 D 进行的情形. 假定对于 O' 而言,光波的振动可以用下式来描写

$$K'\cos 2\pi\nu'\left(t'-\frac{x'}{c/n}\right) \qquad (6.5)$$

换句话说,即假定光的相速度是 c/n. 对于 O 而言,光波为

$$K\cos 2\pi\nu\left(t-\frac{x}{u}\right) \qquad (6.6)$$

式中 u 为一个还没有确定的常数. 根据第 1 小节中的讨论,式(1.11)与(1.12)是相等的;根据同样的方法,获得

$$2\pi\nu'\left(t'-\frac{x'}{c/n}\right)=2\pi\nu\left(t-\frac{x}{u}\right) \qquad (6.7)$$

以式(4.10)的右边代替上式中的 t',x',再令上式左右两边 t,x 的系数分别相等,便获得

$$\nu'\frac{1}{(1-\beta^2)^{\frac{1}{2}}}\left[1+\frac{v}{(c/n)}\right]=\nu$$

$$\nu'\frac{1}{(1-\beta^2)^{\frac{1}{2}}}\left[-\frac{v}{c^2}-\frac{1}{(c/n)}\right]=-\nu\frac{1}{u}$$

162

两式相除,即获得

$$u = \frac{(c/n) + v}{1 + v \dfrac{c}{n} \dfrac{1}{c^2}} \tag{6.8}$$

即式(6.4).

其次,让我们讨论光行差的实验.为此,我们称太阳为 O,地球为 O'.先讨论夏天的情形,即 O 看到 O' 以速率 v 沿 x 轴正向运动的情形.利用式(5.6),再注意这个实验中的 ψ, ϕ 乃是式(5.6)中的 $\pi + \theta', \pi + \theta$,再假定 $u = c$,便获得了

$$\tan \psi = \frac{\sin \phi (1 - \beta^2)^{\frac{1}{2}}}{\cos \phi + \beta} \tag{6.9}$$

由此可以算出

$$\sin \psi = \frac{\sin \phi (1 - \beta^2)^{\frac{1}{2}}}{1 + \beta \cos \phi} \tag{6.10}$$

$$\cos \psi = \frac{\beta + \cos \phi}{1 + \beta \cos \phi} \tag{6.11}$$

因此

$$\sin(\psi - \phi) = -\beta \sin \phi + \frac{(1 - \beta^2)^{\frac{1}{2}} - 1 + \beta^2}{1 + \beta \cos \phi} \sin \phi \cos \phi$$

$$= -\beta \sin \phi + \frac{1}{2} \beta^2 \sin \phi \cos \phi + O(\beta^3)$$

所以

$$\psi - \phi = \arcsin\left(-\beta \sin \phi + \frac{1}{2} \beta^2 \sin \phi \cos \phi + O(\beta^3)\right)$$

同样,算出在冬天的情形下

$$\psi' - \phi = \arcsin\left(\beta \sin \phi + \frac{1}{2} \beta^2 \sin \phi \cos \phi + O(\beta^3)\right)$$

这正是实验的结果.

注意我们也能用相速度的讨论来求得以上的结果.为简单起见,只讨论夏天的情形.假定光波对于 O 的相速率是 c.假定对于 O, O' 而言,光波分别取以下的形式

163

$$\begin{cases} K\cos 2\pi\nu\{t-(n_x x+n_y y+n_z z)/c\} \\ K'\cos 2\pi\nu'\{t'-(n_x' x'+n_y' y'+n_z' z')/u'\} \end{cases} \quad (6.12)$$

式中 ν',n_x',n_y',n_z',u' 为一些还没有决定的常数，n' 等满足

$$n_x'^2+n_y'^2+n_z'^2=1$$

依照第 1 小节中的讨论，以上两个波的相是相同的. 将 t,x,y,z 表为 t',x',y',z' 的函数(利用式(3.11))，将两个相的式中的 t',x',y',z' 的系数分别置为相等，得

$$\begin{cases} \nu'=\dfrac{\nu}{(1-\beta^2)^{\frac{1}{2}}}\left\{1-\dfrac{n_x v}{c}\right\} \\ \dfrac{\nu' n_x'}{u'}=\dfrac{\nu}{(1-\beta^2)^{\frac{1}{2}}}\left\{-\dfrac{v}{c^2}+\dfrac{n_x}{c}\right\} \\ \dfrac{\nu' n_y'}{u'}=\dfrac{\nu n_y}{c} \\ \dfrac{\nu' n_z'}{u'}=\dfrac{\nu n_z}{c} \end{cases} \quad (6.13)$$

将上面的后三个式子乘方后相加，得

$$\frac{\nu'^2}{u'^2}=\left(\frac{\nu}{c}\right)^2\left(\frac{1}{1-\beta^2}\right)\left(1-\frac{n_x v}{c}\right)^2$$

再与第一个式子比较，得

$$u'=c \quad (6.14)$$

消去 ν,ν'，便获得

$$n_x'=\frac{n_x-\beta}{1-\beta n_x},n_y'=\frac{(1-\beta^2)^{\frac{1}{2}} n_y}{1-\beta n_x}$$

$$n_z'=\frac{(1-\beta^2)^{\frac{1}{2}} n_z}{1-\beta n_x} \quad (6.15)$$

注意在我们的实验中，如果令光对于 O 而言，是在 xy 平面中的，与 Ox 轴成角 $\pi+\phi$，正如图 11 中所示，那么

$$n_x=\cos(\pi+\phi)=-\cos\phi,n_y=-\sin\phi,n_z=0$$
$$(6.16)$$

由式(6.15)及上式，得 $n_z'=0$，因此可引入 ψ，使

$$n'_x = -\cos\psi, n'_y = -\sin\psi, n'_z = 0 \qquad (6.17)$$

这个 ψ 便是第 3 小节图 11 中的 ψ. 由式(6.15)(6.16)(6.17)得

$$\cos\psi = \frac{\beta+\cos\phi}{1+\beta\cos\phi}$$

$$\sin\psi = \frac{(1-\beta^2)^{\frac{1}{2}} n_y}{1+\beta\cos\phi}$$

即是式(6.10)(6.11).

以上的讨论有两点意义:第一,式(6.14)证明了如果光波的相速率对于某一个观察者是 c,那么它对于另一个观察者也是 c. 光波相速率等于 c 是麦克斯韦方程的特征之一,所以这说明在式(4.10)下,我们的理论有可能使不同观察者所观察到的电磁场都适合麦克斯韦方程. 第二,光行差的实验说明了如果对于某一个观察者群速度与相速度的大小都是 c,方向相同,那么对于另一个观察者群速度与相速度的大小也都是 c,方向也相同. 群速度与相速度大小、方向相同,是麦克斯韦方程在真空中的特征之一,因此这提示了在我们的理论中麦克斯韦方程对于不同的观察者都成立的可能性. 在此不妨指出:因为我们假定有一个观察者,对他而言麦克斯韦方程有效,所以对他而言光的群速、相速都是 c,那么由式(6.14)的结果,我们知光对于所有的观察者的速率,无论所讨论的是群速或相速,数值都是 c.

式(4.10)完美地解释了斐索及光行差实验,确是令人满意的.

7. 闵可夫斯基(Minkowski)的时空

因为两个观察者测量一件事情的时刻所得的结果可以不一样,便自然而然有以下的问题. 令 A, B 为两件事,它们的时空坐标对于观察者 O 而言是 $(x_{\mathrm{I}}, y_{\mathrm{I}}, z_{\mathrm{I}}, t_{\mathrm{I}})$,$(x_{\mathrm{II}}, y_{\mathrm{II}}, z_{\mathrm{II}}, t_{\mathrm{II}})$,对于另一个观察者 O' 而言是 $(x'_{\mathrm{I}}, y'_{\mathrm{I}}, z'_{\mathrm{I}}, t'_{\mathrm{I}})$,$(x'_{\mathrm{II}}, y'_{\mathrm{II}}, z'_{\mathrm{II}}, t'_{\mathrm{II}})$,那么有没

有

$$t_{\mathrm{II}}-t_{\mathrm{I}}>0, t'_{\mathrm{II}}-t'_{\mathrm{I}}<0$$

的情形？如果有这样的情形,是不是意味着因果律受到了破坏？

这个问题的回答是:我们必须假定所有物体的速率都小于或等于 c;那时如果两件事中有一个可以影响另一个,它们的时间间隔 $t_{\mathrm{II}}-t_{\mathrm{I}}$, $t'_{\mathrm{II}}-t'_{\mathrm{I}}$ 等便取同样的符号. 所谓"有一个可以影响另一个",即是指可以有一个影响,由 A 传至 B,或由 B 传至 A. 因此用了本段中的假定,这等于说

$$\frac{|x_{\mathrm{II}}-x_{\mathrm{I}}|}{|t_{\mathrm{II}}-t_{\mathrm{I}}|}\leqslant c \tag{7.1}$$

由式(4.10),得

$$t'_{\mathrm{II}}-t'_{\mathrm{I}}=\frac{1}{(1-\beta^2)^{\frac{1}{2}}}\left\{(t_{\mathrm{II}}-t_{\mathrm{I}})-\frac{v}{c^2}(x_{\mathrm{II}}-x_{\mathrm{I}})\right\}$$

$$\tag{7.2}$$

由式(7.1),知上式中右边括号第二项的绝对值比第一项的绝对值小,因此 $t_{\mathrm{II}}-t_{\mathrm{I}}$ 与 $t'_{\mathrm{II}}-t'_{\mathrm{I}}$ 取同一符号. 为了使当两件事之一能影响至另一个时 $t_{\mathrm{II}}-t_{\mathrm{I}}$ 与 $t'_{\mathrm{II}}-t'_{\mathrm{I}}$ 取同一符号(这样因果律才能成立),我们必须假定对于所有的观察者,所有物体的速率都小于或等于 c. 事实上这只需这句话对于一个观察者有效,因为由一个观察者换至另一观察者,物体的速率不能由小于 c 的值变为大于 c 的值.

A, B 两件事在四维空间中的距离,可以用四个数字

$$(x_{\mathrm{II}}-x_{\mathrm{I}}, y_{\mathrm{II}}-y_{\mathrm{I}}, z_{\mathrm{II}}-z_{\mathrm{I}}, c(t_{\mathrm{II}}-t_{\mathrm{I}})) \tag{7.3}$$

来描写. 它们与

$$(x'_{\mathrm{II}}-x'_{\mathrm{I}}, y'_{\mathrm{II}}-y'_{\mathrm{I}}, z'_{\mathrm{II}}-z'_{\mathrm{I}}, c(t'_{\mathrm{II}}-t'_{\mathrm{I}})) \tag{7.4}$$

的关系即是式(4.10)的关系. 此后,我们常将式(4.10)中的 (x,y,z,ct), (x',y',z',ct') 写为 (x_1,x_2,x_3,x_0), (x'_1,x'_2,x'_3,x'_0),同时将式(4.10)写为

$$x_\mu' = \sum_\nu a_\mu^\nu x_\nu \quad (\mu, \nu = 1, 2, 3, 0) \qquad (7.5)$$

显然式(7.3)(7.4)也满足式(7.5). 此后, 如果 O, O' 测量某一个物理量, 获得值 $A_1, A_2, A_3, A_0, A_1', A_2', A_3',$ A_0', 而 A, A' 等满足

$$A_\mu' = \sum a_\mu^\nu A_\nu$$

那么我们称 (A_1, A_2, A_3, A_0) 组成一四维空间的矢量, 而称 $A_1, A_2, A_3, A_0, A_1', A_2', A_3', A_0'$ 为对于不同坐标系统的分量. 以上说 (x_1, x_2, x_3, x_0) 及 $(x_{II} - x_I, y_{II} - y_I, z_{II} - z_I, c(t_{II} - t_I))$ 都组成矢量.

矢量(7.3)可以用

$$(x_{II} - x_I)^2 + (y_{II} - y_I)^2 + (z_{II} - z_I)^2 - c^2(t_{II} - t_I)^2$$
$$(7.6)$$

的值来分类. 式(7.6)是一个形式的不变量; 意思是说: 将式(7.6)中的符号右上角上加上一撇后, 数值是不变的. 因此如果式(7.6)对于某一个观察者取正值, 则它对于所有的观察者也都取正值. 同样, 当它对于某一个观察者取负值或零值, 则它对于所有的观察者也都取负值或零值. 使式(7.6)取正值的矢量称为"空间性矢量", 使式(7.6)取负值的矢量称为"时间性矢量".

对于一个"空间性矢量", 不可能有一个观察者存在, 使对他而言

$$x_{II} - x_I = y_{II} - y_I = z_{II} - z_I = 0 \qquad (7.7)$$

因为这意味着式(7.6)等于或小于零. 对于一个"时间性矢量", 不可能有一个观察者存在, 使对他而言, $t_{II} - t_I = 0$, 因为这意味着式(7.6)大于或等于零. 如果式(7.3)是一个"空间性矢量", A, B 两点中不可能有一个影响另一个, 因为当 A 影响 B 时

$$\frac{\{(x_{II} - x_I)^2 + (y_{II} - y_I)^2 + (z_{II} - z_I)^2\}^{\frac{1}{2}}}{t_{II} - t_I} \leqslant c$$
$$(7.8)$$

与式(7.6)大于 0 矛盾;B 影响 A 时

$$\frac{\{(x_{II}-x_{I})^2+(y_{II}-y_{I})^2+(z_{II}-z_{I})^2\}^{\frac{1}{2}}}{t_{I}-t_{II}}\leq c$$

$$(7.9)$$

也与式(7.6)大于 0 矛盾. 如果式(7.3)是一个"时间性矢量",那么 A,B 是可以互相影响的. 在这时,式(7.1)是满足的,因此对于不同的观察者,$t_{II}-t_{I}$ 取同样的符号. 因此对于"时间性矢量",$t_{II}-t_{I}$ 的符号是一个不变量. $(t_{II}-t_{I})>0$ 的矢量称为"将来时间性的矢量",意味着"B 在 A 发生后才发生",$(t_{II}-t_{I})<0$ 的矢量称为"过去时间性的矢量",意味着"B 在 A 的过去曾发生".

对于一个空间性矢量,我们能证明存在着一个观察者,使对他而言,这个矢量是纯空间的,意即 $t_{II}-t_{I}=0$. 证明如下:对于某一个观察者 O^*,令

$$y_{II}^*-y_{I}^*=z_{II}^*-z_{I}^*=0 \qquad (7.10)$$

那么,对于它便有

$$|x_{II}^*-x_{I}^*|>c|t_{II}^*-t_{I}^*| \qquad (7.11)$$

令 O^* 看到观察者 $\hat{O}$ 以速率

$$c^2(t_{II}^*-t_{I}^*)/(x_{II}^*-x_{I}^*) \qquad (7.12)$$

相对于 O^* 沿 x 轴正向运动. (这是可能的,因为上值的绝对值小于 c.) 对于 $\hat{O}$ 而言

$$\hat{t}_{II}-\hat{t}_{I}=(1-\beta^2)^{-\frac{1}{2}}\left[t_{II}^*-t_{I}^*-\frac{c^2(t_{II}^*-t_{I}^*)(x_{II}^*-x_{I}^*)}{(x_{II}^*-x_{I}^*)c^2}\right]=0$$

这即是我们所欲证明的. 对于一个"时间性矢量",我们能证明存在着一个观察者,使对他而言,矢量是纯时间的,即 $x_{II}-x_{I}=y_{II}-y_{I}=z_{II}-z_{I}=0$. 证明如下:令对于某一个观察者 O^*,式(7.10)成立,那么对于他

$$|x_{II}^*-x_{I}^*|<c|t_{II}^*-t_{I}^*| \qquad (7.13)$$

令 O^* 看到观察者 $\hat{O}$ 以速率

$$\frac{x_{II}^*-x_{I}^*}{t_{II}^*-t_{I}^*} \qquad (7.14)$$

沿 x 轴正向运动. 显然,对于 $\hat{O}$ 而言

$$\hat{x}_{\text{II}} - \hat{x}_{\text{I}} = 0$$

以上的讨论可以用图解来叙述. 令点 A 在原点（即令 $x_{\text{I}} = y_{\text{I}} = z_{\text{I}} = t_{\text{I}} = 0$）,而同时去掉 $x_{\text{II}}, y_{\text{II}}, z_{\text{II}}$, t_{II} 的"II"字样. 在图中我们只画出 x, t 的坐标,把 y, z 的坐标省略. 这些步骤简化了图解,但不影响问题的实验内容.

令 x, t 为某一个观察者 O 所观察到 B 事件的坐标, $w = ct$. 作 x 轴与 w 轴互相垂直（图 13）,那么 B 事件即相当于图中一点 (x, w). 当点 B 有变化时,这点便画出一曲线. 这曲线称为 B 的世界线. 由于速率小于或等于 c 的限制

$$\frac{\mathrm{d}x}{\mathrm{d}w} \leqslant 1 \qquad (7.15)$$

亦即世界线上各点的斜率大于 1. 经过原点的光波乃是图中的 GH, JK 线,与轴成 $45°$. 极容易证明:从原点 A 画出的矢量,如果夹在 AJ, AH 中,或夹在 AK, AG 中,必然是"空间性矢量";从 A 画出的矢量如果夹在 AK, AH 中,必然是"将来时间性矢量",如果夹在 AG, AJ 中,必然是"过去时间性矢量". 也很容易证明: A 所能影响到的任何事情,必须夹在 AK, AH 中;能影响 A 的任何事情,必须夹在 AG, AJ 中. 这些证明,可由读者自己补充. 推广至四维空间时, JAK, GAH 两条线便成为四维空间中的一个锥面,称为光锥面,相当于 KAH 的一部分称为"将来光锥面",相当于 GAJ 的一部分称为"过去光锥面".

令 O' 为另一个观察者,而 O 看到他以速率 v 沿 x 轴正向运动. 作 AL, AM 两线,使

$$\angle wAM = \angle LAx = \tan^{-1} v/c \qquad (7.16)$$

因 $v < c$,这个角比 $45°$ 小,因此 AM 夹在 Aw, AH 中, AL 夹在 AH, Ax 中. 经过点 B 作 AM, AL 的平行线,得平行四边形 $APBQ$（图 14）. 现在我们能证明

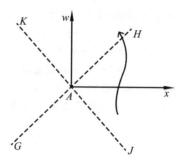

图 13

$$\begin{cases} AP = BQ = \sqrt{\dfrac{1+\beta^2}{1-\beta^2}}\,w' = \sqrt{\dfrac{1+\beta^2}{1-\beta^2}}\,ct' \\ AQ = BP = \sqrt{\dfrac{1+\beta^2}{1-\beta^2}}\,x' \quad \left(\beta = \dfrac{v}{c}\right) \end{cases} \quad (7.17)$$

证明如下：称 $\angle wAM = \angle LAx$ 为 φ. 线段 AP 及 PB 在 Aw 上的投影的和是 w，在 Ax 上的投影的和是 x，因此

$$AP\cos\varphi + PB\sin\varphi = w$$
$$AP\sin\varphi + PB\cos\varphi = x$$

由此得

$$AP = \frac{-x\sin\varphi + w\cos\varphi}{-\sin^2\varphi + \cos^2\varphi} = \frac{(1+\beta^2)^{\frac{1}{2}}\left[-\beta x + w\right]}{1-\beta^2} = \left(\frac{1+\beta^2}{1-\beta^2}\right)^{\frac{1}{2}} w'$$

$$PB = \frac{+x\cos\varphi - w\sin\varphi}{-\sin^2\varphi + \cos^2\varphi} = \frac{(1+\beta^2)^{\frac{1}{2}}\left[+x - w\beta\right]}{1-\beta^2} = \left(\frac{1+\beta^2}{1-\beta^2}\right)^{\frac{1}{2}} x'$$

即是所需要的证明.

因此我们可以将 AL 认为是 Ax' 轴，AM 认为是 Aw' 轴. A,B 在这两个轴上的分量，除了一个常数倍外，即是 x' 及 w'.

因此，如果 B 夹在 AH,AX 中，我们可以选择一个观察者 O'，使他的 AL 经过 B. 对于这个观察者而言，点 B 的 t 坐标等于零. 如果 B 夹在 Aw,AH 中，我们可以选择一个观察者 O'，使他的 AM 经过 B. 对于这个观察者而言，点 B 的 x 坐标等于零. 这便是以前所谈

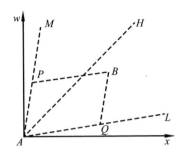

图 14

过的. 对于 AH 上的点, $x' = w'$, 因此光对于 O' 而言速率也是 c, 这也是以前所讨论过的. 同样, 以上所有的数学上的讨论, 都可以用图解法来讨论. 在这里, 意义显得更一目了然.

以上的讨论, 称为闵可夫斯基的时空的讨论.

8. 相对论原则

让我们在这里说明什么叫作相对论原则.

令讨论的对象是一个质点, 那么观察者 O 看到它的运动式为

$$x = x(t), y = y(t), z = z(t) \qquad (8.1)$$

这适合某些微分方程

$$m\frac{d^2 x}{dt^2} = F_x, m\frac{d^2 y}{dt^2} = F_y, m\frac{d^2 z}{dt^2} = F_z \qquad (8.2)$$

这便是牛顿运动定律, 式中 m 代表质量, F_x, F_y, F_z 分别代表外界所施于质点上的力. 显然, O' 所量同样的物理量而获得的值 $x', y', z', t', F'_x, F'_y, F'_z, m'$ 与 $x, y, z, t, F_x, F_y, F_z, m$ 有关, 而 O' 看到 x', y', z' 所适合的微分方程是由这些关系及方程(8.2)求出的. 如果求出的微分方程与方程(8.2)取同样的形式, 亦即是说求出的微分方程为

$$m'\frac{d^2 x'}{dt'^2} = F'_x, m'\frac{d^2 y'}{dt'^2} = F'_y, m'\frac{d^2 z'}{dt'^2} = F'_z \qquad (8.3)$$

那么我们说方程(8.2)满足"相对论条件", 或者更严

格地说,对于以上所述的那些关系而言满足相对论条件.要求微分方程满足相对论条件称为相对论原则.

如果讨论的对象是一个场或几个场,那么由观察者 O 看来,在各时各地都有一个场或几个场;如果让场的强度方向用 $M_1, M_2, M_3, \cdots$ 来代表,得

$$M_1 = \psi_1(x, y, z, t), M_2 = \psi_2(x, y, z, t), \cdots \quad (8.4)$$

一般讲来,它们适合某些微分方程

$$\Phi_1\left(M_1, M_2, \cdots, \frac{\partial}{\partial x}, \frac{\partial}{\partial y}, \frac{\partial}{\partial z}, \frac{\partial}{\partial t}\right) = 0, \Phi_2(\cdots) = 0, \cdots$$

$$(8.5)$$

上式的左边 $\Phi_1, \Phi_2, \cdots$ 除包含 $M_1, M_2, \cdots$ 外,还包含它们对于 x, y, z, t 的一次或高次偏微商.显然,O' 所量同样性质的物理量而获得的值 $x', y', z', t', M_1', M_2', \cdots$ 与 $x, y, z, t, M_1, M_2, \cdots$ 有关系,而 O' 看到 $M_1' M_2' M_3' \cdots$ 所适合的微分方程是由这些关系与方程(8.5)求出的,如果求出的微分方程与方程(8.5)取同样的形式,亦即取

$$\Phi_1\left(M_1', M_2', \cdots, \frac{\partial}{\partial x'}, \frac{\partial}{\partial y'}, \frac{\partial}{\partial z'}, \frac{\partial}{\partial t'}\right) = 0, \Phi_2(\cdots) = 0, \cdots$$

$$(8.6)$$

的形式,那么我们说方程(8.5)满足相对论条件,或者更严格些说,对于上述这些关系而言满足相对论条件.

注意我们要求微分方程取同样的形式,而不要求像等式(8.1)(8.4)那样取同样的形式.

显然,一个任意取的微分方程不一定满足相对论条件,即在两个观察者所量同样性质的物理量而获得的值中,不一定存在着一个适当关系,使得由它们和某一个对 O 的微分方程而求出的对 O' 的微分方程,取同样的形式.可以指出,当 x', y', z', t' 与 x, y, z, t 满足式(1.1)时,方程(8.2)是满足相对论条件的.在那里,我们除了令 x, y, z, t 与 x', y', z', t' 满足伽利略变换的关系外,再令

$$m = m', F_x = F'_x, F_y = F'_y, F_z = F'_z$$

便完成了证明. 换句话说, 对于伽利略变换而言, 方程 (8.2) 是满足相对论条件的.

用了式 (4.10) 后, 光波的群速率和相速率对于所有的观察者都是 c. 这样麦克斯韦方程便有可能对于所有的观察者成立, 换句话说, 麦克斯韦方程有可能满足相对论条件. 让我们在此讨论有什么物理上的理由使我们相信它满足相对论条件.

理由之一便是光波的群速率和相速率对于所有的观察者都是 c. 这一点以上内容已经提起. 理由之二可以在斐索实验中看出. 那里实验的解释要求我们假定光对于观察者 "水" 而言速率是 c/n, 亦即对于观察者 "水" 而言, 电磁波的速率是用在静止介质中的麦克斯韦方程所算出来的速率. 另一方面, 以地球为观察者, 用在运动的介质中的麦克斯韦方程, 也能算出所需的结果 (3.6). 作为理由之三, 讨论以下的实验:

A, B 为两个电子, 电荷为 e, 对于地球而言是不动的. 令对于某一个观察者 O 而言, 麦克斯韦方程成立. 现在设身处地为 O, 讨论 A, B 所受的力. 首先, O 看到 A, B 以同样的速度 v 运动. 令 v 的方向沿正 x 轴, 令 O 看到矢量 AB 为 (x, y, z). 那么由 O 看来, A 电荷在点 B 所产生的电磁场为

$$E_x = (1-\beta^2) ex/\kappa^3$$
$$E_y = (1-\beta^2) ey/\kappa^3$$
$$E_z = (1-\beta^2) ez/\kappa^3$$
$$H_x = 0$$
$$H_y = -e\beta(1-\beta^2) z/\kappa^3$$
$$H_z = +e\beta(1-\beta^2) y/\kappa^3$$
$$(\kappa^2 = x^2 + (1-\beta^2)(y^2+z^2))$$

将此代入

$$e\left(E + \frac{v}{c} \times H\right)$$

可算出 B 所受的力. 同样可以算出 B 电荷在 A 处所产

生的电磁场,算出 A 所受的力.这两个力大小相同而方向相反,产生一个力偶,大小为

$$\frac{e^2\beta^2\sin 2\theta}{2\kappa}+O(\beta^3)$$

方向为$(v\times\overrightarrow{AB})$的方向.因此 O 应该看到一个力偶,将直线 AB 转动.(图 15)

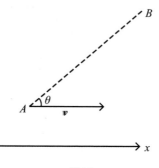

图 15

如果对于观察者地球而言,麦克斯韦方程成立,那么对观察者地球而言,两个电荷是静止的,所产生的电场是沿 AB 的,所产生的磁场是零,因此 A,B 所受力是沿 AB 的,因而没有力偶.如果对于观察者地球而言,麦克斯韦方程不成立,那么一般讲来,应该多多少少地看到一些力偶.但事实上,地球上的观察者看不到力偶.这支持了我们的假定:对于观察者地球而言,麦克斯韦方程是成立的.

以上称为屈路顿(Trouton)实验.还有许多其他实验,都证明了对于地球而言麦克斯韦方程是成立的.

但地球在夏天及冬天的运动是不相同的.我们可以将各个不同季节的地球认为是各个不同的观察者,所以上面所说的即是对于以上各个不同的观察者而言,麦克斯韦方程都成立.

根据以上的讨论,我们有理由相信对于不同的观察者,麦克斯韦方程都成立,换句话说,我们相信它适

合相对论条件. 至于它是否真正能够适合相对论条件, 须看在 $x, y, z, t, E_x, E_y, E_z, H_x, H_y, H_z, \rho, j$ 等及 $x', y', z', t', E'_x, E'_y, E'_z, H'_x, H'_y, H'_z, \rho', j'$ 等量中能否找到适当的关系, 使对 O 的麦克斯韦方程通过这些关系后变为对 O' 的麦克斯韦方程. 显然, x, y, z, t 及 x', y', z', t' 中的关系必须是式(4.10), 因为只有这个关系, 才能使电磁波的速率对于所有的观察者都等于 c. 以上的讨论可以描述为: 实验要求相对论条件, 而理论予以证实. 这显然是令人满意的.

由光速不变的事实推出了(4.10), 便不得不推翻了式(1.1). 在式(4.10)的变换下, 方程(8.2)是不适合相对论条件的. 但式(1.1)是式(4.10)的一种近似(即 $v \gg c$ 时的近似), 因此我们猜想方程(8.2)是一个对于式(4.10)而言适合相对论条件的运动方程式的近似.

在此我们必须强调: 要不要相对论条件, 最后由实验决定; 决定要满足相对论条件的理论后, 才去建立如此的理论, 或去检验已有的理论是否满足相对论条件.

9. 与相对论有关的唯心思想的批判

自从相对论被建立起, 便产生了许多对于时间、空间的唯心论思想. 我们在此做一个简单的叙述及批判, 至于详细情形, 可参阅 Γ. А. 库尔萨诺夫所著《关于空间与时间的辩证唯物论》[①]及卡尔波夫所著《论爱因斯坦的哲学观点》[②]两篇论文.

第一种唯心思想是: 既然两件事情的时间间隔、空间距离对于不同的观察者是不同的, 那么时空是带有"主观"性质的. 这一点的错误是极易看出的. 的确, 时空是带有相对性的, 即两件事的时空间隔可以对于

---

① 物理通报, 第二卷, 第二期, 33 页.
② 科学通报, 第二卷, 第十二期, 1231 页.

不同的观察者取不同的值,但这个相对性本身是客观的. 换句话说,决定时空间隔如何对不同的观察者取不同的值的因素只是观察者的客观的运动情况,而同他们的主观意图无关. 某一个物体离观察者 A 近,离观察者 B 远,因此距离是相对的,但在以上情形下,能不能说这"物体的位置"没有客观的意义呢? 在以上情形下,A 觉得这物体大,B 觉得这物体小,能不能说"这物体的大小"没有客观的意义呢?

第二种唯心思想是:既然时间间隔是相对的,而事情的先后对所有的观察者是一致的(指能互相影响的事),因此时间间隔的值没有绝对意义,而时刻的先后是有绝对意义的,因此时间只是"事情的排列". 又因排列是"感觉"的,因而时间存在于"感觉"中. 对此的批判是:虽然时间间隔对于不同的观察者取不同的值而因此具有相对性,但这个相对性是客观存在(这一点已在上面提到). 承认了时间的相对性的客观性,便完全没有必要将时间认为只是事情的排列. 事实上,时间是物质运动、物质存在的形式;将时间认为是事情的排列,至少忽略了时间的量的方面的性质,而这一些性质是不容忽略的. 更重要的一点是,排列绝不是"感觉"的,两个事情的先后是客观事实的一种情形. 因此,说时间存在于感觉中完全是错误的.

第三种唯心思想认为:时间必须通过测量才有意义,测量在远处一件事情所发生的时刻,应该利用光波. 令光在这事情发生时由这事情发生处发出,在 t_f 时到达我们,那么令 u 代表光相对于我们的速度,再令 l 代表这事情发生处离我们的距离,我们便称 $t_f - (l/u)$ 为这件事发生的时刻 t,以 $t_f - (l/u)$ 作为时刻 t 的定义. 因此要决定时间,必先决定光速 u. 但要知道光速,必须知道如何决定时间,因此问题便无法解决. 这种唯心思想在此认为只有一种方法解决这个问题,乃是寻出地球相对于以太的速度 v,那么光相对于地球的速度 u 便是光相对于以太的速度 c 减去地球相

176

对于以太的速度 v. 用这个 u, 便能用 $t=t_f-l/u$ 来决定时间. 这种唯心思想认为迈克生-莫尔列实验的结果是"不可能寻出以太", 因此以上的方法便不能应用. 因此只好索性假定 $u=c$, 用 $t=t_f-(l/c)$ 来决定事情所发生的时刻 t, 亦即以 $t_f-(l/c)$ 作为事情所发生的时刻 t 的定义. 同样, 他们用光速等于 c 来定义两件事情是否同时发生.

这样的思想见于爱因斯坦原著, 也见于许多理论物理教科书及专著①. 这些论文、教科书、专著虽然有时不明显地讲出以上的内容, 但实质上(全部地或部分地)包含了以上的思想. 这些论著中较好的一部分也是用 $t=t_f-(l/u)$ 来定义时间(或同时性)的, 但认为迈克生-莫尔列实验的作用乃是为我们解决了不知如何挑选 u 的困难, 比上面所叙述的对于迈克生-莫尔列实验的误解略好一些.

因为这种思想用了物理上的术语, 使寻常的人批判它感觉很困难, 因此必须在此加以批判. 首先, 时间不是通过测量才有意义的; 时间、空间是客观存在着的事物运动的形式, 在各种运动、各种实验中反映出来, 使我们对它们有所认识. 它不能是为我们所定义的, 因为这样一来, 我们可以下不同的定义而获得不同的时间. 迈克生-莫尔列及其他实验主要是证明了光速对于所有的观察者都是 c, 而这里决定光速的时间即是寻常的时间, 即是在客观事物运动中存在着而在许多其他实验中已反映给我们的时间. 将迈克生-莫尔列实验的结果解释为"寻不到以太"是不完全的.

---

① A. Einstein, *Annalen der Physik*, 17 (1905), 891. (注意在 892-894 页中的讨论)

A. Einstein, *The Theory of Relativity*, Chap. 8, Chap. 9 (1921).

G. Joos, *Theoretical Physics*, Chap. 10.

C. Mϕller, *The Theory of Relativity* §15, §16 (1952).

我们的意思是：时间是客观的存在，因此先有"时间"（通过许多实验——其中也包含与电磁场有关、与麦克斯韦方程有关的实验——而对它有所认识），然后讨论用这个时间而算出来的光速；这个光速在迈克生–莫尔列实验及其他实验中被证实对于所有的观察者都等于 c. 我们可以利用这个事实来检验两件事情是否同时发生，而不应该用光速等于 c 来做两件事的同时性的定义.

以上所谈的唯心思想，显然是属于马赫主义类型的.

与相对论有关的唯心思想，还有一种，称为"唯能论"，这一点将在以后讨论. 此外，近代物理学家有趋势认为相对论条件是一切理论都必须满足的条件，因而在没有讨论有什么事实根据前，便引入了相对论条件. 这样的精神，把相对论条件放在认识过程以上，把它认为是超乎认识过程的，显然是反辩证唯物主义的.

与这部早期的相对论教材相配的是大量的科普小册子. 与今天的相比虽然少了一些花哨，但还是很朴实的，读之真有些收获，比如讲到"宇宙与爱因斯坦"，这样写道：

科 学 天 才

在纽约江边礼拜堂的白石墙上，雕刻着有史以来六百位巨人的雕像，他们中有圣贤、智者与君王，在不朽的大理石中，用了空白而不可毁灭的眼睛察视时与空. 在一个框栏中，安置了十四位科学天才，从公元前 370 年死去的希颇克拉底（Lincoln Barnett）到 1948 年 3 月刚满 69 岁的爱因斯坦，包括许多世纪的科学人物在内. 可注意的是爱因斯坦乃是这一班名人雕像中唯一活着的人.

同样可注意的是每星期到这个礼拜堂去礼拜的成千上万的人们,其中有百分之九十九,不明白为什么爱因斯坦的像会在这里.这有一个缘故,约30年前,当这个礼拜堂正计划雕刻这些偶像的时候,福斯狄克(H. E. Fosdick)博士曾写信给全国科学界领袖,请他们提出十四位科学史上最重要的人名.他们所投的票都不一致.大部分包含阿基米德(Archimedes)、欧几里得(Euclid)、伽利略(Galileo)与牛顿(Newton),但每一名单中均有爱因斯坦这个名字.

自从1905年狭义相对论发表以来,在爱因斯坦科学上的卓越成就与其被了解中产生了一个大缝隙,这个缝隙存在40多年,它也是美国教育缝隙的测验.目前大部分读报的人恍惚知道爱因斯坦与原子弹有一些关系,此外,他的名字与玄秘同其意义.虽然他的理论已成为近代科学本体的一部分,但它还未成为近代学校课程的一部分.因此,许多大学毕业生认为他只是一种数学的超实在论者.他不知道相对论除了在科学上重要,还包含着一个重要的哲学体系,把伟大的知识论者,如洛克(Lock)、柏克勒(Berkeley)、休谟(Hume)的思想,加以扩充与阐发.因此,他对于自己所居住的浩漠、秘奥与具有神秘性的秩序的世界也就茫然无知.

1

爱因斯坦博士现在已是普林斯顿高级学术研究所的退休老教授,同时仍在拼命研究一个问题,这个问题让他牵挂已有二十五年之久,他决心在就木以前把它解决.他的目标是要完成他的"统一场论",用一串数学公式把支配宇宙的两个基本力量——重力与电磁力——的定律表达出来.这个工作的意义只有明了世界的一切现象均由此两个原始力量所成,方能了解.电与磁虽在希腊时代即被知道与研究,一直到一

179

百年以前还被认为是两种分离的东西.但 19 世纪奥斯特(Oersted)与法拉第(Faraday)的实验,表示一个电流常常被一个磁场所围绕,反之,在某种情形下,磁场亦能产生电流.从这些实验发现电磁场是弥漫空间,而且经过它,光波、无线电波以及其他一切电磁波才能传达.因此,电与磁可认为是一个力.除了重力之外,一切物质世界的力——摩擦力,使原子成为分子的化学力,使物质较大的质点集结在一起的粘力,使物体成为一定形式的塑力——都是电磁的原因.因为一切力的表现,都包含物质的互相作用,而物质是由原子组成,原子又是由带电的质点组成的.不但如此,重力与电磁的现象也有极相似之处,如行星在太阳的重力场中运行;电子在原子核的电磁场中旋转.还有,地球是一个大磁石,是任何曾用过指南针的人所知道的.太阳也是一个磁石.其他一切星球无一不是磁石.

虽然人们曾多次努力要把重力吸引与电磁效力认为是同一事件,但都失败了.爱因斯坦在 1929 年发表了统一场论,并认为他已成功解决这个问题,但后来又认为不正确而放弃了.他目前的计划更是远大,打算发明一套普遍定律,适用于包括星球间的无限度的重力与电磁力场以及原子内的微小场地.这样一个广漠的宇宙图画,可以沟通无限大与无限小,而宇宙繁复的全体将总结到一个同一的组织;在这个组织中,质与能是不可分开的,而一切运动的形式,由迟缓的星球运行以至电子的疯狂旋转,不过是简单的结构的改变与原始力场的集中而已.

因为科学的目的是在叙述并解释我们所居住的世界,爱因斯坦在用了单纯调和理论的术语来说明错综复杂的自然现象,可谓已达其最高目的.不过在人们追求真实的过程中,"解释"这个字的意义受到了相当大的限制.科学实在还不能"解释"重力、电与磁;它们的效力可以测量及预计,但它们的最后性质是什么,现代科学家所知道的并不比公元前 585 年的泰勒斯(Thales of Miletus)最初用琥珀生电时多.大部分现代的物理学家不承认人们能发现这些神秘力的真实是什么.柏脱朗·罗素(Bertrand Russell)说:"电不是一件东西,如圣保罗礼拜堂一样;它是物体的动作状态.当我们说物体受电时如何运动,并在哪些情形下它们会受电,我们已经说了能说的一切."此种说法,在最近以前是不被科学家所接受的.亚里士多德(Aristotle)的自然科学笼罩了西方思想两千多年,他认为人类从自身明了的原则加以推理,便可达到了解最后真相的理想.例如,凡是物体在宇宙间都有自己的位置,是一个自身明了的原则,因此,人们可以得到结论说,物体下降因为地下是它们的位置,烟上升因为它是属于天上的.亚里士多德科学的目的是要说明物体行为的"为何".近代科学的产生,由于伽利略要说明物体的"如何",由此产生了控制试验的方法,这也就是科学研究的基础.

由于伽利略以及稍后牛顿的各种发明,演变成了一个由各种力——压力、张力、颤动、波动——所组成的机械世界.自然界的变动似乎没有一件不可以日常经验的术语来叙述,同时用了具体的模型,或依据牛顿精确的力学定律,来预测或证明.但在19世纪以前,这些定律的无一例外,已很显然了;虽然这些例外是很小的,但它们的性质却是很重要的,将使牛顿机械世界的全体构造开始破坏.科学能说明物体的"如何"的信念,约二十年前已渐黯淡了.眼下科学家能否接触真相更成问题——或者竟不能有这个希望.

2

使物理学家对于机械世界的顺利发展失去信念的,有两个因素在我们知识的内外边缘长大起来——在不可见的原子区域及不能测量的星球空间的深处.要从量的方面叙述这些现象,在1900～1927年间发展了两个大的理论系统:一个是量子论(Quantum

Theory)，它所讲的是质与能的基本单位；另外一个是相对论，它所讲的是空间、时间以及宇宙全体的构造.

这两个理论系统是现今物理学家接受了的思想柱石.它们用了数理关系始终一致的术语，在其各个范围内说明现象.它们不能解答牛顿的"如何"，正如牛顿的定律不能解答亚里士多德的"为何"一样.例如，它们可以供给公式，极端正确地定出支配着放射与光线进行的定律，但原子何以能发出光线，及光线何以能在空间前进的实际原理，仍是自然界的无上秘密.同样，科学家可根据放射定律去预测在一定量的铀素中，有一定量的原子将在一定时间内毁坏，但哪些原子将要毁坏，何以这些原子先要毁坏，仍为人们所不能解答的问题.

物理学家接受自然界的数学的叙述，必须放弃平常经验的世界，即感官所觉察的世界.要明了这个放弃的意义，我们必须越过隔离物理学与形而上学的稀薄界限.自从人类知道用理性以来，主观者与目的物，观察者与真实的关系，成了哲学思想家的讨论问题.2 300年前希腊哲学家德谟克利特(Democritus)写道："甘与苦，冷与热，以及一切颜色，一切同类的东西，都没有实际的存在，它们只存在于人的意识中.实际存在的是不变的质点，即原子与其在空间的运动."伽利略也明白色、香、味、声等感觉是属于主观性的，他指出"这些不能认为属于外界物质，与有时触到某些物体而觉到快感或痛苦，不能说是外物的性质一样".

英国哲学家洛克把物性分为原始性与次要性两种，想由此达到物质的实际本质.这样，他把形象、运动、坚实及一切几何性的性质认为是真实或属于物质的原始性，而色、声、味等则为投射在感官上的次要性.这种区别是勉强而不自然的，后来的思想家都十分明白.

德国的大数学家莱布尼兹(Leibniz)说："我能证明，不但光、色、热及其相似的物性，即运动、形象、延展,都不过是表面的性质."例如我们的视觉告诉我们高尔夫球是白色的,同样,我们的触觉帮助了视觉,也可以告诉我们,它是圆的、平滑的,而且是小的——这些性质不能独立于我们感觉之外而有其真实性,与由习惯赋予所谓白色的性质一样.

这样,渐渐地,哲学家与科学家得到一个令人震惊的结论,说一切质与能、原子与星球的物质世界,除了在我们自觉的构造中,除了在一个为人类感官所形成的习惯符号的构造中,没有存在.按照物质主义的最大敌人柏克勒的说法:"天上的歌唱,地上的陈设,一言以蔽之,一切组成此世界大间架的物体,没有心即没有质……在未为我所感觉,或没有存在于我的心中,或任何其他创造的灵魂中以前,它们是完全没有存在,或存在于神的心中的".爱因斯坦把这个逻辑思想推类至义之尽,指出时间与空间也是自觉的一种形式,它们不能与自觉分离,正如颜色、形象、大小,不能与意识分离一样.空间除了为感觉到物体的位置与次序外,没有客观的真实;时间除了计算事件的次序外,没有独立的存在.

这些哲学的精微,对于近世科学有很大的影响.因为从哲学家把一切客观的真实分化为感觉的模糊世界以后,科学家开始明白人类感官惊人的限度.无论何人,放一个三棱镜于日光中而观察其折射出的七色彩虹时,他已看见所能看见的光线.因为人类的眼睛只能看见在红与紫两种光波中波长极狭窄的一段射线.看得见的光波长度与看不见的光波长度相差不过 1 cm 的十万分之几.红色光的波长为 0.000 07 cm,紫色光的波长则为 0.000 04 cm(图16).

但太阳也放射其他种射线.例如红内线的波长为 0.000 08 cm 到 0.032 cm,它们太长了一点,不能刺激眼睛的虹膜而发生光的感觉,但我们的皮肤能以热的感觉发现它们.同样,紫外线的波长由 0.000 03 cm 到 0.000 001 cm,太短了不能用肉眼看到,但照相的感光

183

可见光线

10^{-14} 10^{-12} 10^{-10} 10^{-8} 10^{-6} 10^{-4} 10^{-2} 1 10 10^3 10^5 10^7 10^9

波长/cm

图16　此电磁光谱表示人眼所能看见的放射中狭窄的一段．从物理学家看来，无线电波、可见的光与高频率的放射如 X 射线及 γ 射线的不同，只在于波长这一点．但在这大段的电磁波中，从万亿分之一厘米的宇宙线到无限长的无线电波，人眼只能看见图中用白色表出的一小部分．因此可见人类对于其居住世界的感觉，被他的视觉的限度所限制．在图中，波长是以十进法表示，如 $10^3 = 10 \times 10 \times 10 = 1\ 000$，而 $10^{-3} = 1/10 \times 1/10 \times 1/10 = 1/1\ 000$

片可以记录它们．X 射线的波长比紫外线更短，也可以照相．此外，还有较长或较短的电磁波——镭的 γ 射线，无线电波，宇宙线——可用各种不同的方法去发现，它们与光波不同的地方只在于波长这点上．因此，很明显的，人类的眼睛所看见的光实在不多，而且他所看见周围的现实，因为他的视官的限度，而是微弱且变了形的．假如人类的眼睛能看见 X 射线，那么，他所知道的世界就要大大的不同了．

当我们想到关于世界的一切认知，不过是感觉印象的残余，而这些印象又被我们不完全的感官所蒙蔽，要发现真相似乎是绝望的事了．因为除了感觉之外没有什么存在，世界将分裂为无政府的单个感觉．但在我们感觉的里面，常保持一种奇怪的秩序，这似乎表示有一个客观的真相隐藏在后面，我们的感觉则把它翻译出来．虽然无人能确定他所看见的红色与他人所看见的是否一样，但我们仍可假定每个人所看见的颜色与听见的声音是大致相同的．

这种自然界的功能一致，柏克勒·笛卡儿（Descartes)和斯宾诺莎(Spinoza)认为是神的作用.近代物理学家不愿求助于神来解决他们的问题(虽然似乎越来越难),强调主张自然界是神秘地在数学原则上作用.这个数学信念,使得像爱因斯坦这类的理论物理学家单靠解决算术公式来预示和发现自然规律.但目前物理学的矛盾是:数学的工具越进步,作为观察者的人与科学叙述的客观世界中间的距离就越远.

从简单的大小等级说来,人恰恰位于大宇宙与小宇宙之间,这也许是很有意思的.粗浅地说,一个超级红色星球(宇宙间最大的物体)比人体大的倍数,恰与一个电子(当时最小的物质单位)比人体小的倍数相等.因此,如我们觉得自然界的原始神秘存在于离为感官所框梏的人类最遥远的区域,或科学在以古典物理学的平凡譬喻叙述真实的极端而发生困难时,只得以能发现数学的关系为满足,是不足为怪的.

3

科学由机械的解释退入数学的玄想,以1900年蒲兰克提出量子论来解决由研究放射发生的问题为第一步.众所周知,当物体热到炽热时,它先发红光,随着温度的上升,变为橙、黄及白色.在19世纪中期,科学家费了无数心力,想发明一个定律来表达此种热体放出的能量因波长与温度的不同而变异的关系.所有一切的努力均失败了,最后蒲兰克由数学方法发现的公式,才与实验的结果相符合.他的公式特殊之处,是假定能量的放射,不是一条不断的河流,而是间断的点滴或片段,这个他称之为量子(Quantum)(图17).

蒲兰克对于这个假设并没有任何证明,因为当时虽然无人知道放射的实际动机是怎样,但从纯粹理论的基础上,他断定每一量子所带的能量可以用公式 $E=hv$ 表示,其中 v 是放射的频率,h 是蒲兰克常数,这是一个极小但不可避免的数①,后来证明它是自然界最基本的常数. 在任何放射过程中,频率除能量所得的数总是等于 h. 虽然蒲兰克常数处理了原子物理的计算有半个世纪之久,但我们不能说明它的大小的意义,正如我们不能说明光速的大小一样. 它如其他普遍性常数一样,只是一个算数的事实,没有理由可以解释. 爱丁顿爵士(Sir Arthur Eddington)曾说,任何真实的自然律,在理智的人类看来,都有被认为不可理解的可能;因此,他认为蒲兰克的量子原理,是科学所发明的少数真正自然律之一.

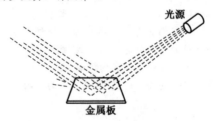

图 17　1905 年爱因斯坦解释光电效果如下:当光射到金属板上时,此板即发射一阵电子. 这个现象不能用古典的光的波动说来解释. 爱因斯坦推想光不是继续不断的能量流,而是由能量的个点或束所组成,这些点或束,他叫它为光子. 当一个光子冲击一个电子时,其结果与台球的碰击相似

蒲兰克的推想含义深远,在 1905 年以前还不明显,到了 1905 年,爱因斯坦在同时期的物理学家不关注之时,独能心知其意,把量子论带到新的领域. 蒲兰克自己认为是仅仅完成放射的公式,但爱因斯坦假定一切放射能——光、热、X 射线——都是以分离的、不

---

① 约 0.000 000 000 000 000 000 000 000 006 624.

186

连续的量子形式在空中推进的. 这样, 我们在火炉边感到的热, 是由于无数放射能的量子打击我们的皮肤. 同样, 颜色的感觉是由于光量子对我们视神经的打击, 这些光量子按照在公式 $E = hv$ 中 v 的频率不同而各不相同.

爱因斯坦做成一个定律, 精确地说明所谓光电效果的迷惑现象, 使以上的概念得到实际效用. 物理学家对于一条纯粹紫光射到一个金属板时发出一阵电子的现象, 常感到无法解释. 假如一道频率较低的光, 例如黄光或红光, 射到金属板上, 依旧可以发出电子, 但速度则将降低. 电子由金属板拉出的强度, 仅依光的颜色而定, 与光的强度无关. 假如把光源移到较远的地方, 并且使它暗到微弱的光亮, 金属板发出的电子将要少些, 但速度仍然不变. 即使光源暗到不可感觉的程度, 这个作用仍是立时的.

爱因斯坦解释这些奇怪的现象, 只有假定一切光都是由能量的个点或粒, 他叫作光子的组成, 方可解释; 这些光子的一个碰到电子时, 它的结果可与两个台球撞击相比拟. 他又推想紫光、紫外光和其他高频率放射的光子所含的能量, 要比红光与红外光的光子多些, 而由金属板发出的每个电子, 是和打击它的光子所含能量成正比例的. 他把这些原理用一串有历史性的公式表达出来, 这个工作使他得到诺贝尔奖奖金, 并对于后来的量子物理学及光谱学产生了极大的影响. 电视及其他光电池的应用也因为有了爱因斯坦的光电定律而存在.

在提出以上的重要新原理的同时, 爱因斯坦也发现了一个自然界的最深奥的秘密. 当时无人质疑于物质是由原子构成, 而原子又由更小的电子、中子及质子等材料构成的. 但爱因斯坦提出光也是由不连续的微点构成的观念, 与崇信已久的光的波动说相冲突.

不用说, 有些与光有关的现象, 只有用波动说方能解释. 例如有些物体, 如房屋、树木、电杆等的影子是很清楚的,但如把一根锑丝或头发映在光与白幕之间,它将不能呈现出清晰的影子,表示光线能绕过物体,正如水波能绕过一个小石头一样.同样,光线通过一个圆孔时,在白幕上将呈现出一个清楚的碟形,但如将圆孔缩小到一个针孔大小时,那碟形就变成黑白相间的同心圆,好像平常射击的样子.这个现象叫作光的衍射,和海波经过港口的狭窄处而有回折并分散的倾向一样,假如针孔不是一个而是并排的两个,那么,回折模型将为一串平行的光带.这是由于通过两个针孔的光波,如果两波相加则呈现光线,两波相减则呈现黑线,与游泳池中的两波浪系统相加、相减,使水波增高或降低一样.这些现象——回折与干涉——正是波动特有的性质,如其光是由个别微点构成即不会发生.两个多世纪的实验与理论都说明光一定是波动构成的.但爱因斯坦的光电定律说光是由光子组成的.

光究竟是由波动还是微点构成? 这个根本问题始终不曾得到答案.但光的双重性质,不过是自然界更深更奇的双重性质的一方面而已.

最初提到这个奇异的双重性质,是一个法国的青年物理学家,他的名字叫鲁易斯·德布罗格里(Louis de Broglie).他在 1925 年提议说,凡物质及放射互相作用的现象,如果我们不把电子当作个别的质点而看为波动的系统时,最易得到了解.这个大胆的观念,违背了二十年以来物理学家由量子研究所构成的物质原始微点的特殊见解.原子被想象为缩小的太阳系,有一个居中的原子核,其外为不同数目的电子(氢元素有 1 个,铀元素有 92 个),在圆形或椭圆形的轨道上围绕.关于电子的观念却不大清楚.实验证明,一切电子都有同样的质量与电荷,因此,我们很自然地把它们看作构造世界的基本材料.而且最初把它们想象为坚硬而有弹性的球体,也似乎是合于逻辑的.但是随着研究的进步,它们慢慢地变成了不可捉摸的东西,观察和度量都成为不可能的. 在许多方面,它们行为的复杂简直不像物质的质点. 英国的物理学家金斯爵士(Sir James Jeans)曾说:"一个坚硬的球体常在空间占据一定位置,但电子好像没有位置. 一个坚硬的球体必定占据一定的地方,但电子——好了,要说电子占据了若干地方,似乎与说一种恐惧、悬念,或不安心占据了若干地方一样的无意义".

在德布罗格里发表了他的见解后不久,一个维也纳的物理学家名叫薛定谔(Schrödinger)的,在数学形式中发展了同样的观念,他成立了一个体系,把特殊的波动功能加在质子和电子身上,来解释量子的现象. 这个系统现在叫作"波动力学". 在 1927 年,由美国物理学家大卫生(Davisson)与格尔麦(Germer)用实验证明了电子确实显示波动的特性而得到确证. 他们把一条电子射线射在金属结晶上得到回折圈,与光穿过针孔而生的回折圈一样. 并且由他们的量度,知道电子的波长,恰恰与由薛定谔公式:$\lambda = h/mv$ 所预示的大小相符合. 在这个公式中,v 是电子的速度,m 是它的质量,h 是蒲兰克常数. 但奇怪的事情还在后面. 因为后来的实验告诉我们,不但是电子,即使是原子、分子射在结晶面上时,也会发生回折现象,而且它们的波长也正是薛定谔所预期的. 如此看来,一切物质的基本单位——麦克斯韦所称为"世界不可毁灭的基石"——渐渐地消灭于无质了. 旧式球形的电子成为电能的波动变化,而原子也就成为一个重复波动的体系. 我们只好提出一个结论,说一切物质都是由波动组成,我们也就生活在波动世界之中.

一方面说物质是波动的,另一方面又说光是质点,这个矛盾,在第二次世界大战的前十年间已经有了新发展而得到解决. 两个德国物理学家海森堡与波恩发展了一种新的数学工具,可以任意用波动或质点的术语来叙述量子现象,因此,可以说他们在波与质之间架了一道桥梁. 在他们系统后面的观念,对于科

189

学的哲学有了极深的影响.他们主张一个物理学家对于单个电子性质的研究是无意义的;在试验室中,他所用于工作的是电子射线或电子雨,每一条线或雨包括亿万的质点(或波动).所以与他有关的只是众数行为,只是统计及概率与机遇.所以单个电子为质点或波动体系,在实际上并无分别——在集体上它们可以想象为任何一种.譬如有两个物理学家在海边分析海波,一个可以说"波浪的性质与密度,可从它的波峰与波谷的位置清晰地表示出来";另一个可以同样正确地说,"你所称为峰的一段波浪之所以有意义,只是因为它包含的海水分子比所谓谷的一段更多的缘故".同样,海森堡与波恩把薛定谔在他的公式中所用的数学形式拿来代表波动关系,而解释它为统计上的"或然数".那就是说,他认为波浪某段的密度即是某处质点分布的或然的代表.于是"物质的波动"又变为"或然的波动".我们如何认识一个电子或一个原子或一个或然的波动,无关紧要.海森堡与波恩的公式,可以适用于任何一个想象的图画.我们若是愿意的话,还可以想象我们住在一个波世界里,或一个点世界里,或如一个诙谐的科学家所说,一个"波点"世界里面.

4

这样,量子物理学虽然以极大的准确度规定了管制放射与物质基本单位的数学关系,但把放射与物质的真正性质反而弄糊涂了.不过大部分的现代物理学家认为要去推究任何东西的真正性质是太天真的事.有些"实证主义者"(Positivists)主张一个科学家只能报告他所观察到的现象,此外则非他所能.所以如其他科学家用了不同的仪器施行了两个试验,一个好像表示光是由质点组成,另一个则表示光是一种波动,他必须同时接受这两种结果,认为它们是互相发明而不是互相抵触.用这两种观念来解释光,分开来都不够,合起来就行.要说明真实,两者皆是必须,要问某一个是真实的所在,则无意义.因为在量子物理学的抽象辞典中没有像"真实"这样的字.

不但如此,希望发明更精密的工具来向微点世界做更进一步的钻研,也是不会成功的.在原子世界的一切事情都有一种不确定存在,不是量度或观察的精密所能消除的.原子行为的反复无定,不能归咎于人为工具的粗糙.它是由物性本身发出来的,这是 1927年海森堡发表的有名的物理定律,现时所称为"测不准原则"(Principle of uncertainty)的,早已告诉我们.要解决他的课题,海森堡设想一个假想的试验,一个物理学家用了一个功能极强大的显微镜来观察运动中的电子的位置与速度.因为电子比光的波长更小,这个物理学家只好用放射线中较短的波来"照明"他所要看的物体.X 射线是不中用的.只有镭元素放射中的高频率 γ 射线可以看见电子.但不要忘记,照光电效果来说,平常光线的光子已经使电子感到很大力量,X 射线更使它动荡不定,那么,一个更有力的 γ 射线的冲击,岂不是大灾难?

所以,按照"测不准原则"来说,要同时决定一个电子的位置与速度——说一个电子是"在此时此地"并以"某速度"在运动——是绝对而且永远不可能的事.因为在我们观察它的举动中,它的速度已经改变了.物理学家在测量电子的位置与速度而计算不准率的算数界限时,他们发现这常是那个神秘数——蒲兰克常数 h——的一个函数.

这样,量子物理学又摧毁了旧物理学的两个支柱,因果律与定命论.因为在用统计与或然数研究材料时,它已经放弃了一切自然界显示不可避免的原因与结果的观念.而在容许不准的界限时,这把古来的希望,说只要知道宇宙间每一物体的眼前情形及其速度时,科学便能预言未来世界的历史,也放弃了.这些投降的一个副产品,就是自由意志存在的新论据.因为如果物理的事情是那样不定的而未来也是不可预测的,那么,这个叫作"心"的未知数,也许在变幻不测,惝恍无定的世界里,还能指导人类的命运.但这个意思侵入了一个与物理无关的思想领域,我们无须加以讨论.另外一个比较重要的科学上的结论,是由于量子物理学的发展,使除去人与物之间存在的隔阂,几乎成为不可能.因为人所依靠来观察外物的窗子,只是带了雾的感觉,当他要去穿透窥探"真实"物质世界的时候,他的观察过程已经把物质世界改变与扭曲了.他可以设法去把"真实"世界和他的感觉分离,但他做到了这一层时,除了一个数学计划外,他将一无所有.他的地位,真像一个瞎子想去明白一片雪花的形式和组织.当雪花碰到他的手或舌时,早已化为乌有了.一个波动电子,一个光子,一个或然数波,是不能用眼看见的;它们只是一种符号,在表达微世界的数学关系上有它们的用处.

现在你要问为什么现代物理学家要用那样的抽象方法来叙述,物理学家的答语是:因为量子物理的公式能把肉眼看不见的基本现象比任何机械模型叙述得更正确.所以实用物理学家的目的,就是要用每进愈精的数学术语来演述自然律.19世纪的物理学家把电想象成一种流质,有了这个譬喻在心中,他们发明了产生现时电时代的各项定律;20世纪的物理学家则常要避免譬喻.他们知道电不是流质,他们也知道如像"波"与"点"等有图画性的观念,虽然可作为新发现的指路牌,但决不能当作真实的正确代表.用了数学的抽象术语,他能叙述物体如何行动,虽然他不知道——或需要知道——物体是什么.

但是现时的物理学家有的承认,科学与真实之间存在着的空隙是一种挑战.爱因斯坦曾屡次表示一种希望,说量子物理学的统计方法,不过是暂时的手段.他说:"我不能相信上帝是在和世界掷骰子."他排斥实证论者的理论,说科学只能报告与连贯观察所得的结果.他相信世界是有秩序与协调的,并且他相信人类钻研不已,必能得到最后真实的知识.要达到这个目的,他的目光不再向原子注视,而转向诸天体,并超越诸天体而投入到空间、时间的广漠无垠的深处.

洛伦兹公式

1

三百年前哲学家约翰·洛克在他的"人类理解论"(On Human Understanding)中曾写道:"一队下棋的人站在棋盘的十字格边,假如我们把棋盘由此屋移至彼屋,我们仍可说他们是在同一位置或未移动……假如此棋盘留在房舱的同一位置,我们也可以说它未曾移动,虽然载着这棋盘的船一直在那里行进;又假如此船对于邻近的陆地常保持一定的距离,我们也可以说它是在同一位置,虽然地球已经旋转一周了.这样,如以辽远的物体作标准,下棋的人、棋盘、船,每一个都变了位置."

这个小小的动与不动的图画,包含着一个相对的原理——位置的相对.但它指出了另一个意思——动的相对.任何乘过火车的人都知道,当两列火车以相反方向运行时,会觉得行驶的更加迅速;反之,如其向同一方向运行,则几乎感觉不到运动.这种效果,像在纽约中央车站那样闭隔车站中,尤易让人产生错觉.有时火车开动得非常平稳,乘客感觉不到一点震动.此时如其向窗外望望,他们将看见邻近的轨道上有一列车也在慢慢移动,他们将不能判断出哪一列车是静止,哪一列车是在运动;他们也不能知晓任何一列车运动的速度与方向.要确定他们的位置,唯一的方法是从相反方向的窗子去找不动的物体,如月台、信号灯等来做参考.牛顿是明白这些运动的"骗术"的,不过他只在船的航行上研究.他说,在海上天气晴好的时候,一个水手可以很舒服地刮胡子或喝汤,正如船在港中一样,不觉得震动.他的面盆中的水或碗中的汤毫无籁动,不管船行速度是每小时5海里或15海里或25海里.所以,除非他往海中看看,否则他将不知道船行的速度是多少,真的,他将不知道船是否在行驶.当然,如其海波忽然大起来了,或船忽然改变方向,他将感觉到行动的状态.但如果波平如镜,船行无声等理想条件存在的时候,任何在舱面以下发生的事情——无论若干在船内施行的观察或机械试验——均不能发现船在海中的速度.这些考虑所提示的物理原则,曾经牛顿在1687年以公式的方式提出.他说,"在一个一定空间内的各物体,彼此间相对的运动是不变的,不管这个空间是静止的或在一直线上以同一速度运动".这个即所谓牛顿的或伽利略的"相对原则".这个原则可用更普通的术语叙述如下:凡机械定律在一地方为有效的,在另一个对于前者以同一速度运行的地方仍为有效.

这个原则说到宇宙的地方,有其在哲学上的重要性.因为科学的目的是要说明我们所居住的世界,无论就全部来说,或一部分来说,科学家对于自然界协调一致的信心是有必要的.他们必须相信在地球上发现的物理定律是真正的普遍律.这样,当牛顿发现苹果落到地球上时,他提出了一个普遍律.而当他利用在海中的船来解释相对原则的时候,他心中的船实际上就是地球.就科学上平常的目的来说,地球可看作一个静止的体系.如我们愿意的话,可以说,山、树、房屋是静止的,而动物、汽车、飞机是动的.但在一个天文物理学家看来,地球不但不是静止的,而且是眩晕地,颇为复杂地,在空中旋转.每日以 1 000 mi/h(1 mi=1.609 344 km)的速度自转与每年以 20 mi/s 的速度沿着太阳公转之外,它还有多数不甚为人熟悉的回转.月球也和一般认知相反,并非仅绕地球旋转,它和地球是彼此旋绕——或者更清楚一点说,围着一个共同重心旋转. 不但如此, 太阳系是以 13 mi/s 的速度, 在区域恒星系中运行; 区域恒星系又以 200 mi/s 的速度在银河系中运行; 而这全银河系又以 100 mi/s 的速度对于辽远在外的银河飘荡——而且所有这些都在不同的方向.

虽然在那时牛顿不能知道地球运动的复杂性, 但他觉得要在这个纷纭忙乱的世界里面, 把相对的运动和真的或"绝对"的运动分别出来, 是一个繁难的问题. 他曾建议说: "在恒星系的辽远区域或在此区域之外, 也许有某个绝对静止的物体", 但他也承认在人类眼光所及的天体中, 没有什么可以证明此点. 从另一方面说, 牛顿觉得空间本身也许可以用来做参考的标准, 即在空间里面运行的恒星系和银河系, 可以作为绝对运动. 他把空间当作一个物理的实体, 它是静止的, 不可移动的; 虽然这样一个想法不能用科学的论证来支持, 他仍根据宗教的论点, 锲而不舍. 因为在牛顿看来, 空间代表上帝在自然界的无所不在.

在此后 18 及 19 世纪中, 牛顿的想法似乎有存在的可能. 因为随着光的波动说的发展, 科学家觉得有把某种机械性质加上空洞的空间的必要——真的, 他们假定空间是一种物质. 即在牛顿以前, 法国哲学家德卡尔曾说, 物体之成为分离, 即证明其中间必有介质的存在. 在 18 及 19 世纪的物理学家看来, 如其光是一种波动, 那么, 传播光波的介质是不可少的, 正如海波必待水来传播, 声波必待空气来传播一样. 后来实验证明光可以在真空中传播的时候, 科学家乃想出一种假设的物质, 叫作以太, 这个以太他们认为是弥漫于一切物体与空间的. 后来法拉第又提出另外一种作为电及磁力传播媒介的以太. 最后麦克斯韦证明光即电磁波的一种时, 以太的地位似乎决无疑问了.

一个被看不见的介质所弥漫的宇宙, 星球在其中运行, 光在其中颤动如在胶质盘中震荡一样, 这便是牛顿派物理学的最后产品. 它供给了一切已知自然界现象的一个机械模型,并供给了一个固定的参考间架,即牛顿的宇宙观所需的绝对而不动的空间.不过,以太自己也发生一些问题,即它是否真正存在,也还不曾得到证明.因为要一了百了地去决定是否真有以太这个东西,两个美国物理学家,迈克生与莫尔列曾经于1887年在克利夫兰(Cleveland)举行了一个经典式的实验.

他们的实验所根据的原则甚为简单.他们这样推想:假如所有空间都只是平静的以太海,那么,地球在以太中运动应该可以察出与量度,如像水手量度船在海中的速度一样.牛顿曾指出,船在静水中的运动,不能用在船内进行的机械实验去测出其速度.水手们要知道船行速度,他们就丢一个测程器在海中,同时注意测程器细节的回转.同样,要研究地球在以太海中的运动,迈克生与莫尔列也丢了一个"测程器"到海中,而这个"测程器"却是一条光线.因为如果光是真由以太传播的,那么,它的速度必定为因地球的运行而发生的以太流所影响.特别地,一条光线向地球运行的方向射出,它必定要稍微地被以太流所延阻,正如游泳的人逆流游泳,必定被水流所延阻一样.这个差异必定很小,因为光的速度(在1849年正确地测定过)是186 284 mi/s,而地球绕日轨道上的速度是20 mi/s.所以光线逆着以太流射出时,其行进的速度应为186 264 mi/s,而顺着以太流时,应为186 304 mi/s.迈克生与莫尔列以这种思想,他们制成了一个极精密的仪器.在光的极大速度中,即使每秒几分之几英里的差异,它也可以测出.这个仪器他们叫作"干涉器"(Interferometer),是由几个玻璃镜做成,由它的特殊装置把一条光线分为两道,同时向不同方向放射(图18).

这整个试验是用了最大的精心与确度来计划并施行,所以它的结果是不用怀疑的.它的结果,简单地说来就是:不管光线的方向是怎样的,光的速度总是一样.

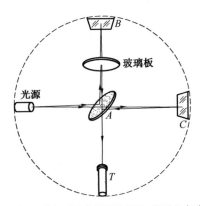

图18 迈克生-莫尔列干涉器的装置法,是用几个玻璃镜使由光源(上左)发出的光线分为两道,同时向两个不同的方向进行. 这可用一个上有薄银面的玻璃镜 A 做成,光线射到 A 镜时,一半透过 A 射到玻璃镜 C,其余的以直角反射到玻璃镜 B. B 与 C 又把光线回射到 A,在此处合成一道,再前进到观镜 T. 因为光线 ACT 须经过 A 镜反射面后的玻璃片三次,所以在 AB 之间放置一块与 A 镜同厚的白玻片,使 ABT 光线经过它,以补偿 ACT 光线的延迟. 整个干涉器可以在各种方向上旋转,使 ABT 和 ACT 光线可以与假定的以太流成或顺或逆或直角的方向. 如果任何一道光线因以太流的关系而发生加速或延迟的现象时,在观镜 T 中必定可以观察出来. 可是这种现象从来不曾观察到. 这个仪器的构造是那样极端精确,所以它所得出的结果是毋庸怀疑的

迈克生-莫尔列的试验使科学家陷入了左右为难的境地.他们或者须放弃曾经说明电磁及光的许多现象的以太理论. 如果他们不肯放弃以太,那么,他们必须放弃比以太更古老的哥白尼地动说. 在许多物理学家看来,似乎宁愿相信地球是静止的,而不愿信波——光波与电磁波——没有以太去支持. 这是一个

严重的两难问题,它曾在过去二十五年中使物理学家意见出现分歧.许多新的假说曾经提出又抛弃了.莫尔列和他人曾经再做这个试验,其结果总是一样:地球在以太中的显然速度总是零.

2

在许多对于迈克生-莫尔列试验的谜加以审虑的众人中,有一个在伯尔尼发明注册局的青年检验员,他的名字叫爱因斯坦.1905 年,才二十六岁的他发表了一篇短文,提出对于这个谜的解答,这篇文章的术语发展了物理思想的一个新世界.开始,他抛斥以太说,及由以太说而来的空间是绝对静止的,固定的体系或间架,在空间可以分出绝对与相对运动的整套观念.迈克生-莫尔列试验验证了一个不可否认的事实,那就是,地球运动不影响光的速度.爱因斯坦抓住这一点,认为是普遍定律的发现.他推想:如其光的速度不因地球运动而改变,它也必定不因太阳、月球、彗星,或任何其他体系在宇宙间任何地方的运动而改变.从这个推理,他得到一个更普遍的结论,说自然界的定律在一切同一速度运动的体系中是一样的.这个简单的说法实际含有爱因斯坦特殊相对论的要点.它也包括伽利略的相对原理,因为这个原理说在一切同一运动的体系中,机械律是一样的.但爱因斯坦的词意要广泛些,因为他心中所想的不仅是机械律,而且是支配着光及电磁现象的定律.他把各种定律总括起来成立一个假设,说:一切自然界的定律,在彼此相对间,以同一速度运动的一切体系中,是一样的.

从表面上来看,这个宣言并没什么让人惊异之处.它不过重言申明科学家信仰自然律的普遍协调而已.并且它劝告科学家不要在自然界中去寻觅绝对静止的参考系统.自然界是没有绝对静止的:星体、星云、银河以及外边空间的一切广漠的重力系统,都无时无刻不在运动中.但它们的运动只能就它们彼此间的关系加以叙述,因为空间是没有方向与界限的.不但如此,科学家要想用光做尺度来发现任何体系的"真"速,也是做不到的,因为在宇宙间光的速度是不变的,不论光源的运动或接受人的运动是怎样.自然界没有给你比较的标准;空间如在爱因斯坦两百年前德国大数学家莱布尼兹所看到的,只是"其中物件的次序或关系."没有物体也就没有空间.

随着绝对空间爱因斯坦把绝对时间(一个稳定不变,始终如一,从无穷的既往流到无穷的将来的时间流)的观念也取消了.围绕相对论的许多误会,发生于人们不肯承认时间观念与颜色观念一样,同是感觉的一种.正如没有眼官去感觉就没有颜色一样,没有事情来做标记,一瞬间,一时间或一日间,是没有意义的.正如空间不过是物件的可能次序一样,时间不过是事情的可能次序.时间的主观性可以爱因斯坦自己的话来说明.他说:"一个人的经验,由我们看来是由一串事情做成的;在这一串事情中有一件为我们特别记得的,似乎又依了'早'及'迟'的规定而有一定次序.所以每一个人有一个'我时'或'主观时'.这个'我时'或'主观时'本身是无法量度的.诚然,我可以把事件与数目联合起来,使较大的数目代表较后的事件.这个联合的作用,我可以用钟表来表达,即拿钟表所示事件的次序与一串相关事件的次序来比较.我们靠钟表得到了一些可以计算的事件的次序."

用一个钟表或日历来做经验的参考,我们把时间变成了客观的观念.但是钟表或日历所供给的时间距离,绝不是上帝所颁布于全世界的绝对数量.一切人类所用的钟表都是与我们的太阳系相联系的.我们所谓的一小时,事实上是空间的量度——即天体表面每日运行的十五度.我们所谓一年,不过是地球绕日轨道运行一周的量度.水星上居民的时间观念必定大为不同.因为水星以地球上的八十八天绕日一周,而在这个时期中恰恰自转一周.因此,在水星上一年与一

199

日是同样的事.但当科学推广到太阳邻近以外的时候,我们一切地球上的时间观念成了毫无意义.因为相对论告诉我们,离开了标准的系统,没有一定时间这个东西.真的,离开了标准的系统,没有"同时""现在"这样东西.例如一个在纽约的人打电话给伦敦朋友,虽然在纽约是午后七点钟,在伦敦是半夜,我们可以说他们是在"同时"谈话.这是因为他们同住在地球上,而且他们的钟表也联系于同一天文体系.但如我们要知道牧夫座中的 Arcturus 是"此刻"发生什么事件,情形就较为复杂了. Arcturus 星离地球有 38 光年远,一光年是光行一年的距离①.假如我们"此刻"要与 Arcturus 通无线电,这个电报需 38 年方能达到,再要 38 年方能得到回电.(无线电波与光波的速度是一样的).当我们仰观 Arcturus,说我们"此刻"看见它了,事实上我们看见的是一个鬼魂——一个在 38 年前由光源发出的光线射在我们视神经上所成的影像.究竟"此刻"Arcturus 存在与否,要到 38 年以后,自然我们不知道.

尽管经过这些考虑,在地球上的人们,仍感觉难于接受"此刻"或"现在"的观念不能普遍应用于宇宙全体这个意思.爱因斯坦在特殊相对论中,曾用了例证与推理的不容反驳的结果,证明在互不相关的体系中,说事件的同时发生是无意义的.他的辩证法可略述如下.

首先,我们必须明了科学家的任务是要用客观的术语来叙述物理事件,因此,他不能用主观的词头如"这个""此处""此刻"等.在他看来,空间、时间等观念,只有在事件及系统的关系规定明白后,才有物理的意义.而科学家在处理有繁复运动形式的物体(如天体力学、电动力学等)时,是常常有把一个体系中所

---

① 一光年约等于 6 000 000 000 000 mi.

找到的度量参考到其他体系的必要. 规定这种关系的数学定律, 叫作转换定律(Laws of transformation). 最简单的转换, 可以一个人在海船舱面上散步作例:如其他以 3 mi/h 的速度向前走, 而船行的速度是 12 mi/h, 那么, 此人对于海的速度为 15 mi/h;假如他向后走, 那么, 他对于海的速度是9 mi/h. 或者另举一例, 我们可以设想一个闹钟在火车交叉点发响. 由闹钟发出的声浪, 以400 yd/s(1 yd=0.914 4 m)的速度向空气四周传播. 一部列车正以 20 yd/s 的速度向交叉点驰来. 因此, 声浪对于火车的速度, 在火车向着交叉点行来的时候是420 yd/s, 而在火车行过交叉点以后是 380 yd/s. 这种简单的速度加减是普通常识, 自从伽利略以来, 即经应用在组合运动的问题上. 但用到与光有关的问题时, 困难就发生了.

在他的原作相对论文中, 爱因斯坦用了另一个火车的故事来说明这个困难. 此时照旧有一个交叉点, 但用为记号的是一条光线, 它以 186 284 mi/s 的速度——这是光速的常数, 在物理学以上 c 代表之——向铁路线上放射. 一列火车正以速度 v 向着记号光行进. 依照速度相加的原则, 我们可以说, 在火车向着记号光行进的时候, 光对于火车的速度是 $c+v$, 而在火车经过记号光以后, 是 $c-v$. 这个结论是和迈克生-莫尔列试验冲突的;因为迈克生-莫尔列试验证明不论光的来源或接收器的运动如何, 光的速度是不变的. 这个奇怪的事实, 在研究环绕一个共同重心运行的双星时也得到了参证. 在精细地分析这些动的系统之后, 我们知道在每对双星中, 向着地球行来的光与背着地球行去的光, 速度是完全一样的. 因为光的速度是一个普遍性的常数, 所以在爱因斯坦的铁路问题中, 不能因火车的速度有所改变. 即使我们假想火车以 10 000 mi/s向着记号光行来, 光速不变的原则将告诉我们, 火车观察者将仍旧记下光的速度恰恰是 186 284 mi/s, 一点不多不少.

这个情形发生的两难论,并非如星期新闻上的猜谜,它有更深远的意义.它提供一个自然界的奥秘.爱因斯坦看出问题是根据两个信条:(1)光的速度不变;(2)速度相加的原则的互相抵触,无从调解.虽然后者是根据数学的硬性逻辑(即2加2等于4),爱因斯坦承认前者是一个自然界的根本定律.于是他决定必须寻出一个新的转换定律,使科学家能够叙述运动体系的关系,而得到能够满足光的已知事实的结果.

爱因斯坦在荷兰物理学家洛伦兹所发现关于他自己的学说的一串公式中,找到了他所要的东西.虽然它的本来应用,现在只有科学历史感兴趣,但洛伦兹的转换仍以相对论数学间架一部分的资格而存在.要了解它的意义,我们将先明白旧速度相加原则的缺点在什么地方.爱因斯坦再拿一个铁路的故事来说明它的缺点.他想象一条直长的铁道,在铁道之外的堤边坐着一位观察者.忽然天上打雷,铁道的 A,B 两处同时被闪电击中(图19).

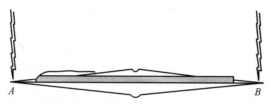

图19

爱因斯坦现在问我们所谓"同时"是什么意思.要弄清楚这个意思,他假定这个观察者恰恰坐在 A,B 两点的中间,并且用了玻璃镜装置,使他的眼睛不动而能同时看到 A,B 两点.如其此时观察者的镜中在同一时间内反射着两处发来的电光,这两个电光可以说是同时发生的.现在一部列车在铁路上跑来了,第二个观察者正拿着一副与第一个观察者同样的玻璃镜的装置,会在列车的一个车厢上.假设第二个观察者恰

202

恰行到与第一个观察者对面的时候,电光击到 A, B 两处.现在的问题是:两个电光对于第二个观察者是同时的吗?答案是:它们不是.因为如其列车是离电光 B 向着电光 A 行进,那么,很明显地 B 反射到镜中的时间要比 A 迟一秒钟的几分之几.如有人疑惑这种说法,我们可以设想这个列车是以不可能的速度,即光的速度186 284 mi/s,在那里行进.在这种情形下,电光 B 绝无反射到镜中的可能,因为它不能赶上列车,正如枪声不能赶上比声速更快的子弹一样.所以在列车上的观察者将肯定地说只有一道电光落到铁道上.由此看来,不管列车的速度怎样,在列车上的观察者总是坚决地说在他前面的电光先击到铁道上.因此,对于静止的观察者是同时的电光,对于在列车上的观察者便是非同时的了.

这个电光同时、非同时的奇论,把爱因斯坦哲学中的一个最精微奥妙的观念,即同时的相对观念戏剧化地表达出来.这个观念表示人不能假定他的主观的"此刻"可应用到宇宙间一切地方.爱因斯坦指出"每一个参考物体(或坐标系统)都有它自己特殊的时间;除非我们知道关于时间的参考物体,说一件事情的时间是无意义的".旧式速度相加原则的漏洞,在它暗中假定一件事情的时间与它的参考系统的运动情形无关.例如一个人在船上散步,我们假定他每点钟行三英里,不管用船上行着的钟或海中静止的钟表测度,都是一样.再者,我们还假定他在一点钟内所行的距离有同样价值,不管是用船的舱面(动的系统)或海(静的系统)来做参考标准.这又成为速度相加原则的第二个漏洞——因为距离与时间一样,是一个相对的观念,与参考系统的运动情形无关的空间距离,那样的东西是没有的.

因此,爱因斯坦断言科学家要叙述自然现象在宇宙间一切系统都不发生抵触,他必须把时间与距离的度量当作可变量.洛伦兹转换定律的各公式恰恰做了这种职务. 它们保持光的速度, 认为是普遍常数, 但按照每一个参考系统的速度来改变时间与距离的一切量度.

注 洛伦兹转换式表示在运动系统中观察的距离和时间, 与在相对静止系统中观察的距离和时间的关系. 例如设有一个系统或参考物体在某一方向中运动, 那么, 依照旧式速度相加的原则, 其运动的距离或长度 x' (按照运动系统在运动方向上量度) 与按照相对静止的系统上量度的长度 x 的关系, 可以用公式 $x' = x \pm vt$ 表达. 此公式内的 v 是在运动系统的速度, t 是它运动的时间. 再有两个行进方向 y' 与 z', 在运动系统上与 x' 成直角, 并且互相以直角来量度的 (即高度与宽度), 与在相对静止的系统中 y 与 z 的关系是 $y' = y, z' = z$. 最后, 时间的间隙在运动系统记下的 t', 对于相对静止系统记下的时间 t 的关系, 可用 $t' = t$ 代表. 换句话说, 在古典物理学中, 距离与时间都不因问题中的系统速度而发生影响. 但正是为了这个先定的假设, 发生了电光的奇论. 洛伦兹转换式把在运动系统上看到的距离和时间, 变换为静止观察者的情形, 每个人的光速常数 c 不变. 以下是洛伦兹的转换公式, 它补充了旧的也就是不精确的上面所说的各种关系

$$x' = \frac{x - vt}{\sqrt{1 - \left(\dfrac{v^2}{c^2}\right)}}$$

$$y' = y$$

$$z' = z$$

$$t' = \frac{t - \left(\dfrac{v}{c^2}\right)x}{\sqrt{1 - \left(\dfrac{v^2}{c^2}\right)}}$$

可注意的是 y 与 z' 与旧的转换定律一样, 不受运动的影响. 又如其运动系统的速度 v 对于光速度 c 是极小时, 则洛伦兹转换式成为旧式的速度相加的关系. 但

如 v 大到近于 c 时,则 x' 和 t' 的数值都根本改变了.

虽然洛伦兹的公式原来只为解决一个特殊问题而发展出来,爱因斯坦却把它作为一个极广大结论的基础,在相对论的结构上加上一个公理,说:在以洛伦兹转换为标准的一切系统内,自然律保持其一致.用数学的抽象语句表达出来的这个定律,在普通人的心目中不见得有什么意义.但在物理学上,一个公式从来不是纯粹抽象;它是一种速配,是科学家拿来便利地叙述自然界的现象的.有时它也是一种罗塞达石(Rosetta Stone),理论物理学家可用以发现知识的奥秘.所以爱因斯坦用了演绎的方法,从洛伦兹转换公式的信息中发现许多关于物质世界的新而异常的真理.

3

这些真理可以用极具体术语来叙述.因为爱因斯坦一旦推定了相对论的哲学的与数学的基础之后,他将把它们拿到试验室中来;在试验室中,抽象观念如时间与空间,受到钟表与尺度的拘束.而在把关于时与空的基本观念翻译为实验室术语时,他指出一些到此刻为止没有经人注意的钟表与尺度的性质.例如在运动系统上的钟表,与静止的钟表快慢不同;一个在任何动体上的尺度,因其系统速度的大小而改变其长度.特别是运动越快,钟表的时间将越慢,而量物的尺度,将顺着运动的方向缩短.这种改变,与钟表的制法及尺度的构造是无关的.钟表可能是一个锤摆钟或是一个弹簧表,或是一个沙漏时针.尺度可能是木尺,或金属码尺或十英里长的皮尺.钟表的变慢与尺度缩短并非机械的现象;与钟表、尺度同时在动的观察者将看不见这些改变.但静止的观察者,即对于动的系统是静止的观察者,将见得动的钟表对于静的钟表是慢了,动的尺度对于静的尺度是缩短了.

这个动的钟表与尺度的奇怪行为,可以解释光的速度何以是常数.它说明了观察在一切系统的每一角落,不管动的情形怎样,他们总看见光射到及离开他们的仪器速度是一样的.因为当他们的速度接近光速的时候,他们的钟表将要变慢,他们的尺度将要缩短,他们的一切度量将要变到与比较静止的观察者所得的价值一样.管制这些缩短的定律就是洛伦兹的转换,说起来极简单,即:速度越大,缩短越多.一个码尺的速度到了光速的百分之九十时,它将缩短到一半;此后缩短率将更大;如码尺的速度到了与光速相等时,它将缩到没有.同样,钟表旅行的速度如其与光速相等时它将完全停止.从这些考虑,我们得到一个结论:不管用了什么力量,没有东西能比光行动得更快.于是相对论又得到一个自然界的定律,即光速乃宇宙间最高的速度.

初遇见这些事实时很难消化,这是因为古典派的物理学假定一个物体不论是在运动中或静止时,它的长短大小总是一样;钟表在运动与静止中保持同样的时间;这种假定是不合理的.由普通常识知这种假定正确.但如爱因斯坦告诉我们的,常识不过是十八岁以前聚集在心中的一堆成见.在此后岁月中遇见的每一个新观念,必须与这个"自明"观念的积累相斗争.正因为爱因斯坦不愿接受任何未证明的理论认为是自明的,他才能够比在他之前的任何科学家更进一步,参透自然界里面的真实.他问为什么假定运动中的钟表变慢与尺度缩短比不慢不短要奇怪些? 古典物理学之所以主张后一种看法,只是因为在人们的日常经验中,他从不曾遇见够大的速度使这些改变实现.在一个汽车,一个飞机,甚至一个 V-2 火箭中,钟表的变慢是看不见的.只有速度到了近于光速的时候,这相对论的效果才观察得出来,洛伦兹的转换公式明确指出,在平常速度中,时间、空间短距离的变化实际上等于零.这样看来,相对论与古典物理学并不抵触.它仅把旧的观念看作有限的事件,只有在人们常见的经验中才能适用.

爱因斯坦这样超过了人们完全依靠感觉以求真实的心理所造成的阻碍物.正如量子论证明物质的原始微点,与我们感觉的粗鲁世界中较大的质点行为不同,相对论表示我们不能依据平常肉眼所看见的迟缓的物体行为来预测由极大速度所发生的现象.我们也不能假定相对论的定律只能处理特殊的事件;反之,它提供了一个难于置信的复杂世界的全体图画,而我们地球上的简单机械事件乃是例外.现时的科学家在处理原子宇宙的极大速度或恒星间的浩漠无限的时与空时,发现旧式牛顿定律的不正确.但相对论却给了他每一事件的正确而完全的叙述.

爱因斯坦的假设,任何时间加以试验,都能得到充分的证明.1936年贝尔电话实验所(Bell Telephone Laboratories)的艾伟思(H. E. Ives)做了一个实验,证明时间的相对迟缓,甚为可异.一个放射的原子,可认为是一种钟表,因为它放出一定频率与波长的光,这个又可以用光谱仪(Spectroscope)来精确地量度.艾伟思拿在高速度运动中的氢素原子发出的光与在静止时的氢素原子发出的光相比较,发现在运动中原子的颤动频率,恰恰依照爱因斯坦公式的预测而变缓.将来科学家也许会想出更有趣的实验来试验这个假设.因为任何周期运动均可以拿来计算时间,爱因斯坦指出,人的心脉也是一种钟表.按照相对论说来,一个人如其以近于光速的速度旅行,他的心脉跳动会和他的呼吸以及一切生理作用一同迟缓下来.他自己将不觉得,因为他的钟表也同等地迟缓了.但在一个静止计时的人看来,他将要老得慢些.在一个幻想世界中,我们可以想象未来的宇宙探险家,坐在原子推进的空间游船中,以167 000 mi/s的速度,旅行了天空十年之后,回到地球上来,看到他自己仅仅老了五岁.

4

叙述物质世界的机构,我们需要三种数量:即时间、距离与质量.既然时间与距离是相对数量,我们可以臆想质量也是依据运动的情形而变动.的确,相对论最重要的实际结果,就是从质量的相对原则发展出来的.

在普通意识中,"质量"就等于"重量".但物理学家用这个字却代表着一个物质的特殊而较为基本的性质,即对于运动改变的抵抗.推动一辆货车比推动一辆双轮车所需的力量要大些;因为货车的质量比双轮车大,所以它抵抗运动的力量比双轮车也大.在古典物理学中,任何物体的质量是一定不变的.所以一个货车的质量是不变的,不管它是停在路轨上或以 60 mi/h 的速度在地上行动,或以 60 000 mi/s 的速度在空间飞驰.但相对论说,在运动中物体的质量绝对不是一定的,它是随着速度而变动的.旧物理学不曾发现这个事实,仅是因为人类的感觉与仪器太粗疏,不能觉察平常经验的轻微加速所发生的无限小的质量加重,它只有在物体的速度到了与光速相近时才能被觉察到.(顺便提一句,这个现象并不和长短的相对缩短相抵触.有人要问:一个物体怎么能变小? 同时也变重? 我们要知道物体的扁缩仅沿着行动的方向,宽与广是没有影响的.再则质量并不就是"重",它是对于运动的抵抗.)

爱因斯坦的质量随速度增加的公式和其他相对论公式的形式相似,但其结果是更为极端重要的

$$M = \frac{m}{\sqrt{1 - v^2/c^2}}$$

此处的 M 代表以速度 v 运动的物体质量,m 代表物体静止时的质量,c 代表光的速度.任何学过初等代数的人可以看出,如其 v 极小(一切通常经验的速度皆是极小的),则 m 与 M 的差数实际上等于零.但如果 v

接近光速时,质量的增加将极大,至运动物体的速度到了与光速相等时,质量将增加到无穷大.因为一个无穷大质量的物体,对于动的抵抗也是无穷大.结论就是没有物体能够以光的速度行动.

关于相对论的各个方面,质量增加的原则是实验物理学家最常证明与最有结果地应用过的.在强大电力场中运行的电子及放射质出的 β 质点,它们的速度可达光速的99%.在研究这些高速的原子物理学家看来,相对论预示的质量增加并非可辩论的理论而是实验的事实,在他们的计算上是不能忽略的.事实上, β 线以及其他新的超越寻常能量机器的构造,都是根据质点接近光速时质量增加的情形而决定的.

爱因斯坦更进一步把物质相对的原则加以演绎,得到一个对于世界非常重要的结论.他的推论次序大致如下:因为运动物体的质量随着运动速度的增加而增加,又因为运动即是能量的一种形式(动能),那么,运动物体质量的增加即由能量的增加得来.简言之,能量即物质.用了几个比较简单的数学步骤,爱因斯坦寻到任何单位能量 E 的等值物质 m 的数值,可以用公式 $m=E/c^2$ 代表.有了这个关系,任何年级的中学生可以完成其余的代数步骤而写出那个最重要也是历史上最有名的公式: $E=mc^2$.

这个公式在原子弹的发展过程中所占的地位,是大部分读报的人所熟悉的.它用物理学的速记法告诉我们说,任何物质所含有的能量等于这个物体的质量(g)乘光速的平方(cm/s).这个关系非常重要,当我们把它的各项翻译成具体的价值时,尤其显明,即:1 kg(约2磅)的煤,如果完全变成能量时,可产生美国所有的发电厂在两个月内连续不断开工所能产生的电能.

$E=mc^2$ 这个公式解开了许多物理学上久已存在的秘密.它说明了放射物质如镭与铀何以能以极大的速度射出质点,而且放射到几百万年之久.它又说明

209

太阳及一切恒星何以能发射光与热至亿万年之久;因为如果太阳是用平常燃烧的方法来毁灭自己,地球早已在冰冻黑暗中死去了.它可以计算在原子核中蕴藏的能量是如何大,预测要毁灭一个城市需要多少克的铀.它暴露了关于物质真实的一些基本真理.在相对论以前,科学家想象宇宙是一个器皿装着两种元素,质与能——前者是有惰性的,可捉摸的,而且具有一种特性叫作物质;后者是活波的,不可见的,而且是没有质的.爱因斯坦证明质与能是同等的东西:质就是能的集中.换言之,质就是能,能就是质,它们分别只在于临时的状态.

从这个宽泛原则来看,许多自然界的秘密都可以解决了.物质与放射的交互作用,有时好像是质点的集合,有时好像是波动的聚会,从前使人难于理解的,此时也可以了解了.电子的双重任务,它既是质的单位又是电的单位;电子波、光子、质波或然波,一个波的世界——这一切的一切似乎没有那么奇怪.因为这一切的观念,不过叙述同一真实的各种表现,要问其中的任何一种是"真实",是无意义的.质与能是可以互相转换的.如其物质把它的质脱卸了而以光的速度行动起来,我们叫作放射或能.反之,如其能量凝聚起来并成为不活动,于是我们能测定其质量,就叫作质.在此以前,科学仅能注意到它们与人类感觉抵触的暂时的性质与关系.但在1945年7月16日以后,人们已能把它们互相转换.因为那天晚间在新墨西哥的阿拉摩哥多(Alamogordo)人们已第一次把相当数量的质变成了光、热、声与动,即我们所称的能.

不过根本的奥秘仍然存在.科学的观念统一的全部过程——把所有物质简化到若干元素,再简化为几种质点,简化各种的"力"为一个简单的"能",又把质与能简化为一个单纯基本数量——仍然引到一个未知世界.许多问题合而为一,这个问题也许始终得不到答案:这个质能不分的东西究竟是什么?科学所要发现的物质世界底面的东西究竟是什么?

这样,相对论与量子论相同,把人们的智慧更从牛顿的世界,一个植根在空间、时间,如像可管理而无误差的大机器世界分离了.爱因斯坦的定律,他的距离、时间、物质的相对原则,与其从这些原则得出的推论,包括为所谓特殊相对论.在发表了这个创作后的十年之间,他把这个科学与哲学的体系扩大,成为普遍相对论,从这个观点他查验了支配在空间运转的恒星、彗星、流量、银河、一切铁、石、汽的运动系统,以及在广漠的、不可思议的空洞中的火焰的力.这些力,牛顿叫作"万有引力".爱因斯坦从他自己对于重力的观念,得到了一个关于宇宙全体的解剖及其巨大结构的看法.

四维空间

1

爱因斯坦说:"一个非数学家听到四维一类的话,将会感觉到一种神秘的恐惧,一种好像对于魔术将要发生的感觉.但是说我们所居住的世界是一个四维的时空连续区(Continuum)是最通常不过的话."

非数学家也许要问爱因斯坦所用"通常"这个字的正确性.不过困难是在用字,不在意思.一旦连续区这个字的意义弄明白了,爱因斯坦的世界是一个四维的时空连续区——这是一切现代宇宙观所根据的看法——图案将十分清楚.一个连续区是说一个有连续性的东西.例如尺是一个一维的空间连续区.许多尺度又分为寸和寸的分数.但我们可想象一个尺可分到百万或亿万分之一寸.在理论上没有理由说点与点之间不能再分细一点.连续区的显著特性,就是任何两点间的距离可以再分为任何无穷小的一段.

一条铁路轨道是一个一维连续区,列车上的工程师可以用一个单坐标点——即车站或里程碑——来表示任何时间他所在的位置.但是一个海船的船长就得考虑二维了.一个海面是二维连续区,在这个连续区中,水手用来定位置的坐标是经度和纬度,一个飞机驾驶员在三维连续区中飞行,他不但要知道经度与纬度,并且离地面的高度也得考虑到.这飞机驾驶员的连续区就是我们所知道的空间.换句话说,我们世界的空间是一个三维连续区.

但是要叙述任何运动的物理事件,单描述在空间的位置还不够.我们还得说明位置如何随时间而改变.这样,要表示纽约到芝加哥特快车行驶的真相,我们不但须说明它由纽约到阿尔本列、色列寇斯、克里夫兰、托里多、芝加哥,并须指出它到以上各处每一点的时间.

假如把由纽约到芝加哥的距离画在格子纸的横线上,又把时刻画在纵线上,于是连接表示距离与时间的各点而得的线,即表示这列车在二维时空连续区中行进的情形.这种图表是读报的人所熟悉的;例如股票市场的图表,表示在币时连续区中经济事件的情形.同样,一架飞机由纽约飞到洛斯安哲斯的情形,最好是在四维时空连续区中表示.单说这个飞机在纬度x,经度y,高度z,对于航线交通管理员是无意义的,除非把时间的坐标也同时举出.所以时间是第四维.假如一个人要把这个飞行当作整个的物理的事实来观察,那么,他不能把它分列成一串不连贯的起飞、上升、下降与着地.相反地,它必须看作是四维时空连续区中一个连续的曲线.

时间是一个不可捉摸的东西,因此不能画一个四维时空连续区的图形或制造一个模型.但我们可想象并用数学方法来表示.科学家要叙述我们的太阳系以外,银河星团以外,甚至孤立在虚空中燃烧着的外缘星河以外的广漠空间时,必须明确它们全是一个三维空间、一维时间的连续区.在我们心中,我们常有把这些维分开的倾向.我们有空间的感觉,也有时间的感觉.但是这个分离是纯粹主观的;正如特殊相对论告诉我们的,空间、时间分开来都是相对量,它们对于每一个观察者是不同的.在任何客观的宇宙叙述——那正是科学所需要的——时间的维不能与空间的维分开,正如要叙述一座房屋或一株树木,不能把长与宽和深分开一样.按照大数学家闵可夫斯基——他发展了时空连续区的算术来做表达相对原理的便利工具——的说法,"空与时分开则消失为阴影,只有两者的联合能保持一点真实".

但你不要以为时空连续区不过是算术上的虚构.这个世界,实在就是时空连续区.一切真实在空间与时间中存在,两者是分不开的.一切时间的量度事实上是空间的量度;反过来,空间的量度也依赖于时间的量度.秒、分、时、日、月、季、年等是地球在空间对于太阳、月球、恒星等地位的量度.同样,我们计算在地球上位置的经纬度,是用分与秒来量度的;而要精密地计算经纬度时,我们必须知道这年中的某日与日中的某时.许多地图的标记,如赤道、夏至线、北极线,不过是表示时季变动的日规;"正午"只是太阳的一个角度.

就是这样,空与时之同等性,非到我们审思天空的恒星时不能真正明白.在我们熟悉的星座中,有些是"真"的,因为组成星座的星体成为一个真正的重力体系,彼此相对有秩序地运动;有的只是外观的——它们的形式是由几个无关系的星体,在一条视线上形成好像邻近的偶然视觉.在这样的光学星座中我们可能看见两个同光度的星体,说它们在天空中是"手挨手"的,其实一个的距离可能是40光年,另一个可能是400光年.

天文学家必须把宇宙看作是时空连续区,是很显然的.当他用望远镜观察时,他不但看到了眼前的空

213

间,也看到了时间.他的锐敏照相镜能发觉远在五万万光年距离的宇宙岛的微光——这种微光,在地球时期中最初的有脊动物由温暖的古生代海洋爬入初成立的青年大陆时,即已开始旅行.不但如此,他的光谱仪告诉他,这些巨大外缘体系正以难以置信的,大至 35 000 mi/s 的速度,离开我们的银河星系而投入黑暗的深渊.或更准确地说,它们是在五万万光年以前已向我们退却,"此刻"它们在哪里,或它们"此刻"是否仍存在,没有人能说清.假设如我们分析宇宙图案成为主观的三维空间与一维的地方时间,则这些星云除了在相片上留下古老微弱的模糊光影外没有客观的存在.它们只有在适当的参考架格上得到物理的真实,而这个架格乃是四维的时空连续区.

在人生在世的短时间内,人们总是以自己为中心,照着自己的感觉把事情分为过去、现在与未来.但除了在他自己感觉的影片上,宇宙——客观的真实世界——并不"出现"而只是存在.它的全部伟大只有宇宙智慧才能包含.但数学家可认为它是一个四维的时空连续区,用记号来表达.时空连续区的了解,是明了普遍相对论以及其关于重力——那个看不见的,但把宇宙维持不散,并决定其形象与大小的力量——的看法的必要条件.

2

在特殊相对论中,爱因斯坦研究了运动现象,并且证明宇宙间似乎没有固定的标准来决定地球的"绝对"运动,或其他任何体系的绝对运动.一个物体的运动只有靠它对于另一物体的改变位置而察觉.例如,我们知道地球是以 20 mi/s 的速度围绕太阳运行,一年四季的变迁说明了这个事实.不过四百年前人们看见太阳在天空中的位置改变,认为太阳是绕地球运行;根据这个假设,古昔的天文学家发展了一个完全实用的天文力学,可以精密地预测一切重要天体现象.他们的假设是很自然的;因为我们不能感觉我们在空中的行动,也从来没有任何物理的试验,证明地球是实际在运行.其他一切行星、恒星、银河星系与宇宙间的运动体系,虽然也在不断地、不息地改变位置,但是它们的运动只能在彼此相对上才能察见.假如宇宙间的一切物体除了一个之外都没有了,那么,无人能说这个留下的物体是静止的状态,或以100 000 mi/s的速度在空中穿射.运动是相对的状态;除非有可作标准的体系来比较,说一个单体的运动是无意义的.

但在特殊相对论发表后不久,爱因斯坦开始考虑是否有一种运动可以称为"绝对"的,只要这个运动的实际效果是在运动体系的本身而可被察觉,不需要别的体系做参考.例如一个观察者在平稳行进的火车中,不能依靠在车中施行的试验来决定火车的动或静.但是假如列车的司机忽然刹车或急掣节汽管,他将由车身发生的颠簸而感到速度的改变.又如当火车转弯时,他的身体将因抵抗方向的改变而向外倾动,因此他可以觉得火车是向某方向改变它的行程.爱因斯坦由此推想假如全宇宙间只有一个物体存在——例如地球——而它忽然不规则地旋转起来,那么,其中的居民将要不舒适地感到它的运动.这个考虑提示非均一运动如某力或加速所造成的,最后说来也许是"绝对".这也就是说空间可做参考的系统,在空然无物的空间,我们可能辨别出绝对运动来.

在主张空间的没有与运动的相对的爱因斯坦看来,这个非均一运动的表面稀有特性,是深切地扰乱不宁的.在特殊相对论中,他有一个简单的前提,说自然律在一切彼此相对均一运动的体系中是一致的.而且以他对于自然界普遍协调信仰心的强盛,他不信任何非均一运动的体系可以成为一个独特显著的体系,在这个体系中自然律要不同些.因此,它为他的普遍相对论的基本前提,他说:不管运动的状态怎样,在一

215

切体系中的自然律是一样的. 他发展这个论题, 成立了一套新的重力定律, 把三百年以来形成人们宇宙图形的观念大部分都推翻了.

爱因斯坦的跳板是牛顿的惯性律, 这个定律如每一名中学生所知道的, "每一物体常继续其静止或在直线上的均一运动的状态, 除非有外力加于其上强迫其改变运动状态". 所以当火车行驶忽然变慢或变快或转弯的时候, 使我们产生特别感觉的就是这个惯性. 我们的身体要继续在直线上均一运动, 而当火车向我们施其反对力时, 这个称为惯性的性质就发生反抗这个力量的倾向. 一列很长的货车开始行驶时, 让火车头喘气与用力的也是这个惯性.

但是这又带给我们另一个考虑. 假如货车是装了货物的, 火车头必定比空车要多用气力或多燃些煤炭. 于是牛顿在他的惯性律之外又加上第二条定律, 说使一个物体加速所需的力量, 依那个物体的质量而定; 假如同样的力量加在不同质量的两个物体时, 那么, 质量小的物体必定比质量大的产生较大的加速度. 这个原理在人生日常经验中没有例外, 从推动一辆婴儿车到发射一枚炮弹, 都是一样的. 这仅仅把掷一个棒球比掷一个炮弹要远些、快些的平常事实, 归纳为原则化而已.

但有一个特殊情形, 似乎运动物体的加速与它的质量并无关系. 棒球与炮弹如让其自由降落, 它们将得到同样的加速度, 这个现象最初是由伽利略发现的; 他用实验证明, 忽略空气阻力, 物体不论其形状及组织是怎样, 同一初速度它们总是以同样的速度落下. 一个棒球和一个毛巾落地的速度不同, 那是因为毛巾所受的空气阻力要大些. 但是有差不多同样形状的物体, 如一个大理石球, 一个棒球与一个炮弹, 它们落地的速度是一样的 (在真空管中毛巾与炮弹将并排地下落). 这个现象似乎违反了牛顿的惯性律. 因为如其某些物体在水平面上被相等的力量推动时, 其运动

216

的速度是一定由它们的质量来决定的,为什么这些同一的物体,不管它们形状大小与质量多少,在垂直线上运动的速度总是一样? 这好像是表示惯性因素只在水平面上才有效.

牛顿用了他的重力定律来解决这个谜,这个定律简单地说,是一个物体吸引另一物体的神秘的力量,与所吸引物体的质量成比例地增加.物体越大,其重力也越强.物体质量越小,其惯性或抵抗行动的倾向越小,且重力也小.物体质量越大,其惯性越大,且重力也大.这样,重力常常是用到恰能胜过物体的惯性为止.这就是一切物体不问其惯性、质量怎样,以同一速度降落的理由.

这个颇为奇怪的偶合——重力与惯力的完全平衡——是作为信仰来接受的,但自牛顿以后三百年来,没有了解或说明过.一切近代机械与工程都是从牛顿的观点产生出来,而各天体也似乎服从他的定律.但爱因斯坦的许多发明是从天生的不信教条得来的,所以他对于牛顿的几个假设也不喜欢.他怀疑重力与惯性力的平衡不过是自然的偶合.他也抛弃重力能经过远距离立刻发生的观念.说地球能以一种力量,神秘地并且一定不易地与其要吸引物体的惯性抵抗力相等,向空间去拉吸物体,在爱因斯坦看来是不大可能的,因此他发明了一个新重力说来代替,这个新重力说,根据实验的表示,对于自然界的描写,比牛顿的古典定律更要准确些.

3

依照他平常创造思想的情形,爱因斯坦用了一个想象的境况做背景.无疑地,许多梦想家已经在他们的不安静的微睡中,或在他们疯狂的妄想的一刹那,臆想过了.他设想一个其高无比的建筑,其中有一升降机正脱离了绳索自由下降.在升降机中正有一群物理学家在进行试验,他们不知升降机的灾难来临,因此也不觉得不安.他们从口袋中掏出一些物件,一支自来水笔,一个铜圆,一串钥匙,撒手让它们降落.但没有那么一回事.自来水笔、铜圆、钥匙,在升降机中的人眼中,好像是悬在空中,不升不降;这是因为它们和升降机与人都按照牛顿的重力定律以完全一样的速度下降的缘故.因为在升降机中的人们还感觉不到他们的处境,他们可能用了一个不同的假设来解释这个特别的事情.他们可以相信有什么魔术让他们失重,事实上使他们悬挂在空洞空间的某处.而且他们很有理由这样相信.假如他们中间的一人离地跳跃,他将依照他跳跃力量的比例,向天花板平滑地浮起.假如他把自来水笔或钥匙向任何方向抛去,它们将匀速向那个方向前进,一直到碰壁为止.每一物体似乎都在服从牛顿的惯性律,继续静止的状态或在一直线上均一运动.升降机已成了一个惯性体系,在升降机中的人们无法知道他们是在重力场中下降,或只是飘浮在空间中,没有任何外力的干涉.

现在爱因斯坦改换他的场面.物理学家仍在升降机中.但此次他们真正在空洞的空间,与任何天体的吸引力都隔离得很远.升降机的顶上有一条铁缆系着;某种超自然的力量开始绞挽这铁缆;于是这升降机以不变的加速度———累进的加快———"向上"运行.在升降机中的人们照旧不知自己的所在,他们照旧施行一点实验来考验自己的境地.此番他们觉得自己的脚是紧紧地蹋在地板上.如其跳跃,他们将飘浮不到房顶去,因为地板也随之上来了.如其手中抛掷东西,物体好像在"下降".如其向水平方向抛掷,物体不会在直线上平均运动,但对地板画一抛物曲线.这样,这些科学家不知他们的无窗升降机正在星座空间中上升,还以为他们是在平常情形下,坐在地球上静止的房间中,受到万有引力的正常影响.他们实在没有方法能够分辨出他们是静止在重力场中,还是以不变的加速度,在没有重力的宇宙外边的空间上升.

　　若是他们的房间是附着在一个巨大的木马回旋机而旋转时,他们将碰到同样的疑难.他们将感觉一个奇怪力量把他们从木马回旋机的中心拉开,而一个在外巧辩的旁观者将立刻指认这个力量就是惯力(或如在旋转情形下所叫的离心力).但在房间内的人们照常不知他们所处的难境,仍旧以为这是重力的作用.因为如其房间里既无东西又无点缀,除了把他们拉向房里一边的力外,没有什么来告诉他们哪边是地板,哪边是房顶.所以在离开的旁观者看来是旋转房间的"外壁"的,在房间里面的人看来就成了"地板"了.我们略为思考,就可知道在空洞的空间中,无所谓"上"或"下".我们在地球上的人所谓"下",仅仅是重力的方向.在日球上的人看来,澳洲、非洲和阿根廷的人都是把脚跟悬挂在南半球的地面上.依照同样的记号,贝尔得海军上将(Admiral Byrd)的飞越南极是一个几何学上的虚构故事;事实上他是从南极底下飞过——上下颠倒.这样,在木马回旋机房间里面的人,将发现他们的一切试验,均得到与他们在"上升"的房间中施行的试验完全相同的结果.他们的脚稳定地站在"地板"上,固体物件均"下落".他们照旧把这些现象归功于重力的作用,并且相信他们自己是静止在重力场中的.

　　通过这些假想的事件,爱因斯坦得出一个理论上极重要的结论.这就是物理学家所知道的重力惯力同等的原则(The Principle of Equivalence of Gravitation and Inertia).这个原则,简单地说,要区分是由惯力(加速、反撞、离心力等)产生的运动还是由重力产生的运动,是不可能的.这个原则的作用,对于任何飞行家都极显然;因为在飞机上没法把由惯力产生的效果与由重力产生的效果分开.泅水时泅出水面的身体感觉,与以高速度旋行一个巉斜的转弯时所产生的感觉是恰恰一样的.在两个场合中都有飞行家所称为"G-load"(重力载量)出现,血液离开脑部,身体贴紧座

219

位. 但在前一场合是重力的作用, 后一场合则是惯力.

这个原则是普遍相对论的基础, 爱因斯坦从它里面找到重力的谜与"绝对"运动问题的答案. 它显示, 说到最后, 非均一运动并没有什么特殊与"绝对"; 因为非均一运动的效果, 我们认为即使孤独地存于空间也能显出物体运动的情形, 事实上和重力的效果没有区别. 如木马回旋机的例子, 在一观察家认为是惯力或离心力的拖引, 即运动的效果的, 在另一个观察家则认为是常见重力的影响. 此外, 任何由改变速度或方向而产生的惯性效果, 都可以认为是重力场的改变或波动. 所以, 相对论的基本前提仍属有效, 即运动不管是均一的或非均一的, 都必须要有一个参考的体系方能决定——绝对运动是没有的.

爱因斯坦用来打倒绝对运动的武器是重力, 但重力又是什么呢? 爱因斯坦的重力和牛顿的重力完全不同. 它不是"力". 在爱因斯坦看来, 物体互相"吸引"的观念, 是一种由错误的机械宇宙观所产生的幻觉. 只要一个人相信宇宙是一个大机械, 他就会相信这个机械的各部分, 彼此间能生出一种力量. 但科学考察真实越深, 越觉得宇宙并不是一个机械. 所以爱因斯坦的重力定律绝不含有力的观念. 它叙述物体在重力场中的行为——例如行星——不用"吸引"的说法, 而只是说它遵循的路径. 牛顿定律的数学用语包含力学的概念, 如"力"与"质", 爱因斯坦定律的数学用语是几何学. 在爱因斯坦看来, 重力不过是惯力的一部分, 恒星和行星的运行起源于它们自有的惯性; 而它们遵循的路径则是由空间的几何学性质来决定——或者更确切些说, 时空连续区的几何学性质.

虽然这个听来好似极其抽象甚至极诡辩的, 但只要一个人除去物体能通过亿万里的空间而起力的作用的观念, 则一切皆极易明白. 这个"通过距离作用"的观念, 自从牛顿时期以来已使科学家感到烦恼. 例如在了解电与磁的现象中, 特别困难. 现时的科学家

220

不再说磁石"吸引"铁片.他们宁愿说磁石在其附近的空间造成一种物理情形叫作磁场;此磁场又作用于铁片,使它在某种可观测的情形下行动.任何初等科学课程的学生都知道磁场是什么样子,它可以用一张硬纸放在一个磁石上,再把铁屑撒在纸上而轻弹之即得(图20).一个磁场与一个电场是物理的真实.它们有一定的结构,而由麦克斯韦的场地公式表示出来,这个公式也就是20世纪一切电机工程及无线电工程发明的前导.重力场也是物理的真实,与电磁场不相上下,它的结构由爱因斯坦的场地公式决定.

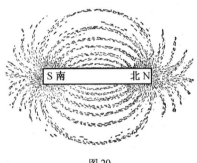

S 南　　　　　北 N

图20

正如麦克斯韦和法拉第假定一个磁石在其附近的空间形成某种性质,爱因斯坦得到一个结论,说星球、月球及其他天体,各个决定其附近空间的几何学性质.又正如一块在磁场中铁片的行动是被磁场的构造所左右,任何在重力场中物体的路径也是被那个场所的几何学性质所决定.牛顿的重力与爱因斯坦的重力不同,曾经有人用一个小孩在城市街道中玩大理石球来做比喻加以说明.街道的地面极其坎坷不平.一个在十层楼上的观察者将看不见地面上的不规则.看见大理石球似乎在避开某些地点同时又滚向某些地点,他将假定一种"力"在那里作用,从某些地点把大理石球推开,同时又把它吸引到某些地点.但在地面上的另一观察者,将立刻察觉到大理石球的路径是简单地被场地的形状所支配的. 在这个小比喻中, 牛顿是楼上的观察者, 想象有一个"力"在作用, 爱因斯坦是地面上的观察者, 他没有理由要一个"力"的假设. 所以爱因斯坦的重力定律, 仅仅是用几何学的术语来叙述时空连续区的场地性质罢了. 分别来说, 定律中的一群表示作用物体的质量与场地结构的关系的, 叫作结构律, 另外一群分析在重力场中运动物体所画的路线, 它们就是运动定律.

不要以为爱因斯坦的重力说只是一个形式的数学设计. 它是建立有深远宇宙意义的假设上的. 这些假设最让人惊奇的是: 宇宙并不是一个坚固的, 不可改变的结构, 有许多独立的物质, 存在于独立的空间与时间中; 相反地, 它是无定形的连续区, 没有固定的结构, 它是可塑的而且不同的, 常常受到改变与易形. 无论何时, 一有物质与运动, 连续区便震动了. 正如鱼在海中游泳就使附近的海水震动一样, 一个星球, 一颗彗星或一群星座在空间行动的时候, 也就改变了空间、时间的几何性.

爱因斯坦的重力定律应用到天文问题上得到的结构, 与牛顿定律所得到的紧密联系. 假如每种情况的结果都能平行切合, 科学家也许愿意保留牛顿定律的熟悉观念, 而认为爱因斯坦的理论是奇怪的, 即使是独创的幻想. 但根据普遍相对论发现了许多奇异的新现象, 而且至少一个古老的疑难是解决了. 这个古老的疑难产生于水星的奇怪行动. 它不像其他行星循着椭圆轨道有规则地运行, 它要偏离轨道, 虽每年偏离度数甚微, 但逐年加剧. 天文学家曾探究每一可能发生这个扰动的因素, 但在牛顿理论的架格内是得不到解决的. 直到爱因斯坦发明了他的重力定律, 这个问题才得到解决. 在所有行星中, 水星与太阳最相近. 它体积小、转速快. 用牛顿定律来说, 这些因素不能解释偏离的原因; 水星行动的力学, 根本上和其他行星是一样的. 但在爱因斯坦定律下, 太阳重力场的强度和水星极大的速度就发生作用,它们使水星的整个椭圆轨道,绕着太阳,迟缓但坚定不移地,以3 000 000年一周的速度左右摆动(图21).这个计算完全与水星轨道的实际观测相符合.这样,爱因斯坦的数学,在处理高速度与强盛重力场上,是比牛顿的要更正确些.

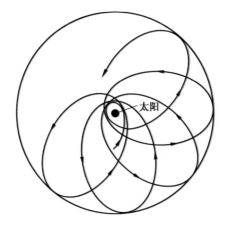

图21 水星椭圆轨道的旋转放大图.此图夸大甚多.事实上每一百年椭圆轨道仅前进周天一度的43″

但比解决古老问题更重要的成就,是爱因斯坦关于一个向未来科学家所梦想不到的新的宇宙现象的预测——重力对于光的影响.

4

使爱因斯坦预言这个现象的思想次第,是从另一个想象的情形开始.仍如以前一样,开场时正有一个升降机以均匀加速度在离开重力场很远的空间上升.此时有一个游荡星座间的铳手忽然朝着这升降机打了一铳.铳弹打中机箱的一面,穿过机箱从另一面的屋壁射出,其位置比打进时壁上的位置略低一点.所以略低的缘故,在升降机外的铳手看来是极明白的.

223

他晓得铳弹遵从牛顿的惯性律循着直线前进;但当它行过两壁距离的时候,升降机已"上升"了一点,因此使第二个弹孔不能恰恰与第一个弹孔相对而稍稍与地板更为接近.但在升降机内的人,并不晓得自己在宇宙的何处,对于这种情形有另外一个解释.他们熟悉炮弹在地面上进行的路线是抛物线,于是简单的结论说他们是静止在重力场中,而穿过升降机箱的铳弹,正对于箱底画了一个完全正常的曲线.

过了一会,当升降机仍在继续上升时,一道光线忽然从机箱一边的开孔穿过.因为光的速度极大,所以光线经过机箱两壁距离的时间将极短.虽然如此,机箱在这段时间也上升了一点距离,因此光线射到机箱的对壁时也必定比射入的位置低一小段距离.设如在机箱内的观察者有极精密的测量仪器,他将能计算光线的曲度.但问题是:他们怎样解释这个现象?他们仍不知道升降机在上升,而以为是静止在一个重力场中.假如他们谨守牛顿的原则,他们将完全迷惑不解,因为他们认定光线是常走直线的.但如果他们熟悉特殊相对论的理论,他们当记得按照 $m = E/c^2$ 公式,能是有质量的.因为光是能的一种形式,他们将推论光是有质量的,因此,光也受重力场的影响.于是得到光线的曲度.

根据这些纯粹理论的考虑,爱因斯坦得到结论说光与其他有质量的物体一样,经过大质量的重力场时,也是走曲线路径的.他提议这个理论可以用在太阳重力场中的星光路径来做考验.因为白昼时不能看见星体,只有当日全食的时候星体与太阳才能同时看见.爱因斯坦于是提议在日食时把挨近太阳黑面的星体用照相仪照下,拿来与另一时间所照的同一星体的相片互相比较.依照他的理论,在太阳附近的星体,其光线经过太阳的重力场必向内曲折,因此,地球上面的人看见这些星体影像,是比它们原来在天空的位置移向外些(图22).爱因斯坦计算了可观察的偏差度数,并且预测与太阳最近的星体其偏差应为1.75″.因为他的普遍相对论整个理论是否正确,要靠这个实验来决定.世界上的科学家都提心吊胆地等待着1919年5月29日日食照相的结果.当他们的相片洗出并加以考查时,发现在太阳重力场中星体光线的偏差平均为1.64″,这个数目与爱因斯坦预测的数目完全密合的程度,是合于仪器的精密度所能允许的范围的.

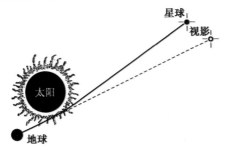

图22 在太阳重力场中星光的回折,因在太阳
　　　附近的星体,其光线经过太阳重力场时
　　　折而向内,它的影响在地球上的观察者
　　　看来却是折而向外,离太阳更远

　　爱因斯坦根据普遍相对论的又一个预测,是与时间有关的.空间的性质怎样受到重力场的影响既已弄明白了,爱因斯坦用了此类但更加深邃的推理,得到一个结论,说时间的距离也随重力场的强弱而变动.一个钟表在太阳里面,应该比在地球上走得略为迟缓一点.一个在太阳中的放射原子也应当比地球上同样的原子发出频率略低的光线.在这种情况下,波长的差别一定是小到不可测度.但宇宙间有比太阳更强的重力场.围绕那个奇怪的星体,我们称为"天狼之伴"的,就是其中的一个——天狼之伴是一颗白色小星,它的密度非常大,1 in³ (1 in=2.45 cm)在地球上可重到1 t.因为它的极大质量,这个非常厉害的小家伙,虽然仅比地球大了三倍,却有一个强大的重力场可以

225

扰乱比它大七十倍的天狼星的运行. 这个有力的重力场, 也能把它自己放射线的频率降低到一个可测量的程度. 真的, 光谱仪测度的结果, 曾经证明天狼之伴所发光线频率的降低, 是恰恰如爱因斯坦所预测的. 这个星光在光谱上波长的移动, 天文学家称为"爱因斯坦效果", 也是普遍相对论另一个有力的证明.

<h1 style="text-align:center">5</h1>

到此处为止, 相对论仅讨论单个重力场的现象. 但宇宙充满着无数的物体——流星、月球、彗星、星云, 更有无数的星体, 依着它们重力场互相连锁的几何, 类聚为球团、云汉、银河以及超银河等体系. 一个人自然要问包括这些漂流物体的时空连续区的最后几何是什么? 用粗浅的语言说, 宇宙的形式和大小是怎样? 一切现代的对于此问题的答案都是直接地或间接地从普遍相对原理得来.

在爱因斯坦以前, 一般想象宇宙是一个物质的岛, 浮沉在无限空间的中心. 这个概念的成立有几个理由. 科学家须得承认宇宙是无限的; 因为一承认空间有尽的话, 他们将立刻遇到一个难答的问题: "那么空间之外又是什么?" 但牛顿定律禁止无限宇宙包含着物质的平均分布的说法, 因为如此则所有一切物质的全体重力, 将扩展至无穷, 而诸天体也将被无穷的光所照耀. 不但如此, 在人类微弱的肉眼看来, 在我们的天河边缘之外, 空间的灯火似乎越来越少, 最后稀薄到仅像无底深渊边际的孤立灯塔. 但岛宇宙的说法也有困难. 在这样的宇宙中间, 物质的量比起无穷的空间是那样的小, 支配星河的动力将不可避免地使它们分散得像云层中的小雨点, 而宇宙将成为完全空洞的东西.

在爱因斯坦看来, 这个分散及消失的想象都是极不满意的. 他断定根本的困难在于人们自然的但无理由的假定, 说天空的几何与他的感觉在地球上发明的几何是一样的.例如我们确然假定,两条平行光线在空间旅行将永远不能相遇,因为在欧几里得几何学的无限平面上,两条平行线是不能相交的.我们也觉得在天空中与在地球场中一样,直线是两点间最短的距离.但欧几里得从来不曾证明过直线是两点间最短的距离;他仅任意地规定直线是两点间最短的距离而已.

爱因斯坦于是质问:人们用欧几里得几何来描写宇宙,不会是被他的有限度的感觉所欺骗的吧? 从前曾有一段时间人们相信地球是扁平的.现时他知道地球是圆球形,而且地球上两点的最短距离,例如纽约与伦敦,并不是经过大西洋的一条直线,而是向北经过加拿大东部的新斯科舍(Nova Scotia)、纽芬兰与冰岛共和国的"大圆".从地球表面来说,欧几里得几何学是无效的.以赤道上的两点为底,北极为顶,在地球面上画一个大三角形,将不适合欧几里得的定理,说三角形的各内角之和等于两直角和或180°.它将比180°大,只要一看地球平面图便可明白(图23).假如有人在地球面上画一极大的圆,他将发现圆周与直径的比,将比常识中的圆周率(π)小.这些与欧几里得差离的原因,是因为地球的曲度.虽然目前没有人疑惑地球的曲度,但人们也不是飞出天外观察地球来发现这个事实.地球的曲度,可以用适当的数学解释极易看到的事实,在地面上很容易计算出来.同样,爱因斯坦用了综合天文学上事实与推演的方法,得到结论,说宇宙不像一般科学家所想象的那样,既不是无限的,也不是欧几里得式的,它是到现在为止人们所意想不到的一个东西.

上面曾说过欧几里得几何在重力场中不适用.光线在重力场中不走直线,因为这个力场的几何学根本就没有直线;在重力场中光线能走的最短路线是一个曲线或大圆,这是被力场的几何结构所决定的.因为一个重力场的几何结构,是由重力物体——恒星、卫

227

图 23

星或行星——的质量与速度来决定形式,从而我们可以说,整个宇宙的几何结构是由它的内在物质的总量来决定形式的.在宇宙中间,每一个物质的集中,时空连续区即有一个相当的扭曲.每一个天体、一个星河都在时间、空间发生地方性的不规则,恰如海岛附近的潮水一样.物质的集中越大,时空的曲度也越大.全体功效就是整个时空连续区的包括一切的曲度:宇宙间一切不可计数的物质造成连合的扭曲,使连续区折回到自己,从而形成一个大而合拢的宇宙曲线.

这样,爱因斯坦的宇宙是非欧几里得的与有限的.地球上的人类看一条光线好像是循着直线走向无穷,正如一条蚯蚓向前"直"行不停,它所看见的地球一定也是平而无穷的.人类对于宇宙的印象以为是欧几里得式的,正如蚯蚓对于地球的印象一样,是为他的有限感觉所给予.在爱因斯坦宇宙里,没有直线,只有大圆.空间虽有限,但是无界的;一个数学家可以拿球体表面的四进类似体来叙述它的几何性质.用已故英国物理学家金斯爵士的话来说,较易了解.他说:"用简单与常见的东西来做比喻,一个肥皂泡表面上

228

带着凝聚的质点,大约是代表相对论所表示的新宇宙最好的东西.这宇宙不是肥皂泡的里面,而是它的表面,而且我们必须时时记住,肥皂泡的表面只有二维,宇宙泡的表面则有四维——空间的三维与时间的一维.吹成这个泡的东西——肥皂沫——就是空洞的空间与空洞的时间的混合体."

同许多现代科学的概念一样,爱因斯坦的有限的球状的宇宙,不能用肉眼去观察,正与一个光子或一个电子不能肉眼看见一样.但如光子、电子一样,它的性质可用数学方法来叙述.应用现代天文学所有最好的数值于爱因斯坦的场地公式,我们可以算出宇宙的大小.但要决定宇宙的半径,我们必须先知道它的曲度.因为如爱因斯坦所表示,空间的几何或曲度,是由所包含的物质来决定的,所以宇宙问题只有得到宇宙内物质平均密度的数值才能解决.

幸而这个数值是现有的,因为威尔逊山天文台(Mt. Wilson Observatory)的台员哈柏(Edwin Hubble)曾用了多年的精力,一心一意地研究了天空中一些试验区域,算出了包含在其中的平均物质数量.他的结论是:就宇宙全部来说,每一立方厘米的空间中,含有0.000 000 000 000 000 000 000 000 001 cm物质.应用这个数目到爱因斯坦的力场公式,我们得到一个宇宙曲度的正值,它又显示宇宙的半径是35亿光年或210 000 000 000 000 000 000 000 mi.爱因斯坦的宇宙虽然不是无限的,但也有足够大的空间去包容亿万星河,每一星河又包含千百万个发光的恒星,无量数的稀薄气体,与冷却了的铁、石及宇宙灰尘的体系.在这个宇宙中,一束日光以每秒钟186 000 mi的速度射过空间,将画一个宇宙大圆,经过比2 000亿地球年略多的时间回到出发的地点.

6

不过在爱因斯坦发展他的宇宙论的时候,他还不知道一个奇怪的天文现象,这是几年后才解释出来的.他假定星体与星河的运动是漫无规则的,如像气体中的分子无目的地飘荡着一样.因为在它们的飘荡中找不出任何统一的步调,他就不去管它们而认为宇宙是静止的.但天文学家慢慢地觉察到,在我们望远镜能看到的最远限度的一些星河,也有系统运动的迹象.所有这些外缘的星河或"岛宇宙",看起来好像是从我们的太阳系退走,并且从它们相互间退走.这些遥远星河——最远的约有5亿光年距离——有组织的分散,与较近的重力系统的缓慢旋转,完全是两件事.因为这样一个有系统的运动必对于整个的宇宙曲度是有影响的.

所以宇宙并非静止的;它是在扩大,与肥皂泡或气球的扩大大致相像.但这个比喻并不十分确切,因为假如我们想象宇宙是一种有斑点的气球——斑点代表物质——那么,宇宙扩大时斑点也必同时扩大.但这是不可能的,因为如果斑点也扩大,我们将不能区分宇宙的扩大,正如《爱丽斯梦游奇境记》所说的,当她的环境随着她而扩大或缩小时,她将察觉不到自己忽然改变的高矮.所以宇宙学家罗宾生(H. P. Robertson)曾说,在想象宇宙是一个有斑点的气球时,我们必须想象斑点是一些没有弹性的小块粘着在表面上,有质的物体保持着它的大小,而在它们中间的空间则向外扩大,正如气球的橡皮在斑点中间扩大一样.

这个非常现象,大大地把宇宙论弄复杂了.如其光谱分析所表示的外缘星河的退走是正确的话(大部分的天文学家认为它是正确的),那么,它们跑入深渊边缘的速度是令人难以置信的.它们的速度似乎随着距离增加.虽离我们约一百万光年较近的星河,其旅行速度仅仅每秒钟可行 100 mi,离我们 250 百万光年的星河,其速度即大到每秒钟可行 25 000 mi,差不多等于光速的七分之一.因为所有这些遥远的星河,都对着我们,对着它们相互间退走分散,我们必须归结说,在某一宇宙的时期,它们必定是在一个原始热烈的质体下挤成一团.而且如其空间的几何形式是由它的物质内容来决定,那么,这个前星河时期的宇宙,必定是一个很不舒服且拥挤的容器,这具有过分的曲度及包含着有不可想象的密度的物质等特性.用退走星河的速度作根据来计算,知道它们必定是大约2 000百万年以前就开始分离,从瘪缩宇宙的"中心"飞散.

天文学家及宇宙学家曾提出几种理论来解释这个宇宙扩大的谜.一个是宇宙学家勒玛托(Abbé Le Maitre)所提议的,说宇宙的原始起于一个巨大初始的原子,这个原子的爆裂使宇宙的扩张成功了,即我们现在所察觉到的.另外一个是托尔曼(R. C. Tolman)所提出的,说眼前的扩张也许是暂时的情形,它可能在将来的某宇宙时期中来一个收缩的时期.在托尔曼的想象中,宇宙是一个有脉动性的气体,它的扩张与收缩,此起彼落,如环无端,永久这样.这些起落的圆圈受着宇宙中物质数量改变的管制;因为按照爱因斯坦的说法,宇宙的曲度是随着它的物质含量而定的.托尔曼的理论有一个困难,就是它假定在宇宙的某处有物质在生成.宇宙中物质的数量在不断地改变虽然是实在的,但改变只朝着一个方向——向着消灭.一切宇宙的现象,可见的与不可见的,原子内的与外缘空间的,都表示宇宙间的质与能像蒸汽一样,不可挽回地消散于无何有之乡.太阳虽是缓慢地,但确实地燃烧去了,星体是一些将尽的烬余,宇宙中任何地方热在变冷,物质成为放射,而能量常常是分散在空洞的空间.

宇宙是这样走向最后的"热终",或用专门的词语来说,走向"极大熵"的情形,亿万年之后宇宙到了这种情形的时候,一切自然界程序皆将停止.一切空间的温度将皆是同样.因为一切能量将平均地分布于全宇宙,故没有可用的能量.无光,无生命,无热——除了永久与不可变易的停滞外,没有什么东西.因为自然律——特别是那个决定命运的原则,现在所称为热力第二律的——告诉我们,自然界的根本程序是不能翻回的.自然的道路仅有一条.但托尔曼主张在人类的狭隘眼界以外,在某些地方,不知什么理由,宇宙可能又在那里再造自己.依爱因斯坦的质能常等的原则来说,我们可想象分布在空间的放射线复又凝聚成为细微质点——电子、原子、分子——这些又合并为较大的单位,这些单位复靠了它们自己的重力影响,聚集为分散的星云、星体,最后成星河体系.这样,宇宙的生命圈可以重复到无穷尽.

这样一个长生起伏的宇宙观念是适意的,因为人总觉得湮没是不愉快的心情,不管它是怎么远.但托尔曼的理论还不曾被一般接受,因为没有支持它的证据.有时候,曾有人猜想天外经常攻击地球的神秘的宇宙线,可能是原子创造的副产物.但另一个理论说它们是原子毁灭的副产物,较为有据些.的确,在无生的自然界里,没有东西可以解释为创造的程序.一切事件都表示宇宙正不可挽回地走向最后的黑暗与毁灭,而且越来越快.

但这种看法也有它的酬偿.如果假如宇宙是走向毁灭而且它的过程只有一个方向,那么,由此得到一个不可避免的结论,就是什么时候,不知什么理由,发生了这个过程,使宇宙存在.而凡科学知识界限内外所发现的大部端绪,都暗示一个确定的创造时期.铀素以不变的速度放射它的原子核能,同时又不见有天然方法创造铀素,就表示所有地球上的铀素必定在某一特别时间存在.星体内的不可控制的电磁力把物质变成放射能的速度,使天文学家可以相当准确地去计算星体生命的发生.所以一切征象指示宇宙最后毁灭,也同样确切指示它的起始.而且即使我们接受托尔曼的永久起伏的宇宙观,宇宙原始的秘密仍然存在.这个理论仅把创造时期推到无穷远的过去而已.

7

宇宙论者平常对于最初原始的问题保持缄默,他们宁可让哲学家和神学家去讨论.但是在现代科学家中间,只有最纯粹的经验论者才对于关系物质真实的神秘表示淡漠.爱因斯坦科学的哲学,曾被批评为偏于唯物的,曾有如下的说话:

我们所能感觉的最美丽、最深奥的情感就是神秘这种感觉.它是一切真科学的播种者.一个人对于这种情感有如陌生,不能对自然的神妙产生惊奇与狂喜,他就与死人无异了.知道我们所不能了解的东西实际存在,它以最高的智慧与最光彩的美丽表现出来,而我们愚钝的感官仅能感到它们最粗浅的形式——这个知识,这个感觉,是真正信仰的中心.

在另一场合,他公开地说:"宇宙的宗教性的经验,是最强盛,最高出的科学研究的泉源."许多科学家说到宇宙的神秘,它的巨力的起源时,倾向于避免用"神"这个字.但爱因斯坦是被称为无神论者的,他没有这种顾忌.他说:"我的宗教就是对于这个无限优越神灵的谦逊佩服,这个神灵即表现于我们的脆弱心灵所能发现的一些微底细内.对于这个优越理性的力量表现于神秘宇宙的,在情绪上深切地感到其存在,即我的神的观念."

就科学方面说,目前有两条道路可望引导接近于物质的真实.一条是帕洛玛山的新大望远镜,它可以把人类的眼光投射到三十年前天文学家所梦想不到的更遥远的时空深处.到现在为止,望远镜的最远视线仅能达到距离 5 万光年的朦胧匆忙的星河.但帕洛玛山的 200 in 反射镜可以将视程增加一倍,使人们看见其他的东西.也许它仅仅发现新的一致的空间海,与新的亿万远星河,它们的古光在地球年代的亿万年以前即已投向地上.但它可发现别的东西——物质密度的变易或宇宙曲度的可见征象,根据它,我们可以精确地计算所在的宇宙大小.

　　另外一条得到这个知识的道路,可能是由爱因斯坦工作了二十多年的统一场论来开辟.目前人类知识外界是被相对论所决定,其内界则决定于量子论.相对论形成了我们关于空间、时间、重力以及太远、太巨难于感觉的真实的一切观念.量子论形成了我们关于原子、质与能的基本单位以及太渺茫、太微小难于感觉的真实的一切观念.而这两个伟大的科学体系是成立在完全不同而且无关的两个理论基础上的.爱因斯坦的统一场论的用意,是要在两者之间造一座桥梁.他相信自然界是一致与协调的,因此希望发明一个自然律的大建筑可以同时笼罩原子的现象与外缘空间的现象.正如相对论把重力综结到时空连续区的几何特殊性一样,统一场论也可以把电磁力——另一个无所不在的巨力——综结到同等的格式.因为能有质,质即凝聚的能,故质可简单地认为是场的集中.

　　于是质与场的区别也将不见了;重力与电磁力的分别也将不见了;而质与重力、电磁力将通通成为时空连续区的拗曲,那就是宇宙.

　　统一场论的完成,将结束科学向统一观念进行的长征.因为一切人类对于世界的感想,一切人类关于真实的抽象观念——质、能、力、空、时——均将合而为一.但是人们仍可问,科学尽管坚定它的一切根据,尽管增加叙述的精确,它是把人们引到真实或离开真实?科学在努力透过人类感觉的限度时,它日复一日地倾向于用算计的名词来解释真实了.

　　读之颇有些霍金《时间简史》之风,偌大篇幅没有一个公式也似乎讲清楚了.

　　下面介绍一下本书的作者尼克·埃文斯.

　　1993 年,尼克在南安普顿大学完成了他的对撞机现象学博士学位.他在美国耶鲁大学和波士顿大学进行了早期的研究工作,1999 年回到南安普顿并获得英国政府的 5 年奖学金.他的工作重点是强相互作用的粒子系统,包括复合希格斯模型,他在研究强核力和质量产生机制方面发挥了很大作用.他的大部分工作都集中在真空的结构上,他现在是南安普顿大学的教授和物理科学与工程研究生院的主任.

量子力学及狭义相对论对出版界而言既小又大.说它小是因为它是小众读物.说它大是因为在出版领域它已经是一个大IP了.

以最近出版的一本《Einstein 也犯错》为例,李军刚先生的书评是这样写的:

当我刚看到这本书的英文版时,我觉得作者一定是拿爱因斯坦的"错误"做噱头,但我还是不小心着了他的道.读了英文版之后我深为作者的文笔所动,故事也讲得极好.当一个被大家认可的理论放在我们面前时,我们总有去认识它、了解它的欲望,但是这种欲望却经常被一些困难所阻断.广义相对论就是这样的一种理论.读懂广义相对论最大的困难在于,非专业人士缺少相应的知识储备,而这些知识储备又不是一下子就能掌握得了的,因此就需要懂得理论而又善于讲故事的人来重新整理出一个深入浅出的入门介绍.该书极好地完成了这个任务,让我们能够在一定程度上了解广义相对论的核心内涵.不得不说,戴维·博达尼斯的确是一个讲故事的高手,为我们提供了一部引人入胜且史料丰富的作品.

爱因斯坦之所以成为爱因斯坦,天分之外,起决定作用的就是他所成长的环境了.是什么样的环境造就了伟大的爱因斯坦呢?这需要追溯到爱因斯坦的童年时期.爱因斯坦的整个家庭深受启蒙思想的影响,他们对"自由探索、科学以及可以通过研究外部世界来获得智慧的信念"深信不疑.童年时,小爱因斯坦的叔叔和父亲合开了一个公司,为慕尼黑提供电力."当爱因斯坦长到理解力足够强的时候,他的父亲、叔叔以及他们的长期房客开始向他解释电动机如何运作、灯泡如何工作."科技氛围浓厚使小爱因斯坦对新鲜的知识非常敏感.另一方面,温馨的家庭氛围给了爱因斯坦一个自由的童年,整个家庭的观念从宗教信仰向世俗主义的过渡,又给小爱因斯坦埋下了质疑权威的种子.这些特点配合爱因斯坦自身"驴子一样坚持到底的脾气"就其成为"爱因斯坦"的关键.坚持不懈让他在困难重重时绝不放弃,质疑权威让他敢于挑战旧有的范式.这些都在其"维多利亚时代的童年"时期就有了清楚的表现.

特立独行的爱因斯坦不是一个安分守己的学生,对权威的质疑让他对当时的课程失去了兴趣,开始逃了许多的课.也许这给了我们一些同学一个逃课的理由.但是我们还得看一看不去上课的时候他去干了什么."他自学了亥姆霍兹、玻尔兹曼和当时其他的物理学界大师级人物的著作",这才是重点!

20世纪初,量子理论飞速发展,爱因斯坦在为量子力学奠定了根基之后,转向了大统一理论,这使他远离了当时的"前沿热点",进入了"冷门"的研究方向.以至于老朋友玻尔都恳求他听点儿劝:"他们知道如果爱因斯坦能够接受新一代物理学家的新发现——正确的新发现的话,他超常的智慧会再一次改变世界."在这一点上,玻尔说得没错.但是如果你因此就认为爱因斯坦反对量子力学,那你就错了.正如耶鲁大学的山卡教授所说的:"当你听说爱因斯坦不喜欢量子力学时,不要以为他不能够处理量子力学问题,他只是对问题本身有异议.他只是不喜欢其中的概率解释,但让他推测发生了什么却毫无问题.""我们普通人说'我不喜欢那个笑话',可能有两个原因:他(她)并不懂这个笑话,或者懂得笑话的意思但不觉得有趣.爱因斯坦之于量子力学正是后者."这一点对我们的一些年轻学子很有教育意义.经常听到有同学说我不喜欢某某课程!"为什么呢?""太难了."天才不喜欢一个理论,一定不是这样的.

　　至于出版本书的理由很简单:有意义. 高等教育出版社最近也出版了一本好书《Gromov 的数学世界》. 其主编在推荐序中写道:思想和想法比有形的物质更重要,但是只有将思想和想法清楚地表达出来、写下来、印刷出来,它们才能成为永恒,这就是出版的意义.

刘培杰

2020 年 9 月 24 日

于哈工大

连续介质力学中的
非线性问题（英文）

埃里克·赖斯纳
威廉·普拉格
J.J.斯托克 主编

编辑手记

蔡元培先生曾说："大学宗旨，凡治哲学、文学、应用科学者，都要从纯粹科学入手；治纯粹科学者，都要从数学入手，所以各系秩序，列数学系为第一系."

本书是一部引进版的应用数学论文集，此次出版为英文原版影印版. 待出版后视市场的反映情况再考虑是否出中文版.

本书中相当大的比重是关于流体力学的，它也是应用数学的重要研究领域. 早在1904年Ludwig Prandtl在海德堡的第三届国际数学家大会上做了一个引起轰动的报告"论黏性很小的流体运动"，此学科便成立了.

据美国应用数学特别委员会编委会主席：埃里克·赖斯纳介绍，本卷收集了在美国数学学会第一届应用数学专题研讨会上发表的论文. 该专题研讨会于1947年8月2日至8月4日在布朗大学举行，其主题是"连续介质力学中的非线性问题". 本卷的内容分为两组，一组与流体和空气动力学领域有关，另一组与弹性和塑性领域有关. 决定以本书的形式发表第一届应用数学研讨会的会议记录的时间，与研讨会的召开时间非常接近. 因此，有几篇论文已经在其他期刊文献上发表了，对于这些在其他地方全文发表的论文，作者提供了相当全面的摘要. 由威廉·普拉格，斯托克和下述人员组成的编委会很高兴地完成了汇编第一届应用数学研讨会论文集的任务. 我们认为这本书很好地

238

表达了美国人对应用数学的兴趣,尤其是对美国数学学会的兴趣.

Prandtl 在他的报告中指出:当物体在流体中运动时,在物体表面处的一个薄层,即所谓边界层中,会产生巨大的能量损失.由此,他开辟了一条理解工程上重要流动过程的道路,同时也是理论上可以遵循并将由此得到的认知在实际中应用的道路.这个报告标志着现代流动理论的诞生.

最经典的学科是流体力学.流体力学科研周期长、手段繁琐,投入产出比仅为其他领域平均值的 $\frac{1}{40}$.科学家对类似流体力学的研究很难推动.法国在该领域的表现可圈可点,从 Pascal 到 Laplace,从气动声学再到湍流燃烧,法兰西无一不占尽优势.时至今日,在流体力学界最具呼风唤雨能力的泰斗,仍然是来自巴黎综合理工大学的 Quére 教授.正是因为能投入流体力学这种产出比最低的学科领域,支撑起了法兰西海陆空三大支柱产业.

连续介质力学在我国有许多优秀的研究人员,其中也有好几位院士.如力学家白以龙院士.他 1940 年 12 月 22 日生于云南祥云(原籍天津).他 1963 年毕业于中国科学技术大学近代力学系,中国科学院力学研究所研究员,兼任中国力学学会理事长,《中国科学》副主编.他 1991 年当选为中国科学院院士(学部委员).

他就是主要从事爆炸力学和非线性连续介质力学的研究.20 世纪 80 年代初,突破当时国际惯用的最大应力经验描述,建立了热塑剪切模型方程及变形局部化演化的一系列新结论,被国际一些著名实验室证实和文献引用,一些文献称其为"白模型""白判据".根据变形局部化的分析,提出延性极限的不稳定性机理,阐明了长期未能解释的变形极限图.针对真实材料受载产生大量微损伤的问题,建立了亚微秒应力脉冲技术,提出了统计细观损伤力学和演化诱致突变的理论.

白以龙先生是力学家,他还是已故著名数学家柯召院士的女婿.十年前为了重版柯召先生的几部著作,笔者曾带几位编辑拜访过白以龙先生的夫人柯孚久女士.

在《院士思维》(第一卷·中国科学院院士卷)(卢嘉锡等主

239

编,安徽教育出版社,2003)中,白以龙院士谈了他科研的一些想法,还介绍了 von Kármán 发现涡街的故事.

1964 年春,我进入中国科学院做研究生,不久就听到一种治学方法,叫作"既要会做,又要会猜". 据说,要想在科学尖端做出超越现有的新的东西,就得学会这套办法. 又说,只会做不会猜,是瞎写真算,没有方向地在地上乱爬行;只会猜不会做,则会是一时聪明,最后落得一场空. 当时觉得这种观点十分新鲜,仔细询问,虽然不知其详,源于何人何时何地,原话究竟如何,但据说是从 Prandtl, von Kármán 等人传下来的一种研究方法. 回想自己长期在学校里学到的,大都是如何"做"的方法,如理论方程、公式推导、计算方法、实验技能,等等,而针对实际问题去"做"的并不多. 至于"猜"的本事,则几乎没有学过,而且一般来说,做作业和考试是不允许"猜"的. 所以,当然更不会又要猜又要做了. 这也使我回想起上学时听到的两种治学方法的争论. 胡适提倡要"大胆假设,小心求证",20 世纪 50 年代被批判. 于是,郭沫若提议要"小心假设,大胆反证". 其实,两种方法都强调了"假设"(猜)和"证"(做)两个环节,但是在提法上和分寸把握上则有所不同. 不久,又读到"聪明的唯心主义比愚蠢的唯物主义更接近聪明的唯物主义的论述"(列宁语),更觉得如何恰当地把握"猜"和"做",可能是治学和研究有成与无成的一个关键. 因此,我开始注意科学界,特别是力学界前辈科学家们在实际研究中是如何猜和如何做的.

有一次,听到 von Kármán 发现涡街的故事. 故事是讲一位博士生研究水流中的圆柱表面的压力,他测出的压力总是波动不已,于是用了傻劲,将圆柱磨得滚圆,将水槽精磨固定. 但是,圆柱总是晃动,该生很失望. von Kármán 终于停下来观察和思考. 然后,他猜想,如果水流绕过圆柱后不对称,上下两个水涡的位置就会不同,经过仔细的"做"——力学和数学分析、求解,再实验,终于发现了"Kármán 涡街". 这个故事成了我们研究生们经常议论的话题.

本书是美国数学学会《应用数学研讨会论文集》的第一卷,书名可译为《连续介质力学中的非线性问题》. 据美国应用数学特别委员会主席 John L. Synge 介绍说:

> 1946 年,美国数学学会的一些成员注意到这样一个事实,即应用数学在该学会的活动中所占的比例与其学科本身的重要性不成正比. 由此,美国数学学会成立了应用数学特别委员会,对应用数学的相关进展进行调查和报告. 根据该特别委员会的报告,1946 年 12 月,Richard 教授,G. C. Evans 教授,John von Neumann 教授,William Prager 教授,Warren Weaver 博士等组成了该委员会. 该委员会的一般职能是鼓励应用数学领域的相关活动,而其特别的职责是组织年度应用数学专题讨论会. 人们希望隶属于美国数学学会的应用数学家能在这样的研讨会上寻求物理学家、工程师和其他对数学感兴趣的人的合作,尽管这些人可能隶属于其他组织.
>
> 布朗大学原本计划在 1947 年夏天举行一次座谈会,应用数学特别委员会邀请布朗大学在普罗维登斯举行美国数学学会第一届应用数学专题研讨会,布朗大学很高兴地接受了这次邀请. 组织这次会议的大部分工作都由 Prager 教授负责,他也很好地完成了这份工作.
>
> 人们相信,应用数学专题研讨会将在使专业数学家与其他领域(纯学术和工业领域)的数学工作者更好的接触方面发挥重要作用. 为了进一步达到这一目的,最好的做法是,虽然每一个专题研讨会会把注意力集中在应用数学的一个相当有限的领域上,但整个系列在选择主题时应尽可能地显示出多样性. 鉴于计划中的序列是无限的,我们不妨在一段时间内充分了解应

用数学的各个阶段的内容.

本书的内容相当丰富,涉及流体力学的几乎所有专题.从目录中我们即可看到.

流体力学

具有自由边界的流体运动理论中的非线性问题(Alexander Weinstein)

可压缩流体理论中的操作方法(Stefan Bergman)

二维气体动力学中的存在定理(Lipman Bers)

自由边界理论的最新发展(Garrett Birkhoff)

圆柱炸药爆炸波传播理论(Stuart R. Brinkley, Jr., John G. Kirkwood)

压缩气体三维稳态超音速流动的特征方法(N. Coburn, C. L. Dolph)

湍流问题的数值解(Howard W. Emmons)

跨音速流的稳定性(Y. H. Kuo)

层流边界层在可压缩流体中的稳定性(Lester Lees)

湍流谱摘要(C. C. Lin)

二维可压缩流(I. Opatowski)

矢端曲线平面中的多边形逼近方法(H. Poritsky)

偏航圆柱体的边界层(W. R. Sears)

冲击波现象:冲击波在气体中的相互作用(H. Polachek, R. J. Seeger)

浅水中的波浪破碎(J. J. Stoker)

完美可压缩流的哈密尔顿法则(A. H. Taub)

弹性和塑性

弹性理论的基础(F. D. Murnaghan)

动态结构稳定性(G. F. Carrier)

应变硬化材料的应力-应变关系:讨论和建议的实

验(D. C. Drucker)

大挠度弯曲和屈曲中的边缘效应(K. O. Friedrichs)

解决非线性压缩的问题的数值方法(Wilfred Kaplan)

矩形板大挠度理论(Samuel Levy)

塑性理论中的不连续解(William Prager)

圆板的有限挠度(Eric Reissner)

其中有关湍流问题的论文有两篇.湍流问题是物理学也是数学中的一个超级难题,清华大学的前任校长周培源先生是湍流问题的专家,湍流问题所蕴涵的数学理论也是数学家们所感兴趣的.

据微信公众号"哆嗒数学网"2020 年 5 月 27 日上一篇源自马里兰大学计算机数学与自然科学学院(翻译作者:凝聚态小土豆,哆嗒数学网翻译组成员)的文章介绍,马里兰大学的数学家们为先前不确定的物理定律提供了数学解释,给出了关于湍流的核心定律的第一个数学证明,并揭示了该定律的适用范围.

工程师们可不可以直接用数学方程设计出更好的喷气式飞机,从而大大减少对实验测试的需求量? 天气预测模型可不可以精确预测海洋热量转化为飓风的细节过程? 从目前来看这些构想暂时难以实现,但随着我们对湍流机理的越来越完备的数学解释,这些构想将在未来成为可能.

马里兰大学的数学家 Jacob Bedrossian, Samuel Punshon-Smith 以及 Alex Blumenthal 首次提出了严格的数学证明来解释湍流的基本定律——Batchelor 定律. 该定律的数学证明过程于 2019 年 12 月 12 日在英国工业与应用数学学会(Society for Industrial and Applied Mathematics)的一次会议上公布.

虽然所有的物理定律都可以用数学方程来描述,但许多定律并没有详细的数学证明来解释定律背后的基础原理. 而湍流无疑是非常难以得到严格数学解释的物理领域. 从海浪、翻滚的云层和高速行驶的车辆后面的尾流可以看出,湍流是流体(包括空气和水)的无序运动,包括压力与速度的看似随机的变动.

湍流是描述流体流动的 N-S 方程如此难以求解的原因,曾经有人悬赏百万美元奖励能用数学方法充分解释湍流的人. 要理解流体流动,科学家必须首先理解湍流.

UMD 的数学教授、该证明的合著者之一 Jacob Bedrossian 说:"如果一个给定的物理定律是正确的,那么观测对应的物理系统并从数学上理解它应该是可能的." "我们相信,我们的证据为理解为什么 Batchelor 定律,也就是关于湍流的一个关键定律,在某种程度上是正确的提供了基础,而迄今为止的理论物理工作还没有做到这一点." 这项工作可以帮助解释在湍流实验中观测到的一些变化,并预测可以适用和不适用 Batchelor 定律的情况.

自 1959 年引入 Batchelor 定律以来,物理学家们一直在争论这条定律的有效性和适用范围. Batchelor 定律有助于解释化学浓度和温度变化如何在流体中分布. 例如,把奶油搅拌到咖啡中会产生一个大漩涡,上面会有小漩涡分支,甚至更小的漩涡也会分支. 随着奶油与咖啡的逐渐混合,漩涡越来越小,每一层的细节也在变化. Batchelor 定律预测了不同尺度下漩涡的动力学细节.

该定律在以下几个方面得到验证:化学物质在溶液中的混合过程,流入海洋的河水与盐水的混合过程,流入北方的湾流温水与较冷的水的混合过程. 学者们围绕这一重要定律的解释,已经发表了多篇重要工作,包括著名的大学教授 Thomas Antonsen 与 Edward Ott 在 UMD 的工作. 然而,对于 Batchelor 定律的完整数学证明仍然是难以摸透的.

未涉入这项研究的明尼苏达大学数学教授 Vladimir Sverak 说,在 Bedrossian 教授和他的合著者的研究之前,Batchelor 定律只是一个猜想. 相关实验数据的支持,可以帮助人们推测定律的成立条件. 而该定律的数学证明可以看作是在理想条件下的一致性检验,并且可以让我们更好地了解流体中到底发生了什么,从而启发未来研究的发展方向.

"我们不确定这是否可行,"Bedrossian 说,他同时还在 UMD 的科学计算和数学建模中心工作. "普适的湍流定律被认为过于复杂,无法用数学方法来解释. 但是我们能够通过结合多个领域的专业知识来解决这个问题."

作为偏微分方程方面的专家,Bedrossian 聘请了两名 UMD 的博士后研究员来帮助他解决这个问题. Samuel Punshon-Smith (17 岁,博士,主攻方向为应用数学统计与科学计算),现在是布朗大学的 Prager 助理教授,是概率统计方面的专家. Alex Blumenthal 是动力学系统和遍历理论(数学的一个分支,包括众所周知的混沌理论)的专家. 研究者专长的四个不同的数学领域在其他方面很少相互影响到这个程度,但在这个问题上是必需的.

Sverak 说:"解决这一问题的方法确实富有创造性和创新性,甚至可能比证明本身更重要. Bedrossian 教授和他的合著者的论文中的观点很可能在未来的研究中起到很大的作用. "

该团队在这个问题上的研究达到了新的水平,为提出数学证明来解释其他未经证实的湍流定律奠定了重要基础.

Bedrossian 说:"如果这个证明就是我们能达到的全部成就,也可以确定我们实现了一部分研究目标. 但我希望这仅仅是一个开端,从此以后我们可以明确地宣称'是,我们可以证明湍流的普遍性定律,并且它们并不超出数学的范畴'. 现在我们对如何用数学来研究这些问题有了更清晰的理解,我们正在努力构建研究这些定律所需的数学工具. "

了解更多湍流定律背后的物理原理,最终可能有助于工程师和物理学家设计更好的交通工具、风力涡轮机和类似的技术,或做出更好的天气和气候预测.

我国现在的力学家中也有几位是专门从事湍流问题研究的专家,比如力学家周恒,1929 年 11 月 21 日生于上海(祖籍福建浦城). 他 1950 年毕业于北洋大学水利系,毕业后留校至今. 他曾任天津大学力学系主任,研究生院副院长、院长等职;曾兼任中国力学学会副理事长,《中国科学》《科学通报》编委,《力学学报》副主编,《应用数学和力学》常务编委,亚洲流体力学会议副主席;现任天津大学力学系教授,中国科学院 LNM 开放实验室和国家湍流重点实验室学术委员会副主任. 他 1993 年当选为中国科学院院士. 他主要从事力学的教育与研究,证明了 Orr-Sommerfeld 方程的展开定理,从根本上改进了流动稳定性的弱非线性理论,对剪切湍流的相干结构的研究提出了理论模型,将弱非线性理论与能量法结合研究了非平行剪切流的问题,解决了二自由度气体动压轴承陀螺马达的自激振荡问题,发表学术论文三十余篇.

周恒院士对于如何选择科研方向有自己独到的见解与判断. 他说:

> 我一度曾经想把最优控制理论用于研究火箭入轨的最优控制问题,刚刚做了一点工作,在一次会上钱学森先生指出这类理论假设的条件脱离实际,不可能实际应用,于是我就放弃了这个题目. 后来有一位比我更年轻的同志找到我谈这类问题,我就把我理解的钱先生的意见告诉了他,劝他不要再在这上面费力气. 但是多年以后,我发现这位同志仍在这方面下功夫,虽然写了一些论文,也写了书,但他的工作并不为航天技术专家所首肯. 我在对航天技术及一般工程技术问题有了更多的了解后,明白了为什么沿这个方向做下去不太可能做出有实际意义的结果. 这进一步说明初涉科研工作的年轻人选择合适题目的重要性. 我想这也是一个合格的研究生导师首先应该指导研究生解决的问题.
>
> 就在我决定放弃航天器最优控制的研究时,我遇到了一个留苏归来的力学教师. 他说苏联著名的研究运动稳定性的 Chetaev 准备转而研究流动稳定性问题. 我在学习力学课程时,曾学过运动稳定性理论,并对其理论及体系深感兴趣,因此就开始这方面的研究. 现在回想起来,当时的选择也还是有相当大的盲目性,这从当时选择的具体题目可以看出来. 运动稳定性理论重点研究稳定性判据. 在 Liapounoff 的理论中一个很重要的内容是从理论上证明了线性化理论的合法性,而流动稳定性中则没有相应的理论.

对于湍流研究的重要性,周院士是这样描述的:

流动稳定性研究的是从层流到湍流转捩的问题，而湍流则是大多数自然界和工程技术中遇到的流动形态.科学理论的最高成就是能对其所研究的事物做出精确的定量预测.而流动以湍流形态出现，则妨碍了对流动做出精确的定量预测，所以，湍流机理一直是流体力学工作者想要弄清楚的一个问题.但是，虽经很多人（其中包括不少一流的力学家、物理学家、数学家）一百多年来的研究，湍流仍然是对流动做出精确定量预测的主要障碍之一. 人类生活的地球被大气所包围，而地球表面的 $\frac{3}{4}$ 为水所覆盖，所以湍流是人类无法回避的问题. 至今各国仍投入大量人力物力对其进行研究，因为对湍流认识的任何实质性进展，都会对人类认识自然和从事多种工程技术活动的能力产生重要的影响.

湍流之所以复杂是由于其中普遍包含了带有随机性的小尺度运动，因此要对它进行精确的确定性的描述是不可能的.多年来，人们一直把湍流看成是纯随机性现象而试图建立湍流的统计理论.这既有部分成功的一面，又有其看起来无法解决的矛盾.而最近30年来，通过实验（又是实验！）发现，湍流中除了随机性的一面外，其中还存在着某种确定性的大尺度组织，而且这些大尺度组织正是湍流得以维持，即小尺度运动得以从湍流中吸取能量的中介.这和耗散结构理论中的自组织现象可能是同一类问题.但是，尽管开放的耗散系统中会有自组织现象，而每一种具体的系统却有其自身的演化规律，不是用贴标签的办法套用一些时髦名词所能解决的.这些大尺度组织（称为相干结构）的发现，为湍流的研究指出了一个新的方向.

在20世纪80年代，又是通过实验而发现，湍流中的相干结构和层流到湍流转捩过程中出现的不稳定波有很多相似之处.而流动稳定性理论的一个中心内容正是研究这种不稳定波的演化，因而上述实验中的发现提示我们,流动稳定性理论在湍流相干结构的研究中可能起着重要的作用.

于是,我们从 1992 年开始,就转而把精力用到湍流中相干结构的研究,试图建立起相干结构的理论模型.其核心思想就是把相干结构看成是一种不稳定波.经过几年的努力,已经取得了进展,所建立的模型可以解释一些重要的实际现象.

国际上对相干结构的研究虽然已有 30 年,但对湍流的计算却始终没有产生重要的影响,因而曾有人怀疑对相干结构研究的必要性.我们认为,既然相干结构是客观存在的,而且它在湍流的维持和演化中又起着重要的作用,则它在湍流的研究中是不可回避的,问题是如何将它们纳入湍流的计算中去.

（摘自：《院士思维》（第二卷·中国科学院院士卷），卢嘉锡等主编,安徽教育出版社,2003.）

最近国人对我国科技实力的关心到了历史最高点,但如何提高则不是出版一两本书就会有所帮助的,这涉及一系列深层次的社会因素.日本学者大前研一的《低欲望社会》在中国意外大卖,《第一财经》采访了其译者：姜建强.

第一财经：大前依据经济和人口数据,得出了日本人"丧失大志"的结论.但日本在另一方面的成就,似乎并不支持这一点.自 2000 年以来,日本已经有 18 个人获得诺贝尔奖,而且都集中在自然科学领域.这是了不起的成绩.所以,我们看待大前所说的"低欲望社会",是不是也应该换一个角度?

姜建强：日本诺贝尔奖得主辈出的原因很多,在这里我想强调的一个原因是,在这背后有一种持续的、执着的研究投入.而之所以有持续的、执着的研究投入,这就与日本人没有太高的欲望有关.而之所以没有太高的欲望,则在于他们能满足于目前的生活状况.

日本人能够坐住,因为整个外部世界对他影响很小.所以,他们的非分之想也就少.现在看来,恰恰是低欲望,让他们能够坐得住,能够不好高骛远,专注手中的课题研究.此外,日本的匠人多,匠人的品物多,也与没有太多的非分之想、没有太高的欲望这个社会氛围有关.从这点看,日本人确实是"卡哇伊"的,但卡哇伊并不都导致低智商.

我们的原因恰恰是欲望太高,而努力不够!

刘培杰
2020 年 9 月 2 日
于哈工大

电磁理论（英文）

A. H. 陶布

埃里克·赖斯纳

R. V. 丘吉尔　著

编辑手记

19 世纪以前,数学与物理是分不开的,数学与物理同属于一门自然哲学.一位数学家同样也是一位物理学家,因为物理学的研究大多是建立在观察基础上的理论研究,需要较强的数据分析与数学建模的能力,所以数学家自然而然地承担起了物理学研究的任务.而对于自然现象的研究通常也会启发数学家,找到新的研究方向.有许多有目共睹的实例,例如微积分的创建者之——数学家牛顿,其在经典物理学上的贡献是大家再熟悉不过的了;再如高斯,在数学方面,他有高斯函数、高斯分布、张量等跨时代成果,而在物理方面,高斯定理、天体的高斯常数同样对科学发展有着十分重要的贡献.

实际上直至 19 世纪中后叶,数学和物理学依然归于自然哲学中,并以数学统称.在英国,剑桥大学长期以来在数学和物理学方面领先,其拥有十分古老的数学荣誉毕业考试(The Mathematics Tripos),评比分 3 个等级,第一级为优胜.在 19 世纪中后叶,W. Thomson(Kelvin 爵士),J. C. Maxwell 与 J. J. Thomson 全是荣誉考试的优胜者.而在今天,这 3 位分别被我们视作热力学、电磁场论与粒子物理学的奠基人.直到 20 世纪前期,自然科学荣誉毕业考试(The Natural Science Tripos)才"诞生",那时,数学荣誉考试依然以物理背景为主.以下是 1900 年的试题:

试题 一个带电粒子以匀速 ω 沿直线穿过以太运动,求它所产生的稳恒电场和磁场.假定方程 $\dfrac{d^2\Phi}{dt^2}=V^2$.

$\nabla^2\Phi$ 的泊松解形式为 $\Phi=\dfrac{d}{dt}(\omega_1+\omega_2)$(其中 Φ 为 t 时刻在点 P 的值,ω_1 为当 $t=0$ 时在以 P 为球心,r_t 为半径的球面上 Φ 的平均值,ω_2 为当 $t=0$ 时 $\dfrac{d\Phi}{dt}$ 在同一球面上的平均值).

试证明:在点 O 突然停止一个带电小球,其对点 P 的影响是产生强度为 $\dfrac{e\omega\sin\theta}{2ar}$ 的磁力窄脉冲,此处 e 为球上的电荷,a 是小球半径,r 是 OP 的距离,θ 是 OP 与稳恒速度 ω 之间的夹角;ω 与光速 V 之比的平方可以忽略不计,并解释所得结果.

从这道试题可以看出,对物理现象的解释以及对物理理论的证明对于数学家的培养起着举足轻重的作用,这也是早期数学、物理学统一的原因之一.然而可惜的是,近代以来随着电动力学、粒子物理学、量子场论与弦论、色动力学的发展,随着实验物理学的逐渐兴起,物理学与数学之间的分歧越来越大,追求形式简捷(物理学)与追求逻辑严谨(数学)之间渐行渐远.

本书是一本引进版的英文版的会议论文集,这是由美国数学学会组织编写的"应用数学研究会的论文集"的第 2 卷,主题是一个物理专题,所以书名被定为《电磁理论》.

当然从目录中可见本书涉及问题还是相当广泛的,我们将其译后列在下面:

1.新量子电动力学
2.量子理论中特征值和散射问题的解析延拓方法
3.无度量电磁学
4.电磁学的不连续性
5.因式分解方法及其在理论物理学微分方程中的

应用

6. 非线性电力网络

7. 波传播理论中的射线理论与正态理论

8. 维纳-霍普夫积分方程组及其在电磁理论的一
   些边界值问题中的应用

9. 带电粒子在恒定场中的轨道

10. 电磁波波导曲面与拐角中的反射

11. 电磁角中的波传播

12. 测量高频电磁场的场强的相关问题

13. 电子镜的像差校正

14. 随机噪声理论中的分布问题

15. 熵和信息

16. 信息传输的统计理论

17. 瞬态响应与概率的中心极限定理

本书成书较早,现在连原出版社都已经没有样书了,所以我
们只能使用电子版的 PDF 进行复制.20 世纪初的几十年,我国
对于科技资料的服务还是很重视的.比如笔者收集到了许多的
文摘,就是当时国家组织一批专家从国外刊物中选取某一个专
题进行翻译的,有些像《美国数学评论》和《苏联数学文摘》,对于
了解当时的学科进展很有益处.

下面我们摘录了一些关于磁性流体动力学和等离子体运动
的文献①,供读者怀旧.

1Б1　磁流体动力学问题②

本文讨论了气体或液体和磁场相互作用时所能产
生的磁流体动力学的主要问题.这些问题可根据微元

---

①　摘自杂志《磁性流体力学和等离子体运动》,王甲升,施定邦译,
冯罗康校.

②　Lyman Spitzer,Jr.,*Rev. Mod. Phys*,1960,32,No. 4,696-700,Dis-
cuss,700(英文).

体积中粒子的宏观平均速度 v 的值加以分类. 文章研究了三种不同类型的主要过程:1. 单独粒子在给定的电场和磁场中的运动轨迹;2. 粒子和辐射的相互作用;3. 粒子的碰撞. 文章所考虑的只是带电粒子的有关问题. 绝热不变量,尤其是旋转电子的磁矩有着重要意义. 要确定电阻和其他系数的大小,就必须分析电子和离子的碰撞现象. 等离子体中粒子的平均自由行程长度 λ 具有很重要的意义,如果 λ 值比液体的特征长度小得多(如波长等),那就可以应用连续性理论. 反之,如果 λ 值比液体的特征长度大,则为了确定速度函数 f,须利用玻尔兹曼方程,并且会使数学问题变得更加复杂. 在磁场强度足够大时,如果假设沿磁力线的条件均相同,介质可认为是连续的,则问题可以大为简化. 如果宏观速度等于零,而磁力线上诸条件均相同,λ 值很小而且应力张量几乎是各向同性的,那么,磁流体动力学方程就转化为磁静力学平衡方程. 文章研究了 v 值较小时的不稳定性问题和小振幅波的传播问题. 并指出,有电磁、流磁(或磁流体动力学的)和静电三种不同类型的扰动. 文章引进了阿尔芬波和磁声波的特性,并指出,在高频下的流磁波表现出静电的特性,例如离子-回转加速器谐振波. 在完全没有碰撞的均一介质中,可用拉普拉斯变换来分析这些小扰动波. 在非均一介质中,终压效应和波的问题是值得注意的. 文章充分地研究了把等离子体看成连续介质时的流磁不稳定性. 如果应力张量是各向同性的,那么,和连续介质一样稳定的等离子体,也会和粒子介质一样稳定. 在有限速度 v 的情况下,研究了绕经固体的可压缩气体的定常运动,以及有限振幅波在无限介质中的传播问题.

在分析流磁波时,曾假定气体是冷的. 文章没有解释所得解的物理意义. 文章研究了静电波和流磁扰动等有限振幅扰动的传播问题. 在静电波的解中计及了粒子速度的标准离差,证明了并不存在朗道衰减. 这一结果的价值并不是很明显的. 文章指出了,当速度 v 平

行于磁场强度 B 并等于局部阿尔芬波速度时的流磁稳定性的研究方法. 速度 v 为有限而且是变速度的情况是重要的. 作者求出冷气体中有限振幅定常波的精确解. 在大振幅时, 电子轨道互相交错, 而其运动则变得混乱无章. 紊流运动和流磁激波是特别有意义的. 电磁效应的存在使这种运动的研究变得极其复杂化. 文章最后提出磁流体动力学在天文学、地球物理学以及其他科学中的意义.

10Б2　磁流体动力学①

在这篇科普性的短文中详细研究了磁场中导电液流的主要性质, 并讨论了磁流体动力学应用与控制附面层和热核反应及制造喷气发动机的可能性.

10Б3　磁流体动力学②

文章报道了康纳尔高等航空技术学校所提供的实验结果.

10Б4　在苏黎世会议中讨论的磁流体动力学与宇宙飞行问题③

本文简要评述了在苏黎世举行的"第二届国际宇宙航行"会议上宣读的若干论文. 在磁流体动力学方面的报告有:"亚阿尔芬波速度和超阿尔芬波速度流动"(E. L. Resler, W. B. Bears), "小磁雷诺数时的紊流度"(L. G. Napolitano)以及"日本在磁流体动力学方面研究工作的短评"(J. Imai). 在 C. J. 马依顿的报告中介绍了物体在高超音速自由飞行时的实验研究结果; G. 高特维, 陈·P.–M., L. 罗伯特, R. 希尔伯兰特, Th. 莫林, J. J. 伯兰特等人的报告中研究了人造宇宙飞行器

---

① Milton U. Clauser, *Space tech*, New York, John Wiley and Sons, Inc. , London, Chapman and Hall Ltd, 1959, 18/1-18/21(英文).

② Jeremy Shapiro, *Cornell Engr*, 1959, 24, No. 8, 14-15, 27(英文).

③ R. Rocherolles, *Techn. et sci. aéronaut*, 1960, No. 6, 401- 404(英文).

通过地球大气层返回地球的有关问题,特别是气动力加热和熔化问题. 其他还有一些论文(H. Slone, S. Lieblein, A. R. Maxwell, D. G. King Hele)是属于宇宙航行的技术以及人造卫星的轨道计算方面的问题.

10Б5　磁流体动力学论文集①

10Б6　第二届磁流体动力学会议②

文章简要评述了 1960 年 6 月 27 日~7 月 2 日在里加举行的"第二届理论及应用磁流体动力学"会议上宣读的论文. 在这次会议上共分四个研究组:1. 磁流体动力学理论问题;2. 应用磁流体动力学;3. 等离子体物理的理论问题;4. 等离子体物理的实验问题. 在全体会议上曾听取了七篇关于磁流体动力学现状和主要发展途径的评论性论文报告,一百多篇的分组论文.

10Б7　导电气体在磁场方向为任意时的一元流动③

本文将作者过去的理想导电气体一元流动研究推广到磁场与气流全部特性线变向的相对定向为任意方向的情况④. 文章讨论了简单波的特性,用加入热量等方法研究了计及外力时的定常流动,并指出有可能存在的各种不同类型的间断. 本文把其他作者以前在理想气体中求得的等大部分结果推广到处于热力平衡状态、性质更为一般的任意气体.

---

①　*Revs. Mod. Phys*,1960,32,No. 4,1026-1028(英文).

②　(会议于 1960 年 6 月 27 日~7 月 2 日在里加举行) B. Пистунович,*Атомн. энергия*,1960,9,No. 5,421- 422(俄文).

③　J. A. Shercliff,*J. Fluid Mech*,1960,9,No. 4,481-505(英文).

④　J. A. Shercliff, *Fluid Mech*. ,1958,3, No. 6,645-657; Revs. Mod. Phys. ,1960,32,No. 4,980-986.

10Б8　导电气体绕载流平板的流动①

本文利用保角映射方法，求解导电气体绕过和气流交成某一倾角的载流平板的绕流问题. 作者假定磁雷诺数很大而且认为牛顿的压力公式 $P=P_0\sin^2\theta$ 是正确的. 在纵向和横向绕流的情况下，其结果可用椭圆函数表示. 附参考文献 3 种.

10Б9　具有横向磁场的磁流体动力学流动②

文章研究了当有横向磁场存在时，完全导电无粘气体的一元不定常和二元定常流动. 指出描述这些流动的方程是和引进总压力及小扰动传播速度之后的普通流体动力学方程

$$\bar{p}=p+\frac{B^2}{8\pi}$$

$$c^2=\frac{\overline{\mathrm{d}p}}{\mathrm{d}p}=a^2+b^2$$

等值的，式中 B 为磁感应强度，a 为普速，b 为阿尔芬速度. 在研究一元流动时，作者特别注意激波管内的流动. 文章只是研究了高压头和低压头两种情况下具有磁场的流动，还将所得结果和实验做了比较. 文章指出，对于所研究的这两种流动，其一般特性关系式是变态的.

10Б10　磁流体动力学中沿波形边壁的流动　第一部分：平衡流动③

文章研究了在速度和磁场在同一平面的条件下，无限导电率理想气体沿小波纹边壁的二元稳定、绝热

①　А. П. Казанцев，*Докл. АН СССР*，1960，133，No. 2，318-320（俄文）.

②　M. Mitchner，*Magnetodyn. conducting fluids*，Stanford Calif. Univ. Press，1959，61-89（英文）.

③　O. P. Bhutani，*Progr. Theoret. Phys.*，1960，24，No. 4，721-733（英文）.

流动.当未扰动磁场平行或垂直于沿边壁方向的未扰动气流速度时,对绝缘边壁而言,这一问题可用线性方法求解.扰动消失在无穷远处,而在边壁上则满足绕流条件,对第二种情况还满足场的连续性.在第一种情况下,当未扰动的气流速度小于或大于音速和阿尔芬速度时,而在第二种情况下,当

$$\left[\left(\frac{u}{\alpha_0}\right)^2+\frac{U^2}{\frac{H^2}{4\pi\rho_0}}\right]>1$$

时,作者解出了这一问题.在这两种情况下,算出了边壁的压力值.这一问题是雷斯莱和西亚斯[1]论文中的问题在可压缩流体情况下的推广.参考文献8种.

10Б11 双液流相互作用的磁流体动力学[2]

本文研究了下列问题:两个在无穷远处以半无穷薄平板隔开,且以不同的速度$(u_{10}>u_{20})$运动的导电液体的平行液流,当存在垂直于液流分隔平面的外磁场时,它们在平板边缘附近相汇,并在层流状态下相互作用.这时可分为两种情况:1.磁场对于分隔平板是定常的;2.磁场对于速度较慢的液流(第二种液流)是定常的.这一问题可在对感应磁场线化的磁流体动力学方程组的基础上求解.预先提出的线化条件是磁雷诺数$R_m=\sigma\mu VL$(σ为导电率,μ为磁导率,V和L为运动的特征速度和特征长度)为微量.并指出,当$R_m\ll1$时,甚至在有垂直于间断面的磁场存在的情况下,也有可能存在切向间断.当参数$K=\frac{u_{20}}{u_{10}}$具有若干数值的情况下,这一解以参数$m=\frac{\sigma B_0^2 x}{\rho u_{10}}$的级数形式求出($B_0$为磁感应强

---

① E. L. Resler, W. R., J. Sears, *Fluid Mech.*, 1959, 5, No. 2, 257-273——《苏联力学文摘》, 1960, No. 11, 14190.

② Luigi G. Napolitano, *IXth Internat.* Astro naut. Congr. Amsterdam, 1958 Proc. Vol. 2, Wien, 1959, 570-602(英文;摘要:意大利文、法文).

度,ρ 为介质密度,x 为沿运动方向离平板边缘的距离). 从所得解可看出,磁场不仅对附面层内的运动有影响而且对外部流动也有影响. 在第一种情况下,磁场使外部流动按 $u_1 = u_{10}(1-m)$,$u_2 = u_{20} - u_{10}m$ 的规律减速. 在第二种情况下,磁场不影响第二个液流而使第一个液流的速度减慢到第二个液流的速度. 磁场对附面层流动的影响与 m 和 k 有关,当 m 增大和 k 减小时,这种影响加剧. 在上述两种情况下,磁场的存在使速度分布变平并增大附面层厚度.

10Б12　在轴对称磁场中,小导电率气体的轴对称射流[①]

本文以无因次形式引进了在轴对称磁场中,可压缩、完全无粘、绝热的导电气体轴对定常运动的方程式. 此时假定,气体一般为中性,且没有电场存在,同时气体的导电系数 σ 为常数. 方程式中含有参数 $\delta = \dfrac{\sigma H_{00}^2 \alpha}{c^2 \rho_{00} V_{00}}$($\alpha$,$\rho_{00}$,$V_{00}$,$H_{00}$ 分别是特征长度,密度,速度和磁场强度,c 为真空中的光速). 作者写出了能量积分. 如果 σ 和气体的速度不大而磁场强度又不强,那么,各未知量可按 δ 的幂次展成级数

$$v_r = v_{r0} + v_{r1}\delta + \cdots, v_z = v_{z0} + v_{z1}\delta + \cdots, p = p_0 + p_1\delta + \cdots$$
$$\rho = \rho_0 + \rho_1\delta + \cdots, H_z = H_{z0} + H_{z1}\delta + \cdots, H_r = H_{r0} + H_{r1}\delta + \cdots$$

式中,v_{r0},v_{z0},p_0,ρ_0 为不考虑磁场影响时的气体参数,H_{z0},H_{r0} 为已知外加磁场的分量. 此时可看出,带下标 1 的各量可用来以一般近似的形式计算磁场对气体运动的影响,而这些量又可从磁场强度中只有 H_{z0} 和 H_{r0} 项,即认为磁场强度是给定的且和气体运动无关的方程式求得(作为零阶量的函数).

文章研究了在恒定压力 p_{00} 和密度 ρ_{00} 的空间中,当

---

① Г. М. Бам-Зеликович, *Докл. АН СССР*, 1960, 131, No. 1, 47-50 (俄文).

不存在磁场时,由v_{r0},v_{z0},p_0,ρ_0所表征的,半径为r_0的圆柱形射流(速度为v_{00})的情况.求解这一问题可归结为积分v_{r2}的二阶线性微分方程.这一解存在于下列两种情况:1.当$M_{00}=1$时(M_{00}为未扰动气流的M数),解用求积法得出;2.如射流很细而磁场不具有轴对称的特性,那么,解用r幂次的级数形式求出.文章确定了射流的形状,研究了由处于$z=0$的截面内,半径为α的环形电流所产生磁场的具体问题.

10Б13　在类牛顿近似中,磁流体动力学的高超音速流动①

本文研究磁场对称于物体轴线时,旋成体在零攻角下的高超音速绕流问题.在激波面之前的气体可看成是不导电的,而气体的黏性则处处可忽略不计.作者求得了在与流函数有关的曲线坐标中的基本方程,然后将这些方程在假设$\frac{\rho_\infty}{\rho_0}\to0$的条件下($\frac{\rho_\infty}{\rho_0}$是激波前后的密度比),对类牛顿近似做极限转换.文章指出,如果圆锥面上的磁场强度以B_x,B_y,$\frac{1}{\sqrt{x}}$的形式给出(x为沿锥面的坐标轴),则在导电率与热焓和压力与密度为任意关系时,对圆锥体的这种极限情况下,存在自模拟的解.

在本文的讨论中,作者指出,在$R_m\leqslant0(1)$及激波与物体之间的压缩层厚度极小的假定下,可求得这个解.文章对方程和所得的解以及计算题未进行任何分析.

文摘备注:必须指出,М.Д.拉德任斯基曾对楔形

---

① Rudolf X. Meyer, *Revs. Mod. Phys.*, 1960, 32 No. 4, 1004-1006, Discuss, 1007(英文).

物及椎体附近的类似流动做过详细的分析①.

10Б14　圆柱体在导电液体中的纵向定常运动②

文章研究了,在均一磁场的导电液体中,无限长圆柱沿其母线方向的定常运动.在非导电的圆柱体情况下,问题可归结为具有固有值的经典问题.文章求得理想导电或不导电的无穷宽度板条的准确解.作者给出流场,特别是在临近板条边缘处的流动图形.文章还研究了有限宽度的板条情况,其中包括黏性引起的阻力 D_f 和因磁场引起的阻力 D_m.并求得,理想导电的板条上,$D_f+0.5D_m$ 与 D_m 为零的绝缘平板条上的黏性摩擦阻力相等.文章给出这些阻力的准确解值.参考文献17种.

10Б15　细长体后磁流体动力学的压缩性效应③

文章研究了细长圆柱体之后磁场中良导电液流中的压缩性效应.这一问题可用线性近似求解.磁流体动力学方程组可归结为一个对电流密度的五阶偏微分方程.文章在 M 数和阿尔芬速度变化的整个范围内,导电率为无限的近似下,研究了二元流动.此时磁场位于流动平面上,文章详细地区分磁场平行或垂直于液流的两种不同情况.如果磁场平行于速度,那么,速度场和阿尔芬速度及 M 数的关系,或者是椭圆型的,或者是双曲型的.当速度向量和磁场方向为任意时,定常流动可能是重双曲型的(两个双曲型速度场之和)或双曲椭圆型的(双曲型速度场和椭圆型速度场之和).该流动图较一般的流体动力学复杂的原因,乃是由于在磁流体动力学中有三簇波.本文发展了厚度为零的机翼升力

①　Прикл,*Матем. и механ.*,1959,23,No.6,993-1005——《苏联力学文摘》,1960,No.9,11232.

②　Hidenori Hasimoto,*J. Fluid Mech*,1960,8,No.1,61-81(英文).

③　J. E. McGune,E. J. Resler,Jr.,*J. Aero/Space Sci*,1960,27,No.7,493-503(英文).

的计算方法,在一般流体动力学中,这种方法和阿盖莱脱方法或普朗特–格劳尔特规则相类似.①

10Б16　钝头物体的磁流体动力高超音速绕流②

参阅《苏联力学文摘》1961，7Б8.

10Б17　磁流体动力学的空穴现象③

本文对各种不同问题中空穴形状做了初步定性研究.参考文献6种.

10Б18　二元磁流波从两种可压缩介质的分界面上的反射和折射④

本文研究了磁流体动力学波从两种导电率为无穷的、均一无黏性及可压缩介质分界面上的反射和折射.磁场垂直于分界面.研究时,利用了辐射关系式.并指出,当入射波为阿尔芬波时,则反射和折射波也为纯阿尔芬波.当入射波为阿尔芬波和声波的混合波时,得到的也是混合的反射波和折射波.和西蒙所得的结果相反.⑤作者认为在这种情况下,全内反射是不可能的.

10Б19　关于流磁学中的单面⑥

作者根据连续力学中间断面上的共同条件,研究了磁流体动力学中可能遇到的一阶和二阶单面问题,求出压力及磁场都是在恒定的静止液体中传播时,确

---

① 参阅 M. H. Коган，*Прикл. Матем，и механ.* 1959，23，No. 1，70-80——《苏联力学文摘》1959，No. 10，11320.

② W. Bush，*Вопр. ракетн. техн. Сб. перев. и обз. ин. период. лит*，1959，No. 4，37- 48；перев. J. Aero/Space Sci，1958，25，No. 11，685-690，728（俄文）.

③ Bernard Steginsky，*ARS Journal*，1960，30，No. 7，642-643（英文）.

④ P. K. Raju，Y. K. Verma，*Z. Astrophys*，1960，50，No. 1，29-34（英文）.

⑤ R. Simon，J. Astrophys，1958，128，No. 2，392-397——《苏联力学文摘》1959，No. 11，13099.

⑥ C. N. Kaul，*Appl. Scient. Res*，1960，A9，No. 6，437- 449（英文）.

定"强"阿尔芬波变化的表示式.文章指出,在某些情况下,"强"阿尔芬波在传播时,并无变化.

10Б20　论磁流体动力学斜激波的结构①

本文定量地研究了,仅仅由于焦耳损失和第二(体积)黏性系数引起的转变区能量耗散时,表示磁流体动力学中斜激波结构的稳定方程组积分曲线的特性.根据扩散系数之间的不同比值,有可能产生快速及慢速,甚至中等速度的磁声激波.文章指出,按照阿希耶泽尔,留斯基和包洛维等人②的意见,进化激波和非进化激波的区别仅在于当扩散系数之间的比值为任意时,前者的结构是稳定的.

10Б21　离化气体中的稳定附着激波③

本文研究了当磁场平行于速度时,具有附着激波角的无限导电气体的绕流问题.作者从激波面关系式出发,得到求斜激波倾角 β 的方程式,当速度转角为 $\theta = 20°$,参数 $\varepsilon = \dfrac{\mu H_1^2}{4\pi\gamma\rho_1}$ 分别等于 0.1,1.0,10,而 $\gamma = 1.4$ 的条件下方程式的数值解用 β 与 $M = v_1^2\left(\dfrac{\gamma\rho_1}{\rho_1}\right)^{-1}$ 之间的图表形式表示.在 θ-M 平面上,文章对不同的 ε 值,定出了 β 的实解存在域的边界(即不存在附着激波解的地方).所得结果和 M. H. 科干④给出的激波极线分析相符合.最后,作者以图表形式列出总压力和温度(在不同的 ε 和 θ 值下)与 M 数之间的关系.由图可见,磁场的存在使总压力增加,而使温度降

① А. Г. Купиковский, Г. А. Любимов, *Прикл. матем. и механ*, 1961,25,No. 1,125-131(俄文).

② Ж. Эксперим, *и Teop. Физ*,1958,35,No. 3,731-737.

③ H. Cabannes, *Revs. Mod. phys.* , 1960, 32, No. 4, 973-976 (英文).

④ *Прикл, матем. и механ.* ,1959,23,No. 3,557-563.

低.

10Б22　论等离子体中的二元稳定激波①

文章根据在连续介质理论范围内对由同类离子和电子组成的完全电离等离子体的一般描述,导出了等离子体中稳定二元激波阵面处的关系式,这一关系式和黏性、导热率及导电率无关.当磁场及气流速度垂直于激波阵面时,方程式转化为一般气体的一般关系式,如果磁场平行于激波阵面(平行于激波),那么,我们可得到类似于无磁场时的情况.文章研究了磁场与激波阵面的倾角为任意时的一般情况.根据等熵规律,往往可以得到激波.作者发现,存在三种不同类型的斜激波,他们在弱激波的极限情况下,退化为普通激波.

在波后的阿尔芬速度等于波后的气流法向速度时,产生一种重要的特殊情况.这时可能出现我们把他和阿尔芬波混同的波,在通过激波阵面时,唯一有变化的量是磁场分量和平行于激波阵面的流动分速.作者还找到另一种重要波型.文章指出,在强激波的情况下,磁场对流动的影响便消失了,而弱激波可当作平行的激波来研究.文中介绍了激波相对论概要,我们在这里利用了磁流体动力学近似,并将热传导、黏性和导电率略去不计.这些具有本质性的限制,对所研究的问题并无影响.作者求得了计算弱激波传播速度的公式,而后又研究了所谓"切向间断"的激波,在这些激波中,通过间断面时,只有切向分速和磁场强度是变化的.文章还研究了氢等离子体中的磁流体动力学激波及非磁性激波的结构.由于霍尔效应的作用,在激波内部形成双电层,参考文献25种.

---

① Vϕyenb Kjell, *Rept. Inst. Theoret.* Astroptiya Blindern, 1959, No. 8, 88pp, ill(英文).

10Б23　磁流体动力学中激波的离化和爆炸①

在以下作者的著作中：Э. Лариш, И. Шехтман, Ж. эксперим. и теор. физ, 1958, 35, No. 1, 203-207；Г. А. Любимов, Докл. АН СССР, 1959, 126, No. 3, 532-533——《苏联力学文摘》，1961，4Б12；А. Г. Купиковский, Г. А. Любимов, Изв. АН СССР, Отд. техн. и механ. и машиностр., 1959, No. 4, 130-131——《苏联力学文摘》，1960, No. 4, 4361；Докл. АН СССР, 1959, 129, No. 1, 52-55——《苏联力学文摘》，1960, No. 8, 9910 等. 他们所选取的磁场方向垂直于激波的传播方向. 与上述不同, 本文是在计及电离能, 且磁场方向为任意的条件下求解磁流力学介质中激波离化及爆炸中可能发生的各种状态的问题. 类似于普通流体力学中的爆炸间断条件: $v_1 > c_1, v_2 \leqslant c_2$, 本文写出了强度较小的离化激波或磁流体动力学爆炸的条件

$$\xi > U_1 \pm \tag{1}$$

$$|v_{2x} - \xi| \leqslant U_2 \pm \tag{2}$$

式中, v 和 c 分别为相对于间断面的介质速度及普通流体动力学中的音速; ξ 为磁流体动力学情况下的间断传播速度; v_x 是介质速度的法向分量; U 是磁流体动力学的传播速度. 下标 1 和 2 为相应于间断前后的介质, + 及 - 表示加速波和减慢波. 文中将限制条件 (1) 和 (2) 加在各种可能的磁流体动力学波 (这种波同时向一个方向运动, 并伴随有爆炸和激波电离) 的振幅和波数上, 对于被以等速度 U 运动的理想导电活塞所限制的介质, 定出了爆炸及离化状态可能存在的区域. 所确定的该区域的坐标为: 以活塞为纵向速度分量, u'_x 为横坐标轴, 活塞的横向速度分量 u_y 为纵

---

①　В. П. Демуцкий, Р. В. Половин, Ж. техн. физ, 1961, 31, No. 4, 419-427 (俄文).

坐标轴.文章给出了限制这些区域的边界方程,参考文献 16 种.

10Б24　运动磁场在激波管中的衰减[①]

文章介绍了在有轴向磁场的激波管中,由等离子体中的环形电流感应出的磁场的测量结果.实验目的在于确定激波管中,由于扩散过程而引起的扰动衰减到底有多快.在玻璃制成的激波管的一端带有约瑟夫森论文中[②]所介绍的等离子体源.激波管中的初始压力为 10^{-5} mm 水银柱(1mm 水银柱＝133.322 Pa).等离子体源中的放电用慢速进入管子的空气引燃,直到压力达 $3×10^{-3}$ mm 水银柱为止,因为在此压力下,利用上述电源和电极的分布,气体已经可以产生放电.放电能量为 1 500 J.磁场的运动用十一个螺线管形传感器记录,这些传感器以间隔为 20 cm 顺激波管放置,其始端距电弧引燃室 40 cm.每一螺线管由两个线圈组成,抽头位于其中心点处,用来隔离静电干扰.所得结果表明,磁流的最大值应位于用照相检查法记录的发光阵面后40 cm 处.所测得的运动磁场衰减时间和理论计算的相一致.

10Б25　变截面管道的磁流体动力学流[③]

文章提出导电率为无限的液体沿变截面管道的拟一元流动的方程式.导电率为无限的黏性真实液体在管道中流动时,在有液流的固体管壁上产生磁流体动力学附面层,在这一附面层中产生运动液体和管壁之间的密接区域.文章研究了磁场垂直于液流轴线方向时的流动情况.

---

①　V. Vali,T. E. Turner,*Phys. Fluids*,1960,3,No. 6,1029-1031(英文).

②　V. Josephson,*J. Appl. Phys.*,1958,29,No. 1,30-32——《苏联力学文摘》,1960,No. 9,11277.

③　Jan Rosciszewski,*Phys. Fluids*,1961,4,No. 3,386-388(英文).

根据磁场方程和连续性方程可得

$$\frac{\partial \ln\left(\frac{B}{\rho A}\right)}{\partial t}+V\frac{\partial \ln\left(\frac{B}{\rho A}\right)}{\partial x}=0 \tag{1}$$

式中，B 是磁感应强度，ρ 为运动液流的介质密度，V 是速度。它沿轴向的分量是改变的，而垂直于液流轴线方向的分量则不变；A 表示轴向坐标和时间的某一已知函数。从方程式（1）可得，沿流线方向 $\frac{B}{\rho A}=K=$ 常数。利用一系列变换，这一问题可归结为类似于普通流体力学的方程。其特性线可用 $\frac{\partial x}{\partial t}=V+c$ 表示，式中 $c=\alpha G$。α 为非磁流动力学情况下

$$G=1+\frac{K^2A^2\alpha^{2\frac{3-k}{k-1}}\rho_0^2 e^{2\frac{S_0-S}{c_P-c_Y}}}{\mu\alpha_0^{4(k-1)}}$$

的音速。式中，μ 为磁导率；S 为熵，$k=\frac{c_P}{c_Y}$ 为比热容，下标 0 表示所取的初始状态。文章指出，用类似的方法可求解激波在变截面管道的传播及激波与简单波相互作用问题。参考文献 6 种。

10Б26　流磁平衡理论[①]

在导电固体壁的容器中的无黏性、完全导电的正压介质（单液流理论）中，值

$$I_1=\int A\cdot Hd\tau$$

$$I_2=\int H\cdot Ud\tau$$

保持不变。式中 A 是向量势，然后按整个容器体积积分。将变分原理应用于平衡状态的研究时，这些积分具有相联系的性质。文章将所得结果推广到双液体的

① L. Woltjer, *Revs. Mod. Phys.*, 1960, 32, No. 4, 914-915（英文）.

等离子体模型中. 利用小参数 $\mu_i = \dfrac{m_i}{e}$ 的展开式证明,

导电率为无穷时, 积分 I_1, I_2 和原先一样等于常数.

10Б27　定平衡的流磁稳定性[①]

文章研究了近于真空的完全导电等离子体体积的平衡稳定性. 利用线性方法研究了等离子体在接近平衡状态时的性质. 并求得稳定性判据. 文章以圆柱形收缩的稳定性作为研究的例子. 参考文献6种.

10Б28　在共面磁场中, 平行壁之间的流动稳定性[②]

文章指出, 当存在和液流不平行的共面磁场时, 确定三元扰动增长情况的方程式类似于磁场与流动方向平行时, 确定二元扰动增长情况的方程式. 如果磁场和流动方向不平行时, 那么就存在向某一方向传播的扰动流动的有限临界雷诺数. 由于这一结果, 当磁场方向不沿气流时, 在一般情况下, 斯夸尔的相似规律并不适用.

10Б29　由轴向电流引起的, 导电柱状液体的不稳定性[③]

达脱聂尔、莱纳特和伦德奎斯特等作者曾经利用通有电流的所谓垂直水银液流的模型研究了各种形式的自收缩放电的不稳定性. 本文介绍了和这些实验有关的理论设想. 作者研究了计及表面张力时, 无黏性, 不可压缩液柱在受到沿轴向坐标做周期性的轴对称微小变形时的稳定性问题. 在导电率较小的假定下(显然是和热等离子体的导电率做比较的), 作者求得了电流、压力和磁场的方位角分量的分布(没有外磁

---

① 　E. Frieman, Rotenberg Manuel. , *Revs. Mod. Phys.* , 1960, 32, No. 4, 898-902, Discuss. , 902(英文).

② 　P. T. Wooler, *Phys. Fluids* , 1961, 4, No. 1, 24-27(英文).

③ 　G. S. Murty, *Arkiv fys* , 1960, 18, No. 3, 241-250(英文).

场).在分析扩散方程后证明,当扰动波的波长不是很大的情况下,轴向电流起不稳定的作用,而且,电流的大小和不稳定的最大增量符合达脱聂尔和其他作者的实验数据.量上的区别可解释为表面张力、黏性及重力的影响.对于重力的影响,本文做了详细讨论.参考文献12种.

10Б30　黏性导电流体的流动①

文章用奥静法线化的二元定常的磁流体动力学方程表示为已知函数的抛物坐标的准确解族.如果在未扰动气流处速度和磁场的方向平行于抛物线的对称轴,那么,用这一解来描述抛物线外形的绕流是恰当的.作者列出有液体流过的半无穷平板的极限问题的解,并确定了流线和磁力线.值得注意的是,在这种情况下便产生了若干抛物线区,且被吹入的液体和感应磁场填满.感应磁场和半无穷线圈所产生的磁场相似.文章以理想导电液体绕不导磁的抛物柱体流动问题作为第二个例子.文章指出,根据线向理论进行计算是产生误差的原因.

10Б31　可自动叠加的磁流体动力学流动②

文章导出了有限导电的黏性不可压缩液体的磁流体动力学方程解的叠加和自动叠加条件.详细地研究了平面及假平面(根据贝克尔的假设)问题.采用正交曲线坐标,可找到大量自动叠加解族,这些解族的准确度大致满足所研究方程(拉普拉斯、海姆霍兹等)的函数.作者指出,自动叠加的磁场实际上是在磁流体静力学中研究过的无力场的一种推广,本文发展了

---

①　H. P. Greenspan, *Quart. Appl. Math.*, 1961, 18, No. 4, 408-411 (英文).

②　R. Gold Richard, *Arch. Ration. Mech. and Analysis*, 1960, 6, No. 5, 382-398(英文).

作者和克希伏勃洛兹基早先提出的设想①.

10Б32　磁流体动力学的斯托克斯流动②

本文研究了黏性导电液体绕磁极放置在球心的不导电球体的缓慢流动. 磁雷诺数假定是很小的. 作者得出古典斯托克斯流动理论和哈德曼数为任意时的自由磁极理论的变形. 计算出半径为 D 的球体的总阻力, 比值 $\dfrac{D}{D_s}$ 与哈德曼数 M 之间的关系式, 式中 D_s 为斯托克斯阻力. 特别得到了, 当小于 M 数时,

$$\frac{D-D_s}{D_s}=\left(\frac{37}{210}\right)M^2+O(M^4)$$ 的结果, 当 $M\to\infty$ 时,

$$\frac{D-D_s}{D_s}=0.720\,5M-1.$$

10Б33　黏性导电液体中磁流体动力学尾迹③

本文的理论研究对象为具有有限导电率的, 不可压缩液体的二元流动. 液体在磁场中运动时, 速度向量和磁感应通量的向量均在流动平面上. 作者利用小扰动方法来找速度和磁场, 在下列三种不同的特殊情况下, 得到显式表示的结果:1.液流的未扰动速度沿磁力线方向;2.磁普兰特数等于1;3.未扰动速度远小于阿尔芬波的传播速度时的斯托克斯的流动. 对这些磁流体动力学情况, 作者建立了积分公式, 而且对第一种情况做了最详细的研究. 在这种情况下, 作者分析了母线垂直于液流和磁场平面的柱体绕流特性, 也研究了沿液流上下的尾踪强度.

文章研究了, 在小雷诺数及小哈德曼数下, 绝缘柱体的阻力和升力. 引进了不同磁场强度和向量与未

---

①　R. Gold, M. Z. V. Krzywoblocki, *J. Reine und angew. Math.*, 1958, 199, No. 3- 4, 139-164;200;No. 3- 4, 140-169.

②　N. Riley, *Proc. Roy. Soc*, 1961, A260, No. 1300, 79-90(英文).

③　Hidenori Hasimoto, *Revs. Mod. Phys.*, 1960, 32, No. 4, 860-866 (英文).

扰动气流速度向量交角为 α 时,这种圆柱体的升力和阻力的数据.作者假设,阻力随角度 α 的增加而增大.参考文献 17 种.

10Б34　关于磁流体动力学中的无解定理①

格林斯班和卡立尔②曾导出了具有有限导电率的黏性不可压缩液体绕半无穷平板定常流动问题的非线性常微分方程组,该方程组中含有数值等于阿尔芬传播速度与来流速度比值的平方(在来流中的速度向量及磁场与平板相平行)的参数 β.本文中,用初等方法证明了,如果要使沿整个平板的黏性切向应力保持正值,也就是说,要使绕流是不分离的,那么当格林斯班和卡立尔方程在极限情况下,在 $\beta>1$ 时,方程式没有解.解不存在的物理概念是:当 $\beta>1$ 时,扰动沿气流向上传播可达到任意远的距离,从而从平板前缘为起始点的附面层概念是不适用的.

10Б35　关于绕物体流动的流体的若干评论③

文章研究了当存在外磁场时,定常液流绕固体的流动问题.作者在它们对流动影响的意义上,引出电阻和黏性的类比.在小磁雷诺数时,如磁场强度较小,则由物体引起的扰动将以涡串形式沿液流向下传播,而当磁场足够大时,则以涡串形式沿液流向上传播.为了求解数学问题,文章拟出了类似于斯托克斯近似的近似方法,在这种近似方法中,认为惯性项小于黏性项,而且小得可以略去不计.在大磁雷诺数时,电阻效应可表示成阿尔芬波的扩散.此时产生了类似于黏性介质中的声波衰减.作者列出了当它的传播速度向

①　G. E. H. Reuter,*Phys. Fluids*,1961,4,No. 2,276-277(英文).

②　H. P. Greenspan,G. F. Carrier,*J. Fluid Mech.* ,1959,6, No. 1, 77-96.

③　W. R. Sears,*Reys Mod. Phys.* ,1960,32,No. 4,701-705,Discuss. , 705(英文).

量和磁场强度向量的交角为任意时的磁流声波传播速度图. 在磁场强度向量和波平行的特殊情况下, 速度等于 $\pm\sqrt{\alpha^2+A^2}$, 式中 α 表示不存在磁流体动力学效应时的音速, A 为不可压缩介质中的阿尔芬波速. 作者提出 $\alpha\rightarrow\infty$ 和液流速度向量与磁场强度向量相平行的两种情况. 研究了有限导电率的影响, 并确定磁流体动力学涡串改变传播方向(沿液流向上或向下)时的液流速度. 文章最后提出, 由于磁雷诺数很小, 有许多重要的效应难以在实验室中观察到. 参考文献 5 种.

10Б36　黏性液体对球体的磁流体动力学绕流①

文章研究了当未扰动流的速度和磁场方向顺着对称轴时, 导电液体绕轴对称物体的定常绕流问题. 磁流体动力学方程组是根据奥静法线化的, 该法类似于格林斯班和卡立尔②文章中所述的方法. 未知函数的线性变换, 可将问题归结为两个方程, 这两个方程与普通流体力学中无因次的奥静近似方法的形式相一致. 此时, 方程

$$R_j^2-(R+R_m)R_j+(RR_m-M^2)=0$$

的根起到雷诺数的作用, 式中 R, R_m 分别表示普通雷诺数与磁雷诺数, M 为哈德曼数. 文中对绕流体内部区域所得方程及麦克斯韦方程的解, 以球函数的级数形式表出, 同时用很简单的理由很快证明了, 在这一区域内, 电场处处为零. 对于导电率为有限的球体绕流的具体问题, 可根据边界条件应用戈尔德斯坦方法③确定展开式的系数. 当 R_j 很小而未扰动气流为亚

---

① Van Blerkom Richard, *J. Fluid Mech.*, 1960, 8, No. 3, 432- 441(英文).

② H. P. Greenspan, G. F. Carrier, *J. Fluid Mech.*, 1959, 6, No. 1, 77-96.

③ S. Goldstein, *Proc. Roy. Soc.*, 1929, A123, 216.

或超阿尔芬波速时,作者近似地求得两个不同的阻力系数表达式. 讨论了这两种情况下的流动特殊性. 从用极限转换而求得的解,可得出利用斯托克斯变体近似切斯特的结果(W. Chester, *J. Fluid Mech.*, 1957, 3, No. 3, 304-308). 文章指出,当导电率为无穷时,方程式的线化还可获得具有有效雷诺数 $R(1-\beta)$(式中 $\beta = \dfrac{M^2}{RR_m}$)的奥静型方程. 除此之外,文章还求得了按奥静法线化的无穷空间流动问题的准确解,这时,应在坐标原点处加上和气流反向的集中力 $F\delta(r)$,式中 $\delta(r)$ 为 δ 函数. 自然,该解在原点处具有奇点. 在这种流动中形成的尾迹结构主要决定于和 1 相比的阿尔芬参数 β 的大小.

文摘员注:对弱磁场情况有用的切斯特结果,A. K. 加依利基斯和 E. M. 儒霍维兹基曾以同样的近似方法进行过研究. 参考文献 7 种.

10Б37　导电率各向异性对具有径向磁场时两个共轴圆柱之间的不可压缩黏性电离气体定常流动的影响[①]

为了估计导电率各向异性的影响,作者研究了在两个无限长的共轴圆管之间电离气体的定常流动. 气体的流动是由于不导电的外圆管沿轴向以等速 v_0 的运动而引起的. 在一系列的简化假定下,可得出这一问题的无因次磁流体动力学方程及表示边界条件的关系式. 经变换后,所得出的速度分量方程的解,以下列形式求出

$$v_z = Ar^n, \quad v_\varphi = A'r^n \qquad (1)$$

式中, Z, r, φ 为圆柱坐标, A, A' 和 n 是未知量. 将式(1)代入原始方程组,可得出求 A 及 A' 的方程组. 使

---

① И. Б. Чекмарев, *Научнотехн. информ. бюл. Ленингр. политехн. ин-т*, 1960, No. 97, 81-84(俄文).

所得的齐次方程组的行列式等于零,则可找到 n 的表示式.应用边界条件,可确定出磁场应力分量,同时得出结论,即导电率的各向异性使气流流动图形变得极为复杂.从量上进行的估计表明,即使在 $\omega\tau$ 趋于 0.1 时,导电率各向异性的影响仍是重要的(式中 ω 为电子的拉姆频率;τ 为电子自由程的平均时间).参考文献 7 种.

10Б38 存在横向磁场时,导电可压的黏性流体在半空间中的不定常流动①

文章研究了垂直于平板的磁场中由无限薄的平板运动(瑞莱问题)引起的在填满无限薄板上半空间的导电黏性液体的不定常流动.下半空间为静止的导电体.作者应用拉普拉斯变换,找到了当平板做任意运动时的未知函数的表示式.在平板做等速运动及振动时,作者以求积的形式找到了 u,H_x 和 H_z 的本征值,用这些值可以算出等速运动时的 $v=v_m$ 及振动运动时的 $v=v_m,v_m^*=0$ 的值.参考文献 6 种.

10Б39 由振动平面产生的磁性流体动力学流动②

文章求得黏性不可压缩液体在自身平面做简谐振动的无限长的绝缘平板上表面流动问题的磁性流体动力学方程准确解.该解可用于计及哥氏力和垂直于平板的均一磁场影响的等速旋转坐标系.扰动速度和感应磁场随离平板距离的衰减可用四种不同的波来表示,其中两个波反映了外磁场的影响.作者指出,在存在强磁场时,这种衰减类似于因黏性和焦耳耗散引起阿尔芬波的衰减.作者给出了某些特殊情况,其

---

① И. Б. Чекмарев, *Ж. техн. физ*, 1960, 30 No. 8, 920-924(俄文).

② R. Hide, P. H. Roberts, *Revs. Mod, Phys.*, 1960, 32, No. 4, 799-806, Discuss., 806(英文).

中包括导电率较大和较小情况下的近似公式. 文章指出, 同类旋转的叠加有可能应用没有旋转时的解的积分常量和波数的简单变换计算出来.

文摘员注: 阿克斯福特①曾求得包括平板另一面区域中电磁过程的分析在内, 在不计及旋转时的类似问题的准确解.

10Б40　磁流体动力学中的旋涡②

本文研究了由切向电磁力产生的导电黏性液体的定常旋涡运动. 认为径向速度不等于零, 但比切向速度小很多. 作者简短叙述了产生切向电磁力的各种可能的方案 (互相垂直的电场和旋转磁场). 作者以下列两种情况下, 导电不可压缩液体在两个多孔共轴圆柱体之间的定常运动问题作为求解的例子: 1. 电场是轴向的, 而磁场是径向的; 2. 电场是径向的, 而磁场是轴向的. 圆柱体可以任意速度旋转, 这一问题可用逐次逼近法求解. 取 $R_m \ll 1$ 的解作为零级近似 (磁雷诺数和径向速度有关). 这一解可推广到可压缩气体的情况. 作者将计算结果以图表形式列出, 该图表中给出了不同定参数值下的速度、温度、压力和密度分布. 研究了上述流体在发生器中的工作状态. 参考文献 7 种.

10Б41　磁流体动力学中的二元附面层和射流③

作者指出了小磁雷诺数为 R_m 时, 不可压缩导电液体二元附面层方程的三族定常自模拟解. 由其中的一些解可求得有限形式的解, 并可用来研究收敛壁和扩散壁上附面层流动问题以及渗入静止或运动液体

---

① 　W. I. J. Axfort, *Fhid Mech*. ,1960 ,8 ,No. 1 ,97-102.

② 　W. S. Lewellen, *Proc*. 1960 , Heat Transfer and Fhue Mech. Inst. (13th Meet. ,Stanford) ,Stanford Univ. Press ,1960 ,1-15 (英文).

③ 　Gunther. Jungclaus, *Revs Mod. Phys*. ,1960 ,32 ,No. 4 ,823-827 Diseuss. ,827 (英文).

的二元射流问题.计算表明,附面层厚度随磁场增加而减少,但气流的结构仍和无磁场时相同.这种现象在用自模拟解表示的其他流动中也是会出现的.作者指出了帕依研究淹没射流论文[1]中的错误.文章指出,在其他一些作者的论文中,讨论了大磁雷诺数问题.

作者在讨论的发言中着重指出,他所发展的理论主要适用于 R_m 大致等于 1 时的内流.在外流的情况下,这一理论仅当 $R_m \ll 1$ 时才是正确的.

文摘员注:盖依利斯基曾先后发表过扩散器中附面层问题的解.

10Б42 存在磁场时,导电气体中可压缩平板附面层的研究[2]

本文研究了当存在磁场而且磁雷诺数很小,普兰特数等于 1 时,导电率 σ 等于常数的条件下的可压缩气体的平板附面层问题.作者详细地介绍了附面层方程的结论,然后应用斯蒂瓦特变换将可压缩导电气体附面层方程归结为罗素在很早前研究过的不可压缩导电液体的附面层方程[3].作者对恒温边壁和绝热边壁这两种情况进行了计算.求得了不同磁参数和来流参数时的温度、熵和速度分布.作者指出,利用附加磁场可减少边壁上的摩擦和热流.最后,作者们研究了气体导电率和温度之间关系的影响.所有这些分析都是在磁场固定在平板时的情况下进行的.参考文献 13 种.

---

① S. I. Pai, *J. Aero/Space Sci.* ,1959,26,No. 4,254-255——《苏联力学文摘》,1960,No. 6,6994.

② G. Napolitano Luigi, A. Pozzi, *Xth Internat. Astronaut. Congr.* , London,1959. Vol. 2,Wein,1960,576-603(英文;摘要:德文,法文).

③ V. I. Rossow, *NACA Techn. Notes* ,1957,No. 3971;NACA Rept, 1958,No. 1358——《苏联力学文摘》,1960,No. 4,4358.

10Б43　磁流体动力学层流附面层的自模拟解①

本文研究了在小磁雷诺数下的附面层中,二元定常流体的磁流体动力学方程.假定磁场强度沿表面法向按幂次规律变化,作者找到外流中速度分布的全部形式以及温度和磁场强度沿表面的分布.这些温度和磁场强度分布能使在各物理量为常数的不可压缩流中,用相似变换将原始方程归结为常微分方程.文章指出了对可压缩流体进行类似分析时必须应用的变换方程.此时,发现不论边壁温度为常数或外流速度为常数时都存在自模拟解.作者指出了道尔夫曼包尔斯基及洛马宁可②所发表论文中的错误.

10Б44　磁流体动力学紊流附面层③

本文从理论上研究了磁场对紊流附面层的影响.这一问题是在下列假定下求解的:液体是不可压缩的,自由电荷密度及位移电流小得可忽略不计,且不存在外电场.在第一节中,作者给出了有磁场时导电液体的无因次运动方程式.研究了磁雷诺数很小时的情况,在这种情况下,流体内部的磁场强度 H 和假定等于常数的外磁场强度 H,相差无几,略去差值 $H-H_0$ 的平方项后,对磁流体动力学方程进行了线化.

在第二节中,作者对第一节中求得的紊流运动的线性方程求平均值.有磁场时,流体紊流运动的线化方程和无磁场时的相应方程比较,之间只相差一个和平均速度有关的附加项.在压力梯度等于零的特殊情况下(以后只研究这一情况),这一方程具有的形式为

$$u_x + u_y = 0, \quad p_y = 0$$

① H. И. Польский, И. Т. Швец, *Докл. АН СССР*, 1960. 136, No. 5, 1051-1054(俄文).

② Прикл, *Матем. и Механ.*, 1958, 22, No. 2, 274-279.

③ L. G. Napolitano, *Revs. Mod. Phys.*, 1960, 32, No. 4, 785-795 Discuss., 795(英文).

$$uu_x + vu_y + mu = \gamma u_{yy} - \langle u'v' \rangle$$

式中，$m = \dfrac{\sigma u_0^2}{\rho}$，$\langle u'v' \rangle$ 项是由于速度紊动而引起的普通雷诺张力，γ 为运动黏性系数，σ 为导电率，作者导出了紊流动能和平均动能的变化方程.

在第三节中，阐述了紊流附面层模型的研究. 在磁流体动力学中，紊流运动是不同尺度的磁场和紊动的综合. 指出，在 $H \sim H_0$ 的情况下：1. 对所有紊流尺度而言，磁场的紊动能量至少比相应的液体紊动能量少一个数量级；2. 动能紊动和磁场紊动之间能量交换小于相近尺度两液体之间紊动所产生的能量交换；3. 对所有的紊流尺度而言，液体的动能、脉动强度都因磁场的存在而减弱. 这种减弱是因为存在磁场时，由于产生焦耳热而出现额外的能量耗散所引起的. 作者证明，在线化的磁流体动力学中，紊流附面层的双层模型仍然是正确的.

第四节根据第三节的紊流附面层假定，导出内层（临近边壁）和外层速度分布的公式. 得到了存在磁场时，紊流附面层表面摩擦和边壁流动规律的表示式. 这种规律的表示式和普通边壁流动及表面摩擦规律的表示式各差一附加项. 这两个附加项各包含一个新的常数.

在第五节中，作者用克劳威尔-费拉里提出的相类似的方法，对这些常数进行了估计.

第六节所进行的分析表明，边壁上的摩擦应力随磁场而减少.

1045 磁流体动力学中在管道内的层流流动向紊流流动的转变[①]

本文研究了有横向磁场时的导电液体在管道内

---

① S. Lykoudis Paul, *Revs Mod. Phys.*, 1960, 32, No. 4, 796-798（英文）.

流动的附面层的性质. 作者从哈德曼流动的已知解出发, 证明了由于强磁场的存在, 附面层中的速度分布和没有磁场时由于均匀抽吸所得出的速度分布相一致. 作者利用这种相似性, 并在德莱斯脱论文的基础上, 算出了取决于哈德曼数的层流次层的厚度及保证所有附面层为层流状态的最大哈德曼数, 以及转变为紊流流动的准则. 紊流附面层的流动可用包含紊流剪应力的方程来说明, 但是, 即使能找出紊流剪应力和速度梯度的关系, 它的求解也是极为困难的. 作者指出, 在这些简化假定下, 可证明紊流状态下的抽吸流动和在磁场中的流动性质极为相似, 这一事实和实验数据相符合.

10Б46　电离层中的磁流波①

本文给出了磁流体动力学波在电离层中传播的波动方程的数值积分. 本文图表中, 给出了高层电离层和低层电离层中磁场振幅之间的关系, 列出了作为振幅函数耗散能的数值. 研究了临近45°地磁纬度处, 垂直降落的平面单色波情况. 利用文中所得结果证实了从前得出的可用磁流体动力学波加热电离层以及可以用来确定极低频信号的通过时间的结论.

10Б47　电离层的磁流体动力学②

本文在电场为无旋的假定下, 求得计及导电率各向异性时, 电离层的磁流体动力学方程组. 在频谱公式中, 作者研究了地磁场, 电流, 极化电荷, 电磁力及伴随电离层中气体的紊流流动的电磁能的耗散问题. 作者引入表征各向异性导电气体紊流流动的有效导电率系数. 并估计了地球磁场对电离层中不同层的气

① W. E. Francis, Robert. Karplus, *J. Geophys. Rev*, 1960, 65, No. 11, 3593-3600(英文).

② Е. А. Новиков, *Изв. АН СССР. сер. Геофиз*, 1960, No. 11, 1624-1634(俄文).

体紊流流动的影响.

10Б48　用模拟法研究物体在电离大气中的运动①

作者在文章中指出,人造卫星的电荷在有磁场的电离层中运动时起着很大的作用.从一方面看,电荷直接影响到阻力的大小和运动的磁气体动力学性质.从另一方面看,通过对人造卫星所带电荷的观察,有助于对上层大气性质、太阳辐射、宇宙尘和流星运动的研究.因此,进行模拟人造卫星运动的实验室研究是必需的.假定模型的速度、气体成分、电离程度、动温等均和实际情况相同,作者论证了这种模拟是可能的,并指出空气动力学、磁气体动力学及电动力学相似的必要条件.文章概略地介绍了在高超音速风洞中可能进行的实验研究以及产生光电效应和其他效应的方法.参考文献 17 种.

10Б49　有太阳风时地磁场的主要特性②

本文研究了当高层大气中产生太阳粒子流时,可能发生的地磁场变形问题.作者在气流浓度为 500 离子每立方米,而速度为 500 km/s 的假定下,引进了变形磁场磁力线的结构.在这种气流作用下,磁力线便朝质点运动方向大大拉长,并且必然形成一个在其外没有地磁场的边界.在低纬度处(低于 35°处),磁场增强,而在高纬度处则减弱.作者指出,由于磁流体动力学波的激发,可能会产生边界的破坏.

10Б50　极化现象,磁性现象和电离层现象③

文章定性地描述了在极光区域中的质点和电流

---

①　K. P. Chopra,*Z. Phys.*,1961,161,No. 4,445- 453(英文).

②　S. Johnston Francis,*J. Geophys. Res*,1960,65,No. 10,3049-3051(英文).

③　E. H. Vestine,*Revs Mod. Phys.*,1960,32,No. 4,1020-1025(英文).

的运动. 引进了等 X 线图. 参考文献 24 种.

10Б51　等离子体的离子理论和磁流体动力学①

本文的目的是要消除等离子体理论中某些混乱现象, 导出了以离子理论为基础的全部宏观方程组. 相对论效应及量子力学效应几乎在任何情况下都可忽略不计, 作者还利用了类似于不可逆过程的宏观理论的近似方法. 除此之外, 作者未做任何近似假定, 特别是, 充分计及反复相互作用的影响. 文章以图表形式给出介电常数和磁导率理论. 根据这一理论又导出了离子的连续方程、能量方程和动量迁移方程, 而且, 这一推导也基于近程作用力和远程作用力精确区分这一事实. 作者指出了近程力影响压力、能流和熵流的原因. 讨论了不可逆过程理论基础和它与广义欧姆定律之间的联系. 附录中, 作者对于等离子体统计热力学做了研究, 它采用的方法能避免远程作用引起的某些困难.

10Б52　等离子体的离子理论和碰流体动力学②

参阅本文摘 10Б51.

10Б53　等离子体的输运方程③

本文简要介绍了作者的研究成果, 作者所做的研究基于把早先研究过④的气体中不可逆过程理论方法用于等离子体的情况. 文章主要讨论了库伦势的德拜屏蔽问题.

------

① Х. С. Грин, *Механика. Период. сб. Перев. ин. статей*, 1960, No. 6, 115-129; 译自 Phys. Fluids, 1959, 2, No. 4, 341-349 (俄文).

② H. S. Green, *Phys. Fluids*, 1959, 2, No. 4, 341-349 (俄文).

③ R. Balescu, *Revs Mod. Phys.*, 1960, 32, No. 4, 719-720 Discuss., 721 (英文).

④ I. Prigogine, R. Balescu, *Physica*, 1959, 25, No. 4, 281-300—— 《苏联力学文摘》, 1961, 6Б531.

10Б54　通过磁场的等离子体运动①

文章分析了分别在弯曲磁场及均一磁场中运动的低密度等离子流.为了简单起见,假定等离子层为无限长,方形断面且密度为常数 n,在磁感应强度为 B 的弯曲磁场下,文章研究了这一等离子体层的两种极限情况,即浓等离子体 $k \gg 1$ 和稀薄等离子体 $k \ll 1$,此处

$$K = \frac{\dfrac{mnc^z}{2}}{\dfrac{B^2}{2\mu_0}}$$

是静止等离子体的能量密度和磁能密度之比;m,μ,c 分别为等离子体粒子的质量、磁导率和光速.等离子体在磁场中飘移引起电子和离子分离,因而出现电场和在等离子体侧壁的表面电荷.作者分析了在两极加速器中使等离子体加速的可能性,在这种加速器中,等离子体在具有电场 E 的平行电极之间运动,而且磁力线垂直于通过电极的平面.在这种情况下,磁场的磁感应强度沿电极的 x 轴方向减弱.

在等离子体在带有径向电场的几何形状呈圆柱形的电极和轴向磁场之间运动的条件下,作者研究了等离子体方位角方向的电漂移,并求出径向和方位角方向漂移的速度分量.参考文献 9 种.

10Б55　运动边界的电磁学问题②

文章求得在恒定的外磁场下,膨胀等离子球之外的电磁场.等离子球包含有中性的无限导电率等离子体,并以等速从一点在真空中膨胀.假定有恒定的外磁场,但没有外电荷和电场.由此出现了外磁场的扰动和电场.为了求解外空间的麦克斯韦方程,作者引

---

① Goorge. Schmidt,*Phys. Fluids*,1960,3,No. 6,961-965(英文).
② Katz. Sylvan,*J. Math. Phys.*,1961,2,No. 1,149-150(英文).

进了向量势 A. A 取为 $E = -\dfrac{\partial A}{\partial t}$，$B = \mathrm{rot}\, A$. 在极坐标中，向量势可取为

$$A = W(rt)\sin\theta\varphi$$

式中，φ 为单位向量. 相当于外磁场的 $B_0 = B_0 k$（k 为单位向量）的向量势为 $A = \dfrac{1}{2}B_0 r\sin\theta\varphi$. 作者写出了新函数 $W(rt)$ 的方程式. 初始条件相当于在初始瞬间仅有外磁场 B_0 而没有电场的情况. 无穷远的边界条件相当于有磁场 B_0 而没有电场的情况（因为膨胀球所引起的电磁扰动以有限速度——光速传播）. 球面上的边界条件相当于球内部没有磁场的情况. 这一问题可用拉普拉斯变换求解. 作者找到了这一问题的准确解.

10Б56 细长体在极度稀薄的等离子体中的运动①

文章研究了细长体在无限稀薄等离子体中的运动. 物体的电荷为已知而磁效应则不计. 作者假定物体的运动速度大于离子的热运动速度而小于电子的热运动速度. 电子气体和离解气体（代表相互作用的各项不存在）的玻尔兹曼方程和泊松方程是确定的. 作者认为电子的分布函数即麦克斯韦分布函数. 而离子分布函数和麦克斯韦分布函数稍有差别. 作者以两个项的形式，求得分布函数线化方程的解，其中的第一项描述中性气体的分子流. 在计算电荷时只计及了表述带电质点相对于中性气流运动的第二项的影响. 作者指出，表面电荷对物体后面的整个区域都有影响. 在浓密的等离子体中，表面电荷的影响区域只限于德拜半径范围内. 参考文献 8 种.

---

① Hideo Yoshihara, *Phys. Fluids*, 1961, 4, No. 1, 100-104（英文）.

10Б57　多成分介质中的有限振幅波①

作者将"螺旋"不定常运动的磁流体动力学方程组归结为线化方程,此时没有假定扰动很小的情况.假定初始方程组的某一解是已知的,作者求得向量势和局部电流的方程.当存在均匀的恒定磁场时,其中性等离子体有两种以不同相速度传播的不同偏振波.此时,速度的大小与等离子体的电解质常数成反比.指出,对某种双成分等离子体的特殊情况,相速度的表示式和С.И.柏拉基姆斯基及С.И.塞洛伐德斯基论文中所得的表示式相一致.文章引进了当电介质与理想等离子体相接时的边界条件.

10Б58　远程作用力和等离子体的扩散系数②

文章讨论了计及相互效应时等离子体输运过程的运动理论问题.作者指出,无须限制必须计及质点间相互作用的距离,也可以避免玻尔兹曼方程中计及碰撞项的发散.把屏蔽效应看成是等离子体的微观介质特性.作者利用了略去和质点相互作用有关项的伏拉索夫方程.脉动的微观场可用麦克斯韦理论确定.作者计算了福克-普朗克运输系数,并在未经人为截割作用距离的条件下,得出施必泽结果.文章讨论了这一理论进一步发展的可能性.

文中讨论了涉及这一理论的适用性问题以及这一理论和早先理论的不同之处.

10Б59　磁塞捕集器中等离子体的紊流③

在磁塞捕集器中的等离子体不稳定性具有下列

---

①　В. С. Ткалич, *Ж. Эксперим. и Теор. физ*,1960,39,No. 1,73-77(俄文;摘要:英文).

②　W. B. Thompson, *Hubbard J. , Revs. Mod. Phys.* ,1960,32,No. 4,714-717,Discuss. ,718(英文).

③　Б. Б. Каломцев, *Ж. эксперим. и Теор. физ*,1961,40,No. 1,328-336(俄文;摘要:英文).

对流特性:磁力管随等离子体密度的增加而推向边壁,从而放出部分离子,然后又返回.不稳定性的条件是:离子的拉姆半径小于磁力线的几何平均曲率半径和临近边壁层的厚度.由此得出,可以用不可压缩液体对流紊流方程写出这种不稳定性.作者确定了扩散系数及等离子体的存在时间.虽然实验表明存在时间和磁场及温度的关系很大,但所得结果和实验数据仍十分符合.作者提出了稳定等离子体捕集器的示图.参考文献7种.

10Б60 在强磁场中等离子体的不可逆过程

文章从宏观和微观出发讨论了有强磁场时,等离子体的不可逆过程.由于有强磁场存在,电子的拉姆半径可能小于德拜特征长度,所以在这种情况下,玻尔兹曼方程不能应用.不可逆过程理论是以强关联公式化的气态等离子体的应用为基础的.作者指出,当存在磁场时,电子和离子温度之间的张弛速度是增长的.当电子的拉姆半径 r_x 小于德拜长度 l_0 时,张弛速度正比于

$$\ln\left(kT\frac{l_0}{Ze^2} \right) + \frac{1}{2}\left[\ln\left(\frac{l_0}{r_x} \right) \right]^2$$

式中,Ze 为电流的电荷,e 为电子的电荷.

当存在磁场时,线性关系的不可逆过程的宏观系数乃是张量.文章指出,磁场中等离子体的奥恩萨赫拉–格徐米尔关系式具有对称形式.对于双成分完全电离气体而言,导电率和导热率之间的互相干涉消失.作者求得,当存在强磁场时,扩散系数、导电系数和导热系数的张量元素形式.

文章讨论中指出,在强磁场中,由于电子和离子轨道的螺旋性引起的电子和离子间相互作用的平均时间增长,使张弛速度也增大.参考文献13种.

10Б61 能量平衡及磁化等离子体的限制[①]

文章研究了磁场中部分电离的等离子体,这种等离子体可用计及离化过程的过充电的拟流体动力学方程表示.作者导出了质量、电荷、冲量和能量等守恒方程以及广义欧姆定律.所得结果可用来表述等速旋转的等离子体和研究气体强放电实验中的能量平衡.

10Б62 收缩扭转[②]

文章对波形表面的平衡状态收缩可能性的存在问题做了理论性的研究.作者假定,等离子体细丝的半径取决于复数 $\tau = kz + m\theta$,式中 k 和 θ 是极坐标.指出,在同样条件下,不变形收缩是稳定的,那么,这种平衡状态是存在的,但是,用变分原理来研究收缩扭转稳定性,会得出关于小波长变形的收缩扭转不稳定的结论.本文主要结论是在等离子体细丝圆柱形的偏差小于其半径的假定下得到的.作者以类似于液体中的重力波的方法进行稳定性的研究.文章讨论中指出,在实验中可以观察到螺旋型等离子体细丝的变形.

10Б63 轴对称等离子体流体动力稳定性的一个必需判据[③]

文章推广了在等离子体中具有任意轴对称情况下,等离子体圆柱的修道姆判据[④].作者利用临近等压面上相对位移的能量原理研究了稳定性问题.在系统具有环状对称的情况下,根据作者求得的必需稳定性判据可得出卡道姆采夫早先所建立的判据.

---

① B. Lebnert, *Revs Mod. Phys.*, 1960,32,No.4,1012-1019(英文).

② K. O. Friedrichs, *Rav Mod. Phys.*,1960,32,No.4,889-897 Discuss.,897(英文).

③ Claude Mercier, *Nucl. Fusion*,1960,1,No.1,47-53,65,67,68(法文;摘要:英文、俄文).

④ B. R. Suydam, *Proc. 2nd Geneva Conf.*,1958,31,No.354.

10Б64　轻微非均一等离子体的稳定性①

本文根据玻尔兹曼及麦克斯韦方程研究了轻微非均一碰撞的等离子体中的振动稳定性.解表示为微非均一磁场分量的小参数 ε 的幂级数形式.当 $\varepsilon=0$ 时分布函数即为麦克斯韦分布函数.作者计算的电子等离子体及电子-离子等离子体分布函数准确到 ε^2 项.并进一步研究由于任意方向的纵静电波 Ee^{jwt} 而出现的分布函数小扰动.发现,当均一等离子体中振动频率 ω_0 为本征值时,那么,非均一性使频率产生相当于数量级 ε^2 的本征值的变化,这一本征值与 ω_0 有关,即振动仍是稳定的.对某些计及横波的特殊情况,也求得了类似的结果.作者假定对 ε 的任意一级近似,振动始终是稳定的.并指出,所利用的方法不适用于研究与粒子漂移有关的不稳定性问题.参考文献13种.

10Б65　稀薄等离子体中的对流不稳定性②

所谓等离子体对流的不稳定性,即用来表征等离子体参数在空间的不均一性而引起的不稳定性.作者以磁流体动力学方程为基础,研究了这种等离子体的对流不稳定性.为了不计边界条件,作者研究了小尺度的扰动.研究了沿磁场为均匀的而且处在重力场内的无限导电液体问题.在线性近似的条件下,研究了其稳定性.而又在绝热的近似下(为计及热流)研究了双成分系统的稳定性问题.这种系统甚至于不存在量力场时也是不稳定的.作者计算了热流对,对流型过程的影响.文章在不计碰撞的运动方程的基础上,研究了稀薄等离子体的对流稳定性.

---

① Nicholas A. Krall,*Phys. Fluids*,1961,4,No.2,163-172(英文).

② J. A. Cerkovnikov, *Fortschr. Phys.*, 1960,8, No.9,528-548(英文).

10Б66　压缩空气放电的稳定性①

本文是一篇磁压平衡的等离子柱体稳定性理论研究结果的短评.本文主要介绍了在哈尔威的英国研究中心进行的工作.文章对不同模型所得的稳定性判据进行了比较(在研究等离子体柱时,作者把它看成柔韧的导电体,而当研究等离子体运动时则假定液体导电率是无穷的,即假定为磁流体动力学近似).作者列出了具有纵向凝冻磁场的自收缩放电稳定性的近似计算(利用变分法)结果.作者指出,大厚度集肤层的状态是不稳定的(假定集肤层内部电流沿整个截面为均匀分布的).文章分析了等离子体的黏性和有限导电率对其稳定性可能产生的影响.

10Б67　等离子体的磁加速问题②

用电磁场加速等离子体可有两种方法:即用电场和磁场的交错加速和流动波加速——磁塞加速.因为在第一种方法中在"冷"附面层中电场附近存在着电极侵蚀和等离子体导电率减弱这些缺陷,因此作者基本上偏重于第二种方法,因为这一方法可以避免上述各种缺陷.文章对等离子体中高频磁场的渗透深度及磁场的扩散时间或磁场的衰减时间进行了简单的估计.为了有效加速,必须使加速时间小于衰减时间,而渗透深度小于等离子体的边界厚度.这一厚度的大小可由电子回转半径和德拜屏蔽长度的总和大体确定,但是当温度达 106 K 时,对于磁场频率为 1 000 kHz 的情况,渗透深度是 500 μm,而此时,磁场强度为 10 A/m时,传播深度等于 35 μm,而当电子密度为 10^{16} cm^{3}德拜长度时为数百万分之一.因此,为了充分

①　R. J. Tayler,*Progr. Nucl. Energy*,1959, Ser. 11,1,440- 462(英文).

②　W. Waniek Ralph, *Xth Internat. Astronaut. Congr.*, London, 1959. Vol. 1,Wien,1960,131-137(英文;摘要:德文、法文).

有效地加速,必须采用将磁场强度迅速增加到很大的办法.作者列出了在锥形导电壁喷管中加速等离子体的某些实验结果,导电壁由通过强大的放电电流的单线圈制成,等离子体的加热是靠逐步增强的磁场中等离子体本身的压缩产生的.而加速等离子体是依靠磁压梯度来进行.当压力为数十分之一毫米水银柱高时,流动速度的数量级曾达 200 km/s.电能只有2%转变为动能,这是由于等离子体加热不足所产生的.作者指出,如果采用特殊的"无力"磁场,有可能避免在强度很大的磁场下,由于磁压的作用,在导体中出现塑性变形.参考文献12种.

10Б68　迅变磁场的等离子体发动机①

本文从理论上研究了采用迅变磁场等离子体发动机的可能性,这种发动机的特点是:它像活塞一样地推动等离子体(即所谓"除雪器"模型).本文研究了抗磁等离子体和顺磁等离子体两种情况.对于后者,文章详细地研究了离化过程.数值计算表明,这种发动机的效率为5%～10%.顺磁等离子体的效率比抗磁等离子体的效率略低.文章将计算结果用图表列出.作者认为,这种发动机的效率在实际应用上是极低的.参考文献7种.

10Б69　稀薄等离子体中的激波②

本文研究了无碰撞时等离子体中的激波结构.作者将运动方程和麦克斯韦方程联立,指出位叠和激波陈面有关.当无磁场存在时,这种和离子有关的位叠或者使等离子体得到能量,或者使它加速,这取决于离子速度小于或大于激波的速度.这些都和大家熟知

①　M. Klein Milton, A. Brueckner Keith, *J. Appl. Phys.*, 1960, 31, No. 8, 1437-1448(英文).

②　R. Z. Sagdeyev, *Proc. 4th Internat. Conf. Ionization Phenomena Gases. ppsala*, 1959, vol. 2, Amsterdam, 1960, 1081-1085(英文).

的等离子体"束状"不稳定性有关.当磁场为弱激波时,部分离子便多次地从运动的位叠反射出来,而后,得到比激波中电子能量高好几倍的能量.在气体放电的实际情况下,某些离子能得到比平均能量大 $\dfrac{M}{m}$ 倍的能量,此处 M 和 m 分别表示离子和电子的质量(高速离子).在激波横越磁场传播的情况下,线性近似中不存在"朗道滞止".

10Б70　用磁场驱动激波取得的氦等离子体的光谱研究①

作者测量了当氦气中压力为 1 mm 水银柱高,M 数等于 30 的磁场驱动激波波后的等离子体电离度、密度和温度.对 HeⅠ λ3889,HeⅡ λ5876,HeⅡ λ4686 和 HeⅡ λ3203 同时进行的绝对光谱强度的光电测量表明,温度为 3.7 eV(1 eV=11 600 K),电子和离子密度为 10^{17} cm^3,电离度为 99.9%,激波阵面上的密度比为 4,温度测量误差为 ±2%,而密度测量误差为 12%.所得电子密度和 HeⅡ λ4686 光谱线宽度的测定无关.并表明,在光谱线宽度的测量精确度范围内,它和光电测量所得密度相符.这一结果证明在分析绝对强度测量结果时假设电离和激励平衡是正确的.对整个光谱测得的强度和其他的测量结果一致.由朗基–鸠高尼奥测量激波速度的一般关系算得的温度大约比它小一半,但密度比它大两倍.这种误差或许可用电弧放电区中炽热等离子体发射的紫外线辐射线在激波前被吸收来解释.

---

① Lean E. A. Mc,C. E. Faneuff, A. C. Kolb,*Griem H. R.*,*Phys. Fluids*,1960,3,No. 6,843-856(英文).

10Б71　在激波加热的氩和氦等离子体中温度和密度的测量①

作者用光谱法测量了等离子体的密度和温度. 这种等离子体是在 T 形管中（A. C. Kolb，*Phys. Rev.*，1957，107，345）用磁场驱动的强激波后得到的. 在实验的条件下，存在局部的热力平衡（准确到实验误差）. 如果不假定在开始放电的影响下气体状态有剧烈的改变，则在这两种气体中所测得的温度和密度和根据朗基–鸠高尼奥关系式算得的结果并不符合. 计及磁压、放电的紫外线辐射、气体的扩散和激励，可使实验数据和激波理论相符.

10Б72　流磁近似中的收缩计算②

本文研究了无限长圆柱体内完全电离等离子体的运动. 等离子体的密度对采用流体动力近似来说是足够的. 作者假定等离子体在任何时候都是完全电离的，并不存在激波；还认为等离子体的导电率和磁场无关. 在计及热传导和温度与磁场之间的关系的情况下，用数值法求出了磁流体动力方程的解；文章还计算了欧姆加热和温度之间的关系. 研究了等温和绝热流动，以及边壁导电率为各向异性的各种情况. 计算结果以图表形式表示出来，这些图表表示了纵向磁场和方位角方向磁场及不同瞬时的密度和压力的径向分布情况. 研究结果表明：在放电初始阶段，主要只在圆柱体边壁上感应出电流，与此有关的边壁附近气体加热，使得中心处的压力和密度增加. 在放电的初始阶段，边壁的导热率起着很大的作用. 在边壁导电率各向异性的情况下，密度的最大区域位于圆柱体中

---

① Wolfgang Wiese，H. F. Berg，H. R. Griem，*Phys. Rev*，1960，120，No. 4，1079-1085（英文）.

② K. Hain，G. Hain，*Proc. 4th Internat. Conf. Ionization Phenomena Gases. Uppsala*，1959，vol. 2，Amsterdam，1960，843-848（英文）.

心.

10Б73　等离子体变导电率对磁流体动力学能量交换特性的影响①

文章研究了在气体动力学的近似下,等离子体在磁流体动力学电机管道中的定常流动.作者假定运动是等速的,且无激波而磁雷诺数很小,并认为这种等离子体是电中性的定比热完全气体,其黏性和热传导可忽略不计.同时假定等离子体的导电率是局部热力参数的函数,并满足公式 $\frac{1}{\sigma} = \frac{1}{\sigma_1} + \frac{1}{\sigma_2}$,式中 σ_1 和 σ_2 分别是弱电离等离子体和完全电离等离子体的导电率,并用运动理论②和施必泽及哈尔姆理论③确定.作者对常导电率和变导电率以及均一磁场等截面管道的特殊情况,曾采用 ИБМ-704 电子计算机求出方程的解;计算时使电路中的外载荷,管道长度和进口马赫数发生变化.作者得出结论如下:高温(5 000 K)时发电机性能和变量 σ 的关系不大;在低温(2 000 K)时假定导电率为常数时,算得的发电机的有效功率增大.最佳 M 数随温度的增高而增大,但在所研究的范围内,它始终相应于亚音速流动,温度的提高使发电机功率增大.计算结果和纽林盖尔④的数据做了比较.

① W. B. Coe, C. L. Eisen, *Electr. Engng*, 1960, 79, No. 12, 997-1004 (英文).

② E. H. Kemnard, *Kinetic theory of gases*. McGraw-Hill Book Com. Inc., New-York, N. Y., 1938, 470- 473.

③ L. Spitzer, R. Härm, *Phys. Rev.*, 1953, 89, 977.

④ J. L. Neuringer, *Proc.*, *3rd Biennial Gas Dynamics Symp.*, Northwestern Univ. Press, Evanston, 1960, 153-157.

10Б74　热电子换能器上的铯等离子体的某些特性①

在利用热电子放射使热能直接变成动能的装置中采用了铯蒸气,以达到绝热离子使空间电子放电中和的目的.此时产生的铯等离子体对换能器性质有重要影响.本文描述了放置在特殊电子管——换能器中铯等离子体特性实验研究的初步结果,等离子体诸参数用放在二级之间的探针来测量.在实验过程中,对换能器中的电参数,包括等离子体势,电极的温度状态,电子管内压力以及电子浓度和温度等进行了测量,并得到了一系列重要结果,其中的部分结果和相似过程的稳定概念相矛盾.特别是,没有显示出电子温度和电极温度状态及其他参数之间的关系等.文章指出,存在两种和铯蒸气压力有关的、实质上完全不同的换能器工作状态.克奴特赛数等于1是它们的分界,这方面的工作还在继续进行.

10Б75　研究行星际等离子体用的仪表②

文章介绍了用来测量等离子体中电流密度和离子动能的仪表.这种仪表由一个集流管和四个和它平行的栅极组成.第一个栅极相对于集流管为负电位,用来截止电子流和光电流.第二个和第四个栅极是静电屏蔽.频率为 1 500 Hz 的矩形正脉冲加在第三个栅极上,以便调制离子流.频率为 1 500 Hz 的信号,从集流管放入放大器.在 $\frac{Mv^2}{2}>eu_3$ 时,第三个栅极不能隔绝正离子,此处 $\frac{Mv^2}{2}$ 为质子能量,u_3 是第三个栅极相对于

---

①　Н. Д. Моргулис, Ю. П. Корчевой, *Докл. АН СССР*, 1961, 136, No. 2, 336-338(俄文).

②　H. S. Bridge, C. Dilworth, B. Rossi, F. Scherb, E. F. Lyon, *J. Geophys. Res*, 1960, 65, No. 10, 3053-3055(英文).

集流管的电位. 因此, 当 $\dfrac{Mv^2}{2}=eu_3$ 时, 信号在放大器的进口处出现. 根据 u_3 的大小可判别离子能量. 离子流密度可由放大器出口处的信号大小来判定. 整个装置的灵敏度为 10^{-12} A/cm^2. 能量的测量范围为 $10 \sim 3\,000$ V.

10Б76 磁流体动力学能量发电机的物理原理[①]

本文简要地叙述了磁流体动力学发电机的一般原理. 指出了功率为 10^8 W 的假定的发电机所必需的工作温度、气体导电率和磁场温度. 讨论了依靠附加剂来提高气体导电率的可能性问题. 计算表明, 要使导电率达到最大值, 附加剂应当是少量的(例如: 氩气中加 0.2% 的钾). 在关于磁流体动力学计算的一章中, 作者导出计算效率及管道长度的公式, 并讨论了各种损失(气动力损失、热损失和电损失). 文章指出, 由于霍尔电流开始起主要作用, 磁场强度的增加只能使功率提高到某一已知极限. 作者详细地分析了它的影响, 并指出制造这种利用霍尔电流发电机的可能性. 文章以气流的最佳状态及发电机几何形状的讨论作为理论性部分的结束, 然后进一步阐述了实验装置和测量结果(特别是导电率和电位差的结果), 也阐述了关于霍尔效应现象的某些试验数据. 在附录中, 文章讨论了变导电率对霍尔效应的影响. 所研究问题的某些材料是罗萨和卡托洛维兹早先发表过的[②].

---

① Richard J. Rosa, *Phys. Fluids*, 1961, 4, No. 2, 182-194(英文).

② R. J. Rosa, A. R. Kantrowitz, *Direct conversion of heat to electricity.*, New York-Lonlon, John Wiley and Sons, Inc., 1960, 12-1—12-13——《苏联力学文摘》, 1961, 3Б51.

10Б77　将电弧等离子体发电机用作火箭发动机[①]

本文描述了功率从 25 W 到 500 W,用空气和水稳定的电弧等离子体发电机的试验结果.文章引进了发电机的示意图.作者对稳定液流及结构元件中的热损失、气态工质的流量、射流的温度和电子浓度进行了实验测量.后两种测量是用光谱方法进行的.文章试算了石墨电极烧完速度及冷电极的热流量.文章引进了用作火箭发动机的理想电弧发动的计算特性.参考文献 9 种.

10Б78　磁流体动力学中的实验[②]

本文简略地评论了用液体金属及其盐类进行演示性的磁流体动力学实验.描述了在水银和液体钠中观察阿尔芬波及研究用磁场阻滞加热液体金属中的对流不稳定性的实验情况.同时还阐述了过去介绍过的[③]用来模拟磁流体动力学现象的装置的应用.为了这一目的,作者采用了在横向磁场中运动的有自由表面的导电薄液流.这一液层的调节用导电气流在磁场中的亚音速和超音速流模拟.为了模拟等离子体的收缩不稳定性,作者使相当大的电流通过在重力作用下的由容器底部小孔中流出的直径为 4 mm 而长度为 14 mm 的水银射流.此时用普通摄影法摄下的不稳定射流是弯曲和多结的.作者指出这种简单的磁流体动力学试验对今后进一步改进更为复杂的等离子体实验是极为有利的.参考文献 19 种.

---

① 　M. E. Malin, R. Jobn, W. Bade, *IXth Internat. Astronaut. Congr*, Amsterdam,1958. Proc. Vol.1, Wien,1959,445- 455(英文;摘要:德文、法文).

②　R. A. Alpher,*Phys. Today*,1960,13,No. 12,26-31(英文).

③　R. A. Alpher, H. Hurwitz, Jr, R. H. Johnson, D. R. White, *Revs Mod. Phys.*,1960,32,No. 4,758-768.

10Б79　液体和固体钠的流磁平衡的实验①

本文描述了在磁场中用液体和固体钠进行的实验.利用这一实验,可研究一系列由于"衍生"的非磁流体动力学效应的影响,而在等离子体中不可能做的"纯式"磁流体动力学效应.实验利用振荡磁场,使金属在这种磁场中(由于收缩效应)像在不变磁场中导电率为无限大的液体一样.液体钠的实验在装有加热器的圆柱形容器中进行.钠在油中加热到110 ℃,频率为100 Hz的电流(集肤层为0.05 cm)通过沿柱体轴线下降的棒.此时所得的平衡图用在漏斗中注入火漆的方法加以记录.当钠冷却后,取下火漆并研究其形状.实验表明,其结果和平衡图的理论计算十分符合.作者还研究了表面张力的影响.研究表明,用所述的方法可研究不同类型的稳定性.为了这一目的,磁场做成短脉冲的,以使平均磁压不变而瞬时磁压增加大约50倍.作者指出,当脉冲循环速度为120 m/s时,存在着克鲁斯加-许伐尔希脱的不稳定型.用同样的方法,用特殊几何形状的实验装置可以模拟磁场和磁镜.作者找到了磁峰的外形的稳定性及磁镜外形的不稳定性.用钠通过固壁管道和火漆实验还证明存在克鲁斯加-许伐尔希脱型长波以及短波的不稳定型.

讨论中,谈到了表面张力以及体积电流的影响,也谈到了用导电平板进行类似实验的可能性.参考文献5种.

10Б80 评论　流磁在管道中的流动②

---

① S. A. Colgate, H. P. Furth, F. O. Halliday, *Revs Mod. Phys.*, 1960,32,No.4,744-747,Discuss.,747(英文).

② Lawson P. Hatris, *Cambridge*, *Mass.*, Technol. Press,1960,90,2. 75 doll.(评论者:J. A. Shercliff,*J. Fluid Mech*,1961,10,No.1,158-160(英文)).

10Б81 评论　等离子体物理学①

10Б82 评论　　等离子体动力学②

11Б1③　磁流体动力学. 综述性讲演④

本文是"第九届国际星际航行学"会议(在阿姆斯特丹举行)上的一篇报告. 研讨了磁流体动力学的基本概念、规律和各种不同的应用.

11Б2　关于磁性空气动力学的概念⑤

本文是关于磁流体动力学的可能应用范围和关于 AVCO 研究实验室在此领域内的工作的通俗性文章.

11Б3　电磁场与空气动力流的相互作用⑥

本文简短地评述了科尔涅尔斯克大学在线性化磁空气动力学方面所进行的工作. 研究了电磁现象与运动流体之间的相互作用机理, 这种作用的结果得出了对空气动力学有价值的效应. 文中阐明了在各种不同情况下此种相互作用对电场与磁场各参量的依赖关系. 研讨了外磁场在各个不同方向内不可压缩流体在波形壁附近的稳定平面流动以及在纵、横外磁场中

---

① J. G. Linhart, *Amsterdam*, *North—Holland Publ. Co.*, 1960, XII, 278 pp., ill., 25-fl. (英文) (评论者：K. Oswatitsch, *Z. Flugwiss*, 1960, 8, No. 10-11, 340 (德文))

② F. H. Clauser, *Reading(Mass)*, Addison—Wesley Publ. Co., Inc., 1960, 369, ill., 12.50 doll. (英文) (评论者：E. Verboven, *Techn. -wet. tijdschr*, 1960, 29, No. 12, 287 (弗来米文)).

③ 此后摘要由王甲升译, 冯罗康校.

④ Theodore von. Karmán, *IXth Internat. Astronaut. Congr.*, Amsterdam, 1958, Proc. Vol. 2. Wien, 1959. 644- 651 (英文).

⑤ Arthur. Kantrowitz, *Astronautics*, 1958, 3, No. 10, 18-20, 74-77 (英文).

⑥ E. L. Resler, Jr, J. E. Mc Cune, *Magnetodyn. conducting fluids*, Stanford, Calif, Univ. Press, 1959, 120-136 (英文).

可压缩流体在薄翼周围的环流.参考文献6种.

11Б4　磁气体动力学及天体演化学问题①

本文叙述了磁气体动力学中所得到的基本原理和主要结果:磁场黏着性的存在,介绍了磁力线的缠结与解开,气体磁性激波中磁能密度的增长以及关于气体磁湍动性的概念.讨论了在某种范围内利用磁气体动力学的方法和结果的某些天体演变学假设:1.关于螺线管与规则磁场间的联系和假设;2.关于星际气体云象单个旋涡——星际磁湍动性单元一样构成的假设;3.关于由于在被磁化星际气体上存在磁压力和宇宙线压力而形成银河系气体光环的假设;4.关于由于可能的不稳定气体磁性冲击波而形成纤维状星云的假设;5.关于星体在凝结时形成磁场的假设;6.关于宇宙线粒子在气体磁介质中加速的假设.参考文献46种.

11Б5　磁流体动力学和未来的发电站②

本文简要评述了获得电能的新方法,指出了建设利用磁流体动力学原理来获得电能的发电站的前景.目前所用的获得电能的方法之一是利用原子能.然而此方法不是基于将热能直接转换成电能.直接将热能转换为电能的方法可以建立在热离子发射、热电现象以及利用磁流体动力学原理的基础之上.当高温气体以巨大速度通过磁场时可以产生电能.文中介绍了磁流体动力发电站的设计,这种电站利用煤燃烧产物作为运动气体,磁流体动力发电机工作室里的气体温度约为2 760 ℃.为了更充分地利用气体的热能,将发电机与蒸汽透平联合起来,透平提供附加能量.文中研讨了磁流体动力发电机的初步经济指标,分析了做成

---

① С. А. Каплан, *Вопр. космогонии*. *Т.* 6, *М.*, *АН СССР*, 1958, 238-264(俄文;摘要:英文).

② Philip Sporn, Arthur. Kantrowitz, *Power*, 1959, 103, No. 11, 62-65 (英文).

经济上合算的发电机的可能性问题. 指出,为了精确设计磁流体动力发电站,还必须解决一系列重大的磁流体动力学问题(气体中电流线的稳定性,电极的影响,等等);还必须解决下列科学技术问题:1. 当热气流与磁场相互作用时电能产生的基本原理的研究;2. 耐温材料的寻找与生产;3. 气体导热性的研究.

11Б6　磁流体动力学中的特征无因次积①

本文叙述了因次理论在磁流体动力学研究中的应用. 作者在研究中引入了下列基本量:速度,密度,绝对温度,磁感强度和麦克斯韦方程中的普遍常数 c'. 建立了因子 λ_j,λ_j 是导电液体流的任何两个同因次参量的比. 作者不研究磁流体动力学方程组,而找到了 18 个特征无因次组合 π_i,其中包括在经典和磁流体动力学中已经熟知的无因次积,通常的雷诺数和磁雷诺数等. 文中研究了所引入的因子 λ_j 和积 π_i 的物理内容. 在具体选择普遍常数 c' 时,作者指出了向一定测量系统的过渡(例如,向高斯,静电或电磁测量系统的过渡). 文中还叙述了在磁流体动力学中应用所引入的特征无因次积来检验并进一步推广相似定律.

11Б7　磁流体动力学中的变分原理②

本文用寻找函数

$$L=\frac{\rho v^2}{2}-\varepsilon-\frac{H^2}{8\pi}$$

的条件极值的方法得到了磁流体动力学的冲量方程,其实采用了连续性方程,等熵方程,磁感强度方程以及条件 div $H=0$ 作为辅助条件,其中 ε 为内能,ρ 为密度,v 为速度,H 为磁场强度.

---

①　A. M. Pratelli,*Nuovo Cimento*,1961,19,No. 5,903-922(意大利文;摘要:英文).

②　Р. В. Половін,І. О. Ахіезер,*Укр. фіз. ж*,1959,4,No. 5,677-678(乌克兰文;摘要:俄文).

11Б8　磁流体动力学变分法①

本文建议利用变分法求解磁流体动力学问题. 研究了无位移电流的磁场中的不可压缩黏性等离子体. 作者将耗散函数 $\Phi = \dfrac{\Psi}{2} + \dfrac{j^2}{2\delta}$ 的积分取极小值,其中 Ψ 为单位体积中黏性引起的能量耗散,j 为电流密度,δ 为电导. 适当地选择拉格朗日乘子就可推出含有洛伦兹力的流体动力学方程和表达欧姆定律的方程. 对可压缩介质也做了类似研究.

11Б9　关于磁流体动力学的基本方程及其某些应用②

文中假定磁导率、导电率和电荷密度为常数,研究了理想不可压缩流体的磁流体动力学方程. 经某些变换后,当过渡到拉格朗日变数时,作者成功地将涡旋运动方程和磁场方程导出了一种特殊形式,从这些形式可得出结论:由于在充电液体中存在的某一初始涡旋,从而产生了磁场,其方向平行于初始涡旋,并正比于时间而增长. 在无电流情况下也可得到类似结果. 基于这些结果,作者进一步推进了能够阐明地磁性质的关于地球构造的假说.

11Б10　关于磁流体动力学一组精确解的意见③

本文研讨了导电的不可压缩黏性流体的磁流体动力学方程组

$$\frac{\partial v_i}{\partial t} + v_j\frac{\partial v_i}{\partial x_j} - \frac{\mu}{4\pi\rho}H\frac{\partial H_i}{\partial x_j} = -\frac{\partial \Pi}{\partial x_j} + \nu\Delta v_i$$

$$\frac{\partial v_k}{\partial x_k} = 0,\ \frac{\partial H_i}{\partial t} + v_j\frac{\partial H_i}{\partial x_j} - H_j\frac{\partial v_i}{\partial x_j} = \eta\Delta H_i$$

---

① Philip. Rosen,*Phys. Fluids*,1958,1,No. 3,251(英文).

② John. Carstoiu,*C. r. Acad. sci.*,1958,247,No. 20,1716-1718(法文).

③ C. C. Lin,*Arch. Ration. Mech. and Analysis*,1958,1 No. 5,391-395(英文).

$$\frac{\partial H_k}{\partial x_k} = 0, \eta = (4\pi\mu\sigma)^{-1}, \rho\Pi = p + \mu\frac{H^2}{8\pi}$$

式中, $i=0,1,2;\mu,\nu,\sigma$ 分别为流体磁导率, 动力黏度和导电率. 求得了一组解, 此解的速度磁场和压强梯度任意地依赖于坐标 x_0 和时间, 而线性地依赖于另外两个坐标 $x_\alpha(\alpha=1,2)$

$$v_0 = u_0(x_0,t), v_\alpha = u_\alpha(x_0,t) + u_{\alpha\beta}(x_0,t)x_\beta$$

$$H_0 = h_0(x_0,t), H_\alpha = h_\alpha(x_0,t) + h_{\alpha\beta}(x_0,t)x_\beta$$

$$\frac{\partial\Pi}{\partial x_0} = \widetilde{\omega}_0(x_0,t), \frac{\partial\Pi}{\partial x_\alpha} = \widetilde{\omega}_\alpha(x_0,t) + \widetilde{\omega}_{\alpha\beta}(x_0,t)x_\beta$$

$$\frac{\partial}{\partial x_\alpha}\left(\frac{\partial\Pi}{\partial x_0}\right) = \frac{\partial}{\partial x_0}\left(\frac{\partial\Pi}{\partial x_\alpha}\right)$$

所以

$$\Pi = \frac{1}{2}\widetilde{\omega}_{\alpha\beta}(t)x_\alpha x_\beta + \widetilde{\omega}_\beta(t)x_\beta + \widetilde{\omega}(x_0,t)$$

此时, 基本方程组归结为依赖于两个变数的 15 个未知函数 $u_0, h_0, \widetilde{\omega}_0, u_\alpha, u_{\alpha\beta}, h_\alpha, h_{\alpha\beta}$ 的一个方程组. 这就是本文的主要结果. 文中指出, 科特韦格在其至今尚未发表的文章中, 借助于此方程组解出了在磁场平行于绕流体界面的二维和轴对称情况下临界点(流的驻点)附近的导电黏性液体流的问题. 这种方法对于研究地心对流电流磁场是很有用的. 然后作者还指出了可以借助所得方程来研究的一系列其他问题.

11Б11　关于黏性可压缩流体中能量守恒的定理[①]

本文得到了在磁场中运动的黏性可压缩导电流体的能量守恒方程. 这一方程组完全可以用麦克斯韦方程(忽略位移电流)和纳维尔–斯托克斯方程(计及洛伦兹力)来说明. 能量耗散由于流体动力学黏性效应和焦耳效应而发生. 在不可压缩流体情况下不存在

---

① Giovanni. Carini, *Atti Accad. naz. Li ncei. Rend*, *CI. sci. fis. , mat. e natur*, 1958(1959), 25, No. 6, 470- 473(意大利文).

黏性效应. 只有在无限大导电率和不可压缩的情况下才完全不存在耗散.

11Б12　相对论磁流体动力学的冲量定理和能量定理①

本文利用能量张量-冲量, 并在最后关系式中略去具有幂 $\frac{v}{c}$ (v 为流体速度, c 为大于前者的光速) 的项, 推出了磁流体动力学的冲量和能量转移方程.

11Б13　相对论磁流体动力学中内能的研究②

作者以拉格朗日函数形式写出了相对论磁流体动力学的能量定理. 变成积分形式后可更好地阐明各种不同能量项的物理意义. 文中讨论了某些简化形式及其相应的物理实用性.

11Б14　磁流体动力学方程的一个解法③

本文建议利用一般相对论的方法解磁流体动力学方程. 研究了一元运动的条件, 对于绝热指数 $r = \frac{3}{2}$ 和云界面上的消散压力得到了具体解答. 在此情况下膨胀是有限的.

11Б15　论弱磁场④

本文研究了弱磁场理论的某些问题, 并总结了以往其他作者在电流密度与磁场强度间的比例系数不是常数而是时间的某一函数的情况下所得的结果. 对于在磁流体动力学范围内的运动流体, 文中得到了磁

①　Carmelo. Totaro, *Boll. Unione mat. ital*, 1960, 15, No. 3, 367-372 (意大利文; 摘要: 英文).

②　Carmelo. Totaro, *Boll. Unione mat. ital*, 1960, 15, No. 4, 515-521 (意大利文; 摘要: 英文).

③　Judith Blankfield, G. C. Mc Vittie, *Arch. Ration, Mech, and Analysis*, 1959, 2, No. 5, 411-422 (英文).

④　John. Carstoiu, *C. r. Acad. sci*, 1959, 248, No. 1, 73-75 (法文).

场和电荷依赖于时间的关系表达式. 指出, 磁场值随时间指数的衰减. 因为电荷值正比于磁场强度, 所以电荷也随时间同样减小.

11Б16　管道中的一元等熵磁流体动力学流动①

本文研究了在横截面慢慢改变的管道中非黏性可压缩气体的稳定流动. 磁场垂直于管道的一对壁, 其他两侧侧壁作为电位差为 V 的电极, 并接到外欧姆负载上, 在气体中无热传导和电损失. 后一条件意味着气体具有无限导电性. 通常认为, 无限导电介质相对于磁场的运动是不可能的, 因此此种运动在一般情况下会导致产生无限大的电流. 然而在所给情况下管道中的电流只能通过外部负载接通, 他限制了电流的值. 问题的方程式乃是计及洛伦兹力的通常的等熵一元流动方程式. 作者应用所得解研究了装置在加速器状况下工作(此时气体速度沿管道长度增大)以及在发动机状况下工作(此时负载中电流密度沿管道长度改变而流动速度恒定)时从外负载上输出的功率.

11Б17　关于在一元流动情况下的一个磁气体动力学方程的精确解②

本文研究了黏性导热与导电可压缩气体的一元稳定流动的磁气体动力学方程, 该气体位于与流速垂直的磁场中. 文章首先研究了广义的朗肯-格尤哥尼奥绝热曲线. 发现, 在磁场大于某一临界场 H_c 的情况下, 如果气流是通常意义的超声速流, 则在气体中不发生压缩激波. 这一现象实际上与上述气体中声速依赖于磁场强度的事实有关. 文中获得了计算声速效率的简单公式. 对于临界磁场, 其有效马赫数(流速与有

---

①　Boris Podolsky, A. Sherman, *Appl, Scient. Res*, 1961, B9, No. 1, 77-84(英文).

②　S. I. Pai, *Actes, IX Congr. internat, mécan, appl, T*, 3, Bruxelles, Univ. Bruxelles, 1957, 17-25(英文).

效声速之比)等于 1,面对大于临界值的场则小于 1. 文章在各种不同情况下研究了过渡区域,该区域借助于朗肯-格尤哥尼奥绝热曲线将气体的两种不同均匀状态联系起来. 发现,存在一个较低的磁场临界值 H_b $(0<H_b<H_c)$. 当激波前面的磁场 H_1 小于 H_b 的情况下,过渡区(波的宽度)是狭窄的. 在 $H_c>H_1>H_b$ 的情况下,不存在狭窄的过渡区,即激波宽度是大的. 最后,当 $H_1 \geqslant H_c$ 时,气体的均匀流动是唯一可能的解.

11Б18 磁流体动力学中小扰动的传播①

本文研究了在均匀磁场的作用下微小初始扰动在导电气体中的传播. 在理想导电气体中可能有三类波,它们的传播速度取决于磁场与波前的交叉角. 在一般情况下扰动可想象为由两部分所组成,其中之一满足一四阶方程,另一则满足一五阶方程. 在理想导电情况下它们分别归结为二阶和四阶方程. 文中研究了当存在很弱或很强的外磁场时气体在矩形容器中的自由振动. 对于无限小的磁场来说,无限导电性乃是一种粗略的理想化. 最后,文中讨论了初始数据的问题.

11Б19 磁流体动力学中简单波型的一元流动②

本文在能量恒定的情况下研究了理想导电介质的磁流体动力学方程的解. 此时假定,运动是一元的(即全部变量都只依赖于坐标 x 和时间 t). 分析了简单波型的流动(认为,$H=H(H_z)$,$V=V(H_z)$ 和 $\rho = \rho(H_z)$,其中 V 为速度,H 为磁场,ρ 为密度),并且取 $H_y=V_y=0.$ 在给定状态方程的条件下,作者从一般方程组得到了微分方程,由此可以确定密度 ρ 和磁场成分 H_z 的变化.

---

① G. S. S. Ludford,*J. Fluid Mech*,1959,5,No. 3,387-400(英文).

② O. G. Owens,*Actes. IX Congr. internat. mécan. appl. T.* 3,Bruxelles,Univ. Bruxelles,1957,46-47(英文).

11Б20 在任意磁雷诺数情况下磁流体动力学线性方程的某些精确解①

本文在任意导电率情况下将描述平面稳定运动的磁流体动力学线性方程组归结为电流成分的一个五阶线性方程,同时以 $\xi\lambda = ke^{i\lambda x}e^{-\beta y}$ 的形式求出了此方程的解. 应用所得的解建立了不可压缩流体绕过波形壁的流动问题的解. 文章根据上述各解讨论了关于在 $H_y = 0$, $R_m \neq \infty$ 的情况下,气体绕薄体流动时发生的扰动区的方向的问题.

11Б21 极强横磁场对不良导电流体稳定流动的作用②

本文研究了不导电柱体在非黏性不可压缩的小导电率 σ 流体中的平面稳定运动,流体位于磁场 H_0 中,磁场则垂直于柱和无限远处的速度矢量,假定柱和流体的磁导率相同,磁场在运动流体所引起的电流影响下的变化忽略不计,运动是无势的. 作者分析了 $\sigma \to 0$, $\sigma H_0^2 \to \infty$ 时的极限运动情况. 在此渐近情况下得到的作用于柱上的力正比于 $(\sigma H_0)^{\frac{1}{2}}$. 文章较详尽地研究了椭圆柱体的情况和板的情况. 参考文献 9 种.

11Б22 具有小磁雷诺数的非黏性流绕物体的流动③

本文研究了在给定磁场中不可压缩非黏性导电流体绕一物体的稳定流动 $(R_m \gg 1)$. 对于弱磁场,指出了与黏性流体缓慢运动时的解相似的情况. 在有质动力作用下流体具有涡旋性. 文章引入了阻力系数的

---

① E. L. Resler, Jr, *Mc Cune J. E.*, *Revs Mod. Phys.*, 1960, 32, No. 4, 848-854(英文).

② G. S. S. Ludford, *J. Fluid Mech*, 1961, 10, No. 1, 141-155(英文).

③ G. S. S. Ludford, *Revs Mod. Phys.*, 1960, 32, No. 4, 1000-1003(英文).

表达式.在附着于垂直来流方向的强磁场情况下,引入了平面柱体的解.此时流体只能沿磁力线自由流动,在至物体距离很大的运动方程中必须考虑惯性项部分.文章计算了圆柱体的阻力系数,这一系数比为 $\sqrt{\beta R_{\mathrm{m}}}$,其中 $\beta \gg 1$ 为磁压力与流速之比.

11Б23 关于超音速气流绕钝形物体的磁流体动力学流动①

本文乃是作者以往论文②的补充,文中指出了引入的参量

$$Q_{\mathrm{cr}} \sim \frac{\sigma B_0^2 r_b}{\rho_\infty U}$$

的物理意义(当 $Q \to Q_{\mathrm{cr}}$ 时,物体上的磁场强度 $B_0 \to \infty$),并引入了描述磁场对局部传热系数影响的线图.在引入的例子当中当 $\sigma = 300$ m/s,$B_0 = 10^4$ G,$r_b = 1$ m,$\rho_\infty = 10^{-3}$ kg/m³,$U = 5 \times 10^3$ m/s 时,传热系数比其无磁场时的值减少大约三分之二.

11Б24 磁雷诺数等于 1 时的有限振幅的磁流体动力波③

在某些确定的条件下,速度和磁场的非线性项会从磁流体动力学方程中消失,因而,方程允许存在螺线管耗散波型的解.方程还存在着描述障碍物背后很远点的磁场的稳定解.

---

① B. Bush William,*J. Aero/Space Sci.*,1959,26,No. 8,536-537(英文).

② *J. Aero/Space Sci.*,1958,25,No. 11,685-690,728——《苏联力学文摘》,1961,7Б8.

③ Hidenori Hasimoto.,*Phys. Fluids*,1959,2,No. 5,575-576(英文).

11Б25   无径向衰减的磁流体动力波的传播①

本文研究了下列形式的磁流体动力学方程

$$\frac{\partial \rho}{\partial t} + \mathrm{div}(\rho V) = 0$$

$$\rho \left(\frac{\partial u}{\partial t} + u \nabla u \right) + a^2 \nabla \rho = \frac{1}{\mu} \mathrm{rot}\ B \times B$$

$$\frac{\partial B}{\partial t} = \mathrm{rot}(u \times B),\ \mathrm{div}\ B = 0$$

对于磁感强度 B 采用了 MKS 有理单位制;μ 为磁导率,ρ 为气体密度,u 为速度. $a^2 = \frac{\partial p}{\partial \rho}$,$p$ 为压强. 作者主要研究了在接近静止状态时的线性化(双曲线的)方程组. 并研究了弱波的各种不同传播情况. 文中还研究了上述方程组的特征、波阵面传播、一元情况、横波、压缩波、速度大于和小于声速的阿尔芬波的情况,并做出了有关理论的可能应用的推论. 参考文献 8 种.

11Б26   关于具有有限导电性的介质中流体动力波的若干见解②

本文研究了关于确定具有有限导电性的介质中平面谐波速度和衰减的问题. 指出,传播速度和衰减依赖于波的频率. 做出了说明波的传播速度依赖频率而改变的例子.

11Б27   关于等离子体的稳定非线性振动③

本文在一元情况下研究了存在磁场时无限长等离子体的有限振幅稳定振动. 指出了在注意到等离子

---

① Harold Grad, *Magnetodyn. conctucting. fluids*, Stanford, Calif, Univ. Press,1959,37-60(英文).

② E. L. Resler,*Jr.*,*Revs Mod. Phys.*,1960,32,No. 4,866-867(英文).

③ *Wilh elmsson Hans.*,*Phys. Fluids*,1901,4,No. 3,335-340(英文).

体的离子电流和一定的温度分布的情况下,在确定等离子体自由振动频率时计及非线性效应的必要性.文中计及离子电流而详尽研究了磁场中冷等离子体的稳定振动.叙述了在给定分布函数时玻尔兹曼方程的解法.分析了在求等离子体振动频率时温度对非线性效应增长的影响.对于不计及温度影响时以不同速度运动的两个电流的情况也做了类似分析.

11Б28 脉冲无极放电等离子体中流体动力振动的观测①

11Б29 电离气体中流体动力波的实验证明②

放电是在一根直管内进行的,直管由许多铝环组成,每一铝环长 5 cm,内径 15 cm,管的全长为 600 cm.环用厚 2 mm 的聚乙烯树脂衬垫相互隔开.外绕组可产生达 500 G 的纵磁场.并联电容器组在 3 000 V 时储有电能 200 kJ.测量是在重氢压力为 $10^{-4} \sim 10^{-2}$ mm 水银柱高时进行的.放电电流在 40 μs 内达到最大值,然后经 10^{-3} s 的恒定时间以近于指数律的规律减小.在 3 000 V 及 500 G 的外磁场情况下最大电流为 $7×10^4$ A.采用了电磁探测器(直径 3 mm,匝数 160)来测量磁场分量 B_r,B_θ 和 B_z.此外,利用半圆形线圈测量纵磁场通量的变化.文内引入的波形图表明,当电流大于 10^4 A 时,来自半圆形线圈的信号乃是振幅做不规则改变的快速振动.电流小于 10^4 A 时,振动带有规则性质,而振幅平稳地减小.用相互转过 90°的两半圆形线圈所做的实验证明,在波形图和高速摄影侦查图上看到的振动和螺线的转动相符,且无论是螺线方向或是螺线转动方向都由外磁场方向确定.波形图的再

---

① М. Д. Габович, И. М. Митропан, *Ж. техн. физ*, 1961, 31, No. 6, 676-679(俄文).

② G. A. Sawyer, P. L. Scott, T. F. Stratton, *Phys. Fluids*, 1959, 2, No. 1, 47-51(英文).

现性可以确定沿半径分布的 B_r, B_θ 和 B_z 以及可以计算 j_r, j_θ 和 j_z 在直径截面平面内的分布. 作者引入了当 $p = 5 \times 10^{-3}$ mm 水银柱高, $B_z = 100$ G, $I = 8\ 000$ A, $E = 1.3$ V/cm 时得到的 j_r, j_θ 和 j_z 的分布略图. 由于光谱测量指出不存在都卜勒位移(即不存在较大部分气体的旋转运动),而相反,指出了光谱线的都卜勒扩张,所以所观测到的规则运动可认为是等离子体中由于在 θ 和 z 方向上传播的流体动力波的出现而引起的径向振动. 这一点为波的传播速度对气体压强和原子质量的依赖关系所证实,同时也为观测速度与计算速度相符的事实所证明.

11Б30　一元磁流体中初始切向分离的衰变[①]

本文研究了存在方向与垂直分离面的法线相一致的磁场时,无限导电可压缩介质中速度初始平面对称切向分离衰变的一元问题. 由于原始分离在每一方向的衰变而产生了快速的激波,因而在它之后便出现了缓慢的自模拟磁流体动力膨胀波. 如果未扰动介质中的音速大于阿尔芬磁流体动力速度,或者,如果速度的初始分离值很大,则快速激波即为通常的气体动力波. 在相反情况下,激波乃是特别的磁流体动力斜波,其中切向磁场仅在波阵面后才异于零. 波通过后,在原始分离附近产生切向磁场以及(如果速度初始分离值相当大)真空区(空触现象). 在介质数字计算中计算了 $\gamma = \dfrac{5}{3}$ 的多变理想气体. 在小初始分离的极限情况下文章提供了解析解.

11Б31　强激波的磁性波道[②]

本文研究了纵磁场对强激波运动的影响. 利用圆

① J. Bazer, *Astrophys. J.*, 1958, 128, No. 3, 686-712(英文).

② F. R. Scott, W. P. Basman, E. M. Little, D. B. Thomson, *Plasma in Magnet. Field.*, Stanford, Calit, Univ. Press, 1958, 110-116(英文).

锥形室内的直接电极放电产生激波,室的大电极上有一孔洞.将 12 μF 的并联电容器组当作能量源.在 20 kV 时最大电流为 20 A,频率为 160 kHz.在中室电极旁有一玻璃柱,所研究的波就在此柱中传播.利用容量 1 100 μF 的第二个电容器组产生磁场,电容器通过一螺管线圈放电(半周期6 μs,最大磁场 6 000 G).同步用如下方法实现:即在激波发生时刻磁场 B_{z0} 达到极大值,用摄影描述方法测量速度.当重氢的初始压强为 0.05 mm 水银柱高时,观测到的速度等于 8 cm/μs,且在实验误差范围(0.5 cm/μs)内(直到 B_{z0}=6 000 G)与磁场无关.对激波断面的照相指出,当 B_{z0}=0 时,波与管壁强烈地相互作用,在此情况下辐射中可测到 Si 线.当 B_{z0}=3 400 G 时等离子体流的直径起初比 B_{z0}=0 时几乎小一半,然后在 4 μs 内等离子体扩散至管壁.借助电磁探测器确定了磁场沿柱半径的分布.文中引入了当波到达探测器 0.5 μs 后磁场的分布曲线.还引进了等离子体半径和区域 B_z=0 的半径对 B_{z0} 的依赖关系.当 B_{z0} 在 $10^3 \sim 5 \times 10^3$ G 范围内改变,等离子体过波层(那里B_z=0)的厚度在 2 ~ 1.5 cm 的间隔内变化.根据估计(趋肤层的)电极温度等于8×10^4 K.

11Б32 具有各向异性导电性的气体中磁流体动力激波的结构[①]

本文证明了完全电离气体中磁流体动力波结构的存在并进行了定性研究.不考虑黏性和导热性.假定气体电子沿拉摩尔圆旋转的时间远小于电子间碰撞时间.文中指出,根据参量值可以准确地分成五种情况.具有各向异性导电性的气体中激波的宽度显得比通常磁流体动力波大.当电子螺旋距很大的情况

---

① Г. А. Любимов, *Прикл. Матем. и механ*, 1961, 25, No. 2, 179-186(俄文).

下,激波宽度就与离子拉摩尔半径的大小几乎相同.

11Б33 稳定平面流动中磁流体动力激波的结构①

本文讨论了平面磁流体动力流动中斜激波的结构. 发现, 并非满足激波条件的一切状态都可以视为一元黏性导电流体的流动来研究, 某些状态可以具有非单值的联系. 在后一情况下各种数据均是针对三维问题选取, 而此三维问题的思想基础即为平面问题.

11Б34 无碰撞强磁流体波的结构②

本文研究了低密度等离子体中横着磁场传播的有限振幅波, 微粒间的碰撞及它们的热运动不予考虑. 电荷的分离被认为是小的并只被当作高阶效应. 文中得到了描述具有恒定断面的有限振幅波(它引起离子密度和磁场强度的增长)特性的方程的精确解. 波通过后等离子体即恢复原始状态. 波的特征宽度等于等离子体中趋肤层的厚度. 波速随磁场强度增大而增大, 并总是大于阿尔芬波的速度, 但却不超过两倍.

11Б35 关于平面激波与磁场间相互作用的实验③

本文叙述了关于快速运动电离气体与磁场相互作用的初步研究结果. 在室温和 $1\sim50$ mm 水银柱高压强情况下充满 Ar 的管中用氢-氧混合物的爆炸激起激波. 气体被加速到 4×10^5 cm/s, 并由于压缩而获得 10^4 K 以上的温度. 由于热电离, 使气体电导率 σ 达到 10^{-7} 电磁单位的值. 轴对称磁场在管中心处为 3×10^4 G, 马赫数值为 18. 文中根据管中气体发光确定了

① G. S. S. Ludford, *J. Fluid Mech*, 1959, 5, No. 1, 67-80(英文).

② J. H. Adlam, J. E. Allen, *Philos. Mag*, 1958, 3, No. 29, 448-455(英文).

③ K. Dolder, R. Hide, *Nature*, 1958, 181, No. 4616, 1116-1118(英文).

磁流体相互作用的程度. 发现, 在无因次参量 $R=$ $BL\sigma\left(\dfrac{4\pi\mu}{\rho}\right)^{\frac{1}{2}}<0.4$ 的情况下(其中 L 为相互作用区段的长, ρ 为气体密度)的照相表明气体发光是均匀的. 当 $R>0.4$ 时, 发光成为不均匀, 并在相互作用区得到增强. 在很小密度和极大磁场情况下观察不到非均匀发光, 这是由于建立平衡电离的时间较大之故.

11Б36 使气体电离的磁流体动力激波[①]

本文研究了在不导电气体中传播的激波, 气体位于电磁场中. 电场和磁场相互垂直且两者都与激波的平面平行. 在连续介质理论范围内对于在此种条件下沿气体传播的激波结构进行了研究. 改变激波的参量便是通过区域内耗散系数(黏度, 导热率和磁黏度)的函数. 从气体电导率 σ 是温度 T 的函数以及存在情况

$$\sigma=\sigma(T)\begin{cases}\sigma=0, & \text{当 } T<T^* \\ \sigma>0, & \text{当 } T>T^*\end{cases}$$

出发, 作者分析了在前一情况中磁流体动力激波的结构. 文中组成了描述气体一元稳定运动的磁流体动力学方程, 并用 $H, v(H$ 为磁场强度, v 为气体速度)研究了曲线 $T=T^*$ 两侧区域内积分曲线的性质. 利用根据使气体电离的激波结构的研究而导出的, 使激波参量联系起来的辅助关系式可以求像关于理想气体活塞问题那样的非稳定问题的唯一解.

11Б37 用磁流体动力激波加热完全电离的等离子体[②]

本文研究了用磁流体动力激波将完全电离等离子体加热到高温的可能性, 并借助双流体近似绝热理

---

① A. G. Kulikovskii, G. A. Lyubimov, *Revs Mod. Phys.*, 1960, 32, No. 4, 977-979. Discuss, 979(英文).

② H. J. Kaeppeler, B. Mayser, *Raketentechn. und Raumfahrtforsch.*, 1961, 5, No. 1, 1-5(德文; 摘要: 英文).

论对磁流体动力激波波前的构造进行了定性估价. 文章第一部分研究了根据质量、冲量和能量耗散守恒的积分定律以及欧姆定律和麦克斯韦方程得到的磁流体动力激波的关系式. 坐标系随激波波前运动. 问题在下列假定下解出：1. 利用纳维尔-斯托克斯形式的流体动力学方程(稠密等离子体情况)；2. 非黏性和不导热气体；3. 激波波前的前面和后面流动速度认为不变；4. 在麦克斯韦方程中位移电流为微量可以忽略不计；5. 在激波波前不发生电荷分离；6. 气体服从理想气体状态方程. 激波具有下列参量(x 为波的运动反向；由于问题是一元的，故 $\frac{\partial}{\partial y} = \frac{\partial}{\partial z} = 0$，而 $\frac{\partial}{\partial x} \neq 0$) $v = (v_x, v_y, 0)$，$v_{y1\infty} = v_{y2\infty} = 0$，$B = B(0, 0, B_z)$，$j_1 = j_2 = 0$，即电流只在激波波前流过，其中 v, B, j 相应地为速度，磁感强度和电流密度，下标 1 表征未扰动介质，下标 2 表征扰动介质. 用变量变换将压强 p，密度 ρ，速度 v_x 变换为新形式 p^*, ρ^*, v_x^*，从而得到激波的关系式组，其中不含有未知量对磁感强度和磁压强的明显依赖关系，其解是熟知的①. 求解后看到 $\frac{B_{z1}}{B_{z2}} = \frac{\rho_1}{\rho_2} = \frac{v_{x2}}{v_{x1}}$，表达式 $\frac{T_2}{T_1} = \frac{p_2}{p_1} = \frac{\rho_1}{\rho_2}$ 对温度突变是正确的. 发现，$\frac{\rho_1}{\rho_2} \approx 1$（或稍加改变），但量 $\frac{p_2}{p_1} \gg 1$ 的情况是可能的，即等离子体通过激波时被加热. 为此，如分析所指出，必须在激波密度小突变的情况下使激波前面的气体压强与磁压强之比很小.

文章第二部分借助双流体近似绝热理论(认为在激波波前处不发生离子和电子碰撞)研究了磁流体动

---

① Р. Курант，*Фридрихс К. Сверхзвуковое течение и ударные волны.* М. ，Изд-во ин. лит. ，1950，§ 67.

力激波的构造. 如果写出离子与电子流体的运动方程, 将激波波前的电流定义为离子与电子所输运电量之差, 则利用麦克斯韦方程可以找到通过磁流体动力激波波前时磁感强度的变化方程. 对此方程所做的定性分析表明, 方程描述了磁流体动力激波波前处的非线性振动, 其频率随振幅而变. 研究过程中没有发生振动衰减的现象 (问题不计及损耗而解出). 在磁流体动力激波波前的前后区域里, 磁感强度的大小由差关系式 $[u_x B_z] = 0$ 确定. 与通常流体动力学中的激波相反, 许多流动参量在磁流体动力激波波前处的过渡不是单调地发生而是振动地发生. 如果粒子的拉摩尔旋转周期与磁感振动特征时间之比很小, 则可将粒子磁矩认为是不变的, 并可对粒子运动进行绝热研究. 如分析所指出, 磁流体动力激波波前的过程绝热临界关系式, 对于电子的形式为 $\dfrac{\tau_-}{\tau} \simeq 0.233 M_A \ll 1$, 对于离子为 $\dfrac{\tau_+}{\tau} \simeq 270 M_A \ll 1$ (M_A 为磁马赫数). 由此可见, 几乎对于所有的临界马赫数此不等式都被破坏并因此在激波波前的离子运动是非绝热的. 对于电子, 此条件稍微受到削弱而临界马赫数偏大. 若流动速度使得电子在波前处做绝热运动, 则电子温度的突变条件具有 $\left(\dfrac{T_2}{T_1}\right)_- = \dfrac{\rho_2}{\rho_1}$ 的形式 (其中 ρ_1, ρ_2 为突变前后的电子密度). 然而值 $\dfrac{\rho_2}{\rho_1}$ 通常是不大的, 所以 $\left(\dfrac{T_2}{T_1}\right)_-$ 的值也是不大的 (弱加热).

从双流体近似理论得知, $2\dfrac{T_2}{T_1} = \left(\dfrac{T_2}{T_1}\right)_+ + \left(\dfrac{T_2}{T_1}\right)_-$. 由此公式出发, 作者对两种极限情况计算了磁流体动力激波的温度突变量: 1. 电子绝热地运动 M_A 很小, 此时对于大的压强落差值 $\dfrac{p_2}{p_1}$ 和可忽略的小的值 $\left(\dfrac{T_2}{T_1}\right)_-$

有 $\dfrac{T_2}{T_1} = \dfrac{1}{2}\left(\dfrac{T_2}{T_1}\right)_+$；2. 如果离子和电子都非绝热地运

动，则 $T_i = T_e$ 且对于温度突变表达式 $\left(\dfrac{T_2}{T_1}\right)_+ =$

$\left(\dfrac{T_2}{T_1}\right)_- = \left(\dfrac{\rho_1}{\rho_2}\right)\left(\dfrac{p_2}{p_1}\right)$ 是正确的，此式以前曾被讨论过.

参考文献 6 种.

11Б38　用磁场加速的方法将气体加热至高温①

本文描述了用于使激波获得速度大于 10^7 cm/s 的两个不同装置. 当气体浓度为 10^{15} cm^3 时，激波波前附近的温度等于 10^6 K. 利用磁场对极良导电介质的压强可以得到这样大的速度. 第一个装置乃是一个直径为 10 cm，高为 5 cm，用一铜线圈罩住的圆柱形玻璃室. 线圈的引出端通过火花放电器接到一容量 1.4 μF，荷电达 66 kV 的电容器上. 借助一射频装置将气体（D_2 与 H_2）进行预电离. 为了将所做的等离子化线圈向柱轴有效地加速，磁场（1.2×10^4 G）应当在 0.25 μs 的时间内形成. 这样的速度可用接入到与铜线圈平行的放电线路中的可熔性感抗达到. 这一来就能获得 $(3-8) \times 10^{11}$ A/s 的电流增长速度. 此时磁场在 0.15 μs 的时间内便可达到所需的值. 由于过程初始时的有限导电性的作用，磁场便引获住等离子体并将其向室轴压缩. 文中引入的借助旋转镜获得的放电照片表明冻结磁流对压缩过程是有很大影响的. 得到的激波速度达到 1.7×10^7 cm/s. 在第二个装置中放电是在两个短的共轴钢柱间的薄层中产生. 所形成的等离子体在同样直径的两玻璃柱间的本征磁场作用下运动. 用黄铜薄层中感生的电流挡制等离子体，使之不

---

① G. S. Janes，R. M. Patrick，*Cong. Extremely High Temperatures*. (Boston，Mass.，March 18th-19th，1958). New York，John Wiley and Sons，Inc.；London，Chapman and Hall，Ltd，1958，3-10（英文）.

与壁接触,黄铜层紧贴玻璃面装置在放电器的外侧.产生的激波速度借助光电放大器系统透过隙缝观测它所辐射的光面加以测量.在 $0.01 \sim 0.1$ mm 水银柱高的压强范围内此速度自 2×10^7 cm/s 变至 1×10^7 cm/s.作者建议利用类似装置作为离子火箭发动机.

11Б39　管内线性磁气体动力轴对称流动[1]

本文从理论上研究了当存在轴对称磁场时圆柱形管内导电气体的稳定流动.假定:1.气体是连续介质;2.管壁是不导电的;3.黏滞效应和热传导为微量忽略不计;4.来流的参量沿截面是均匀的;5.当 $x \to \pm \infty$ 时(x 为沿轴的坐标)磁场趋于零.文中写出了描述流动的方程.指出,如果磁雷诺数和表达有质动力与流速之比的相互作用参量 m 很小,则方程可以线性化.在此情况下气体内的磁感强度在一级近似内与外加磁场一致.文内叙述了所得线性方程用于亚音速及超音速流的计算方法.在亚音速流情况下引入了计算轴上和壁上压强和流速沿管道分布的公式.还引入了一通过磁场的液流的计算结果,该磁场由一载电流的线圈产生,线圈同心地绕在管上.计算结果以轴和壁上的压强和速度沿轴的分布图的形式提出.顺着流体的下方,壁上的速度起初稍微增大,然后在离开装有载电流线圈的地方不远处很快地减小.轴上的速度则相反,首先减小,然后在接近线圈时很快增大.流体下方远离线圈处壁上速度小于面轴上速度,大于未受扰动来流处的值.沿管轴的流动仍为等熵的.

11Б40　圆管中的磁流体动力流[2]

本文研究了圆管中的黏性不可压缩导电流体当

①　F. Edward. Ehlers, *ARS Journal*, 1961, 31, No. 3, 334-342（英文）.

②　K. P. Chopra, *Z. Phys.*, 1961, 162, No. 1, 46-52（英文）.

存在垂直于管轴的均匀磁场时的稳定流动. 对于在电磁场中只包含外横磁场的运动方程得到了精确解, 并提供了计算速度的近似公式. 磁场的感应成分是按照电流分布求出的, 其大小在横磁场无限增大时和一定的压强梯度情况下减小到零. 在此基础上作者做出了如下结论, 即磁场的感应成分可以忽略不计, 并因此可以不考虑边界的电磁效应, 例如, 屏蔽. 文内没有指出此研究的应用范围.

11Б41　管道中导电流体在存在横向磁场时的流动①

本文在各种不同边界条件下研究了流体的运动方程. 指出, 当管壁具有有限导电性时, 问题不能用简单方法解出. 对于下列三种情况得到了解答：1. 流体在两无限的导电壁间的流动；2. 具有绝缘壁的矩形管道中的流动；3. 具有超导性壁的矩形管道中的流动.

11Б42　二维管道中的亚音速磁流体流动②

本文研究了磁场对常截面二维管道中导电气体亚音速流动的影响. 磁场是用一垂直于流动方向, 且置于管道外面的直导体产生的. 假定气体的导电性很小, 则可将描述运动的方程线性化.③

11Б43　在均匀和非均匀磁场中黏性不可压缩导电流体沿管的稳定流动④

本文研究了当存在非均匀外磁场时, 黏性不可压缩导电流体在任意截面管中的流动. 利用了下列假

————————

①　Chieh C. Chang, Thomas S. Lundgren, 1959 *Heat Transfer and Fluid Mech. Inst.* (Los Angeles, Calif., 1959). Stanford, Calif., Univ. Press, 1959, 41-54(英文).

②　F. D. Hains, *Boeing*, 1960, No. D1-82-0057(英文).

③　译自：J. Roy. *Aeronaut*, *Soc.*, 1960, 64, No. 600, 780.

④　А. Е. Якубенко, *Изв. АН СССР, Отд. техн. н. механ. и машиностр*, 1961, No. 1, 90-95(俄文).

定:速度矢量处处都与直线管轴平行;在此轴方向上除压强外,未知参量均不变;以及由流体运动感生的电流在同轴上的投影等于零.指出,在这些条件下问题的解可由两个二阶线性偏微分方程的方程组确定.作为例子,文中研究了当存在均匀横磁场和存在磁偶极子时圆管中的流动情况.根据计算,磁场作用结果可使管中的流动滞制.

11Б44 横向磁场内液体金属流中的局部液压阻抗[①]

本文实验研究了突然膨胀的阻抗系数对于与流动交叉的磁场的强度的依赖关系.实验是在一种特殊装置上进行的,其上有雷诺数 $R=608\sim5\,960$,磁感强度约为 $4\,000$ G(相当于哈特曼数值 $M=41.4$)的水银流动.指出,当比值 $\dfrac{M^2}{R}$ 增大时,阻抗系数 ξ 首先减小(直至 $\dfrac{M^2}{R}\approx0.2$),这可用磁场脉动的抑制来解释.当磁场进一步增强时,涡流的抑制作用成为主要的且使阻抗增大.文内引入了在各种不同磁场强度($M=0\sim40$)时平板(板与流相垂直)绕流的图像照片.这些照片说明磁场对涡流的影响.指出,由于能量耗损主要由转接流与涡流区的相互作用而产生,因此所得的阻抗系数的变化特性应当具有最一般的性质.

11Б45 磁流体动力中流的存在与稳定问题[②]

文章阐述了用磁将热等离子体与固体界面隔离的问题.作为例子,文中研究了无限导电流体在所谓

---

① Г. Брановер, Р. Дукуре, О. Лиелаусис, А. Цнобер, *Latv PSR Zinātnu Akad. vēstis*, Изв. АНЛат вССР, 1960, No. 11, 97-102(俄文;摘要:拉脱维亚文、英文).

② Adolf. Busemann, *Magnetodyn. conducting fluids*, Stanford, Calif. , Univ. Press. 1959, 3-16(英文).

"拉伐尔磁喷管"中的流动和绕过一道通以电流的导线的流动. 讨论了这些流动存在的可能性及其稳定性问题.

11Б46 关于某些变分原理在流体动力及磁流体稳定性问题中的应用①

关于流体动力和磁流体的稳定性的许多问题在最后计算中都被归纳为具有高阶常系数的常微分方程的解. 例如,关于流体在两共轴柱面间的转动稳定性的泰勒问题被归结为一个六阶微分方程的解. 方程的复杂程度迫使人们寻求其近似解. 作者建议用变分原理求解类似问题. 引入一个辅助的未知函数后,作者将一个方程式归结为两个方程的组,并求出了此方程组的相应变分问题. 然后,此问题借助于将未知函数按相应的正交函数展成级数而解出. 作者用不止一个的具体例子对自己的方法做了举例说明,并精确地解出了上述泰勒问题,即关于磁场对对流的制动问题及具有轴向磁场的导电流体的泰勒问题. 结果与以往用别的方法得到的解做了比较. 参考文献 19 种.

11Б47 圆形磁场中导电流体的磁流体稳定性②

本文利用泰勒和昌特拉谢克哈尔所发展了的方法研究了导电流体在两旋转共轴圆柱间的圆形磁场中流动的稳定性问题. 在两柱面半径差与它们的平均半径相比很小的情况下,导出了计算临界稳定性的方程,并做出了理想导电柱面的边界条件. 磁场阻碍非稳定性的产生,然而此一效应的微量级和与磁力线移动相关的磁流体动力相互作用一样.

---

① R. C. DiPrima, *Quart. Appl. Math*, 1961, 18, No. 4, 375-385 (英文).

② N. Edmonds Frank, *Jr.*, *Phys. Fluids*, 1953, 1, No. 1, 30- 41 (英文).

11Б48　具有变密度的导电旋转流体的稳定性①

本文在下列假定下研究了磁场和重力场中理想不可压缩旋转流体的稳定性:1.流体是无限导电的;2.旋转轴与重力方向一致;3.旋转角速度恒定;4.磁场具有确定的与转轴正交的方向且只沿转轴改变;5.流体密度只沿转轴(随高度)改变.文章在这些条件下借助微扰方法研究了稳定性.指出,在一般情况下问题归结为求解一个二阶线性微分方程.文内详尽研究了两种特殊情况.在经一种情况中流体密度与磁场随高度按指数规律变化,然而假定这些量的分布使得阿尔芬速度恒定不变.此外还假定,流体具有深度(为两固体壁所限制).求得,如果密度随高度减小,则运动不依赖于角速度和磁场的大小而是稳定的.若密度随高度增大,则在密度增大速度不快的情况下磁场和科里奥利力可使运动稳定.在不稳定情况下文中指出,角速度的增大将导致扰动增量的减小.增量的最大值随科里奥利力增大而向大波数值方向移动.在第二种情况中研究了科里奥利力对于一平面分开的两不同密度的流体的稳定性的影响,平面垂直于旋转轴.指出,如果重流体置于轻流体之上,则科里奥利力不能使运动稳定.然而旋转角速度的增长,如第一种情况一样,导致微扰增量的减小.

11Б49　若干稳定的磁流体平衡状态②

本文研究了若干平衡的磁流体动力学构形,在一定条件下它们对于等离子体的两种不稳定原因为稳定:当等离子体在导电介质与磁场之间运动时,与相互作用有关的"交换",和等离子体线的曲折.文中研究了拉伸等离子体柱在均匀磁场 B_0 中的稳定性,当

---

①　S. P. Talwar, *J. Fluid Mech*, 1960, 9, No. 4, 581-592(英文).

②　J. L. Johnson, C. R. Oberman, R. M. Kulsrud, E. A. Frieman, *Phys. Fluids*, 1958, 1, No. 4, 281-296(英文).

时在此均匀磁场上加有不是很强的螺旋磁场. 当这些磁场之一存在时, 等离子体柱的半径由公式 $r(\theta, z) = S + \delta\cos(l\theta - hz)$ 确定, 式中 S 为无螺旋场时柱的半径, h 确定螺距, l 为角周期性, δ 表征这些磁场的强度. 在根据磁流体动力学方程分析稳定性条件时, 作者利用能量原理, 这一原理是由别尔施登, 布里曼等人在应用于同类范围问题时拟定的. 稳定性借助于对量 δ 和 $\beta = \dfrac{2p(0)}{B_0^2}$ 的比较加以确定, 其中 $p(0)$ 为柱轴上的等离子体压强值. 当 β 趋于 δ 时系统稳定, 如果 β 趋于 δ^2, 则发生临界条件, 而当 β 与 δ 的更高阶成比例时, 则系统对于上述两种稳定性是稳定的. 之所以必须研究对于曲折的稳定性, 这是与存在非均匀磁场时轴向电流的产生有关的. 参考文献 11 种.

11Б50　两电子束的系统在磁场中的不稳定性[①]

本文用线性近似法求解了以不同速度运动的两电子束的稳定性问题. 两电子束系统不仅因为体电荷的纵波, 而且也会由于与电子在磁场中的回旋转动相关的横振动(所谓回旋波)的相互作用而失去稳定性. 文内研究了中空的共轴电子束. 电子束很薄, 以致磁场沿厚度的分布不起什么作用, 而振动传播的相速 $v\phi$ 远小于光速, 因此 $\dfrac{v\phi}{c} \ll 1$. 如果假定库伦力的作用为磁力所平衡, 从平面 r, z 中(问题具有轴对称性)的粒子运动方程(在原始方程中作置换 $r = r_0 + r_-$, 其中 r_0 为束的粒子的坐标平均值, r_- 为与平衡位置的微小偏离)能获得速度振动分量的方程. 考虑到束中粒子数守恒的条件, 可以得到束的边界上电荷和密度振动的方程. 对于两个束——内束和外束, 方程具有同一形

---

① Б. Н. Руткевич, Ж. техн. физ, 1931, 31, No. 5, 539-548(俄文).

式.除速度和电荷面密度的变分量外作者推出了电子层上磁场的方程,解之可得到耦合系统,即两个电子束的系统的振动色散关系式.在一般情况下振动过程的性质很复杂,但在某些假定下振动可以分解为在每一束中的纵的和横的振动.如果此后再给定振动系统(两电子束)的恒定耦合,则可以对一系列特殊情况分析两个束系统的稳定性.振动过程出现增大的解就意味着系统不稳定.作者研究了电子束间的三种耦合情况.1.如果电子束间无耦合,则散射关系式分解为在第一和第二电子束中的两个独立波动方程.所求得的方程及其柱面波形式的解并不含有增大的解,即电子束对于所研究的振动是稳定的.在同一束中体电荷波与柱面波间耦合的计算不会导致不稳定性.2.不同形式振动间存在弱耦合时,在两电子束中振动的相互耦合都可以有三种形式:两束中体电荷波相互间的耦合,两束中柱面波间的耦合,一束中体电荷波与另一束中的柱面波间的耦合.作者分析了第三种情况,指出,运动有时可以成为不稳定,文中求出了不稳定的范围.为了使不同束中振动间的耦合很小,必须使特征振动的波长同时远小于束的半径及它们的差.文中研究了当电子束之一的电子平均静止(由电子束引起等离子体振动)时的个别情况.此时可能出现不稳定振动,且特征频率(在其附近振动加强)在小密度情况下接近回转频率 ω_H.3.在振动波长大而电荷密度小的情况下分析色散关系式是困难的.因此文中首先研究了一个电子束中的振动稳定性问题(第二个电子束半径等于零).对体电荷波和柱面波色散关系式的分析指出,同一束中不同振动间的耦合是无关紧要的.其次作者研究了第一束(内束)中体电荷波与第二束中的柱面波间的相互作用,并求得了一个频率,在此频率时此耦合成为重要的.如果将第二束认作静止的,则可以比较简单地确定不稳定区域.当电荷密度减小时不稳定区向略大于回转频率的一频率集中,这

321

是很有意义的,亦即在束——等离子体螺旋系统中可以引起频率 $\omega_- > \omega_H$ 的振动. 参考文献 5 种.

11Б51　等离子体的稳定性[①]

本文是关于磁场中等离子体稳定性理论的简短评述.

11Б52　论超环面中的磁流体动力学平衡[②]

本文总结了其他作者以前得到的结果[③]. 导出了为建立超环面中的磁流体动力学平衡所必需的一系列新条件,叙述了为确定等离子体平衡条件的新的变分原理.证明了在磁流体动力学情况下磁表面的存在和第一近似中存在标量电场的充分性.还叙述了计及短时间间隔流动中电离微粒的碰撞的玻尔兹曼方程的解决.等离子体的磁流体动力学平衡条件的研究是在没有使微粒结合的装置以及有此种装置的假定下进行的.

11Б53　论黏性导电液体在两平行平面间的缓慢运动[④]

本文研究了黏性不可压缩导电液体,在恒定体积,力 k 和与界面壁垂直的均匀磁场 H_0 的作用下的运动.与界面壁平行的速度 $u(z,t)$ 的方程取如下形式

$$\frac{\partial u}{\partial t} = k - \alpha^2 u + v\,\frac{\partial^2 u}{\partial z^2}$$

其中, v 为动力黏性系数, α^2 正比于 H_0^2. 最后的方程在

---

① S. Lundquist, *Rend. Scuola internaz. fis. E. Fermi*, 1960, 13, 25-33(英文).

② M. Kulsrud Russell, *Phys. Fluids*, 1961, 4, No. 3, 302-314(英文).

③ G. E. Chew, M. L. Goldberdger, F. E. Low, *Lectures on jonized gases*, 1956.

④ John. Carstoiu, *C. r, Acad. sci.*, 1659, 249, No. 14, 1192-1193(法文).

均匀的初始和边界条件下用算符计算方法解出.文内还提供了函数 $u(z,t)$ 当 $t \to \infty$ 时的极限值,它与以前熟知的稳定运动速度相符.

11Б54　导电流体在磁场内平行平面间的稳定对流运动①

本文在忽略黏性和焦耳热的情况下求出了具有有限导电性的导电黏性流体在受热不同的两平行无限平面间的一维稳定对流问题的精确解.平行于界面平面的重力分量和垂直于界面平面的磁场分量的存在是主要的.解答具有简单的解析形式并对中间平面对称.对流速度的指向沿界面平面.除压强外,所有的量都只依赖于至界面的距离.文内计算了热的对流流动.

11Б55　存在磁场时导电球在导电黏性液体中的旋转②

本文提出了测量液态金属导电率和黏度的新方法.方法是以导电物体在磁场中运动制动的测量为基础的.计算了以一定角速度在导电介质中绕轴 z 转动的导电球.假定,磁感强度取向沿轴 z,总制动矩是由球与液体的黏性阻力形成的矩以及由于磁场对旋转球的直接制动所产生的矩组成,得到了相应的公式.

11Б56　磁流体动力学中非理想导体的瑞利问题③

本文研究了半空间 $y>0$ 内具有有限导电性的黏性不可压缩流体的平面流动,当时导电固体充满着下

---

①　Г. З. Гершуни, Е. М. Жуховицкий, *Ж. эксперим. и теор. физ.*, 1958, 34, No. 3, 670-674(俄文;摘要:英文).

②　Ю. Круминь, *LatvPSR Zinatnu Akad. vestis*, Изв. АН Латв CCP, 1958, No. 2, 97-102(俄文;摘要:拉脱维亚文).

③　D. G. Drake, *Appl. Scient. Res*, 1930, B8, No. 5-6, 467-477 (英文).

半空间,并在 x 轴向上突然获得恒定速度.流动中横向磁场 H_y 认为是常数,而速度、电磁场和感应磁场在初始时刻处处等于零.借助拉普拉斯变换解出了两个介质的方程.在一般情况下,在无穷远处得到了有限解的表达式.如果流体的磁黏度(v_m)和动力黏度(v)互等,则可借助熟知的函数进行反变换.对于不导电和理想导电物体的极限情况以最终形式求得了相应解答.对于同样两种情况利用极限过渡 $v \to 0$ 在一定的 $\dfrac{y}{\sqrt{v}}$ 之下求出了边界层形式的解.在物体导电性为任意时,在小时间值情况下对边界层得到了解.文章根据物体导电性研究了物体所受总阻抗的大小和电磁力对摩擦力的作用的特征.

11Б57　磁流体动力学中的瑞利问题:磁荷的运动①

本文研究了当存在平行 y 轴的恒定磁场 H_0 时,不可压缩黏性导电流体在平面 $y=0$ 和 $y=h$ 所限制的层中的运动.过程用磁流体动力学方程组

$$\left(\eta\,\frac{\partial^2 H}{\partial y^2}-\frac{\partial H}{\partial t}\right)+H_0\,\frac{\partial u}{\partial y}=0 \tag{1}$$

$$A_0^2\,\frac{\partial H}{\partial y}+H_0\left(v\,\frac{\partial^2 u}{\partial y^2}-\frac{\partial u}{\partial t}\right)=0 \tag{2}$$

表示,初始条件与边界条件为

$$u(0,y)=u_0,H(0,y)=0 \tag{3}$$

$$u(t,0)=\frac{\partial H}{\partial y}(t,0)=0,u(t,h)=\frac{\partial H}{\partial y}(t,h)=0 \tag{4}$$

式中,$u(t,y)$ 为流体在 x 轴方向上的速度,$H(t,y)$ 为磁场在 x 轴方向的分量,v 为黏度,$\eta=\dfrac{1}{\mu\sigma}$ 为磁黏度,μ

---

① G. S. S. Ludford, *Arch. Ration. Mech. and Analysis*, 1959, 3, No. 1, 14-27(英文).

为磁导率,σ 为电导率,$A_0 = \left(\dfrac{\mu H_0^2}{\sigma}\right)^{\frac{1}{2}}$ 为阿尔芬速度. 对方程(1)和(2)进行拉普拉斯变换并引入条件(3)和(4),就可对拉普拉斯表示式得到下列表达式

$$H(p,y) = \frac{H_0 u_0}{p^2} \frac{mn}{m^2-n^2}\left[n\frac{\operatorname{sh} m\left(y-\dfrac{h}{2}\right)}{\operatorname{ch}\dfrac{mh}{2}} - m\frac{\operatorname{sh} n\left(y-\dfrac{h}{2}\right)}{\operatorname{ch}\dfrac{mh}{2}} \right]$$

$$(5)$$

$$u(p,y) = \frac{u_0}{p} \frac{u_0}{p^2(m^2-n^2)}\left[n^2(p-\eta m^2)\frac{\operatorname{ch} m\left(y-\dfrac{h}{2}\right)}{\operatorname{ch}\dfrac{mh}{2}} - \right.$$

$$\left. m^2(p-\eta n^2)\frac{\operatorname{ch} n\left(y-\dfrac{h}{2}\right)}{\operatorname{ch}\dfrac{nh}{2}} \right]$$

$$(6)$$

式中

$$m = \sqrt{a+bp} + \sqrt{a+cp}, n = \sqrt{a+bp} - \sqrt{a+cp}$$

$$a = \frac{A_0^2}{4v\eta}, b = \frac{(\sqrt{\eta}+\sqrt{v})^2}{4v\eta}, c = \frac{(\sqrt{\eta}-\sqrt{v})^2}{4\eta v}$$

文章首先研究了 $h=\infty$ 的情况. 当 $v=\eta=k$ 时由公式(5)和(6)得到

$$H(t,y) = \frac{H_0 u_0}{2A_0}\left[-\operatorname{erf}\left(\frac{y-A_0 t}{2\sqrt{kt}}\right) + \operatorname{erf}\left(\frac{y+A_0 t}{2\sqrt{kt}}\right) \right]$$

$$u(t,y) = \frac{1}{2}u_0\left[\operatorname{erf}\left(\frac{y-A_0 t}{2\sqrt{kt}}\right) + \operatorname{erf}\left(\frac{y+A_0 t}{2\sqrt{kt}}\right) \right]$$

如果 $v \neq \eta$,则 $u(t,y)$ 和 $H(t,y)$ 不能通过已知函数表示为显式. 作者研究了某些极限情况(例如,小 v 和 η 的情形)并借助越级法(Метод перевала)得到了 $u(t,y)$ 和 $H(t,y)$ 的渐近公式. 在结论中对于 h 为有限时的情况做了若干提示.

11Б58　论边界层的磁空气动力学①

在飞机飞行中当马赫数增大并超过 15 时,就发生空气的离解和电离.空气变成良导热和良导电的.为了实现飞机在此速度下的稳定飞行,必须对飞机表面采取热防护措施.文中研究了借助倾斜磁场计及导热率随温度改变来防热的可能性.边界层内的介质被认为是不可压缩和具有恒定黏性的.微分方程被归结为简单形式并由于存在倾斜磁场而异于布拉西乌斯解.尽管结果与实际物理图像不符,作者还是估计出了磁场对表面摩擦和导热率的影响程度.

11Б59　当存在压强和磁场的梯度时,导电可压缩流体的一类层流边界层②

本文从理论上研究了当存在相对于物体固定的磁场时,具有不为零的压强梯度的可压缩导电流体的层流边界层.磁场方向垂直于物体表面.假定:(1)气体中离子和电子浓度不是很大,以致它们在能量传输中的作用可以忽略;(2)气体全体"冻结";(3)普兰特数等于 1 以及(4)积 $\rho\mu$＝常数.文中指出,当满足上述假定时,如果磁感强度大小按幂规律随它本身到临界点之距离变化,同时层流边界层界面上的速度分布服从一定规律,则相同的解是存在的.当磁场恒定时,在二维边界层的特殊情况下,临界点附近存在相同解.对于相同的边界层得到了用来计算边界层内速度分布、焓及浓度的公式.按这些公式计算的结果与精确数字计算结果极为相符.文中计算了壁的传热系数.指出,当磁场强度增大时自气体向壁的传热就减小,物体表面具有的催化性质越大,则磁场对传热的影响

---

① Vernon. J. Rossow, *Z. angew. Math. und Phys.*, 1958, 9b, No. 5-6, 519-527(英文;摘要:德文).

② Paul S. Lykoudis, *IXth Internat. Astronaut. Congr. Amsterdam*, 1958, Proc. Vol. 1, Wien, 1959, 168-180(英文;摘要:德文、法文).

越弱.文章还简略研究了存在磁场时吹入气体对边界层内流动的影响,指出,由于磁场与吹入的同时作用,可使传热大大降低.

11Б60　具有热交换的平面层流流动的磁流体动力学效应①

本文研究了当磁场垂直于自由流速且相对于板不变时,沿平板的导电流体层流流动的受迫对流传热.取平板表面上的常温度或常热流作为边界条件,在下列情况下存在解:(1)普兰特数 $P=1$,计及摩擦热;(2)平均普兰特数和大普兰特数,焦耳热和摩擦热忽略不计;(3)小普兰特数,摩擦热忽略不计.

11Б61　等离子体在导电细长体附近的流动②

本文从理论上研究了稠密等离子体在导电细长体附近的恒定流动,未受扰动时流动的速度与离子热运动速度相比为超音速而与电子热运动速度相比则为音速.假定,磁场作用不存在,且只研究静电效应,并忽略黏性和导热性.文中写出了此一电气体动力学问题在二维情况下的状态式,并将其归结为一四阶微分方程.文章首先研究了导电无限壁近旁的流动.壁具有波浪形(正弦曲线形)表面并在此表面上具有给定的电荷分布.作者利用所得结果分析了具有尖锐前、后缘的无限导电细长体附近的流动.根据研究求得,流中的静电势由两个区域组成:与物体相连接的厚度约等于德拜尺寸的边界层和外场.在德拜边界层内静电势和电子密度主要具有椭圆性质和指数衰减,而势直接与壁表面电荷有关.在外区域中势场实际上具有双曲线性质,且在此种情况下不依赖于壁的

---

① R. D. Cess, *Paper. Amer. Soc. Mech. Engrs*, 1959, No. HT-14, 7pp., ill.(英文).

② Hideo. Yoshihara, *J. Aero-Space Sci.*, 1961, 28, No. 2, 141-144, 157(英文).

静电特性.正离子密度和速度的分布与电子分布相反，具有双曲线性质.文中指出，等离子体在导体附近的主要流动状况应当具有二维、三维和轴对称情况下所共有的一般性质，且在德拜边界层内静电势的变化性质在各种不同情况下是类似的，而同时双曲线离子流应当取决于问题是二维还是三维.参考文献4种.

11Б62 流动动力学与以粒子运动的研究作根据的理论相比较[①]

本文用物理直观的方法阐述了强磁场中（用主中心近似法）无碰撞的等离子体动力学与流体动力学之间熟知的相似.

11Б63 等离子体方程的理论结构[②]

本文发展了求解用于研究稳定性问题的无碰撞线性运动方程的方法，分布函数的扰动求得为

$$\delta f(x,v,t) = -\frac{1}{m}\int_{t'=t_0}^{t'=t}(\delta F \times \nabla_u f_0)\,\mathrm{d}t' + \delta f(t_0)$$

式中，F 为作用于粒子上的总力.积分是沿未受扰动的轨道求取，轨道则由粒子运动方程求得.稳定性条件以能量原理形式写出，并与在磁流体动力学近似法及丘柯尔格别尔格和罗素的近似法中得到的类似条件做了比较.

11Б64 非黏性理想可压缩等离子体的拉格朗日函数密度[③]

本文组成了拉格朗日函数（即不包含所研究的运动微粒的质量和电荷，而只包含质量与电荷的宏观密度的拉格朗日函数）密度的表达式，由它出发借助于

① S. Lundquist, *Rend. Scuola internaz. fis. E. Fermi*, 1960, 13, 15-19（英文）.

② M. N. Rosenbluth, N. Rostoker, *Phys. Fluids*, 1959, 2, No. 1, 23-30（英文）.

③ Sylvan. Katz, *Phys. Fluids*, 1961, 4, No. 3, 345-348（英文）.

变分原理可以得到在电磁场中等熵地运动的单成分无耗散可压缩等离子体的磁流体动力学方程.

11Б65　等离子体波的发生与热化[①]

本文研究了在完全电离的等离子体柱内用感应方法产生波以及波在其中的吸收,等离子体为一极大均匀磁场所约束.假定,零温度与粒子横向运动相关,而沿磁场的运动则由温度值 $T_i \neq 0$ 所表征.计算中不计及电子惯性和碰撞.所研究的吸收具有特殊性质并与带电粒子附近存在的沿速度方向的热分散有关.文中研究了频率 $\omega \ll \omega_i$ 的波,其中 ω_i 为离子回旋频率(磁流体动力波),和在频率区域 $\omega \sim \omega_i$ 内的波(离子回旋波).文中得到了色散方程,波的吸收量与传播常数同时为此方程所确定.还研究了此一吸收在等离子体加热中的作用,此种加热在离子回旋共振区附近特别有效.用感应方法加热等离子体时,外部交变磁场能量转换为离子和回旋波能量的效率比65%还大.这些波的能量应当很快地转换成离子的热运动能.参考文献9种.

11Б66　强磁场中电荷分离对等离子体扩散的影响[②]

本文研究了完全电离气体横越强磁场的扩散,并阐明了电子-离子的和离子-离子的碰撞在此时所起的作用.在一些早期的著作中曾经指出,由于离子与离子碰撞所产生的扩散流与由于离子与电子碰撞而产生的扩散流之比具有阶 $\left(\dfrac{m_i}{m_e}\right)^{\frac{1}{2}}\left(\dfrac{R_i}{L}\right)^2$,其中 m_i, m_e 为离子与电子质量,R_i 为离子拉摩尔半径,L 为密度改变的特征距离.本文指出,此一估计只在体电荷和

---

①　Thomas H. Stix, *Phys. Fluids*, 1958, 1, No. 4, 308-317(英文).

②　A. N. Kaufman, *Phys. Fluids*, 1958, 1, No. 3, 252(英文).

电场不能产生的情况下才正确.如果发生了电荷的分离,则将出现平行于密度梯度的电场,它破坏由离子-离子碰撞所产生的扩散流.

11Б67 柱形等离子体中电荷密度的振动波①

本文描述了用周期性放电扰动的方法使正放电柱中人为引起的振动过程的实验研究.实验是在长42 cm.直径2.2 cm,3 cm和3.6 cm,充满氖、氦和氩的放电管中进行的,放电电流达300 mA.自振荡器将交变电压输给置于距阴极2~3 mm处的辅助电极以获得放电扰动.正放电柱中振动的出现及其运动方向是用光电放大器(或两个探测器)和阴极射线示波器进行记录.测出了振动频率和移动层的长度.发现,对于人工层,发光亮度振动的振幅与频率的关系具有最大值,其位置随压强而变.文内引入了当管径为2.2 cm和3 cm,其内充满氦,在不同压强时层的长度和振动频率的值以及根据它们算出的层的运动速度.

11Б68 论等离子体中电子分布函数的稳定条件②

本文确定了等离子体中电子分布函数对于高频振动的一般稳定性条件.研究了无外场时等离子体的自由振动,并根据所导出的分布函数稳定性判据分析了所有稳定函数的一般形式.还导出了位于恒定和均匀磁场或电场中的等离子体内电子分布函数的稳定条件.文中指出,特别是,当存在磁场时,具有唯一最大值的偶分布函数是稳定的.

---

① М. Я. Васильева, А. А. Зайцев, Э. Д. Андрюхина, *Изв. АН СССР. Сер. физ*, 1959, 23, No. 8, 995-998(俄文).

② А. И. Ахиезер, Г. Я. Любарский, Р. В. Половин, *Ж. эксперим. и теор. физ*, 1961, 40, No. 3, 963-969(俄文;摘要:英文).

11Б69　等离子体的磁–声电离法①

11Б70　测量等离子体电荷浓度的谐振超高频探测法②

此种测量气体放电等离子体中电荷浓度的方法的基础乃是应用一微小超高频振动系统形式的探测器,系统有一被局限在其邻近周围的电场.根据振动系统谐振频率的位移确定此系统周围的电子浓度.本文作者系统地研究了超高频探测器在稳定的气体放电等离子体中的工作情况,并探讨了将其用于不稳定等离子体的可能性.此外用高频探测器测量有磁场时稳定等离子体中放电浓度的可能性.在最后这一情形中作者指出了当保持探测器周围恒定的电荷浓度时,磁场对探测器电流的影响.还发现,在不超过 700 奥斯特(1 奥斯特等于 $\frac{1\ 000}{4\pi}$ A/m)的范围内磁场对探测器离子电流的影响是微弱的.参考文献 10 种.

11Б71　关于弧等离子体中氢线和激波管的变宽③

11Б72　矩形截面电磁泵管道内的速度分布④

本文研究了关于具有导电性和黏性的导电黏性不可压缩流体在矩形截面管中的平面稳定层流流动问题,管是由两超导电极和不导电壁构成.假定,速度只有纵向分量 $v_z(x,y)$,而磁场均匀,并且指向 x 轴与

———————

①　Е. К. Завойский, И. А. Кован, Б. И. Патрушев, В. Д. Русанов, Франк-Каменецкий Д. А., Ж. техн. физ, 1961, 31, No. 5, 513-517(俄文).

②　С. М. Левитский, И. П. Шашурин, Ж. техн. физ, 1961, 31, No. 4, 436- 444(俄文).

③　В. Ф. Китаева, Н. Н. Соболев, Докл. АН СССР, 1961, 137, No. 5, 1091-1094(俄文).

④　Ю. Бирзвалк, А. Везе, LatvPSR Zinatnu Akad. vostis, Изв. Латв ССР, 1959, No. 10, 85-89(俄文;摘要:拉脱维亚文).

流体中的电流无关. 借助最小平方法得到了速度、势和压强分布的近似公式. 在磁场速流情况下对于按时间平均的量得到类似公式, 此时认为, 在两电极上的势均等于零, 沿 z 轴无电流. 参考文献 4 种.

11Б73 电磁流量计的气体动力学理论①

针对圆管内磁流体流动的数字分析指出, 在磁场作用下速度分布将受到随磁场增大而越来越厉害的扰动, 这样便消耗了在稳定层流状况下工作的流量计的压强, 且降低了其灵敏度. 文中引入了计算压强耗损 P 和灵敏度 S 的公式

$$P \sim 8 + \frac{H^2}{6}, S \sim 1 - \frac{H^2}{576}$$

(H 为场强)和相应的图形.

11Б74 超音速空气流的等离子体加热②

本文描述了能借助超音速空气流之电离而使其本身加热的实验装置. 在室温和 30 mm 水银柱高压强下, 使大气空气通过拉法尔管, 并在管中被加速到与马赫数 3.5 相当的速度. 此后气流再通过两电极之间的空间, 电极横过气流运动方向产生频率为 10 MHz 的交变电场, 此电场引起气体的局部电离. 离子复合时释出的能量和电子的动能被传给气体离子和分子而使气体温度升高. 加入一纵向磁场可以减少粒子向管壁的两极扩散, 这使得高频电场可以将更多的量输给被加热气流. 例如, 强度为 1 000 奥斯特的磁场可使装置的有效系数提高 30%. 而在静压强为 0.4 mm 水银柱高的气流中可得到 900 ℃的温度. 温度的最大值受到高频振荡器功率的限制.

---

① J. Fabri, R. Siestrunck, *Bull. Assoc. techn. maritime et aéronaut*, 1960, No. 60, 1-16(法文).

② Raymond L. Chuan, *Phys. Fluids*, 1958, 1, No. 5, 452(英文).

11Б75 当存在轴向光滑电晕放电导线时,无限长光滑导电管中的横向压强梯度①

当沿无限管轴线移动的光滑负导线做电晕放电时,形成了体积密度为 ρ_e 的负空间电荷,该电荷实际上充满了导线和管间的整个体积(导线周围极狭窄的电离区除外). 在此体积内径向电场以力 $\rho_e E$ 作用于气体粒子上,这样便产生了横向压强梯度. 作者将计算与实验所得的压强分布做了比较(在管半径 $R = 40$ mm和导线半径 $\gamma_0 = 0.5$ mm 情况下). 大约从管半径的一半起就可得到理论与实验的很好一致. 但随着向导线的接近将观测到越来越大的歧离,这种歧离可以用测量压强的玻璃管对放电的强烈影响来解释. 实验还证实导线与壁间压强传送对电晕电流强度存在线性依赖关系,但在计算结果中也存在数字分歧. 如果沿管存在纵向压降,则它将引起气体沿管的运动,而电场不影响此一运动的速度.

在这样一个浮躁且功利的时代,出版这样一本既费钱又无功利之用的老英文原版书是一种"疯狂"之举. 说服自己干这件事是困难的,这样的事其他人也干过,譬如谵小语就在《卑微的人生与半神的思想》中写道:从审视数学出发,维柯得出一系列颠覆性结论:数学是抽象的,是人在心灵中凭空进行的建构,它不从自然来,所以不能帮助人认识自然;人创造了数学所以理解数学,上帝创造了自然所以理解自然,那么人要了解自然只能通过观察和实验获取经验. 由上可知,真理即行动,行动改进人的认识. 进而导出,人类历史是人类自己创造的.

简言之,维柯只看现实,用实际行动说话——"真理即行动",这也是《新科学》的核心思想.

体弱多病,运气不好;信仰被怀疑,著作被忽略……这就是维柯卑微的人生. 然而,这卑微的人生承载着的是半神的思想.

---

① И. Б. Чекмаров, *Тр. Ленингр. политехн. ин-та*, 1958, No. 198, 169-172(俄文).

他一个人挑战了一个时代,他一个人超越了一个时代,他是洞见未来启发后世的天才.今天的人文社会科学的许多学科的基础理论及研究方法都可以在《新科学》中找到"基因".从学科上说,人类学、历史学、法学、美学、语文学、文化哲学、艺术哲学、思维科学等,都同《新科学》有直接的关联;从方法论上说,文学、哲学和美学中的社会历史的批评方法、实证方法、文化阐释批评方法都可以直接从《新科学》中发现其渊源.

扯远了!

刘培杰

2020 年 7 月 25 日

于哈工大

行星状星云概论(英文)

杰森·J.西山 著

编辑手记

本书是一部引进版权的英文科普图书,中文书名可译为《行星状星云概论》.作者在前言中指出:

> 我们在这个小小的世界里的生活与星星的生活紧密相连.构成我们的物质主要是在恒星的核心或恒星的爆炸中形成的.在这两种情况下,我们的存在都要归功于数十亿年前无数恒星的死亡.我们自己的恒星——太阳,也会屈服于时间的脚步.在用完核燃料后,它还将把在其生命周期内制造的元素送入银河系.在太阳死亡的阵痛中,它有可能变成行星状星云.
>
> 行星状星云标志着中低质量恒星的死亡.虽然行星状星云不像大质量恒星的超新星死亡那样瞬间壮观,但它们也有自己独特的美.虽然我们已经观察它们几百年了,但直到最近几十年,我们才弄清楚它们是什么以及它们在恒星生命中的位置.即使是现在,行星状星云仍有许多方面是我们所不了解的,所以我们对这些天体进行了积极的研究.
>
> 在这本书中,我们将研究行星状星云是什么,它们从哪里来,又将去向哪里.我们将讨论是什么机制导致了这些恒星消亡的美丽标记,以及是什么导致它们形成了各种各样的形状.我们还将探讨如何测量行

星状星云的各个方面,例如其组成.尽管我们将对行星状星云进行某些方面的数学处理,但主要观点应该是那些只有有限的数学背景的让人容易理解的内容.本书的结尾部分附有一些简短的词汇表,在每章的末尾都包含了一个广泛的参考书目,我特别鼓励有兴趣的读者更深入地了解这些文章.

星体一直是人类又爱又怕的东西,由于缺乏科学知识而恐惧,又由于了解了天体的结构而释然,正如天文学家哈雷曾写诗赞誉牛顿的《自然哲学的数学原理》,认为其中关于彗星的描述破除了人们的疑惧."彗星突然改变运动轨迹/一度,让我们感到恐惧战栗/然而今天,当彗星划过天际/它只是一条长长的扫帚星而已."

中国古代也有天文学,皇家非常重视,主要以观星像、占凶吉、测国运为主,除了留下一些观测数据及资料,并没有对近现代天文学产生丝毫影响.

本书的出版时机有些特殊,正逢世界疫情大爆发.2020年5月7日,《南方周末》曾发表过一篇书评,也是写疫情期间阅读宇宙学科普著作感受的,读之颇有同感:

> 因为疫情而宅在家的这段时间,我晚上偶尔会在室外看一看夜空的星星.那些距离我们数光年甚至亿万光年的恒星,在无垠的宇宙中兀自燃烧着,它们的光芒穿越茫茫星河,最终到达地球,成为我们眼中的璀璨夜空.这与小时候看到星星时的感受大不相同——看星空的美感是一样的,但是思考和心境截然不同.
>
> 美国物理学家费曼曾经提出这样的观点:一个科学家在欣赏一朵花时,尽管与艺术家不同,但也并不会因为了解花的微观结构而失去欣赏花的美的能力.拥有更多科学知识只会对花产生更多的兴趣和好奇心.在阅读《大图景》时便会有这样的感受:作者并没有因为对物质世界的了解而失去对生活的兴趣和好奇心,相反他更乐于思考.

《大图景》的作者肖恩·卡罗尔是美国理论物理学家、加州理工学院物理系教授、美国国家科学院院士、美国艺术与科学院院士.卡罗尔从事的是场论、引力、宇宙学、量子力学等的研究,同时还是作家和颇有名望的物理学博客博主、刘易斯·托马斯科学写作奖得主.而本书是作者科学精神和世界观的完整体现.

在本书中,作者从天文学、物理、化学、生物和哲学等多种层面,为读者呈现出一幅关于宇宙的大图景.

第一部分即从"宇宙"这一话题开始讲述.作者以极大的勇气和坦诚直面"现实世界的本性"问题,并以此为起点,环环相扣,将由此引发的思考展现在读者面前.在人类文明萌芽之时,人类即开始思索(或者反过来说,自从人类开始有闲暇进行思考,便拉开了人类文明的序幕).我们有大量的神话传说和宗教竭力解释人类从何而来的问题,试图为我们的存在找到一个合理的理由.

然而,当尼采说出"上帝已死"之后,我们似乎陷入了一种无意义的虚无.我们的存在只是一个偶然,没有原因,也没有目的.诚如作者书中写到的,"尼采和他虚构的疯人都不乐见上帝之死;如果说他们做了什么,就是在尝试让人们醒悟真正留下的还有什么".

本书作者虽然不如肖恩·卡罗尔那样著名,但也是一位专业人士,并且本书的内容与他的专业相符,下面简单介绍一下本书的作者杰森·J.西山.他是加拿大卡尔加里莱斯布里奇大学的讲师,也是加拿大皇家天文学会(RASC)卡尔加里中心Wilson Coulee天文台的主任,拥有澳大利亚墨尔本的斯威本科技大学的天文学硕士学位.他目前的研究方向是行星状星云的形态学,杰森目前住在加拿大的卡尔加里.

对于物理学家,人们有许多分类,有爱因斯坦著名的薄板、厚板分类,也有戴森的青蛙、飞鸟分类.最有意思的是Duff的所谓"愤青"型分类.

这个说法最早出现在1993年,有人考证了其出处.

1993 年 3 月,时任美国得克萨斯农机大学教授的 Michael Duff 在地处意大利小城特里雅斯特的国际理论物理中心(ICTP)作了一场题为"韦尔反常二十年"的学术报告,以纪念自己的博士生导师、诺贝尔物理学奖得主 Abdus Salam 光荣卸任 ICTP 主任.这一报告的文字版次年发表在英国专业期刊《经典与量子引力》上,迄今为止已经被引用了 400 余次.

在这篇堪称经典的论文中,Duff 教授以英国绅士特有的幽默感总结了"愤青"型物理学家接受别人的新想法所经历的三个步骤.

第一步:断然宣称对方的想法是错误的!

如此一来,提出新想法的学者必定会想方设法为自己辩护,证明自己的想法是对的.一旦被说服了,"愤青"型物理学家一般不会轻易认输,而是话锋一转,走出第二步棋.

第二步:判定对方的想法其实非常平庸.

虽然正确但却很平庸,这样的想法任何人都会有.听到这样的评价时,提出新想法的学者一般都会本能地进行防御,捍卫自己的物理思想的不平庸性.

当"愤青"型物理学家再次被说服,即使他在内心已经接受了人家的想法确实很有新意甚至很高明的事实,嘴上也要若无其事地表示:不瞒你说,我早就有相同的想法了.这是第三步.

如此这般地三步走,你就完美地打造出了一位愤世嫉俗、自以为是、举重若轻的物理学家所"应该"具备的形象.

我国的天文学者被媒体宣传的不多,2020 年《科学日报》的记者崔雪芹报道过一位叫郑兴武的天文学家及其团队.

4 月最新一期《科学美国人》的封面是迄今最精确的银河系结构图,它清晰地展示了银河系是一个具有 4 条旋臂的棒旋星系.这一研究彻底解决了银河系究竟有几条旋臂这个天文学中悬而未决的重大科学问题.

这期的封面文章是南京大学天文与空间科学学院教授郑兴武与美国哈佛–史密森天体物理中心资深天文学家、美国科学院院士马克·里德合写的《银河系新视野》.

这一重要进展的宣布,意味着历时 17 年、8 个国家共 22 人参与的"贝塞尔"国际重大科学计划顺利完结.而对明年将满 80 岁、与甚长基线干涉(VLBI)技术打了一辈子交道的郑兴武而言,他的工作也因此画上了一个圆满的句号.

人类了解了地球和太阳系以后,一直想探知银河系的模样,却收获甚微.

现代射电和红外天文学的发展打开了深入探索银河系结构的一扇新的大门.1982 年,郑兴武作为交换生到哈佛–史密森天体物理中心学习,学的就是用 VLBI 方法进行天体测量,后来这种观测方法伴随他一生的科研.

随后,中科院紫金山天文台研究员徐烨和李晶晶、中科院上海天文台研究员张波、中科院国家授时中心研究员吴元伟、南京大学天文与空间科学学院博士胡波等先后加入这支队伍.

"这种方法是通过测量银河系中很多很亮的射电源,从而把银河系的结构画出来的.譬如要画一个房子,如果把每个屋檐的距离测量出来,就可以把房子的骨架画出来."郑兴武说.

早在 1988 年,郑兴武就在国内期刊《天文学进展》上发表了题为"用 VLBI 测定水脉泽源的距离"的文章.文章的引言中有一句话:VLBI 高分辨率和高精密天体定位将使天体测量学和大地测量学面临一次飞跃.

随后,他将自己的想法告诉里德和德国马普学会射电天文研究所教授卡尔·门滕,引起他们的极大兴趣.

1993 年,郑兴武与学生发表于《天体物理和空间科学》的文章更是明确了可以用水脉泽距离的测量勾绘出银河系结构.

2003—2005 年,郑兴武、徐烨联合里德、门滕利用 VLBI 技术,首次成功精确测量了距离地球 6 430 光年的英仙臂大质量恒星形成区 W3OH 中甲醇脉泽源的三角视差和自行,这是有史以来对如此遥远的天体进行的精度最高的距离测量. 这项工作预示了直接测量银河系旋臂结构和运动的可行性. 该成果由郑兴武团队在 2006 年 1 月以封面论文在《科学》上发表,这是促成"贝塞尔"科学计划的开创性工作.

2009 年,郑兴武和张波等人参加了在德国波恩召开的一个国际会议,参与这次会议的团队成员同年发表了 6 篇系列文章,是"贝塞尔"科学计划的先导性工作,在国际上引起很大的反响. 在这次会议上,"贝塞尔"科学计划宣布启动,其全称是"银河系棒和旋臂结构遗产性巡天计划",英文简称为 BeSSeL.

来自美国、德国、中国、意大利、荷兰等 8 个国家的 22 位天文学家参与了这个重大科学计划."贝塞尔"科学计划破例获得美国甚长基线干涉阵(VLBA) 5 000 小时的观测时间,成为美国国立射电天文台的重大项目.

VLBA 是一个望远镜阵列,由 10 台几乎一模一样的口径为 25 米的射电望远镜组成,两台望远镜之间的距离,最长可以达到 8 600 千米."这些望远镜同时观测同一目标,通过采用特殊的数据处理方法,其空间分辨本领类似于一个口径为 8 600 千米的巨型望远镜,因此可以看清非常遥远的天体."张波表示.

经过 10 年努力,研究团队取得累累硕果.

2019 年 11 月 10 日,研究团队在《天体物理学报》上发表了一篇总结性的论文.

研究团队测量了银盘上 163 个大质量恒星形成区中脉泽源的距离和自行,结合国际上其他团组测量的 37 个脉泽源,共获得了银河系中近 200 个大质量恒星形成区的距离和自行. 这些大质量恒星形成区在银盘上的分布清晰地勾画出 4 条主旋臂, 它们分别是英仙臂、人马–船底臂、矩尺臂和盾牌–半人马臂.

太阳系不在 4 条主旋臂上, 而是非常接近独立于这 4 条主旋臂的一条本地臂上. 太阳离银河系中心距离为 26 000 光年, 绕行一周大约要 2.12 亿年. 太阳几乎在银盘的中心平面上, 距中心面垂直距离约为 20 光年, 比以前的估计值 82 光年要小.

中国团队由 6 位天文学者组成, 他们在"贝塞尔"科学计划中做出了重要贡献. 到 2019 年底, 在 163 个目标脉泽源中, 中国的天文学家观测分析了其中 85 个源. "贝塞尔"科学计划在国际知名的天文和天体物理刊物上发表了 35 篇论文, 其中, 中国天文学家发表了 16 篇论文.

"郑老师他们用最先进的手段, 做了一个非常基础性、非常重要的工作." 中科院国家天文台射电天文研究部首席科学家李菂说.

南京大学天文与空间科学学院院长李向东告诉《中国科学报》, 郑兴武的工作之所以成功, 关键在于十几年的坚持不懈, 同时提出创造性的思想和观点也非常重要, 他们充分发挥射电干涉技术在天体测量中的效能, 实现了研究手段与科学目标的完美结合. 更重要的是, 通过参与"贝塞尔"科学计划, 郑兴武培养了一批能够参与国际竞争的射电天文学家. "有了这么一支队伍, 中国的 VLBI 研究在国际上就占据了一席之地." 李向东说.

的确, 谈及"贝塞尔"科学计划, 最令郑兴武欣慰的是, 通过参与国际合作项目, 年轻的天文学家得到良好培养, "他们已经走在国际甚长基线天体测量学科的最前列".

而中国团队里的年轻人, 提起郑兴武都充满深情. "郑老师为人正直、热情, 特别关心后辈." 吴元伟说, "年轻人做科研, 压力其实是很大的, 很感激有郑老师这样的长辈长期鼓励、支持和肯定."

现在天文学开始走进了中学,据人民日报客户端广东频道报道:

2020 年 5 月 15 日上午,深圳中学与北京大学物理学院"云"上签约,共建天文创新实验室.

北京大学物理学院院长高原宁院士,书记杨金波,前书记陈晓林,副院长曹庆宏、徐莉梅,天文系主任吴学兵,天文系副主任张华伟,科研办宋亚男;深圳中学校长朱华伟,副校长宋德意,校长助理郭玉竹、王新红、娄俊颖、熊志松以及深圳中学 18 个创新体验中心和创新实验室的负责人参加了本次签约仪式.

首先,双方的参会人员共同观看了深圳中学和北京大学物理学院的宣传片.然后,胡剑老师就合作内容进行了简要介绍.

根据合作协议,双方将以天文创新实验室为平台,共同规划建设深圳中学新校区的天文台和天象厅,打造全国最好的中学天文台;共同开发天文课程、策划中学生天文科研和科普活动、举办天文科普讲座、校外参观实践和天文竞赛培训;深化人才培养交流合作等.

"最优秀的人才能培养出更优秀的人,目前深圳中学的教师队伍中就有 40 余人是北京大学优秀的硕士、博士毕业生."朱华伟说,"北京大学一直是无数学子心中的梦想学府,此次与北京大学物理学院携手创建天文创新实验室,对我们来说意义重大.天文学的发展是人类文明进步的重要组成部分,中国最早的诗歌总集《诗经》中就有记载:'维南有箕,不可以簸扬.'杜甫也有诗云:'人生不相见,动如参与商.'北京大学历史悠久、享誉世界,北京大学物理学院代表中国物理学教育的最高水平,北京大学天文系是中国天文学教育的佼佼者.深圳中学的天文教育起步很早,中国天文学会普及工作委员会早在 1993 年就在深圳中学举行过年会,腾讯创始人马化腾是深圳中学 1989 届校友,在校时就是深圳中学天文社的成员."

朱华伟在讲话中特意向促成此次合作的胡剑老师表示了感谢:"今天能够与北京大学物理学院顺利签约天文创新实验室,要非常感谢胡剑老师.胡老师是清华大学物理系博士、德国 Max-Planck 天体物理研究所博士后,曾就职于清华大学物理系天体物理中心和中国科学院国家天文台.胡剑博士去年 10 月份入职深圳中学,目前是深圳中学天文创新实验室负责人."

最后,朱华伟说:"天文创新实验室的揭牌只是一个开端,接下来我们将在深圳中学新校区共同筹建国内最高水平的中学天文台和天象厅,共同开发天文课程、开展天文活动,为学生创造一个专业的天文学学习环境,打造基础天文教育的'先行示范区'.期待未来有更多的深圳中学的学子能够走进北京大学,成长为兼具中华底蕴和国际视野,创新精神和实践能力的高素质人才,为国家和民族的伟大复兴贡献力量!"

此次深圳中学与北京大学物理学院一起创建天文创新实验室,共同开发特色天文课程,开展人才培养交流合作,对天文学科发展和拔尖人才培养具有重要意义.深圳中学将以此为契机,与北京大学物理学院在未来开展更多广泛和深入的合作.

为了使读者能快速了解本书的内容,版权部主任李丹编辑翻译了本书的目录:

为了使不熟悉天文学专业英文词汇的读者能够方便阅读本书及后续阅读的需要,本工作室找到了部分与天文学相关的词汇表,并将其附于后,以备读者查用.(由于篇幅所限,本书略去词汇表部分.)

最后说一点我们的担心.本书虽然是一部优秀的科普著作,但是我们也害怕其湮灭于每年四十万种新书的大海之中.7世纪的一位法国学者曾经呼喊:"书籍数量的空前繁荣,会让未来几个世纪陷入罗马帝国衰落之后的那种蛮荒状态."也就是说多少书籍会被束之高阁仅仅只是为了满足买书者虚荣的心理,认真阅读者寥寥,阅读带给人们的思考与快乐将会被苍白荒凉代替.

刘培杰

2020 年 10 月 25 日

于哈工大

344

数学磁流体力学（英文）

尼古拉斯·希洛斯　著

编辑手记

　　本书是一本引进版权的影印版专著,中文书名可译为《数学磁流体力学》.

　　数学磁流体力学(MHD)的基本原理始于 MHD 流体(也称为MHD 介质)中的主要变量和参数的定义,尤其是在自然界以及工程系统(例如冶金或热核聚变能)中遇到的等离子体.本书研究了这些流体中流体的碰撞以及单个粒子的运动,并介绍了 MHD 流体的基本原理以及传输现象、介质边界和表面相互作用,还介绍了MHD 介质中的各种波和共振,最后介绍了核聚变发电中主要的MHD 流体类型,包括等离子体.

　　在此方向上美国有着世界领先的优势.

　　一本书的成功主要取决于作者.本书的作者在业内非常知名,他叫尼古拉斯·希洛斯(Nikolas Xiros),是新奥尔良大学船舶和海洋工程方面的特聘教授.他在工业界和学术界有 20 年以上的职业生涯,他的专业领域是船舶和机电系统工程.他拥有电气工程学位、海洋工程博士学位和数学硕士学位,主要研究方向为过程建模与仿真、系统动力学、辨识与控制、可靠性、信号与数据分析等,发表过许多技术论文以及其他学术论文和报告.

　　这是一本很专门的著作.现代科学已分得非常细,细到什么程度呢,有一则小品可描述:

　　　　清人笔记里,记载过这么一个故事:年羹尧被皇上

345

抄家以后,他的家人也都流落在外,有个秀才就娶了年家的一个厨娘.秀才想:自己娶的这位既然是厨娘,还是年家的厨娘,以后自己家的饭菜还能差了? 一问,心凉了半截.原来这位在年家混了若干年,只会做一道菜,就是蒜苗炒肉.她只负责做这一道菜.年家的厨子也很少有会炒两道菜的.这个蒜苗炒肉在年家一年也就吃上两三回,而这一盘蒜苗炒肉要用活猪一头.这种专业精神很值得推崇.有人说,美国有专门的鼻科大夫,只管左鼻孔,右鼻孔都不管.年家的厨子就有这种精神,做蒜苗炒肉的就决不做蒜薹炒肉.

为了使初涉此领域的读者读本书也有所收获,我们先来介绍一下电磁流体力学的概貌.

电磁流体力学是近年来兴起的一门科学,它同天文学、物理学有密切的联系.它最初的出现也正是由于对天体物理现象和可控制热核反应的探索.目前,从频繁的国际学术会议和许多研究报告中可以看出这方面的研究受到世界各个科学先进国家的重视,投入很大力量,并取得异常迅速的进展.也正因为这门科学尚处于成长当中,不可能去预先限定其具体的研究细节.

电磁流体力学的研究对象是属于磁场作用下导电流体的运动情况及其对场的反应作用.这种导电流体有液态金属(如水银液态钠)、电离气体(人工等离子体、大气电离层、绝大部分的宇宙物质)等.我们从人为和自然的界线来把它划分为两部分:

1. 自然的

天体物理和地球物理,这些自然现象由于涉及巨大的空间范围和很长的作用时间,在实验室中还无法模拟,如宇宙线,太阳活动,天体的起源和演化等.

这方面的工作是从理论上来探究各种天体物理现象的机理,企图找出完善的理论来使实验结果同理论推算很好地符合,从而根据理论来推测尚未发现的自然规律.可以举出较早的阿尔文的工作,他的理论可以解释诸如太阳黑子,日辉,磁变星,宇宙无线电噪声,电离层扰动,地磁场等一系列现象;再如,费米的理论说明了宇宙线的一系列特性,如高能质点何以产生,相对数目,加速的机理等.

2.人为的

(1)可控制的热核反应.实际上它是取之不尽的动力源泉.我们知道,要使轻元素发生聚变,从而释放出巨大能量的先决条件是使核燃料置于很高温度之下,大约是1亿度(1度=1 kW·h)动力学温度.因此技术上的难题是产生这种高温并使它和周围隔离.有一种想法是利用等离子体的紧缩效应(电离气体被通过的电流所"挤压"而限制在一定空间范围内)来实现这一要求.事实上,前些年就有报道的像英国的"采塔"装置和苏联的"奥格拉"装置正是依据这个原理设计的,它们是人工控制热核反应的重要研究装置.

(2)宇宙飞船减速问题.当宇宙飞船进入大气层时,它周围的空气因温度激发而电离.例如飞船的壳体是已磁化的,就可能使冲激波前后面的电离气体减速和反射回来,使飞船大大减速.

(3)电波传播.无线电波在电离层和星际间传播问题,这同宇宙航行中通信、导航等密切相关.

(4)其他.例如电磁泵,利用外面的磁场来控制管道中的液体金属,这在某种类型的原子核反应堆中大有实用价值.

总的来说,电磁流体动力学的生长是必然的,一方面是由于客观需要,另一方面则是实际可能.因为作为它的必要基础的电动力学和流体力学这两门科学已被人们充分掌握了.当然,要掌握这门科学,不管是理论还是实验技术,使之为人类服务,还需要花费艰巨的劳动.但是它的意义是如此巨大,我们完全应当大力开拓它.

347

具体的应用,我们可以引用熊大闰①院士对自己科研的介绍来见于一斑.他介绍说:

> 对流是一种普遍的自然现象.夏日的骄阳晒热了大地,近地面层的空气被加热而上升,上面的冷空气下降,都是熟知的例子.

> 恒星是由引力维持着的一大团自身发光的由炽热气体构成的天体.几乎所有的恒星都存在延伸程度不等的对流区,对流引起恒星内部的能量(热对流)、动量(湍流压及湍流黏滞性)和物质(元素的混合)交换.对流影响着恒星的内部结构、演化和稳定性;对流与恒星内部的其他运动(如自转)相互作用,使恒星产生磁场并与大气作用,激发各种机械波和磁流体波,加热色球和星冕.对流直接参与或间接影响着大多数重要的天体物理现象,因此,寻找恒星对流的规律,建立对流理论是十分必要的.因为天体的尺度是巨大的,恒星对流具有极高的雷诺数,所以恒星对流呈现完全的湍流状态.恒星对流理论也应该建立在湍流这个基本事实的基础上.但恰恰相反,流传已久的恒星对流理论——混合长理论,不是以湍流理论为基础的理论,而是把湍流与气体动理学理论相类比所形成的一种唯象理论,这就导致了这个理论存在根本

---

① 熊大闰,天文学家,1938年9月16日出生于江西吉安(原籍江西南昌),1962年毕业于北京大学,同年被分配到中国科学院紫金山天文台工作,现任紫金山天文台研究员、学术委员会及学位委员会主任等职,1991年当选为中国科学院院士(学部委员).他主要从事恒星对流理论,以及与之相关的恒星结构、演化和脉动稳定性的理论研究,发展了一种独立的非局部和一种非定常的恒星对流的统计理论,并成功地将其用于大质量恒星演化、太阳对流区结构,以及变星脉动稳定性的理论计算,克服了由局部对流理论导致的所谓半对流理论矛盾,解释了变星脉动不稳定区红端边界,正确预期了太阳大气的温度分布,以及太阳大气湍流速度与温度场的主要观测特征,因此被认为是一种较优越的恒星对流理论.他曾先后荣获江苏省重大科技成果奖二等奖、中国科学院自然科学奖一等奖、国家自然科学奖二等奖和王丹萍科学奖,并被授予国家有突出贡献的中青年专家称号.

性的缺陷.通过研究后认为:湍流比气体分子运动要复杂得多,气体分子除其相互碰撞的瞬间外,绝大部分时间是自由运动,即可把气体分子看作是近独立系;而湍流是处在不断地相互作用之中,产生于流场中某一点的局部扰动,通过压力的变化可以迅速波及整个流场;在通常情况下,气体分子的平均自由程总是远远小于宏观流场的特征长度,空间某处的扩散、热传导和黏滞性只依赖于该处的浓度、温度和速度的梯度,因此,分子输运过程可以用一种局部理论来描述.恒星对流与此完全不同,湍流元的线度总是与平均流场的尺度可相比拟,所以,对流传输不仅仅决定于流场中某点的局部性质,而且依赖流场中其他区域的对流状态,即恒星对流现象具有非局部的性质.最后,混合长理论并不遵循流体动力学方程,它对湍流的动力学问题没有给出精确的数学描述.混合长理论的建立和广泛传播与我们对湍流的本质和规律性没有完全掌握有关.

熊大闰院士最早想到研究非定常恒星对流理论,起于1964年.当时他在紫金山天文台从事变星研究,他发现绝大多数脉动变星都有一个延伸程度不等的对流包层,这是一种非定常对流状态,非定常对流与变星脉动之间是怎样相互作用的呢?定常的混合长理论完全不能回答此问题.他想,必须采取根本性的措施,即抛弃混合长理论,建立非定常即随时间变化的新的恒星对流理论.“文化大革命”使他中断了研究,在此期间,日本东京大学的 W. Unno 和英国的 Gough 各自独立地发展了非定常的混合长对流理论.直到1975年他才得以重新开展这项艰巨的研究工作.他完全摒弃传统混合长理论的框架,而是应用湍流统计理论的方法,在流体动力学方程和湍流理论的基础上,发展了一种非定常的湍动对流的统计理论.这在恒星对流理论研究史上具有开创性.他的理论具有更坚实的流体力学基础,对湍动对流的动力学过程的描述较为精确.法国学者 Gonczi 得知他的这项研究成果后,不惜自费请人将他的论文译成法文,并有意将他的理论用于计算变星的脉动.W. Unno 教授前后5次来华与他探讨恒星对流理论并从事合作研究,并且多次在国际会议上以及论文中引用了他的理论,大大扩展了该理论的影响面.

由于天体巨大的尺度,发生在天体中的对流总是呈现完全的湍流运动状态.恒星对流理论受到湍流理论发展水平的严重制约.由于对湍流运动的规律仍未获得完全的理解,因此目前还不可能出现一种完整的恒星对流理论,但是,前景是光明的.

本书是对磁流体力学中的数学理论进行介绍.

数学求真,哲学论善,文学尚美.按照真—善—美的排序,所得答案的确定性依次递减,追求答案的过程和舒适程度依次递增.

我国在20世纪50年代,由于研究原子弹、氢弹的需要,对涉及其相关原理部分的磁性流体力学和等离子体运动有强烈的理论需求,所以对当时世界上发表的相关文献都进行了翻译和摘录.正巧笔者手边有一本《力学文摘》1962年合订本,不妨我们也摘录一些:

7.001 外层大气的物质动力学——(O. Lucke),
Wiss. Z. Karl-Marx-Univ. , Leipzig. Math. -naturwiss. Reihe ,
1959/1960,9,No.4,597-604(德文).

本文对根据最新试验数据,主要在最近三年间发表最多的地面高空物质动力学的理论性论文的原理和主要结果做了详述.文章对外层大气物质特性的磁性流体动力学解释,磁暴现象性质的说明,凡-安理环带理论最为注意.文章指出,拟静态研究不足以完满描述磁性大气层物质动力学,并且也谈到磁性大气层稳定平衡概念做修正的必要性问题.

(苏摘61-6Б1)

7.002 磁性等离子体动力学方程——(А. И. Губанов,Ю. П. Лунькин),*Ж. Техн. Физ.* ,1960,30,No.9,1046-1052(俄文).

本文求得在任意 ω, τ(ω——拉摩频率,τ——带电粒子自由行程时间)的磁场中,等离子体的热流方程和运动方程.这些方程用磁场方向沿某一轴的特殊坐标以及任意的笛卡儿坐标中的磁性流体动力速度、电流及温度梯度分量来表示.

(苏摘61-6Б2)

7.003 当存在磁场及自引力时,磁性流体动力学方程的一些准确解——（G. C. McVittie）, *Revs. Mod. Phys.*, 1958, 30, No. 3, 1080-1082, Discuss., 1082-1083（英文）.

本文根据可压缩性及自引力研究具有平面及圆柱对称的星际气体的绝热势流. 取薄平板作为星际云的模型. 文章提出了等厚度无限长的平板的运动问题, 认为气体并不向真空扩散（自引力及磁场效应对此有妨碍）. 根据平板上的压力和密度转变为零的条件来确定薄平板的表面. 以电流在气体云及真空的交界面上的消失作为电磁场的边界条件（其他作者认为在边界上洛伦兹力消失）. 当平板通过时, 可观察到当磁场强度大小不变时, 磁场方向有突跃性的改变. 从问题的解可得出, 在平行于平板表面的方向有气体加速度产生, 而且, 由于平板为无限长, 故气流并不终止流动. 因此, 与纯自引力的情况相反, 运动实际上是不稳定的. 磁场的作用在于使平板物质受到"压缩". 罗克斯（M. H. Rogers）曾用同一介质的无限圆柱体的径向运动来作为螺旋状银河系的理想模型进行了研究, 确定了振动运动产生的可能性. 所得解并不能阐明平板内部的密度分布, 但是可确定平板内部的密度在任何时刻均不为零.

在论文讨论时沙兹曼（E. Schatzman）建议这一问题根据向真空进行照射而使物质冷却的变相提法提出. 施吕特（A. Schlüter）提出与上面决然相反的问题, 即气体平板不是放在真空中, 而是放在高度稀薄, 但导电的气体中, 此时, 在边界上的电流法向分量不应消失.

（苏摘61–6Б3）

7.004 "恢复"层理论——（В. Н. Жигулев）, *Докл. АН СССР*, 1960, 134, No. 6, 1313-1316（俄文）.

在作者的一篇论文中（*Докл. АН СССР*, 1960, 135, No. 6, 1364-1366）曾指出, 等离子体自由分子流和外磁场的相互作用可使发生等离子流的"推开"现象——一些电场和磁场互相匹配(电磁场决定于"恢复"层中的粒子运动)的"恢复"层的弹性反射. 本文所研究的"恢复"层是当等离子体的运动速度垂直于该层的情况,求出了当正粒子和负粒子质量相同时,在层中的等离子体非相对论运动方程式的准确解,也求得了由质子和电子组成的实际等离子体运动方程的近似解,并对地球磁场从太阳推出微粒子流的作用做了估计,判明当等离子体的初始速度为 $u_0 \sim 10^8$ 厘米/秒,密度 $n_0 \sim 10^2$ 厘米$^{-3}$时,"恢复"层厚度的数量级为 10^4 厘米. 由于空间放电的形成,"恢复"层中的电子加速到

$$V_{\max} = u_0 \sqrt{\frac{m_i}{m_e}} = 4.3 \times 10^9 \text{ 厘米／秒}$$

式中,$m_i/m_e = 1\ 860$(质子和电子质量的比值).

(苏摘 61-6Б4)

7.005 磁涡排列动力学的一些问题——(Ю. П. Ладиков),*Прикл. Матем. И Механ.*,1960,24,No.5,897-905(俄文).

文章导出共轴磁涡环系的运动方程,并研究了这种运动的某些特殊情况,把磁性涡环理解为通过电流的等离子体的圆形涡线,并认为涡环以外的流体是理想的:不可压缩的和非导电的. 一对对称于某轴放置的直磁涡线,它们有互为反向的环量和电流,这一对直磁涡线称为平面相似共轴涡环系. 假设在性质方面,磁涡环的运动和相应的直磁涡线的运动是相同的. 对这种磁涡线的运动在导电壁和非导电壁方向进行了研究,结果表明:在第一种情况下,磁涡环将趋近于边壁,并得到膨胀;在后一种情况下,在某些初始参数值时,磁涡环在接近壁时是受压缩的. 如果此时在壁上有裂缝,那么磁涡环可以进入壁内. 根据观察者证实,在球形闪电接近物障时可以发现类似的现象.

(苏摘 61-6Б5)

7.006 多成分磁性流体动力学中涡的守恒——

（Н. В. Салтанов），*Прикл. Матем. И Механ.*，1960，24，No.6，1123（俄文）.

本文从 N 种离子（$k=1,\cdots,N$）组成的理想等离子体电磁流体力学方程组出发来研究运动方程和电感应方程. 在运动方程中先应用旋度运算，然后利用电感应方程，可得

$$\frac{\partial \boldsymbol{\Omega}_k}{\partial t} = \mathrm{rot}\ \boldsymbol{v}_k \times \boldsymbol{\Omega}_k$$

式中，局部涡 $\boldsymbol{\Omega}_k \equiv \mathrm{rot}\ \boldsymbol{v}_k + (\mu e_k/cm_k)\boldsymbol{H}$，$\boldsymbol{v}_k$——速度，$e_k$ 和 m_k——第 k 种粒子的电荷和质量，μ——磁导率，c——光速，$\boldsymbol{H}$——磁场强度. 由此得出，局部涡 $\boldsymbol{\Omega}_k$ 的向量线是"凝冻"在 k 种粒子上的. 除此之外，沿着由 k 种粒子组成的任一封闭回路的向量环量 $\boldsymbol{v}_k+(\mu e_k/cm_k)\boldsymbol{A}$（$\boldsymbol{H}=\mathrm{rot}\ \boldsymbol{A}$）及通过由 k 种粒子组成的任意表面的局部涡向量流均保持不变. 文章指出，黏滞力和不同种类粒子的相互碰撞会破坏这一局部涡守恒定律. 参考文献有 4 种.

（苏摘 61-6Б6）

7.007 气体在磁场中产生激波的一元流动——（В. П. Коробейников），*Ж. Прикл. Механ. И Техн. Физ.*，1960，No.2，47-53（俄文）.

本文叙述了表示磁性流体动力学中气体一元不稳定流动及激波的条件的方程. 对于自模拟的问题来说，把方程组转换为常微分方程组，所得的方程组可用来解两种自模拟问题：电流密度按幂次规律增长时的反收缩效应问题及点爆炸问题. 文章介绍了这些问题的方程的数值积分结果.

（苏摘 61-6Б7）

7.008 磁性流体动力学中的活塞问题——（А. А. Бармин，В. В. Гогосов），*Докл. АН СССР*，1960，134，No.5，1041-1043（俄文）.

本文研究当具有任意磁场时，活塞在导电介质中的运动. 假定活塞和介质是理想导电的，气体是定比

热理想气体. 这时活塞问题是自模拟问题. 所以对于活塞可以采用激波($Y^\pm$)、稀散波($P^\pm$)和旋转间断(A)的各种组合形式. (上标"$\pm$"分别表示加速波和减速波.)这时可能出现的组合形式有下面几种:Y^+,AY^-,Y^+AP^-,P^+AY^-,P^+AP^-. 并且,任一种波其强度都可以为零. 文中给出了活塞速度空间图,利用该图可按活塞速度确定出可能发生的上述组合.

（苏摘61-6Б8）

7.009 活塞在导电介质中的运动——（В. В. Гогосов）,*Докл. АН СССР*,1960,135,No. 1,30-32（俄文）.

本文给出了在磁场垂直于无穷远的活塞平面的假定下,磁性流体动力学中平面活塞问题的解. 活塞的运动速度和它的平面组成任意角度. 文章找出了解中各种波的可能组合. 必须提出,在这种情况下（活塞垂直于磁场）,在活塞的速度空间中有一个区域,包含非扩展波的解即符合此种区域的各点.

（苏摘61-6Б9）

7.010 磁性流体动力学的一级平面问题——（К. А. Лурье）,*Ж. Техн. Физ.*,1960,30,No. 6,736-738（俄文）.

本文研究导电率为常数、无黏性、不可压缩的定常气流绕过平面翼形的连续绕流问题. 在确定速度场时,未利用垂直于流动平面的叠加磁场. 文章中对于有位流动情况的磁场方程曾用保角映射的方法变成了与速度分布无关的形式,并且对这种情况确定了边值问题.

（苏摘61-6Б10）

7.011 在强磁场中导电流体绕圆球的流动——（Г. З. Гершуни,Е. М. Жуховицкий）,*Ж. Техн. Физ.*,1960,30,No. 8,925-926（俄文）.

本文研究低雷诺数（斯托克斯近似）时,导电流体绕圆球的轴对称流动问题. 在契斯脱尔的文章中（W. Chester, *J. Fluid Mech.*, 1957,3, No. 3,304-308）曾指

354

出,这一问题在无穷远处满足给定条件的通解:哈德曼数很小时,在球面满足条件 $j=0$ 和 $v=0$. 而本文作者曾求得满足球面上同一边界条件,但哈德曼数较大的解. 从所得解可以看出,存在所谓哈德曼边界层,而阻力随磁场强度的增加而增长. 用奥静近似方法也曾得到类似问题的解(Van Blerkom Richard, *J. Fluid Mech.*, 1960, 8, No. 3, 432-441).

(苏摘 61-6Б11)

7.012 导电流体的定常运动——(R. Long Robert), *J. Fluid Mech.*, 1960, 7, No. 1, 108-114(英文).

不计及耗散作用时,在磁场中不可压缩导电流体轴对称定常流动的运动方程可化为一个标量函数的二阶非线性偏微分方程. 文中对一系列的特殊情况进行了研究,并研究了原始均匀流扰动的限制性条件.

(苏摘 61-6Б12)

7.013 磁性流体动力学定常流动线化方程的一些解——(W. E. Williams), *Appl. Scient. Res.*, 1960, A9, No. 6, 424-428(英文).

本文研究了常密度 ρ 和常导电率 σ 的不可压缩无黏性介质在磁场中的定常二元流动. 文章对两种情况做了理论性的探讨:1. 假定磁场 $H=H_0a+h$ 平行于 $u=Ua+q$ 未经扰动的气流速度,此处 a 为单位向量,而 h 和 q 是小扰动,且量 $|q|^2$, $|h|^2$, $|q \cdot h|$ 可略去不计. 2. 向量 H 垂直于向量 u. 文章指出在这两种情况下的磁性流体动力学线化方程的解,不论对导电率为有限或无限的介质,都可用两个独立的标量函数表示. 文章曾将一般分析方法应用在求解沿固体边壁,导电率为任意常数的不可压缩介质运动的特殊问题上,边壁的剖面呈正弦曲线形. 在介质导电率为无穷大或虽为有限但较大的情况下,这一问题曾在西亚斯和李斯勒的文章中(W. R. Sears, E. L. Resler, *J. Fluid Mech.*, 1959, 5, No. 2, 257-273——《苏联力学文摘》, 1960, No. 11, 14190)已经解出. 在坐标系 xOy 中,取关系式 $y=\varepsilon\cos \lambda x$ 为固体边壁方程(此处 ε 为微量),利

用一般线化方法,作者得出这样的边界条件:动力边界条件为当 $y=0$ 时,$q_y=\mathrm{i}\lambda\varepsilon U\exp \mathrm{i}\lambda x$ 和电磁边界条件为当 $y=0$ 时,磁场的切向分量和法向分量是连续的.

在第一种情况下,磁性流体动力学的解,例如,对于磁场的分量 h_x 可以写出下列表示式

$$h_x=\frac{-\lambda H\varepsilon m^2(\beta+\lambda)}{2\lambda-m^2(\beta+\lambda)}\left(e^{-\lambda y}-\frac{2\beta}{\beta+\lambda}e^{-\beta y}\right)e^{\mathrm{i}\lambda x} \qquad (1)$$

式中,$m=U\rho^{\frac{1}{2}}/H_0$,$\beta=\lambda^2+\mathrm{i}K$,$K=\sigma U(1-H_0^2\rho U^2)$. 在介质导电率为无限时的情况下,即当 $\beta=\infty$ 和边界层厚度在数量级 $(\lambda K)^{-\frac{1}{2}}$ 的范围内时,方程(1)和西亚斯及李斯勒文章所得的 h_x 的表达式一致. 文章对以导电体及绝缘材料制成的多孔边壁两种情况进行了类似的分析,并指出,在对正弦曲线薄平板磁性流体动力学绕流问题的求解中,应用类似方法的可能性.

(苏摘 61-6Б13)

7.014 在磁场中的纵向运动——(H. P. Greens-pan),*J. Fluid Mech.*,1960,9,No.3,455-464(英文).

本文从理论上对有限($x=\pm l,y=\pm\delta$)和半无限($x>0,y=0$)不导电平板,在磁力线和平板交成任一角度 α_0 的恒定磁场中的运动做了分析. 在这种情况下,平板的纵向运动理解为仅沿平板原来所在的 xOz 平面的运动. 运动方向垂直于平板的边缘,且沿着 x 轴的负方向进行,而其速度保持不变. 当平板在磁场不变的导电不可压缩介质中运动时电动力会受到感应,从而在朝向平板的方向内引起电流,而且原来垂直于平板的电流分量不等于零. 以后就出现电荷分离,而在平板上形成双层偶极子,偶极子的静电场使平板表面上电流的垂直分量降低到零,而带电平板外圈的静电流则继续存在. 在介质中,由平板引起的扰动以阿芬波的形式沿磁力线传播. 而且扰动集中在斜向半空间中,致使平面 $x=y\cot\alpha$ 将空间分割为强扰动区和相对静止区. 强扰动区就是磁力线穿过平板的半空间. 感应磁场平行于平板边缘,其中,平板表面上的感应

磁场强度等于零.

描述流动的主要磁性流体力学方程,转换成两个相对于分列表征流动速度和磁场强度的无因次变量 v 和 h 的方程

$$\Delta v+(h_x\cos\alpha+h_y\sin\alpha)=0 \qquad (1)$$

$$\Delta h+(v_x\cos\alpha+v_y\sin\alpha)=0 \qquad (2)$$

边界条件为

$$\begin{cases} h(x,0)=0 \\ v(x,0)=1 \end{cases} \quad (x\geqslant 0) \qquad (3)$$

而

$$\lim_{x\to-\infty}v(x,y)=\lim_{x\to-\infty}h(x,y)=0 \qquad (4)$$

条件(3)以有限长度为 $2l$,断面厚度为 2δ 的平板例子来说明,周长 C 外有回路 C_+,截面内部有回路 C_-.随着 $\delta\to 0$,满足条件(3)的方程(1)(2)的解,还应当满足 $\delta=0$ 的条件

$$\int_{-l}^{l}\left(\frac{\partial h}{\partial y}\bigg|_{0^+}-\frac{\partial h}{\partial y}\bigg|_{0^-}\right)\mathrm{d}x=0 \qquad (5)$$

文章指出,实际上,条件(3)满足积分条件(5),并且由于半无穷的平板是非常长的,但又是有限的理想化的平板,因此,可以假设条件(3)是在这两种情况下准确的边界条件.

在(1)(2)(3)(4)中,代入 $\Phi=v+h$ 和 $\Psi=v-h$,作者对下面两种互不相关的问题进行了求解

$$\Delta\Phi+\Phi_x\cos\alpha+\Phi_y\sin\alpha=0 \qquad (6)$$

上式条件:当 $x\geqslant 0$ 和 $\lim\limits_{x\to-\infty}\Phi=0$ 时,$\Phi(x,0)=1$,且

$$\Delta\Psi-(\Psi_x\cos\alpha+\Psi_y\sin\alpha)=0 \qquad (7)$$

上式条件:当 $x\geqslant 0$ 和 $\lim\limits_{x\to-\infty}\Psi=0$ 时,$\Psi(x,0)=1$.

所得到的方程(6)(7)的解,可导出黏性表面摩擦的公式

$$v_y(x,0^+)-v_y(x,0^-)=\left[v_y\right]_{0^-}^{0^+}$$
$$=-\frac{1}{2}\sin\alpha\left[G\left(x^{\frac{1}{2}}\sin\frac{1}{2}\alpha\right)+G\left(x^{\frac{1}{2}}\cos\frac{1}{2}\alpha\right)\right] \qquad (8)$$

以及磁场切向分量间断公式

$$\left[\,h_y\,\right]_{0^-}^{0^+}=\frac{1}{2}\sin\,\alpha\left[\,G\!\left(x^{\frac{1}{2}}\sin\frac{1}{2}\alpha\right)-G\!\left(x^{\frac{1}{2}}\cos\frac{1}{2}\alpha\right)\right]$$

$$(9)$$

式中

$$G(x)=\operatorname{erf}\,x+\frac{1}{\pi^{\frac{1}{2}}x}\exp(-x^2)$$

引用式(9)求 $\mathrm{d}\tau/\mathrm{d}x=\left[\,h_y\,\right]_{0^-}^{0^+}$ 的积分,作者得到双层偶极子表面力的表达式

$$\tau(x)=\frac{1}{2}\sin\,\alpha\left[\frac{F\!\left(x^{\frac{1}{2}}\sin\frac{1}{2}\alpha\right)}{\sin^2\frac{1}{2}\alpha}-\frac{F\!\left(x^{\frac{1}{2}}\cos\frac{1}{2}\alpha\right)}{\cos^2\frac{1}{2}\alpha}\right]$$

$$(10)$$

式中

$$F(x)=x^2\operatorname{erf}\,x+\pi^{-\frac{1}{2}}x\exp(-x^2)+\frac{1}{2}\operatorname{erf}\,x$$

当磁场强度向量 $\boldsymbol{H}_0$ 与 x 轴的交角,即半无穷平板的交角为 $\pi/4$ 时,本文求得场强度等于常值的磁力线.此时文章分析了临近平板边缘的磁场和电流特性.磁力线 $h=0$ 是两条分支,其中的一支是平板本身,而另一支是从平板上表面离边缘为有限距离 x_0 处引出,然后位于平板运动方向的前部和上部.

距离 x_0 可由如下关系式得出

$$G\!\left(x_0^{\frac{1}{2}}\sin\frac{1}{2}\alpha\right)-G\!\left(x_0^{\frac{1}{2}}\cos\frac{1}{2}\alpha\right)=2 \quad (11)$$

当 $\alpha\to0,x_0\to\infty$ 时,x_0 随 α 的减少而增加.

文章描述了平板在磁场方向倾斜的导电介质中运动时,平板周围空间所发生的附面层弯曲现象和电流的特性.本文指出,包括物体在斜向磁场呈锐角的运动时的一系列问题在内,都可以利用平板边缘附近磁场和电流分布所得的结果.参考文献有 4 种.

(苏摘 61-6Б14)

7.015 通过电离气体的等离子体流中,磁性流体动力波的发展——(В. П. Докучаев),Ж. Эксперим.

358

И Teop. Физ. ,1960,39,No.2,413-415（俄文）.

本文求得了通过电离气体的等离子体流中,电磁波传播的扩散方程,并详细地研究了当波衰变为磁性流体动力波时的低频情况（低于离子的回转频率）.文章指出,如果在流动静止的等离子体系统中,流动速度超过阿尔文波的速度,那么这一系统是不稳定的.在这种情况下,其中的一个法向波将随时间而增长.

（苏摘61-6Б15）

7.016 波在部分电离介质中的传播——（Annie Baglin）,*C. R. Acad. Sci.* ,1960,251,No.5,684-685（法文）.

本文确定了在纵向外磁场作用下,平面低频波的衰减系数及传播速度.

（苏摘61-6Б16）

7.017 无粒子碰撞时的磁流体波——（J. E. Allen）,*Rend. Scuola Internaz. Fis. E. Fermi*,1960,13,35-50（英文）.

本文对忽略粒子间相碰撞时,通过等离子体的磁流体波的传播做了理论性分析.粒子的相互作用通过宏观的电磁场实现.此时,等离子体可看成带正电和带负电粒子的混合物.本文分别研究了磁流体波（a）沿磁力线和（b）横越磁力线两种传播情况.本文写出了这两种情况下正离子和电子的运动方程式以及电磁场方程.

在情况（a）中,由于不存在纵向力,所以电子（或离子）的横向速度应当平行于磁场的横向分量.磁场的空间变化在于磁场强度向量的旋转.本文求得了表示波数 k 和 x 轴方向速度 U 关系的弥散关系式

$$\frac{U}{\omega_1\omega_2}\left(\frac{1}{d^2}+k^2\right)+kU\left(\frac{1}{\omega_1}+\frac{1}{\omega_2}\right)+1=0 \qquad (1)$$

$$\left(d^2=\frac{m_1 m_2 c^2}{4\pi n e_2^2(m_1+m_2)},\omega_1=\frac{e_1 H_x}{m_1 c},\omega_2=\frac{e_2 H_x}{m_2 c}\right)$$

式中,m,e 分别表示粒子的质量及所带电荷,n——单位体积等离子体中的粒子数;H——磁场强度,c——

359

光速,下标 1 表示电子而下标 2 表示正离子. 在频率极低的情况下,当 $(kd)^2 \ll 1$ 及 $kU \ll \omega$ 时,由方程(1)可得

$$U^2 = \frac{H_x^2}{4\pi n(m_1 + m_2)}$$

它是阿尔文速度的平方. 在实验室的坐标系中,粒子沿圆周运动,在低频时,电子和离子的圆周运动半径差不多相同,其值等于 $R = H_0\lambda/2\pi H_x$,式中 λ——波长.

情况(a)的波是纯粹的圆偏振横波,并且不存在电场,而情况(b)中所发生的既不是横波也不是纵波,而是不存在圆偏振并出现静电场的混合波. 在(b)的情况下,本文研究了三种可能的波:小振幅波,大振幅的稳定波和不稳定波. 对横越磁力线方向传播的小振幅波,对运动方程进行了线化并在一系列的近似后,本文求得用波速平方表达式表示的弥散曲线

$$V^2 = (\omega_0^2 - \omega^2)d^2 \qquad (2)$$

式中,$\omega_0^2 = |\omega_1\omega_2| = e^2 H_0^2/m_1 m_2 c^2$. 由公式(2)可见,$\omega_0$ 是上限频率,高于它则波不再传播. 在 $\omega \ll \omega_0$ 的下限时,波速和情况(a)相同且趋近于阿尔文速度.

大振幅的稳定波在无扰动等离子体中传播时,在情况(b)中,粒子受到电磁力的作用,而且正离子穿过波面(在与波面有关的坐标系中)几乎做直线运动,而电子在横向获得很大的冲量. 磁场强度因所得的电子流而增加,并且电荷的分离使得出现了多半是正离子运动的纵向静电场. 离子定向运动所需的能量是很大的,例如,当 $n_0 = 10^{13}$ 离子/厘米^3 和 $H_0 = 1\,000$ 高斯时,则在很强的波中,离子有可能加速到能量为 10^4 电子伏特. 对于情况(b),本文还对大振幅波进行了研究,从开始压缩起,对不同时间间隔,本文还计算并以图表示离子密度及磁场强度与拉格朗日坐标的关系. 参考文献有 11 种.

(苏摘 61-6Б17)

7.018 磁性流体动力波在电离层中的传播——

（L. Kahalas Sheldon），*Phys. Fluids*，1960，3，No. 3，372-378（英文）.

本文研究适应于电离层的磁性流体动力波的传播. 根据电离层的导电率为有限的看法，对衰减现象的研究结果表明：不同类型的波当它沿某些方向传播时会受到严重的吸收. 例如，研究表明：减速磁音波沿磁力线方向传播时受到的衰减最弱. 对表征霍尔效应及电子压力方程各项的研究结果表明：当频率很低时，这些项是可以忽略不计的. 文章研究了等离子体与真空的交界面上，电磁波和磁性流体动力波的相互作用，确定了耦合系数等于 1%.

（苏摘 61-6Б18）

7.019 等离子体中的驻波激发理论——（P. Левен），*Вестн. Моск. Ун-та，Физ. Астрон.*，1960，No. 4，32-37（俄文）.

和一系列关于电子束在等离子体中激发驻波的、激波理论的其他论文不同（例如，M. Sumi，*J. Phys. Soc. Japan*，1958，13，1476；1959，14，1093），本文只研究有限的等离子体的情况，且求得了极为简单且又十分普遍的驻波扩散方程. 试验表明，如果电子束以垂直的方向进入厚度为 L 的等离子体层，而且电子束的速度超过等离子体中电子的热运动速度，则在等离子体层内有驻波产生. 为了推导这些波的扩散方程，需寻找包括电子束、等离子体分布函数 f 和电势标量 φ 的驻波型方程组的解.

在线性近似中，方程组的解可归结为下列扩散方程

$$1 = \frac{2\pi e^2}{mk^2} \int \left(\frac{1}{v - \frac{\omega}{k}} + \frac{1}{v + \frac{\omega}{k}} \right) \frac{\partial f^0}{\partial v} \mathrm{d}v \qquad (1)$$

式中，m, e, v——电子质量，电荷及速度，$\omega = \omega_0 + i\gamma$——振动的复频率，$\gamma$——波的增长系数，$k = n\pi/L(n=1,2,3)$，$f^0$——当没有振动时电子的分布函数，这一分布函数可用等离子体及电子束的分布

函数之和来表示.

所导出的扩散方程无须利用计算机即可求得等离子体与电子束密度之比为任意值时,在有限等离子体中的驻波频值和增量.文章将算得关系式并和其他作者的实验及理论数据相比较.参考文献有 10 种.

（苏摘 61-6Б19）

7.020 旋成液体球的磁流振动——（P. C. Kendall），*Quart. J. Mech. and Appl. Math.*，1960，13，No. 3，285-299（英文）.

本文研究计及重力时,无限导电率液体球在平行于旋转轴 z 的均匀磁场中等速旋转时的轴对称微小磁流振动.在讨论中认为球面上的压力扰动及方位速度分量等于零,而磁场强度的分量连续,并且认为在无穷远处,磁场的扰动也等于零.文章给出级数与 $\exp(i\sigma t)$ 的乘积形式表示的线化方程组的解为

$$\sum_{n=1}^{\infty}\left(A_n\cos\frac{\lambda_n z}{a}+B_n\cos\frac{\mu_n z}{a}+C_n\operatorname{ch}\frac{\nu_n z}{a}+E_n\sin\frac{\lambda_n z}{a}+\right.$$

$$\left.F_n\sin\frac{\mu_n z}{a}+G_n\operatorname{sh}\frac{\nu_n z}{a}\right)J_i\left(\frac{\alpha_n r}{a}\right)\quad(i=0,1)$$

式中,J_i——贝塞尔函数,α_n——零阶贝塞尔函数的根,$\lambda_n^2,\mu_n^2,\nu_n^2$——特征方程的根,$a$——球的半径,$r$——至对称轴的距离.

为了确定常数 A_n,B_n,C_n,E_n,F_n,G_n,从边界条件可得无穷多个线性齐次方程组.由这一方程组行列式等于零可得确定自由振动频率 σ 的方程.这一方程组可分为两组无穷方程组,它们分别相应于正弦曲线及余弦曲线的振动.作者指出,对地壳和太阳来说,振动球的外形仍保持为圆球形.从逐次计算行列式至第八项所得出两种振动的 σ 值看出,收敛过程是不快的.作者提出,所得的自由振动周期所具有的数量级和地球磁场衰变周期具有的数量级相同,并且和后者的永久变化并无关系.周期的值和卡乌林格（Каулинг）的结果相符合.参考文献有 11 种.

（苏摘 61-6Б20）

7.021 有限等离子体的固有振动——（Д. А. Франк-Каменецкий），*Ж. Эксперим. И. Теор. Физ.*，1960，39，No. 3，669-679（俄文）.

本文研究了冷等离子体中柱状波的一般性质，所得结果被应用于周围为导电壁的等离子体低频固有振动，求得在等离子体内保证振动有效产生的磁声谐振条件.谐振现象的特性取决于单位电子数.本文给出细长等离子圆柱体固有频率的近似公式.文章指出，在接近电子和离子回转加速器频率的几何平均区域内，是不存在纯径向振动的.因为即使稍微偏离这一区域均可使谐振频率剧烈改变.

（苏摘61-6Б21）

7.022 冷等离子体内的非线性振动——（E. Atlee Jackson），*Phys. Fluids*，1960，3，No. 5，831-833（英文）.

本文建立了当利用了欧拉和拉格朗日变数时，等离子体的非线性高频振动（不计及电子的热运动）问题解之间的一致性，并指出了斯坦洛克（P. A. Sturrock），*Proc. Roy. Soc.*，1957，A242，No. 1230，277-299）计算上的错误，经修正后，不同的计算方法可得出同样的结果.

（苏摘61-6Б22）

7.023 磁性流体动力学中的激波——（P. B. Половин），*Успехи Физ. Наук*，1960，72，No. 1，33-52（俄文）.

本文是一篇综述，它讨论了简单波、激波、采姆普林（Цемпелен）定理，间断发展的条件及由这些条件造成的结果，激波绝热，活塞问题，导电液体在磁场中任意间断的衰变.参考文献有66种.

（苏摘61-6Б23）

7.024 有限振幅的磁性流体动力波——（H. B. Салтанов，B. C. Ткалич），*Ж. Техн. Физ.*，1960，30，No. 10，1253-1255（俄文）.

本文讨论了不存在黏性及阻力的不可压缩流体

磁性流体动力学方程组. 所求的解仅与时间及至坐标轴或坐标平面距离为单一的坐标有关. 文章找到了这些解的一般形式. 在这种情况下并没有产生激波.

（苏摘 61-6Б24）

7.025 对垂直磁性流体动力激波结构的一些看法——（А. Г. Куликовский, Г. А. Любимов），*Прикл. Матем. И Механ.* , 1959, 23, No.6, 1146-1147（俄文）.

本文研究当流体有导热和导电性, 而无黏性时的磁性流体动力激波的结构, 并对激波结构微分方程组的解所定出的积分曲线性质做了分析, 文章详细分析了导电率极大的情况.

（苏摘 61-6Б25）

7.026 磁性流体动力激波的结构——（W. Marshall），*Atomic Energy Res. Establ.* , 1960, No. T/R 1718, 38（英文）.

本文从理论上研究了当磁场垂直于流线时, 电离气体中平面激波的结构. 研究表明: 流动特性取决于由电导率, 即无扰动波的气体中的温度和电子密度确定的参数值 β. 在相当于大导电率的小 β 值情况中, 磁场强度几乎和气体密度成正比, 且激波波前宽度约等于自由行程的数倍长度. 相当于小导电率的大 β 值的情况中, 如果开始时磁场强度小于与激波强度有关的某一临界值, 那么激波波前由宽度为若干个自由行程长度的区域构成, 这一区域内的速度、温度、压力和密度均迅速变化, 但这一区域内的磁场强度却保持不变, 而且, 这一区域之前有一个所有的变量改变极慢而宽度约为平均自由行程 β 的区域. 如果磁场大于其临界值, 则不会产生更狭的激波层, 而激波波前仍由平均自由程长度 β 为宽度的单一区域组成, 而这一区域内的所有各量都变化得极慢. 本文也讨论无磁场时, 电离气体中的激波性质, 在非电离气体中, 普通的激波是不具有这种特性的.

（苏摘 61-6Б26）

7.027 包括流体转折及磁场的定常平面磁性流

体动力激波结构的研究——(Z. O. A. Bleviss), *J. Flu-id Mech.* ,1960,9,No.1,49-67(英文).

本文在下列条件下讨论了磁流体动力激波的结构,这种条件是激波波前速度向量和磁场强度向量垂直于波前;而在激波之后向量和波前成倾斜:它们的切向分量"包含"在激波之内.流体的转折是平行于激波波前的麦克斯韦强度引起的.文章认为运动是定常的及平面的,气体是不可压缩、有黏性、导热、导电、电中性和理想的,并设电导率为标量.这时问题可归结为四个一阶非线性常微分方程组.文章得出了积分曲线在无穷远点邻域的某些特性.文章还对由下列 4 个参数:黏性系数 $\eta\eta'$,传热系数 λ 和磁扩散系数 $h=1/(\mu\sigma)$,式中 μ——磁导率,σ——导电率所表征的一些假设的特殊情况进行了讨论.这些情况是:(1)η,η'',$k\ll\lambda$,(2)$\eta,\eta''\ll k\ll\lambda$,(3)$\lambda\ll\eta''\ll k\ll\eta$,(4)$\eta\ll\lambda\ll\eta'',k$,(5)$\lambda\ll\eta,\eta''\ll k$,(6)$\lambda\ll\eta\ll\eta''\ll k$,(7)$\lambda\ll\eta''\ll\eta\ll k$,(8)$\eta,\eta''\ll\lambda\ll k$,(9)$\eta''\ll k\ll\lambda\ll\eta$,(10)$\eta$,$\eta''\ll k,\lambda$,(11)$\lambda,\eta,\eta''\ll k$ 作者指出的,其中某些情况只具有数学意义.

(苏摘 61-6Б27)

7.028 磁性气体力学中斜激波的计算——(М. И. Киселев, Н. И. Колосницын), *Докл. AH CCCP*, 1960,131,No.4,773-775(俄文).

本文提出了当给出激波之后气流倾角及激波波前诸参数时,用来确定激波倾角及波后速度的方法.实质上,本文并未对磁性流体力学的激波极线进行研究.磁性流体力学中的激波极线在柯根(М. Н. Коган)的著作中做了详细的研究.(*Прикл. Матем. И Механ.* ,1959,23,No.3,557-563.)

(苏摘 61-6Б28)

7.029 相对论磁性流体动力学中的激波——(Л. М. Коврижных), *Ж. Эксперим. И Теор. Физ.* , 1960,39,No.4,1042-1045(俄文).

本文研究了相对磁性流体动力学中垂直激波的

激波绝热特性. 在一系列的极限情况下,曾求得表示间断面两侧热力学的量的关系的简单表示式,文章简要地讨论了带电粒子利用激波加速的可能性,并指出,在垂直激波超相对性的情况下,这种加速是不可能的.

(苏摘 61-6Б29)

7.030 磁性流体动力激波的某些特性——(W. B. Ericosn, J. Bazer), *Phys. Fluids*, 1960, 3, No. 4, 631-640(英文).

本文证明了定常平面非相对论磁性流体动力激波的四个主要性质. 这些性质的定义在作者早先发表的论文(*Astrophys. J.*, 1959, 129, No. 3, 758-785——《苏联力学文摘》, 1960, No. 10, 12782)中已有说明. 本文的证明以斜激波为主,且在这种斜激波中,磁力线不平行或不垂直于间断面的前沿,至少是和其中的一侧不平行和垂直. 在第一个性质的证明中得到,仅当波后密度高于波前密度时,磁流激波之后的比熵才高于波前的比熵. 由此可直接得出这样的结论:正好和磁性流体动力压缩激波的热力稳定相反,磁性流体的稀疏波是热力不稳定波. 按照第二个特性,磁流波波后比熵分别取决于激波经过波前的物质流增加或减少而增大或减少. 由第三个特性可断定,在快速的磁性流体动力激波波后区域中,快速扰动速度比垂直于激波波前且相对于激波的气体分速度大. 文章对第四个性质做了证明,根据这一证明,在慢速激波的波后区域内,慢速扰动速度可小于、等于或大于物质在垂直于激波波前方向的速度,只是在激波波后的比熵和质量流取其最大值时,减慢扰动速度才和物质速度相等. 在这些推论中都曾采用了磁性流体动力激波是在无黏性、可压缩、导电率为无限的介质中传播的假定. 至于激波波前的介质状态则看成是固定的. 参考文献有 10 种.

(苏摘 61-6Б30)

7.031 朱-哥尔特贝根-罗近似中的稀薄等离子

366

体的间断——(Л. Д. Пічахчі),*Укр. Фіз. Ж.*,1960,5,
No. 4,450-457(乌克兰文;摘要:俄文,英文).

求解稀薄等离子体问题采用朱–哥尔特贝根–罗
的近似方法(G. F. Ghew, M. L. Goldberger, F. Low,
Proc. Roy. Soc.,1956, A236, No. 1204,112-118——《苏
联力学文摘》,1960, No. 6, 7003; *Пробл. Соврем.
Физ.*,1957, No. 7,139)可得出包括能流密度向量在内
的稀薄等离子体运动方程组. 和纯粹的磁性流体动力
学的讨论不同,在所得的方程中有附加项出现,附加
项表示在位于磁场的稀薄等离子体中,存在着沿磁力
线方向的能流. 这一能流与各向异性压力 $a = p_{\parallel} - p_{\perp}$
及等离子体沿磁场方向的速度分量成正比. 本文描述
了间断面上应当满足的条件,并得出在突跃本身表征
间断量之间关系的方程组.

在各种可能情况下,根据对方程进行的分析曾得
出间断面的下列分类.

1. 如果通过间断面的等离子体流 $j = 0$,则可能有
下列两种情况:(1)在平行于间断平面的等离子体速
度分量 $\{v_t\}$ 为任意的突跃时,垂直于间断面的磁场分
量 H_n 等于零;在这种情况下,磁场强度和速度向量落
在间断面上并随同密度和各向异性压力 a 一起受到
任意突跃式的改变,而且磁场强度和压力 $p_{\perp}$ 相互联
系在一起,并受到一个切向间断;等离子体流并不穿
过间断面. (2) $H_n \neq 0$,$\{v_t\} = 0$,这种情况乃是任意的
密度突跃,而 $p_{\perp}, a, H_t$ 等量的突跃由一个待定的关系
式联系在一起,这一待定关系式可用来证明相对于间
断面为静止的等离子体中存在着一个接触间断.

2. 如果 $j \neq 0$,而密度是连续的,即 $\{\rho\} = 0$,这时发
现如果存在间断流动,则必须满足条件 $H_n \neq 0$. 反之,
如果 $H_n = 0$,则所有各量变为连续的,间断不存在. 当
$H_n \neq 0$ 时,可能有下面几种情况:(1) $\{H_t^2\} = 0$ 的旋转
间断,这时本文还描述了与简单的阿尔文波相重合的
波;(2)当穿过间断面时,H_t 不改变方向,而且基本方
程可认为是标量方程;本文求得各量为无穷小间断的

情况下,这种间断传播速度 v_n 的表示式,以及限制这种间断存在可能性的 a 值的条件.

3. 如果 $j\neq 0$, $|\rho|\neq 0$ 而且不同于情况 2, 则磁场的法向分量可以等于零;本文讨论了 $H_n\neq 0$ 的一般情况,并求得"激波绝热"方程,在这个方程中和纯粹的磁性流体力学情况相比引进了两个在 $a=0$ 时则消失的附加项;在这种情况下,类同情况 1 或情况 2,分析了两种可能出现的间断方程.其中之一的各量无穷小突跃方案可归结为速度 v_n 的四次方程式.这种类型的波和简单的磁音波重合.参考文献有 6 种.

(苏摘 61-6Б31)

7.032 有磁场时导电介质沿任意截面管道的流动——(С. А. Регирер), *Прикл. Матем. И Механ.*, 1960, 24, No. 3, 541-542(俄文).

本文给出当磁场沿管道轴线不变时,在无穷长任意截面的管道中,导电率为有限的黏性液体定常层流流动问题的解.这种问题可归结为两个线性边界问题的逐次解:(1)当给定的电流密度为常数,而且在管壁上 $H_\tau=H'_\tau$ 及 $\mu H_n=\mu' H'_n$(式中撇号表示管外的值)时,寻找磁场强度在垂直于管道轴线平面上的投影;(2)根据已找得的磁场分量,寻求速度,磁场在管轴上的投影及压力梯度.

(苏摘 61-6Б32)

7.033 具有横向磁场时,导电液体在矩形渠道中的定常流动——(Я. С. Уфлянд), *Ж. Техн. Физ.*, 1960, 30, No. 10, 1256-1258(俄文).

本文研究了黏性导电液体在理想导电壁的无限长矩形断面管道中的定常流动问题的解.渠外磁场是均匀的且垂直于流动速度,并指出,当管道宽度无限增加时,所得解趋于边壁导电率异于零的平行边壁间流动问题的解.本文所得结果可用来对计及远处边壁影响的一元情况修正值进行计算.

(苏摘 61-6Б33)

7.034 圆管的哈德曼问题——(Я. С. Уфлянд),

Ж. Техн. Физ.,1960,30,No. 10,1258-1260(俄文).

本文讨论黏性导电液体在垂直于均匀外磁场方向上定常运动(在任意截面无限长的柱形管中的流动).对于管壁不导电的情况指出,如果采用一个简单代换,可使磁性流体动力学方程变为两个同一类型的亥姆霍兹方程的边界问题,此种问题的解法可以彼此无关.本文还将类似的变换用于某些其他边界条件下的圆柱表面的纵向外部绕流问题中.本文还对圆管流动及圆柱绕流问题建立了傅里叶-贝塞尔级数形式的解.值得注意,在普通流体力学中,后一问题仅具有显易解.

(苏摘 61-6Б34)

7.035 弥散性线性收缩的磁流体稳定性——(William A. Newcomb),*Ann. Phys.*(USA),1960,10,No. 2,232-267(英文).

本文利用磁流体能量原理(I. B. Bernstein, E. A. Frieman, M. D. Kruskal, R. M. Kurlsrud,*Proc. Roy. Soc.*,1958,A244,No. 1236,17-40)来推导在等离子体中具有分布电流的线性收缩稳定性(弥散性线性收缩)的必要和充分条件.轴对称形排列的等离子体和磁场在具有下列性质时理解为收缩:(1)等离子体导电率为无限大;(2)磁场只在沿轴线方向和方位角方向有分量,而沿径向的分量等于零;(3)等离子体压力为标量值;(4)等离子体压力和磁场力$[jB]$相平衡,式中$j=$rot B——等离子体流密度;(5)系统之外是一个半径为b的导电壁;(6)系统之内是半径为a的理想导电的金属丝;(7)在系统中不存在真空区域,但可有等离子体压力小得可略去不计而导电率仍为无穷大的区域.完全能确定收缩结构的磁场的轴线方向及方位角方向的分量认为是至轴线距离的任意函数.为了用具体实例论证这些推导,本文将所得结果应用于具有凝集在无限薄的等离子体表面层的电流收缩极限情况.参考文献有 30 种.

(苏摘 61-6Б35)

7.036 以广义的能量原理研究等离子体的稳定性——(В. Ф. Алексин, В. И. Яшин), Ж. Эксперим. И Теор. Физ. ,1960,39, No. 3 ,822-826(俄文).

本文求得在柱对称磁场中,粒子速度分布为各向异性的等离子体稳定性的准则,并讨论了磁场为纵向和方位角方向的情况.

(苏摘61-6Б36)

7.037 具有体积电流的柱形等离子体导体的稳定性——(Ю. В. Вандакуров, К. А. Лурье), Ж. Техн. Физ. ,1959,29, No. 9 ,1170-1173(俄文;摘要:英文).

本文讨论了考虑沿导体截面方位角方向电流分布不同时,等离子导电体的稳定性理论. 这种情况下的稳定性由不可压缩介质磁性流体动力学线化方程来确定. 文章研究了当轴向电流可略去时,这种导体的外形,并解出对应于下面两个函数表示的两类纵向磁场分布的稳定性问题

$$w(r) = ge^{gr^2}/e^g - 1 \qquad (1)$$

$$w(r) = \frac{c+2}{2}r^c \qquad (2)$$

式中,r——半径,g——常数,c——常数. 在情况(1)中,当 $g<0$ 时,稳定性比均匀磁场差. 对情况(1),当 $g>4$ 时和对于情况(2),当 $c>2\sqrt{2}$ 时,稳定性比均匀磁场好.

(苏摘61-6Б37)

7.038 磁场中速度分布为各向异性的等离子体的不稳定性问题——(Р. З. Сагдеев, В. Д. Шафранов), Ж. Эксперим. И Теор. Физ. ,1960,39, No. 1 ,181-184(俄文;摘要:英文).

本文从理论上对由于静磁场纵横方向温度各向异性而引起离子(电子)速度的非麦克斯韦分布的等离子体不稳定性进行了研究. 结果表明:即使当温度各向异性十分微小,也会引起"摇摆-振动"型的不稳定性. 波的摆动电离子(电子)的速度分布确定,在这种离子的坐标系中,由于达勒尔效应,引起波的频率

等于它的回旋加速器的频率,这些粒子能有效地和波动交换能量.研究是利用圆偏振波的扩散方程进行的,如果横贯磁场的温度高于沿磁场方向的温度,则波将发生摆动,其电向量转向离子的旋转方向;如果沿磁场的温度较高,则相反偏振的波发生摆动.在电子振动情况下,仅存在所谓异常波,在这种波中的电向量转向电子旋转方向.

(苏摘61-6Б38)

7.039 电磁波对固定及浮动的等离子凝聚物的稳定——(В. В. Янков),Ж. Техн. Физ. ,1960,30,No. 9,1019-1023(俄文).

本文讨论了在高频电磁场中等离子体凝聚物的稳定性.研究是在球形凝聚物的尺寸远小于波长,导电率为无限大的等离子体假设下进行的.文章确定了各种可能类型的小变形球的稳定性.从对两个例子的讨论表明了小球块达到稳定在原则上是可能的.第一个例子证明,在某些固有球形谐振器的电磁振动的激发情况下,能保证小块凝聚物固定于球的中心.在第二个例子中,提出了建议,当激发三种类型的波时达到这些建议则能有助于在柱状圆截面波导管(在其轴线上)中的凝聚物保持稳定性.

(苏摘61-6Б39)

7.040 在外电场中电子–离子等离子体的纵向振动的不稳定性——(Л. М. Коврижных),Ж. Техн. Физ. ,1960,30,No. 10,1186-1192(俄文).

本文在电子及离子的运动方程方法的基础上,研究了在外电场中,纵向小扰动的等离子体的不稳定性.结果表明,当电子相对于离子的漂移速度值很大时,会发生不稳定现象,且其最严重的情况是波长大于德拜半径的扰动.参考文献有11种.

(苏摘61-6Б40)

7.041 有限导电率载流液柱的稳定性——(С. Н. Бреус),Ж. Техн. Физ. ,1960,30,No. 9,1030-1034(俄文).

本文研究磁场在导电体中不凝冻的条件下，载流液柱在纵向磁场 H_z^0 存在时的稳定性. 文章求得了扩散方程，并从两种情况详细地对这一方向进行了分析，第一种情况认为导电率不良（$\sigma \to 0$ 的极限下），对于长波的扰动（当 $ka \ll 1$，式中 k——波数，a——柱体半径）在导电体有弯曲变形时以及对于较为复杂的振动类型，本文证明，磁场 H_z^0 的存在使稳定性变坏. 这一效应也发生在短波的扰动（$ka \gg 1$）中，这种方位角数为 m 的振动，其增量约增加为原来的 $(mH_z^0/H_\varphi^0)^{\frac{1}{2}}$ 倍（H_φ^0——柱体边界上的磁场强度）. 所得关系式在性质上说明了借以研究在纵向磁场内载流的水银液流稳定性问题的结果（A. Duttner, B. Lehnert, S. Lundquist, *Tp. 2-й. Междунар. Конференции По Мирн. Использованию Атомн. Энергии*, 1958, Доклад P/1708）. 在第二种情况下，本文对于导电率虽高但为有限值的介质相对于不使磁力线弯曲的扰动的不稳定性做了估计. 当存在纵向磁场时，在表层区域内产生不稳定性，虽然当 $\sigma \to \infty$ 时，应当都是平衡的.

（苏摘 61–6Б41）

7.042 受磁场加速的等离子体中雷莱–泰勒不稳定性——（T. S. Green, G. B. F. Niblett），*Nucl. Fusion*, 1960, 1, No. 1, 42-46, 66, 67, 68（英文；摘要：法文，俄文，西班牙文）.

本文对重氢等离子体受到磁场压缩的试验做了解释与叙述. 等离子体是通过围绕研究物的线圈的电容器组放电而得出的. 电容器组的电容为 12 微法拉，电压为 24 千伏，回路电感为 0.14 微亨利，线圈电感为 0.02 微亨利，重氢的初始压力为 50—100 微米水银柱高，测量是用两个超高速电影摄影机和磁探针进行的. 在放电的瞬间，等离子体的温度为 ~60 000 K，而密度为 ~10^{17} 厘米$^{-3}$. 等离子体外边界的切断现象可用雷莱–泰勒不稳定性来说明. 所观察到的不稳定性的周期，其数量级和泰勒提出的简化理论的周期相符合. 文章还就惯性、黏性及欧姆损失对不稳定性衰减的影响做了估计. 结果表明, 在实验条件下, 欧姆损失的作用是主要的. 参考文献有 25 种.

(苏摘 61-6Б42)

7.043 麦克斯韦等离子体的漂移不稳定性——(E. Atlee Jackson), *Phys. Fluids*, 1960, 3, No. 5, 786-792 (英文).

本文对电子组元相对于离子发生漂移时在电离气体中的稳定性做了理论研究. 无论是电子或离子的素流运动均可按速度的麦克斯韦分布来表征. 但是, 一般来说它们是具有不同温度 T_e 和 T_i 的. 在未计及碰撞及由漂移所产生的磁场时, 本文引进了早为大家熟知的扩散方程. 在这篇文章中对于数值计算予以很大的注意. 文章对于在 $D_e = D_i = D$ (式中 D_e 和 D_i 是电子和离子的德拜半径) 的特殊情况下的稳定性做了图解分析. 研究结果认为: 当 $\lambda < 1.32$ 时 (λ 为波长), 将产生和漂移无关的稳定性. 当 $D_e/D_i \gg 1$ 时, 还可能对不稳定性条件做精确的分析, 在不等温条件下 $T_e \gg T_i$ 是可能达到这一点的, 文章列举了计算的例子.

(苏摘 61-6Б43)

7.044 磁场外形及直管中放电稳定性的研究——(Ловберг Бургхардт), *Tp. 2-й Междунар. Конференции По Мирн. Использованию Атомн. Энергии*, 1958, *Т. 1. Физ. Горячей Плазмы И Термоядерн. Реакции*, М., Атомиздат, 1959, 423-428 (俄文).

本文提出并讨论了在洛斯-阿拉莫斯大学 (Лос-Аламосской) 实验室 (Колумбус S-4) 装置——筒形放电室中, 当稳定的外磁场强度为 B_z 时, 用磁探针进行试验的结果. 从所得的磁场及气体压力沿放电室的径向分布可得出如下结论: 在放电开始阶段, 在离轴线某一距离处, 先形成一个高压气体层, 然后产生磁场和热能的扩散. 文章还指出了一种与放电辐射所电离的气体外围层中磁场分量 B_θ "凝冻" 有关的电流自集效应. 为了研究稳定外磁场 B_z 对放电稳定性的影响

373

而进行的特殊试验表明：大幅度的不稳定性可用磁场 B_z 的叠加来消除，而这种稳定的外磁场 B_z 对放电表面的局部不稳定并没有显著影响．

（苏摘 61-6Б44）

7.045 在线性收缩放电中，确定表面不稳定增长率的实验——（F. L. Curzon，A. Folkierski，R. Latham，J. A. Nation），*Proc. Roy. Soc.*，1960，A257，No. 1290，386-401（英文）．

本文列出了在氢气中强电流脉冲放电的全部主要阶段的照片．本文着重于研究在最终导致等离子细丝破坏的表面的不稳定性．在放电的开始阶段，仅产生微小的不规则现象．当等离子体迅速加速时，其主要不稳定性产生于细丝一次和二次膨胀之间．这种情况，以及不规则增长率的确定，证实了类似于一般流体力学中的雷莱–泰勒不稳定性类型的机制是有利的．参考文献有 25 种．

（苏摘 61-6Б45）

7.046 当具有常磁场的导电液体中，轴对称物体附近的斯托克斯流动——（I-Dee Chang），*J. Fluid Mech.*，1960，9，No. 3，473-477（英文）．

本文利用扰动方法从理论上研究了小雷诺数时，存在常量磁场的轴对称物体附近的不可压缩介质流动．采用较小的哈德曼之值 $M = \mu H_0 a (\sigma/\rho\nu)^{\frac{1}{2}}$（$\mu$——磁导率，$H_0$——磁场强度，$a$——物体的特征长度，$\sigma$——导电率，$\rho$——密度，$\nu$——运动黏性系数）时，作者得出在液流中物体阻力的无因次近似公式

$$D \equiv \frac{D'}{\rho\nu Ua} = D_0 \left(1 + \frac{D_0}{16\pi}M\right) + O(M^2)$$

$$\left(D_0 = \frac{D'_0}{\rho\nu Ua}\right)$$

式中，D_0 为不存在磁场时，物体在液流中的无因次阻力，D_0 可由其他作者的数据来确定（I. E. Payne，W. H. Pell，*J. Fluid Mech.*，1960，7，No. 4，529-549）．对于半球、圆盘、圆球及扁球或椭圆球所得的结果，分别列

374

于存在磁场及不存在磁场时之阻力值的表中.

(苏摘 61-6Б46)

7.047 磁性等离子体动力学中的柯脱流动——（А. И. Губанов, Ю. П. Лунькин）, *Ж. Техн. Физ.*, 1960, 30, No. 9, 1053-1060（俄文）.

本文曾解出在最简单的柯脱流动的情况下,当 $\omega\tau$ 为任意时,在磁场中的黏性等离子体运动方程.本文分别对当磁场垂直、平行以及任意方向诸情况进行了讨论.文章得出一系列在磁性流体动力学中（$\omega\tau \ll 1$）不能得出的等离子体流动特性:如出现与平板速度相垂直的等离子体的速度分量;平行于速度方向的磁场能减少黏性摩擦等.

(苏摘 61-6Б47)

7.048 磁性流体动力学液流中的平板阻力——（H. P. Greenspan）, *Phys. Fluids*, 1960, 3, No. 4, 581-587（英文）.

本文讨论了有限长平板黏性不可压缩导电流体的绕流问题.假定在无穷远处绕流速度小于阿尔文速度,且在无穷远处磁场方向与绕流速度平行.当平板引起扰动视为很小时,作者将方程组加以线化,并将所得的线性方程组的能归结为一个积分方程的解.在极限情况下,本文求得这一方程的解,对不同的导电率值,计算出了平板的阻力.结果表明:当导电率增加时,扰动运动区域的位置是自绕流平板逆流而上.

(苏摘 61-6Б48)

7.049 当存在磁场时,导电液体或气体吹入附面层中——（А. Б. Ватажин）, *Прикл. Матем. И Механ.*, 1960, 24, No. 5, 909-911（俄文）.

本文讨论半无穷平板的气体绕流问题,通过平板表面将导电液体引入附面层中,并且在磁场中液流平行于平板的 x 轴方向、磁力线方向与平板表面垂直.所形成的临近边壁的一层（Ⅱ）,从平板前缘（$x=0$）开始,它与外流（Ⅰ）被物质的物理化学特性发生间断的表面分开.区域（Ⅰ）的导电率和区域（Ⅱ）相比较可略去不计,且磁雷诺数和普通雷诺数分别为 $R_m = O(1)$,$R=o(1)$ 的条件下,则可写出区域(Ⅰ)和区域(Ⅱ)的运动方程.如果磁场强度及被吹入的液体的秒流量和 $\sqrt{x}$ 成正比,则问题是自模拟的.当引用波拉修斯变量和新的速度函数时,则所得的运动方程可化为常微分方程组.

利用补充假定(以区域(Ⅱ)中密度 ρ_2^0 及动力黏性系数 η_2^0 大于区域(Ⅰ)为依据)可使确定速度场的动力学问题和确定温度场的热力学问题区分开来.所得的常微分方程组化为一封闭的方程组.其解可用展开为无因次参数 K^{-1} 的幂级数方法来求得

$$K^{-1} = \left(\frac{\rho_2^0 \eta_2^0}{\rho_\infty \eta_\infty} \right)^{-1}$$

式中下标 ∞ 表示相当于来流的有因次量;上标 0 也表示所给的量是有因次的.这种求解的方法在作者另一篇著作中有介绍(*Изв. АН СССР. Отд. Техн. Н. Механ. И Машиностр.* ,1959,No. 6,7-13——《苏联力学文摘》,1961,1Б521).

最后摩擦系数 c_f 和总阻力系数 c_d 可由下列表示式求得

$$c_f \sqrt{R_x}$$
$$= 0.664 - 0.543\ 1\ \frac{C^{\frac{3}{2}}}{K} - \frac{2\gamma_* C}{K} + \frac{0.052\ 6C^3 - 0.197\ 4C}{K^2} +$$
$$0.286\ 3\gamma_* \frac{C^{\frac{5}{2}}}{K^2} + O(K^{-3}) \tag{1}$$

$$c_d \sqrt{R_x}$$
$$= 0.664 - 0.543\ 1\ \frac{C^{\frac{3}{2}}}{K} + \frac{0.052\ 6C^3 - 0.197\ 4C}{K^2} +$$
$$0.286\ 3\gamma_* \frac{C^{\frac{5}{3}}}{K^2} + O(K^{-3}) \tag{2}$$

式中,$R_x = \rho_\infty u_\infty x^0 / \eta_\infty$($u$——气流沿 x 方向的速度),C——吹入常数,γ_*——表示磁性气体动力相互作用的参数.当 γ_* 的值等于零时,即使在一次近似的情况下,所得的解也能很好地和不计及磁场作用的吹入问题的精确解相符合(见 Г. Г. Черный,*Изв. АН СССР. Отд. Техн. Н.*,1954,No. 12,38-67——《苏联力学文摘》,1956,No. 5,2903). 当磁场及吹入现象均不存在时,由公式(1)可得出附面层方程的古典解. 从(1)和(2)可得,磁场的存在可减少摩擦阻力,而平板的总阻力,有磁场存在及有流体吹入时,将会增加.

（苏摘 61-6Б49）

7.050 在轴向磁场中,部分离化气体的流动——(P. J. Dickerman, C. F. Price),*Phys. Fluids*,1960,3,No. 1,137-138(英文).

本文列出轴向磁场对电离气体柱状流动的导热及气流各参数影响的实验研究的初步结果. 实验装置是由用气流来稳定的高强度电弧装置,混合室和绕有螺线线圈的管子组成的. 加在电弧上的功率约 ~1 000千瓦,轴向电场的变化范围为 0—0.95 krrc;等离子体流处于大气压力下,而温度数据曾用分光镜测量法求得. 本文用图表说明了磁场对靠近管壁处热流量影响的结果,从图表可看出,当磁场强度 ~20 krrc时,热流的减少约为19%.

（苏摘 61-6Б50）

7.051 可压缩液体的磁性附面层——(В. Н. Жигулев),*Изв. АН СССР. Отд. Техн. Н. Механ. И Машиностр.*,1960,No. 5,9-13(俄文).

对作者早先得出(*Докл. АН СССР.*,1959,124,No. 5,1001-1004；No. 6,1226-1228——《苏联力学文摘》,1960,No. 9,11241)的可压缩液体内第一类和第二类平面磁性附面层的方程,本文指出了某些稳定的自模拟解,并讨论了可化为线性常微分方程的相应的物理问题. 在不可压缩气流对带有垂直于平板方向电流的半无穷平板绕流问题中,得到了近似公式,该式表明,临近平板处可以存在返回运动区域(当普通黏性和磁黏性之比较小时). 本文举出了数值计算的例子,并简要地讨论了("绕磁场流动"的)可压缩理想导电液体均匀流中的磁性附面层问题(松开问题)及带有平行于来流方向的电流的(通过气体的封闭回路)平板绕流问题.还有一个问题将作者早先发展的在运动的导电介质中的放电理论推广到可压缩气体中.本文给出了数值计算结果,并指出和不可压缩介质相比较,在放电时,电流的增加可使放电通路进一步收缩.

(苏摘61-6Б51)

7.052 在磁场中等离子体的动力方程——(O. Lucke),*Z. Geophys.*,1960,26,No.3,105-137(德文;摘要:英文).

带电粒子在地磁场中的运动可用常磁矩和平行于磁场的速度向量试验粒子的运动方程来描述.在稳定状态下,这一方程给出在磁暴时增加的环形电流.这种电流大多在受磁场等离子体抗磁作用而使磁场变形的区域内流动.在这种区域中,粒子的密度达到最大值.粒子横向动能密度等于磁能密度的2/3,所得的最大动能密度和实验数据相符.参考文献有37种.

(苏摘61-6Б52)

7.053 多成分磁性流体动力学中的螺旋运动——(В. С. Ткалич,Е. Ф. Ткалич),*Изв. АН СССР. Отд. Техн. Н. Механ. И Машиностр.*,1960,No. 5,184-186(俄文).

本文讨论由 N 种离子组成的无耗数不可压缩等离子体的定常运动.满足下列关系式的运动称为螺旋运动

$$\text{rot } V_k + \frac{\mu e_k}{cm_k} H = a_k V_k \quad (k=1,2,\cdots,N)$$

式中,a_k——$V_k \nabla a_k = 0$ 时的坐标函数(如不存在磁场时($H=0$),由此可得葛罗米柯的螺旋运动).对这些运动,单位质量的第 k 种离子中的总能量(除去磁场能后)保持不变.在均匀螺旋运动(a_k=常数)的情况下,等离子体动力学的普遍方程归结为两个线性独立的方程组,且各量场均满足于叠加原理.引用某些微分算子后,可得对 **H** 的方程组并做出包含任意常数及函数的解,但是这个解并非通解. 此时可认为, **H** 是微元螺旋(葛罗米柯定义)磁场的总和. 本文最后导出用 **H** 求速度 V_k 的公式及对于双成分等离子体的情况做了分析.

文章附有勘误:在大部分公式中,求和式的下限写作 $l=1$ 而不是 $e=1$;本文最后两个公式应是

$$U_1 = (a_1 - a_2)^{-1} [\text{rot rot} - a_2 \text{rot} + (\Omega/c)^2] H$$

$$U_2 = (a_2 - a_1)^{-1} [\text{rot rot} - a_1 \text{rot} + (\Omega/c)^2] H$$

(苏摘 61-6Б53)

7.054 横向磁场对导电液体"脱离速度"的影响——(Greifinger Carl), *Phys. Fluids*, 1960, 3, No. 4, 662-664(英文).

本文讨论外加磁场对无限导电气体膨胀成空腔的影响. 此时"脱离速度"不仅取决于磁压和气体内部的流体动压力的比值,而且还和真空中的磁压有关. 在计算中,认为外磁场和内磁场是平行的. 因而得到哥曼公式的推广式(W. J. Guman, *Phys. Fluids*, 1959, 2, No. 6, 714——《苏联力学文摘》, 1961, 1Б6). 本文给出了常出现在广义的黎曼不变式中用超几何函数表示的积分表达式,并引进了单原子气体情况下的数值结果.

(苏摘 61-6Б54)

7.055 具有有限导电率的薄环等离子体细丝的定常状态——(Ю. В. Вандакуров), *Ж. Техн. Физ.*, 1960, 30, No. 9, 1134-1136(俄文).

本文讨论了当方程可略去惯性项及 $\partial H/\partial t$ 项时,在磁场中接近于定常状态下的等离子体的情况. 压力梯度(各向同性)与电磁力相平衡,并在欧姆定律中,计及由离子压力梯度引起的外电场. 本文假定所有各量均与 φ, z 无关,求解了半径为 a 的无限长的柱状细丝等离子体方程组. 在这种情况下,纵向电场的选择可使等离子体穿越磁力线而向外的漂移现象不致发生. 但当转变为环状细丝时,不论在什么电场中都是

不能得到此种补偿的,而将出现另一种类型的等离子体的漂移. 对轴线半径为 R 的较大的圆环来说,这种效应可用 $R \to \infty$ (圆柱细丝)基本状态的扰动,而且取比值 a/R 为小参数的方法来计算. 文章得到了准确度达一阶微量的等离子体的径向漂移速度公式

$$v_r = \frac{c^2 \cos \varphi}{\pi \sigma R}$$

式中,c——光速,σ——导电率. 参考文献有 3 种.

(苏摘 61-6Б55)

7.056 在磁性-离子介质中应用于紊流扩散的带电粒子速度的自动相关原理——(R. C. Bourret), *Canad. J. Phys.*, 1960, 38, No. 9, 1213-1223 (英文).

本文由在电离气体中磁场强度 H_0 为常数时,带电粒子的运动方程出发,确定了瞬时速度自动相关能量表达式的一般形式. 文章得到了将随机力谱定为白噪音或按 $e^{-\alpha|t|}$ 规律与时间相关的随机各向同性噪音形式时的具体表达式. 除此之外,还得到了当随机力写作相应于碰撞影响的冲量系时,带电粒子的速度相关函数. 对其中的第一种情况,在所求得的相关的速度张量的基础上,找到了垂直于磁场 H_0 方向的扩散方程.

(苏摘 61-6Б56)

7.057 在纵向磁场中带正电圆柱的扩散过程——(Ленерт), *Тр. 2-й Междунар. Конференции По Мирн. Использованию Атомн. Энергии*, 1958, *Т. 1. Физ. Горячей Плазмы И Термоядерн. Реакции*, М. Атомиздат., 1959, 648-651 (俄文).

人们曾根据外磁场强度 B 测量了放电管(管长 4 米,直径为 1 厘米,气体压力为 $p \sim 1$ 毫米水银柱高(1 毫米水银柱 $=133.322$ 帕)中的电场 $E(B)$. 在管中的压力和电流强度为常数. 测量表明:当 B 增加到某一临界值 B_* 时(当 $p = 1.47$ 毫米水银柱时,$B_* = 2400$ 高斯),$E(B)$ 值(及扩散速度)则减少,这一结果和碰撞理论是相符合的. 当 $B > B_*$ 时,$E(B)$(及扩散速度)开始增加了其值相当于扩散系数增长数十倍和

380

数百倍. 除此之外, 当 $B>B_*$ 时, 产生噪音阶的急剧增加. 按照作者的意见, 当 $B>B_*$ 时, 扩散速度的增大证实了由鲍姆所提出的、由于等离子体振动而引起的扩散机制的存在.

（苏摘 61-6Б57）

（王甲升、施定邦译, 李昌俊校）

7Б1 关于磁流体动力学——（Schlüter Arnulf）, *Combustion and Propuls.* (3rd *AGARD Colloq.*, *Palermo*, *Sicily*, *March* 17th-21st, 1958), London-New York- Paris-Los Angeles, Pergamon Press, 1958, 525-531, Discuss., 531-538（英文；摘要：法文）.

报告叙述了普通的磁流体动力学方程的正确性的讨论情况, 主要的注意力集中在荷电粒子的碰撞频率比它们的回旋频率小的强磁场和低密度的情形. 如果逐渐地使等离子体的状态的描写复杂化, 则磁流体动力学方程的主要变化是压力分成垂直和平行于磁场的分量, 并且主要的耗散过程由力图使这些压力相等的回旋松弛现象所引起.

讨论中阿戈斯金勒里（M. G. Agostinelli）、李普曼（H. W. Liepmann）及比尔曼（L. Biermann）发表了意见, 李普曼叙述了磁场对附面层、传热及层流附面层分离的影响问题, 比尔曼注意了磁流体动力学微观理论的重要性.

7Б2 阿伏科-爱维尔特科学研究实验室里的应用磁流体动力学——（M. Camac, G. S. Janes）, *Amer. Rocket Soc.* (*Preprints*), 1959, No. 902, 37. （英文）.

评述了在 1955—1959 年这段时期内在实验里所完成的有关应用磁流体动力学的著作, 这些著作一部分已经发表, 一部分记述在实验室的报告中. 理论和实验工作分成四个方面：在飞行磁流体动力学方向（宇宙飞行的发动机, 进入到大气层内的制动装置）和在发电方面（低温过程和热核反应的应用的方法）, 列出了实验室里制成的磁流体动力发电机的简图, 描述了该种发电机和发电试验, 叙述了关于用磁场来建立机翼的外力和阻力及电弧研究方面的二年实验结果.
实验室现有两个分别为 150 千瓦和 2 000 千瓦的电弧
风洞,后来完成了 15 000 千瓦的电弧风洞的设计,实
验室同时具有能获得高温等离子体的环形磁激波管,
列举了在激波管内高温情形下气体性质的研究,列出
了简图、照片和图表.参考文献有 19 种.

7Б3 阿伏科–爱维尔特科学研究实验室的应用
磁流体动力学——(M. Camac, G. S. Janes), *Dynamics
Conduct. Gases. Evanston, Ill. , Northwest. Univ. Press*,
1960,112-125(英文).

参阅本期文摘 7Б2.

7Б4 电离气体通过磁场的一维流动——(R. M.
Patrick, T. R. Brogan), *J. Fluid Mech.* ,1959,5, No. 2,
289-309(英文).

在激波管中研究了在激波内电离的氩气磁雷诺
数不大时在磁场中的一维运动.文中曾经做了两个实
验.一个实验是在环形的间隙中进行的(里面的管子
安放在直径为 3.8 厘米的激波管的低压器筒形室
内).实验的持续时间 ~20 微秒,外磁场的径向分量
为 6 000 奥斯特,激波后气流的 M 数 ~2,激波前面的
压力为 1 毫米水银柱,温度是标准的大气温度.第二
个实验是在直径为 3.8 厘米的激波管中进行的,激波
从在磁场里的管子的一端反射之后,气体径向地向外
流出,在 100 微秒过程中达到了稳定的气流,简述了
实验装置、测量仪器和所得的结果.作者发现在磁场
中有离子经过,也就是说离子和中性粒子具有不同的
运动速度.同时观察到了由于荷电粒子横过磁力线漂
移所引起的霍尔电流,且由于上述现象,气体的电导
率减小了.参考文献有 8 种.

7Б5 电离气体经过磁场的一维流动——(R.
Patrick, T. Brogan), *Вопр. Ракетн. Техн. Сб. Перев. И
Обз. Ин. Период. Лит.* ,1959, No. 8,19-42; Перев. —
J. Fluid Mech. ,1959,5, No. 2,289-309(俄文).

参阅本期文摘 7Б4.

7Б6 磁流体动力学的平面问题——(Г. С. Голицын), *Вопр. Магнитн. Гидродинамики И Динамики Плазмы*, Рига, АН ЛатвССР, 1959, 161-165 (俄文).

在磁场垂直于运动平面和运动是等熵的假设下建立起理想导电的磁性流体动力学液体的平面流动速度环量守恒定律. 根据作者的论证,当流体力学旋涡的所有经典定理在磁流体力学中都是适用的时候,这种情形是唯一的(假若不考虑一维情形). 作者成功地把许多磁流体动力学问题变成普通流体动力学问题,引用了有关在特征线附近垂直磁场的理想导电气体的运动普朗托−迈耶尔问题的解的结果.

注:作者所做出的结论的正确性是与初始时刻磁场的大小与密度的比值在空间所有各点是同一值的假设有关.

7Б7 在磁场存在的情形下动力对导电运动液体的障碍物的作用——(Etienne Crausse, Yves. Poirier), *C. R. Acad. Sci.*, 1960, 250, No. 14, 2533-2535(法文).

在两个图上列出了在磁场中用水银绕过圆柱体时不导电的圆柱表面的压力分布和阻力系数的测量结果. 雷诺数从 ~1 400 到 3 040,马赫数 $M = BD(\sigma/\eta)^{1/2}$ 从 0 到 350,这里的 B 是磁感应强度,$D = 10$ 毫米是圆柱的直径,σ 是液体的导电率,η 是黏性系数.

7Б8 钝头物体的磁流体动力学的高超音速绕流——(B. Bush William), *J. Aero/Space Sci.*, 1958, 29, No. 11, 685-690, 728(英文).

文中讨论了轴对称的钝头物体高超音速的导电气流的稳定绕流. 在没有被扰动的气流中的磁场是位于物体前缘的偶极子场,脱体激波的形状取为球形,而物体的形状根据激波的形状和在压缩层中的流动条件求出. 在对称轴附近求得了解,忽略量级为 $O(\theta^9)$ 的那些项(θ——从物体的临界点计算起的极角). 在这种近似条件下边界条件得到了满足,而偏微分方程就转变成半径的微商常微分方程,确定出了物体和激波之间的距离,物体上的压力和物体上的速度的切向分量梯度.必须指出,在所得到的解当中也有与真正实际物体不适合的解.

7Б9　位于强磁场中电导壳内的波——(I. C. Percival),*Proc. Phys. Soc.*,1960,76,No. 3,329-336(英文).

文中用磁流体动力学近似法研究了在惯性力和外磁场的恢复力的作用下真空中厚度小到可以忽略的均匀无限平面薄壳的磁力学的横向振荡,产生了与在三维的连续统中的阿尔文波类似的横波,得到了计算波的分散和衰减的公式,并且波的相速度是大于相应的阿尔文波的速度.在实验室的条件下在水银和铜里能够观察到这些表面波.

7Б10　小振幅的磁流体动力波的传播——(W. E. Williams),*Quart. J. Mech. and Appl. Math.*,1960,13,No. 3,272-277(英文).

文中证明了其传播可以用黏性液体线性化的磁流体动力学方程来表示的无限小振幅的扰动能够分解成两个分量,其一决定于速度的向量势,而另外一个由电热势的向量来确定.在两种情形下这些向量平行于外加磁场,相应的标量函数分别满足四阶和五阶微分方程.这种方法对于无黏性的液体的情形,在矩形器皿中的驻波的情形以及由另外一些作者从另外的观点很早研究过的平面波的情形都能应用.

7Б11　波导管中的磁流体动力波——(J. Szabó),*Z. Phys.*,1960,160,No. 5,491-493(德文).

本文研究了圆柱形的波导管中的小振幅的磁流体动力波.外磁场与波导管的母线平行.把液体看作是无黏性的,并具有无限电导率.假定过程是向压性过程.

7Б12　磁流体的谐振器——(Ryszard Gajewski, O. K. Mawardi),*Phys. Fluids*,1960,3,No. 5,820-828(英文).

本文讨论了具有矩形的或圆形截面的柱形谐振

器中的磁流体波的性质. 假定谐振器内面的导电液体是位于强度为 H_0, 方向指向柱体轴线的均匀磁场中, 对三种可能类型的波探讨了固有频率的频谱: (1) T (横的) 型波, 以速度 $u_A = (H_0/4\pi\rho_0)^{\frac{1}{2}}$ 传播 (ρ_0 是液体的密度); (2) TLA (声学型的横-纵波), 当 $H_0 \to 0$ 时, 它转变为声波; (3) TLM 型 (磁流体动力学类型的横-纵波), 当 $H_0 \to 0$ 时, 具有速度 $\sim u_A$. 文中证明了 TLA 型的波当其从柱体的端面上的坚硬导电壁反射时完全转变为 TLA 波, 相反时情形也相同, 研究了由于黏性 (无论在液体的主要部分的体积内或在边界层内) 和电导率 (液体的和壁的) 所引起的波的能量损耗.

7Б13 完全电离气体中激波波前的结构——(J. D. Jukes), *J. Fluid Mech.*, 1957, 3, No. 3, 275-285 (英文).

本文研究了由质子和电子组成的完全电离的等离子体中的激波波前的结构. 假定质子和电子的气体在每一点上是准平衡的和具有不同的温度, 解出了考虑到黏性、传热和这两种气体之间的能量交换的方程组的数值. 很强的激波中的稠密跃变的厚度差不多等于质子在炽热的压缩气体中的两个自由程, 在这种稠密跃变中质子和电子速度与质子温度发生主要跃变. 比电子温度改变的区域的宽度大约大 7 倍. 在稠密跃变的前面形成了由于电子温度引起的炽热的区域, 估算了由于电子-质子气体的极化所产生的电场. В. Д. 沙费拉洛夫曾经解决了类似的问题 (*Ж. Эксперим. И Теор. Физ.*, 1957, 32, No. 6, 1453-1459).

7Б14 磁场与被激波电离的氢气的相互作用——(H. J. Pain, P. R. Smy), *Proc. Phys. Soc.*, 1960, 76, No. 6, 849-856 (英文).

在文章中所描述的激波管内曾进行了有关了解磁场与马赫数从 8 到 23 的激波后面的电离氢气的相互作用的实验. 在低压室内的压力等于 10^{-5} 毫米水银柱高. 文中证实了当其比值 $2L^2/R_M$ 大约达到 1 时, 就开始了与磁场明显的相互作用,这里 $L=\sigma Bl(4\pi\mu/\rho)^{\frac{1}{2}}$ 是朗客威斯特数,$R_M=4\pi\mu lu\sigma$——磁雷诺数(u——等离子体的速度,B——磁场强度,σ——等离子体的电导率,l——等离子体和磁场相互作用的距离,μ——磁导率,ρ——等离子体的密度). 根据所得到的照片做出如下结论,即径向对称的磁场能够像喷管一样对等离子体流发生作用,而不对称的磁场能够移动等离子体流. 当其与等离子体的相互作用很强时,在等离子体中就形成反射激波. 文中列出了气流的照片. 参考文献有 10 种.

7Б15 关于激波沿磁场方向的运动——(P. B. Половин),*Ж. Эксперим. И Теор. Физ.*,1960,39,No. 4,1005-1007(俄文;摘要:英文).

本文研究了充满在 $x>0$ 无限大半空间里的理想导电气体中由于导电的活塞在最初时刻开始以不变的速度在 x 轴方向移动所产生的激波. 气体处于方向与 x 轴平行的磁场中. 在磁流体动力学的介质中可能存在着两个相继的激波. 按照活塞的速度 u 可能有三种不同的流动情景:(1)$0<u<u_-$,这里的 $u_-=3(u_{0x}^2-c_0^2)/4u_{0x}$($u_{0x}$——阿尔文波的速度,$c_0$——声速),在这种情形下,快的激波具有无限小的振幅,而慢的激波与没有磁场的情形一样.(2)$u>u_+$,这里的 $u_+=3(u_{0x}^2-c_0^2)\sqrt{4u_{0x}^2-3c_0^2}$;快的激波与没有磁场的情形一样,而慢的激波具有无限小的振幅.(3)$u_-<u<u_+$,在这种情形下,原始的激波可以分解成两个激波,此两个激波速度无限接近,且相当于磁场不存在时的速度. 文章认为在银河系中所观察到的纤维状的雾气是与所分解的磁流体动力波相合的瞬时照片.

7Б16 进行磁场中无限长的液态金属渠道模型——(И. М. Кирко,Я. Я. Клявинь,И. А. Тютин,Л. Я. Ульманис),*Тр. Ин-та Физ. АН ЛатвССР*,1959,11,143-152(俄文).

参阅:*Научн. Докл. Высш. Школы. Энергетика,*

1958,No.3,203-210——《苏联力学文摘》,1961,2Б52.

7Б17 关于等离子体稳定性磁流体问题中的标量磁势的非单值性——(R. Lüst, E. Martensen), *Z. Naturforsch.*,1960,15a,No.8,706-713(德文).

在研究磁流体的平衡排列的稳定性时应用了能量变分原理.文中不是用矢量势对等离子体周围的真空中的磁场扰动进行一般的描述,而是利用标量磁位势进行描述,这使得稳定性的问题的确定和数值计算得到了简化,指出了在怎样的情形下可以消除由于采用了标量位势而出现的非单值性.

7Б18 在均匀横向磁场中不可压缩液体的非定常的库特运动——(C. C. Mei), *Appl. Scient. Res.*,1960,A9,No.4,275-284(英文).

本文研究了在外加的均匀横向磁场中的不可压缩黏性无限导电的液体不定常的平面库特流动,利用傅里叶变换方法把解表示成级数形式,对于两种特殊情形求得了闭合的解.

7Б19 具有外加磁场的情形下可压缩边界层中的流——(W. B. Bush), *Механика. Период. Сб. Перев. Ин. Статей*,1960,No.6,89-109;Перев.——*J. Aero/Space Sci.*,1960,27,No.1,49-58(俄文).

参阅《苏联力学文摘》,1961,4Б26.

7Б20 横向磁场中的平行平板之间层流的热传导——(S. D. Nigam, S. N. Singh), *Quart. J. Mech. and Appl. Math.*,1960,13,No.1,85-97(英文).

在给定的两个无限大平行平板间的强迫运动的哈特曼速度刻面的情形下得到了关于热交换问题的磁流体力学的能量方程的解.$z=+L,x\geqslant0$ 的半无限大的平板保持着常温 T_0,而 $z=-L,x\geqslant0$ 的半无限大的平板保持着常温 T_1,找到了分别在区域 $x\leqslant0$ 和 $x\geqslant0$ 中成立的解,附加一些连续条件就获得解的平滑的联结.文中对于大的哈特曼数($\geqslant10$)的情形给出了近似的解,研究了适用于大的别客尔数的情况下的简化数值方法;温度的平均值和局部的努塞尔数被做成了表和图形，与在没有磁场时的热传导的情形和不导电液体的情形的相应值做了比较，发现由于离子的导电在某一点混合物的平均温度变得比较小，因而局部的努塞斯尔总数就增加了.

7Б21 关于导电液体在平行平板间流动时的热效应——（C. A. Регирер），*Прикл. Матем. И Механ.*，1959，23，No. 5，948-950（俄文）.

7Б22 椭球形的转动的导电液体的磁流体动力学的振动——（Tino Zeuli），*Atti Accad. Sci. Torino. Cl. Sci. Fis.*，*Mat. Natur.*，1954-1955，89，No. 2，270-285（意大利文）.

本文研究了与具有三轴椭球形状的转动的液体小振动相对应的磁流体动力学方程的解. 求解的方法是按参数 $\eta = (a^2 - b^2)/(a^2 + b^2)$ 分解小振动方程的解，这里 a 和 b 是在垂直于转动轴的平面内的椭圆的半轴. 当 $\eta = 0$ 时，采用阿戈斯登涅里得到的解（C. Agostinelli，*Atti Accad. Sci. Torino. Cl. Sci. Fis.*，*Mat. Natur.*，1954-1955，89，No. 1，68-92）.

7Б23 等离子体动力学——（Francis H. Clauser），*Aeronautics and Astronautics*，Oxford-London-New York-Paris，Pergamon Press，1960，305-343（英文）.

在非线性方程的基础上对带电粒子，例如电子所组成的气体运动的研究有可能确定在一般气体动力学中不曾知道的许多现象的存在，在很大的 M 数范围内讨论了气体运动的某些情形.

7Б24 有关稀薄等离子体在磁场中运动的一些问题——（Я. П. Терлецкий），*Вопр. Магнитн. Гидродинамики И Динамики Плазмы*，Рига，АН ЛатвССР，1959，59-62（俄文）.

7Б25 强磁场中的电子气体的导电理论——（B. Г. Скобов），*Ж. Эксперим. И Теор. Физ.*，1960，38，No. 4，1304-1310（俄文；摘要：英文）.

7Б26 在"α"装置内由等离子体辐射的能量流的测量——（B. A. Бурцев，A. M. Столов，B. B.

Шахов），*Ж. Техн. Физ.*，1960，30，No. 12，1415-1421（俄文）.

7Б27 未电离气体与磁化的等离子体之间的碰撞——（H. Alfvén），*Revs. Mod. Phys.*，1960，32，No. 4，710-712. Discuss.，712-713（英文）.

本文研究了中性气体的连续气流与被磁场约束的低密度的等离子体的碰撞的结果,磁力线与气体的运动方向垂直. 在满足关系式

$$\frac{1}{2}mr_C^2 \geqslant eV_{\text{ион}} \qquad (1)$$

的情形下（这里的 m,v_C 和 $eV_{\text{ион}}$ 分别为运动气体的质量、速度和电离能）,当其中性气体与等离子体碰撞时发生了中性气体的电离和等离子体密度的增加,假定说过程是比直接碰撞更为复杂. 可以设想,在最初,运动的中性气体的原子把自己的动能传给等离子体的电子,这样一来当其满足条件(1)时,这些电子就具有使进入到等离子体内的中性气体电离的能力. 文中报道了在充满了初始压力为 $p=10$—150 微米水银柱高的氢或氦气的两个同轴圆柱形电柱间的空间中产生等离子体的实验结果. $B_0=2\,000$—10 000高斯的磁场是平行于圆柱的轴线,而在圆柱上加了约数千伏的电压. 放电电流与磁场的作用引起了在两圆柱之间的空间内的等离子体的转动并经过几微秒之后就建立起持续 ~30 微秒或更长的稳定状态. 譬如说,在这种情形下,对于氢气在放电电流(30—3 000 安培)和压力(10—150 微米水银柱)广泛的变化范围内电压仍然是不改变的,可是当其磁场改变时 V 就与 B_0 成正比. 对所得到的实验结果做了解释并阐明了对于在中性气体与磁场中的等离子体相碰时所观察到的现象的理论前提. 参考文献有3种.

7Б28 关于等离子体在同轴器中的加速——（А. И. Морозов, Л. С. Соловьев）, *Ж. Техн. Физ.*, 1960,30,No. 9,1104-1108（俄文）.

本文研究了当其在两个同轴圆柱间放电时形成

的等离子块的运动.在放电的时候,流经内面圆柱的电流形成方位磁场.等离子块的运动是由于这个磁场与通过等离子块的电流的相互作用引起的.在磁流体动力学的近似下,求得了等离子块的平衡排列.假设等离子块是理想导体,无黏性和处在运动的等离子块前面的气体的压缩是等温压缩,从而得到了问题的解.如果认为在里面的圆柱($r=b$)上的磁场给定为当$z<0$时$H=H_0$和当$z>0$时$H=0$的形式(z是指向圆柱轴线方向的坐标),那么等离子块的排列用公式

$$z=\frac{2c_T^2}{a}\ln\frac{r}{b}$$

表示,这里的c_T是声速,a是加速度.

本文证明了所有求得的等离子块的平衡排列是不稳定的.对由于等离子体导电率为有限值所引起的不稳定性的发展时间进行了估计,列出了当等离子块运动时由于黏性在圆柱壁上形成的边界层厚度的意见.

7Б29 关于在磁场中的完全电离气体的密度和各向同性——(Ernst Aström),*Tellus*,1959,11,No.2,249-252(英文).

7Б30 等离子体的集合现象和横过磁场的扩散.I——(L. Biermann, D. Pfirsch), *Z. Naturforsch.*,1960,15a,No.1,10-12(德文;摘要:英文).

本文研究了在电场的局部振荡的作用下等离子体粒子横磁场的扩散.振荡频率ν大大超过回旋频率,偶然电场的作用为E_ν,粒子在时间t内的位移s在数量上由表示式

$$s^2=\frac{tc^2\overline{E_\nu^2}}{B_\nu^2}$$

决定,这里的c——光速,B——磁场强度.如果在这个公式中用处于热力学平衡态的等离子体内的电场强度涨落的平均值的表示式

$$\overline{E^2}=\frac{e^2n}{\lambda_D},\nu=\sqrt{\frac{4\pi e^2n}{m}}$$

代替$\overline{E_\nu^2}$,那么对于s^2得到了由二体碰撞理论导出的一般表示式(这里的n和λ_D是等离子体的密度和德拜半径,e和m是粒子的电荷与质量).

为了解释在许多实验中(例如在仿星器中)所观察到的壁上的等离子体横过磁场的上涨的扩散,假设在等离子体内存在强的涨落(超热的振荡),对这些涨落$\overline{E_\nu^2} \gg \overline{E^2}$. 文中援引了说明等离子体离开统计平衡状态(例如压力的不均匀性,电流的存在)就能够导致等离子体的不稳定和引起偏高扩散的一般理由.

7Б31　等离子体的集合现象和横过磁场的扩散. Ⅱ——(D. Pfirsch, L. Biermann), *Z. Naturforsch.*, 1960,15a,No. 1,14-18(德文;摘要:英文).

本文证明了在没有磁场时等离子体的纵向振荡随着时间而衰减. 在具有垂直于密度梯度的磁场而无扩散流时,几乎纵向的电子振荡都是不稳定的(实验上随时间增加). 如果等离子体的温度为有限的且其频率大大地超过电子的回旋频率,就产生了不稳定性.

7Б32　在电离层中卫星痕迹的衰减——(S. Rand), *Phys. Fluids*,1960,3,No. 4,588-599(英文).

本文研究了首先由 Л. Д. 朗道发现的(*J. Phys.*, 1945,10,25)等离子体的离子振荡的衰减,这种振荡形成以超音速穿过低密度的等离子体的运动的线电荷的痕迹,利用了作者早期的在有关超音速运动的线电荷的痕迹,利用了作者早期的在有关超音速运动的带电物体周围的空间内电子和离子密度分布的研究结果(参看 *Phys. Fluids*,1960,3,No. 2,265-273——《苏联力学文摘》,1961,3Б42),在分析衰减效应之前比较了微粒的处理办法与玻尔兹曼的方法. 当其利用两种可能的近似时,一方面得到了磁流体动力学的结果,而另一方面得到了与根据朗道的无碰撞和无衰减的玻尔兹曼方程的结果一致的解. 由于忽略了差不多以电位波的相速度而运动的粒子的影响,消除了衰减. 对于周围的等离子体内的电子和离子采用了麦克斯韦的分布函数.

后来又分析了曾被忽略了的粒子的影响, 指出了由群波的运动传给以相后速迁移的离子的能量. 这一传递的能量足以计算由线化方程精确的数值方法所确定的波的衰减, 引进了波的衰减程度的数值定义并指出衰减可决定发现电离层中的电流体动力学痕迹的可能性.

但是, 如果电子的温度比离子温度大一级, 那么衰减就变得不很明显.

7Б33 关于磁流体强化使月球附近磁场存在的可能性——(В. Н. Жарков, Ф. Р. Улинич), *Тр. Ин-та Физ. Земли. АН СССР*, 1960, No. 11 (178), 61-66 (俄文).

本文研究了月球具有液体的核心和以磁流体强化维持住磁场的可能性. 对绝热温度梯度 $(\nabla T)_A$ 和熔解温度梯度 (∇T_*) 的估算发现它们是同一量级的. 因此应该研究这种或那种梯度大的两种可能性. 如果 $(\nabla T_*)>(\nabla T)_A$, 那么可能具有液态核心, 在核心与固态外壳之间存在着温度的有限限度. 由于熔化, 核心的半径将增加, 而核心的温度下降. 估算硬化时间得出的结果约为 1 000 年, 也就是说核心不可能存在到 $\sim 10^{17}$ 秒的宇宙时间. 在 $(\nabla T_*)<(\nabla T)_A$ 的情形下, 液态的核心可能生到宇宙时间, 并且为了维持它必须有一个功率为 $\sim 10^{-15}$—10^{-16} 卡/秒厘米^3 (1 卡 = 4.186 8 焦尔) 的辐射热流, 这不是不可能的. 磁流体强化的估算证实了在这种情形下靠近月球表面可能存在量级为 1—10^{-1} 高斯的磁场 (在固态的月球里不可能有磁流体的强化机构). 如像作者所指出的那样, 这篇文章是在利用苏联宇宙火箭来研究月球以前完成的, 在这些研究中不曾发现月球附近的磁场. 这个结果可以看作月球不存在液态核的间接证明.

7Б34 关于高空大气层中的快速粒子——(V. I. Krassovsky, I. S. Shklovsky), *Xth Intenat. Astronaut. Con-*

gr. , *London* , 1959 , *Vol.* 1 , Wien , 1960 , 458-462（英文；摘要：德文，法文）.

本文报道了借助于第三个苏联卫星发现在大气层超高空上有着低能量的强电子流，所观察到的电子具有 10 千电子伏的平均能量和发现对于磁力线的各向异性，简要地讨论了与发现所指出的现象有关的某些结论.

7Б35 当其计算最大效率时感应泵基本参数的选择——（Э. К. Янкоп）, В сб. : *Вопр. Магнитн. Гидродинамики И Динамики Плазмы* , Рига. АН ЛатвССР , 1959 , 247-250. Дискус. , 251（俄文）.

在最大效率的计算情形下，为了确定感应泵的最佳滑差和极距提出了一些简单的公式. 最佳滑差的公式根据在给定的生产率和泵的压力下最小磁动势的条件得到，认为这是与效率的最大值条件符合的，引用了有关泵的槽道厚度选择的基本假设，将上述公式的计算与抽汲 NaK 合金的三个感应泵的实验数据做了比较，这些情形很为符合.

7Б36 书 等离子体物理：实验及设备——（Scuola Internaz. Fis. Rend）, *Enrico Fermi* , Corso. XIII. Varenna sul Lago di Como, 2-15 sett. 1959, Bologna, Nicola zanichelli-editore , 1960 , 13 , X , 165p.（意大利及英文）.

7Б37 评论 等离子体物理——（S. Chandrasekhar）, *Chicago* , Univ. Chicago Press , 1960 , 217pp. （英文）（评论者：Д. А. Франк-Каменецкий, *Новые Книги За Рубежом* , 1960 , А , No. 12 , 25-28（俄文）.）

（朱世国译，李昌俊校）

8Б1 理论和应用磁性流体动力学——（В. Н. Сумароков）, *Вестн. АН СССР* , 1960 , No. 11 , 125-127 （俄文）.

本文介绍了磁性流体动力学产生的历史和发展途径的一些知识，并介绍了 6 月 27 日至 7 月 2 日在里加举行的第二届磁性流体动力学会议中所讨论的问题. 文章对磁性流体动力学理论、等离子体物理学的

393

理论和实验及应用磁性流体动力学等问题的有关报告做了评述.此外,文章还介绍了拉脱维亚苏维埃社会主义共和国科学院物理研究所工作人员研究磁性流体动力学应用问题方面所进行的工作.

8Б2 磁性流体动力学.威廉姆斯堡(弗吉尼亚)——《华盛顿讨论会论文集》,1960 年 1 月—— *Revs. Mod. Phys.* ,1960,32,No.4,695-1028(英文).

8Б3 磁性气体动力学中的一元不定常流动—— (S. I. Pai),*Proc. 5th Midwest. Conf. Fluid Mech.* (*Ann. Arbor,Mich.* ,1957),Ann. Arbor,Univ. Michigan Press, 1957,251-261(英文).

8Б4 导电介质中的活塞运动——(P. B. Половин),*Ж. Эксперим. И Теор. Физ.* ,1960,38,No. 5,1544-1555(俄文;摘要:英文).

本文研究了存在磁场时,理想导电活塞在无限导电率的完全无黏性气体中运动所产生的磁性流体动力波.这时假定所产生的运动为平面运动($H_z = V_z = 0$),未扰动磁场强度比压力的值来得小(即 $H^2/4\pi\rho \ll \gamma p/\rho$).采用后一假定能使问题得到大大简化.文章确定了根据活塞速度和复合量的变化的不同会产生何种波的复合.作者确定了当活塞做超音速运动时,如果活塞速度的方向和活塞表面的法线方向的夹角超过某一角度($\gamma = 5/3$ 时,此角为 70°),那么,甚至在推入活塞的情况下,活塞和气体之间都会产生真空区域.文章计算了活塞分速

$$u \gg c_0 \text{ 和} (H_{x0}/\sqrt{4\pi\rho_0}) \mid u_y \mid \ll u_x^2$$

的情况下(式中 u——活塞速度,c_0——未扰动介质的音速)的迎面阻力和升力.结果表明,存在空蚀时的迎面阻力只有活塞沿其表面法线方向运动时的四分之一.参考文献有 20 种.

8Б5 有限导电率流体的某些拟直线形流动—— (Jacqueline Naze),*C. R. Acad. Sci.* ,1959,248,No.4, 525-528(法文).

8Б6 具有任意传播方向的磁流体动力平面

波——（Giovanni Crupi），*Boll. Unione Mat. Ital.*，1957，12，No. 4，604-609（意大利文；摘要：英文）.

作者从下列磁性流体动力学普遍方程组出发

$$\text{rot } H = \frac{1}{c}\frac{\partial D}{\partial t} + \frac{1}{c}I \begin{cases} \text{div } v = 0 \\ \text{div } D = 0 \\ \text{div } B = 0 \end{cases}$$

$$\text{rot } E = -\frac{1}{c}\frac{\partial B}{\partial t}$$

$$\frac{\partial v}{\partial t} + (v \text{ grad})v = F + \frac{1}{\rho}\left(\frac{1}{c}[I \times B] - \text{grad } p\right)$$

$$D = \varepsilon E + \frac{\varepsilon\mu - 1}{\mu c}[v \times B] \quad I = \sigma\left(E + \frac{1}{c} \times [v \times B]\right)$$

$$B = \mu H - \frac{\varepsilon\mu - 1}{\mu c}[v \times D]$$

指出，如果方程组有沿任意方向 u 传播并与外磁场 B_0 成交角 θ 的平面波形式的解，则应当满足下列方程

$$m\left(\frac{\partial^3 B}{\partial x^2 \partial t} + \frac{\partial^3 B}{\partial y^2 \partial t} + \frac{\partial^3 B}{\partial z^2 \partial t}\right) + V^2 \frac{\partial^2 B}{\partial z^2} - \frac{\partial^2 B}{\partial t^2} = 0$$

式中，$m = c^2/\mu\sigma$，$V^2 = B_0^2/\rho\mu$. 此时平面波波数 k 可由下列表示式求出

$$k = \pm\left(\frac{\omega}{W} + i\alpha\right)$$

此处

$$W = \frac{(V^4\cos^4\theta + m^2\omega^2)^{\frac{1}{2}}}{\left(\frac{1}{2}V\cos^2\theta + \frac{1}{2}\sqrt{V^4\cos^4\theta + m^2\omega^2}\right)^{\frac{1}{2}}}$$

$$\alpha = \frac{m\omega^2(V^4\cos^4\theta + m^2\omega^2)^{-\frac{1}{2}}}{2\left(\frac{1}{2}V^2\cos^2\theta + \frac{1}{2}\sqrt{V^4\cos^4\theta + m^2\omega^2}\right)^{\frac{1}{2}}}$$

8Б7　在磁场垂直于液流的情况下，有限电导率的不可压缩流体绕固体流动平面问题——（К. А. Лурье），*Ж. Техн. Физ.*，1960，30，No. 9，1035-1040（俄文）.

本文将磁场垂直于流动平面时,有限电导率不可压缩理想流体绕固体定常流动平面问题的解法用来解电介质抛物线形柱体的对称绕流问题,这种解法是作者早先提出的($Ж. Техн Физ.$,1960,30,No.6,736-738).置于柱体内部的源所引起的电动势加在柱体的两条对称的母线上,而通过单位宽度导体的电流 I 的大小认为等于常数.柱体内部无穷远处的磁场强度假定为零.在流动为有势的假定下,作者写出了与磁场无关的绕抛物线流动的复势 $w(z) = \varphi(x,y) + i\psi(x,y)$.为了确定复势,利用以变量 φ 及 ψ 表示的诱导方程及物体周界上的边界条件得出下列问题

$$\frac{\partial^2 H}{\partial \varphi^2} + \frac{\partial^2 H}{\partial \psi^2} - \frac{1}{v_m}\frac{\partial H}{\partial \varphi} = 0$$

$$H|_{\psi=0} = \begin{cases} \dfrac{4\pi}{c}I & (0 \leqslant \varphi \leqslant \varphi_0) \\ 0 & (\varphi_0 < \varphi) \end{cases}$$

如果已知 $H = H(\varphi, \psi)$ 的值及复势可确定物理平面上的磁场强度的分布,上述问题可用 $\Gamma. A.$ 格林贝克方法求解.从所得的解可找到 $|w|$ 很大时,磁场的渐近公式.由后者可得,除半直线 $\psi = 0$,$\varphi > 0$ 外,当 $|w| \to \infty$ 时,磁场处处具有递减的超势特性.这种递减是由磁性流体动力效应引起的.作者指出,磁场能量的积分式在 $|w| \to \infty$ 时是收敛的,但通过流动区域的磁场通量却是发散的.后者可以物体尺寸的无穷性来解释.文章对物理平面上磁场分布特性未做研究.

8Б8 不定常磁性流体动力学流动理论中的一个现象——(S. F. Borg) , $J. Aero/Space Sci.$, 1960, 27, No.6, 472-473(英文).

本文研究当存在磁场时,楔形物(二元的、三元的、无穷长的)进入理想导电的不可压缩无黏性流体的问题.利用变数的一个特殊变换,可将描述这一现象的方程组变为一个与时间无关的新方程组.文章详细研究了一种特殊情况:楔形物是二元的,其运动方向沿 z 轴,即垂直于液体表面,且附加磁场也指向 z

轴.结果表明,在这种情况下,楔形物在它进入液体时的运动可由不计及磁效应的不可压缩流体力学的一般方程组来确定.

8Б9 可压缩导电流体在细长体后的高速流动——(Kenichi Kusukawa),*J. Aero/Space Sci.*,1960,27,No. 7,551-553(英文).

本文研究导电液体在磁场中在长度与横截面(t)之比很小的物体后的三元定常流动.假定物体为绝缘体,磁性流体动力学方程按小参数 t 加以线化.从线化方程可得对速度势(二元的)和磁场的两个相同的四阶方程.方程的解可用瓦尔特(Ward)方法求得(G. N. Ward,*Quart. J. Mech. and Appl. Math.*,1949,2,75).在计及边界条件的轴对称情况下,问题便可归结为四个未知函数的线性常微分方程组的积分.由它们的解可得出液体中速度分布及磁场强度分布,以及物体表面的压力分布.问题的解法适于表示亚音速和超音速流.

8Б10 霍尔效应的力学相似——(L. J. F. Broer),*Revs. Mod. Phys.*,1960,32,No. 4,888(英文).

本文研究电子-离子气体在横向磁场内的无限导电的平行平板之间的流动.根据双组元理论进行计算表明,在垂直压力梯度的方向存在质量流.垂直于合成流动的压力梯度分量的出现,可用霍尔效应的力学相似来解释.这一问题的详细论述刊于另一篇论文上(L. J. F. Broer, L. A. Peletier, L. Van Wijngaarden, *Appl. Scient. Res.*,1960,B8,No. 3,259-260——《苏联力学文摘》,1961,4Б16).

8Б11 运动的导电介质中的放电理论——(B. H. Жигулев),*Докл. АН СССР*,1959,124,No. 6,1226-1228(俄文).

文章指出,在介质导电率为无限的情况下,不可压缩液体中的矢量流线具有守恒的性质.本文研究了 $R_m \gg 1$ 时(R_m——磁雷诺数),以等速运动的不可压缩流体对两个特殊电极之间电流分布的影响,并给出了所研究运动的自模拟问题的提法,借助磁性流体动力学方程和边界条件找到了液体中电流、磁场和温度分布.这时,曾假定磁场对液体运动的影响可忽略不计.

8Б12 放电的引射现象——(В. Н. Жигулев),*Докл. АН СССР*,1960,130,No. 2,280-283(俄文).

本文研究了有限导电率介质中的放电理论,并写出平面及轴对称放电情况下的磁性流体动力学方程.研究表明,在静止介质中,轴对称的放电原则上是不可能的,即任何轴对称放电总是伴随着介质的运动.除此之外,还指出轴对称放电对介质起引射的作用.将相似变换应用于所得的方程中,可找到两种放电的相似律,文章对所得方程自模拟解的各个可能的族做了研究.

8Б13 磁性流体力学中振动平板问题——(W. I. Axford),*J. Fluid Mech.*,1960,8,No. 1,97-102(英文).

本文研究在磁场内,在不可压缩的导电液体中的振动平板问题.文章详细地研究了边界条件,找到了问题的近似解.结果表明,液体的主要运动由磁流体动力波和黏性附面层中的运动组成.参考文献有3种.

8Б14 径向磁流振动——(G. B. F. Niblett,T. S. Green),*Proc. Phys. Soc.*,1959,74,No. 6,737-743(英文).

文章研究了不存在受方位角方向磁场控制的纵向电流的等离子体柱的磁流振动,找到了完全理想导电薄壁等离子体柱的非线性方程的解.如果 r 是等离子体柱的半径,则振动方程为

$$\frac{r}{r_0}=a^2+\sqrt{a^4-1}\sin \omega t$$

式中,r_0——等离子体柱的平衡半径,a——表征振幅的积分常数.振动频率 ω 可由表示式 $\omega^2=H^2/M$ 确定,式中 H——外加方位角方向的磁场强度,M——1厘米长的等离子体细丝的质量,所得表示式和文章

中介绍的实验结果十分符合.

8Б15 阿尔文波的性质的实验研究——（M. Wilcox John，I. Boley Forrest，W. De Silva Alan），*Phys. Fluids*，1960，3，No. 1，15-19（英文）.

本文从实验上研究了阿尔文波波速、阻尼、波的衰减和能量迁移与磁场强度之间的关系. 波是借助"快速"放电在柱形等离子体中形成的，而等离子体又由"慢速"放电所形成，并处于外磁场内. 实验数据和理论极为符合. 但是延长阿尔文波波速的实验曲线至磁场趋于零时，波速并不为零. 根据波速及其衰减情况可估计出等离子体密度和温度. 大约有 40% ±10% 的初始放电能量以磁流体动力波的形式放出. 参考文献有 12 种.

8Б16 磁性流体动力学中的黎曼波——（А. Г. Куликовский），*Докл. АН СССР*，1958，121，No. 6，987-990（俄文）.

作者早先曾对当磁场平行于波平面时磁性流体动力学中的黎曼波做过研究（С. А. Каплан，К. П. Станюкович，*Докл. АН СССР*，1954，96，No. 3）. 本文研究了磁场相对于波前平面为任意时黎曼波的情况. 对于沿 x 轴方向传播的波，其导电率为无限的理想气体的等熵运动的磁性流体动力学方程具有下列形式

$$\frac{\partial u}{\partial t}+u\,\frac{\partial u}{\partial x}=-C\gamma\rho^{\gamma-2}\frac{\partial \rho}{\partial x}+\frac{1}{8\pi\rho}\frac{\partial}{\partial x}(H_y^2+H_z^2)$$

$$\frac{\partial v}{\partial t}+u\,\frac{\partial v}{\partial x}=\frac{H_x}{4\pi\rho}\frac{\partial H_y}{\partial x}$$

$$\frac{\partial w}{\partial t}+u\,\frac{\partial w}{\partial x}=\frac{H_x}{4\pi\rho}\frac{\partial H_z}{\partial x}$$

$$\frac{\partial \rho}{\partial z}+\frac{\partial (\rho u)}{\partial x}=0$$

$$\frac{\partial H_y}{\partial t}+\frac{\partial}{\partial x}(uH_y-vH_x)=0 \qquad (1)$$

$$\frac{\partial H_z}{\partial t}+\frac{\partial}{\partial x}(uH_z-wH_x)=0$$

$$H_x = 常数, \frac{p}{\rho^\gamma} = C = 常数$$

式中,u,v,w——速度分量,ρ——密度,H_x,H_y,H_z——磁场分量. 文章找到与自变数 $\varphi(x,t)$ 的组合有关的解. 这时方程组是对 φ 的导数的线性齐次方程. 由方程组行列式恒等于零可得小扰动的传播速度. 与阿尔文波相应的特解具有下列形式

$$u = u_0, \rho = \rho_0, H_y^2 = H_z^2 = H_r^2 = 常数$$

$$H_y = H_r \cos \theta, v = v_0 - \frac{H_r}{\sqrt{4\pi\rho}} \cos \theta$$

$$H_z = H_r \sin \theta, w = w_0 - \frac{H_r}{\sqrt{4\pi\rho}} \sin \theta \qquad (2)$$

式中下标为零的各量是由初始条件决定的任意常数. θ——任意函数 $\varphi(x,t)$. 文章未求得其他波形的黎曼波解析式. 由于在这种类型的波中, 所有的运动都是在通过 x 轴及 $H_r = H_{yj} + H_z k$ 的平面内进行的, 因此可使研究得到简化. 对于无因次变数而言

$$R = \frac{\rho}{\rho_*}, U = \frac{\sqrt{4\pi\rho_*}}{H_x} u, V = \frac{\sqrt{4\pi\rho_*}}{H_x} v_1$$

$$h = \frac{H_r}{H_x}$$

$$A_{\pm} = \frac{\sqrt{4\pi\rho_*}}{H_x}$$

$$a_{\pm} = \frac{1}{2} \left\{ \left(R^{\gamma-1} + \frac{1+h^2}{R} + 2R^{\frac{\gamma-1}{2}} \right)^{\frac{1}{2}} \pm \right.$$
$$\left. \left(R^{\gamma-1} + \frac{1+h^2}{R} - 2R^{\frac{\gamma-1}{2}} \right)^{\frac{1}{2}} \right\} \qquad (3)$$

式中,ρ_* 由条件 $4\pi\gamma C\rho^\gamma = H_x^2$ 确定, 而 $\pm$ 号分别表示加速和减速磁声波, 这样, 得到了不包括参数的方程组并可用它来确定相应的黎曼波内的运动

$$\frac{\mathrm{d}h^2}{\mathrm{d}R} = 2A^2 - 2R^{\gamma-1}, \frac{\mathrm{d}U}{\mathrm{d}R} = \frac{A}{R}, \frac{\mathrm{d}V}{\mathrm{d}R} = -\frac{1}{RA} \frac{A^2 - R^{\gamma-1}}{h} \quad (4)$$

这一方程组的解只要对第一个方程求积就够了, 然后用求积法找到 U 与 V. 文章介绍了方程组(4)中

400

第一式在某些情况下积分曲线特性的定性的图形.所研究的解可应用于磁性流体动力学中任意间断的离解问题及受活塞压缩的气体运动问题,列出了如已知磁场强度变化,具有式(3)变量的激波中各量变化的公式.

8Б17 磁性流体动力激波和简单波理论——(А. И. Ахиезер, Г. Я. Любарский, Р. В. Половин), Тр. 2-й Междунар. Конференции По Мирн. Использованию Атомн. Энергии, 1958. Т. 1. Ядерн. Физ., М., Атомиздат, 1959, 213-220(俄文).

文章指出平面不定常简单磁流体动力波是存在的,且每一个简单磁波都以某一小扰动传播速度在静止气体中传播.文章表明,如果气体满足下列关系式,则波内相速度随密度增加而增加

$$\left(\frac{\partial^2}{\partial p^2}\frac{1}{\rho}\right)_S > 0$$

式中,p——压力,ρ——密度,S——熵.文章研究了磁流体动力激波和小扰动平面波的相互作用,并得出,要使波具有稳定性,则波后的气体速度与波前的气体速度要使不同类型的小扰动由波向两侧散开的数量等于6.从对磁性流体动力学的激波绝热的研究中确定,在满足下列关系的介质中

$$\left(\frac{\partial^2}{\partial p^2}\frac{1}{\rho}\right)_S > 0, \left(\frac{\partial p}{\partial T}\right)_\rho > 0$$

伴随着有熵增加的激波是压缩波,从表示波前与波后各量关系的等式中可得到关于波中磁场的变化与密度及速度之间关系的结论.

8Б18 磁性流体动力学的间断面——(G. Napolitano Luigi), *Advances Astronaut. Sci. Vol.* 4, New York, Amer. Astronaut. Soc., 1959, 51-73(英文).

本文对忽略相对论效应下,磁性流体动力学中的间断做了宏观的研究.文章导出与间断面两侧状态有关的间断面上的条件,并讨论了下列两个问题解的补充条件:(1)确定激波面上旋涡突跃的脱鲁斯吉尔-

赖特希尔-海斯磁性流体动力学相似问题（W. D. Hayes，*J. Fluid Mech.*，1957，2，No. 6，595-600）；（2）研究磁性流体动力学的切向及接触间断面.

8Б19 管道内磁性气体动力学流动——（L. Resler Edwin，Jr，R. Sears William），*Z. Angew. Math. und Phys.*，1958，9b，No. 5-6，509-518（英文；摘要：德文）.

本文用一维逼近方法，在外加磁场和电场相互垂直的假定下，研究在管道中导电气体的定常运动. 文章对用这种电磁场来改变流动速度的可能性进行了研究，并研究了可保证气体密度恒为常值的管道形状的情况及变断面管道的一般情况. 在研究时，气体内能的电磁分量，当电荷随同液体粒子迁移时所引起的电流，以及位移电流均忽略不计.

8Б20 管道内磁性流体动力学流动——（E. L. Resler，W. R. Sears），*Механика. Период. Сб. Перов. Ин. Статей*，1959，No. 6，39-46；译自——*Z. Angew. Math. und Phys.*，1958，9b，No. 5-6，509-518（俄文）.

8Б21 磁场位形和直管中放电的研究. 计算压力平衡时惯性项的影响——（L. C. Burkhardt，R. H. Lovberg），*Тр. 2-й Междунар. Конференции По Мирн. Использованию Атомн. Энергии. 1958. Т. I. Физ. Горячей Плазмы И Термоядерн. Реакции*，М.，Атомиздат，1959，429-432（俄文）.

在磁性流体静力学的假定中（$j \times B = \Delta p$）通过对气体压力所做的测量发现了一些不规则现象，这些现象引起这样一种设想：惯性力在所研究的条件下起着重要的作用. 从实验得出，气体的主要质量和压力都集中于形成圆柱薄壳的流层内，圆柱薄壳在平衡位置 r 附近以频率 $\omega \sim B/\sqrt{4\pi r \rho_s}$ 做振动，式中 ρ_s——薄壳的表面密度，当薄壳向外做惯性力加速运动时，在下式表示的曲线上还添加了薄壳与边壁之间的平面正"驼峰"值

$$p^*(r) = p(r) + \int_{r_1}^{r_2} F_i \, dr$$

而当薄壳向相反方向做加速运动时,"驼峰"出现在薄壳内部,当没有加速运动时,则只是在薄壳半径上为最大压力.

8Б22 计及有限传递过程时,简单的磁流稳定问题——(R. J. Tayler), *Atomic Energy Res. Establ.*, 1960, No. R3100, 32 pp., ill.(英文).

本文研究不计传递过程时,对于所有扰动均稳定的平衡位形问题.研究表明,仅引进黏性项时,系统才是稳定的.而引进有限电率项会使系统成为不稳定的,但不能认为减少导电率总是使稳定性减小.如果导电率从一个有限值减小到另一个有限值,则应当区别电场保持不变和电流保持常数这两种情况.在电流为常数时,减小导电率会使系统稳定性变差.而当电场强度为常数时,减小导电率即可增加系统的稳定,自然,也可能有介于二者之间的情况.

8Б23 具有均匀旋转及重力运动气体质量的磁性流体动力学及绝热平衡——(Cataldo Agostinelli), *Revs. Mod. Phys.*, 1960, 32, No. 4, 941-946(英文).

文章写出无限导电率的绝热气体在等速旋转的重力位形的平衡方程式.方程组可归结为场函数 V($H_r = -r^{-1} \mathrm{d}V/\mathrm{d}z, H_z = r^{-1} \mathrm{d}V/\mathrm{d}r$)和密度的两个标量方程.文章研究了 $H_\varphi \neq 0$ 和 $H_\varphi = 0$ 的特殊情况.在第一种情况下,可得速度 V 的四阶微分方程,而在第二种情况下,可得对密度的爱姆登的广义方程.

8Б24 导电的等速旋转的液体重力质量的磁性流体动力学的相对平衡——(Cataldo Agostinelli), *Boll. Unione Mat. Ital.*, 1959, 14, No. 1, 95-101(意大利文).

本文研究具有无限导电率等速旋转的重力的不可压缩流体椭球平衡外形问题.旋转发生在平行于旋转轴的磁场中.从稳定的条件得出,磁场仅在径向和轴向有分量,而在角向的分量等于零.稳定性图形可由下列方程表示出

$$\left[\operatorname{rot} \boldsymbol{v} \cdot \boldsymbol{v}\right] - \frac{\mu}{4\pi\rho}\left[\operatorname{rot} \boldsymbol{H} \cdot \boldsymbol{H}\right] + \nabla\left(\frac{1}{2}v^2 + \frac{p}{\rho} - U\right) = 0$$

式中,v——速度,μ——介质的导电率,ρ——密度,H——磁场强度,p——压力,U——重力势. 如果$[\mathrm{rot}\ \boldsymbol{H}\cdot\boldsymbol{H}]=0$,则平衡外形可用下列方程写出

$$\frac{\rho}{p}-U-\frac{1}{2}\omega^2(x^2+y^2)=\text{常数}$$

式中,ω——旋转角速度,x,y——相对于旋转轴的坐标(虽然作者没有谈到,但从表面上看,它与 z 的关系可为函数 p,ρ 或 U 的关系.——编者按). 在一般情况下

$$[\mathrm{rot}\ \boldsymbol{H}\cdot\boldsymbol{H}]=-g(v)\,\mathrm{grad}\ v=-\mathrm{grad}\int g(v)\,\mathrm{d}v$$

式中

$$H_r=-\frac{1}{r}\frac{\mathrm{d}v^2}{\mathrm{d}z},H_z=\frac{1}{r}\frac{\mathrm{d}v}{\mathrm{d}r}$$

而 $g(v)$——v 的某一函数. 此时平衡外形可由下式确定

$$\frac{p}{\rho}-U-\frac{1}{2}\omega^2(x^2+y^2)+\frac{\mu}{4\pi\rho}\int g(v)\,\mathrm{d}v=\text{常数}$$

对某些具体的函数 $g(v)$ 可解出上述方程. 文章未提出一般函数的求解问题,也未研究所得解的稳定性问题.

8Б25 在垂直磁场中,黏性导电流体在平行平板之间的流动的稳定性——(К. Б. Павлов, Ю. А. Тарасов),*Прикл. Матем. И Механ.* ,1960,24,No. 4,723-725(俄文).

文章研究哈德曼流动与无穷小扰动的相对稳定性. 线化磁性流体动力学方程可使之变为相当于一般理论中欧拉-卓曼尔费可脱方程的两个方程式. 磁雷诺数小于 1 的问题曾由洛克(R. C. Lock, *Proc. Roy. Soc.* ,1955,A233,No. 1192,105-125——《苏联力学文摘》,1960,No. 2,1700)进行过研究. 本文作者建议采用将解展开为幂级数 $\alpha R,(\alpha R)^{\frac{1}{2}},(\alpha R)^{\frac{1}{3}}$ 的近似方法来研究 $R_m\sim 1$ 的情况,其中,$\alpha=ak,2a$——平板间距离,k——波数,R——普通雷诺数. 作者曾对哈德曼数

$M \sim 1$—4 进行过计算,但是结果表明,M 对展开式收敛速度的影响并不大.文章推出不等式 $R_m^4 \leqslant R$,当满足不等式时,洛克的结果可对大 R_m 进行外插直到 $R_m \sim 1$.

8Б26 有磁场存在时黏性导电流体对无限长圆柱体的绕流——(P. Я. Дамбург),*Latv PSR Zinatnu Akad. Vestis*,Изв. АН ЛатвССР,1959,No. 5,81-84(俄文;摘要:拉丁文).

本文给出了计及磁场影响时黏性不可压缩流体对无限长圆柱体绕流问题的近似解.假定磁雷诺数很小,且 $R_m \ll R$.此时不计及流体运动对磁场的影响.假定磁场为常数,其方向平行于来流的速度方向.文章给出圆柱体附近压力和速度分布及圆柱体阻力的公式.

8Б27 导电气体在横向磁场存在时的平面柯蒂流动——(B. M. Leadon),*Convair Sci. Res. Lab. Res. Note*,1957,No. 13(英文).

文章在各种简化假定下,研究可变性质的导电气体在单一的横向磁场存在时的平面柯蒂流动的一般方程.

译自 *J. Roy. Aeronaut. Soc.*,1960,64,No. 599,710.

8Б28 层流流动的磁性流体动力学某些问题.第 Ⅰ,Ⅱ,Ⅲ 部分——(G. Pacholczyk Andrzej),*Postepy Astron.*,1958,6,No. 4,127-140;1959,7,No. 1,3-19;No. 2,67-109(波兰文).

8Б29 由导电流体组成的圆柱体在磁场中的旋转和制动——(René Causse,Yves Poirier),*C. R. Acad. Sci.*,1960,251,No. 9,1056-1058(法文).

本文研究径向磁场中导电流体的圆柱体旋转和制动的不定常问题,对在外加径向磁场为常量时的假定情况进行了研究.在某一瞬时,充满黏性不可压缩流体的柱管具有旋转角速度 ω.在感应磁场可以忽略不计的假定下,求得表征使液体粒子旋转的解.这一解主要取决于两个参数:哈德曼数 $M = \mu HR(\sigma/\eta)^{\frac{1}{2}}$ 和

数值 vt/R^2，式中 H——磁场强度，μ——磁导率，R——圆管半径，η——动力黏性系数，v——运动黏性系数，σ——导电率，t——时间．较大的哈德曼数有助于尽速地建立稳定状态．因圆管突然停止而引起的旋转液体制动问题可用相似方法求解．

8Б30　当存在磁场时，研究对流热交换的一些结果——（Yoshinari Nakagawa），*Revs. Mod. Phys.*，1960，32，No. 4，916-918，Discuss.，918（英文）．

当存在横向磁场时，在水平层中的有限导电黏性流体自下面加热时，将发生对流现象．本文对这种对流现象的研究做了短评．文章讨论了在作者前一篇论文基础上得到的公式（*Phys. Fluids*，1960，3，No. 1，87-93——《苏联力学文摘》，1960，No. 12，15675）．

当 $R<R_c$ 时，$S=R$，当 $R>R_c$ 时

$$S=(1+k)R-kR_c$$

式中，S——无因次热流通量，R，R_c——瑞莱数及其临界值；参数 k，R_c 和磁场强度有关．文章介绍了用作检验这些公式的实验装置．这种装置采用水银作为工作液体，且当温度差达 40 ℃时，液层厚度为 3—4 厘米．磁场强度为 1 500 高斯，实验证实了 $S(R)$ 的线性关系和理论计算值 k 及 R_c 的正确性．在文章和讨论的最后一部分中还阐述了早期实验研究（I. R. Goroff，*Proc. Roy. Soc.*，1960，A254，No. 1279，537-541）的"超稳定性"对流的一般见解．

8Б31　管道中磁性气体动力学流动的热传导和表面摩擦——（F. D. Hains），*Boeing*，1960，No. D1-82-0047（英文）．

文章研究了当磁场由一个环绕管道的螺线圈产生时，圆截面管道边壁上附面层的积分计算方法．由于利用了早先以特性线法求得的数据，作者得到了问题的数值解．文章将表面摩擦和热传导速度与没有磁场作用的数值做了比较，此外还与激波管中的测量结果做了比较．

译自 *J. Roy. Aeronaut. Soc.*，1960，64，No. 599，709．

8Б32 磁流效应对三元高超音速驻点处热传导和摩擦的影响——（H. Kemp Nelson）, *J. Aero/Space Sci.*,1960,27,No. 7,553-554（英文）.

文章研究了磁场对高超音速飞行的球体在驻点处的摩擦及热传导影响,磁场垂直于物体表面. 由于飞行时磁雷诺数通常较小,所以气流对磁场的影响可忽略不计. 文章写出了球体驻点处的附面层方程式. 这些方程和没有磁场时的相应方程的区别在于动量方程中有一附加项（有质动力项）. 用一般转换关系,这些方程可化为两个未知函数为 F 和 G 的常微分方程. 在后一个方程式中包括下列无因次参数:蒲朗道数,密度比 ρ_e/ρ,导电率比值 σ/σ_e,比值 $\rho\mu/\rho_b\mu_b$（μ——黏性系数）及数值 $\lambda = \sigma_e B^2/\rho_e a$（$B$——磁感应强度,$a$——在附面层外驻点处的速度梯度 $u_e = ax$）. 下标 e 表示附面层外的参数,而 b 为物体表面处的参数. 有磁场时热传导摩擦系数与无磁场时相应系数的比值可通过函数 F 和 G 用下列公式表示

$$\frac{\tau}{\tau_0} = \left(\frac{a}{a_0}\right)^{\frac{3}{2}} \frac{F''(0)}{F''_0(0)}, \frac{q}{q_0} = \left(\frac{a}{a_0}\right)^{\frac{1}{2}} \frac{G'(0)}{G'_0(0)}$$

为了估计磁场对热传导及表面摩擦的影响,假定所有无因次参数在通过附面层时均保持不变且等于下列数值时,对所得方程进行了积分

$$\frac{\rho\mu}{\rho_b\mu_b} = 1.0, \frac{\rho_e}{\rho} = 1.0, \frac{\sigma}{\sigma_e} = 1.0, P = 0.71$$

积分结果表示为 F''/F''_0 和 σ'/σ'_0 与参数 λ 之间的关系曲线. 将所得结果与无论是可压缩或不可压缩液体的二元附面层的相应结果比较得出,三元性和压缩性对 F''/F''_0 的影响很少,而对 σ'/σ'_0 则毫无影响. 文章介绍了 τ/τ_0 及 q/q_0 与参数 $S = \sigma B^2 r/\rho_\infty v_\infty$ 的关系曲线（r——球半径,ρ_∞ 和 v_∞——来流速度和密度）. 从这些图中可以看出,随着 S 的增加,热传导,特别是摩擦则减少. 对于典型情况（飞行高度为30公里,速度为7.8公里/秒,球半径为 $r = 900$ 毫米,磁场强度为 10^4 高斯）,由上述曲线得出热传导和摩擦分别减小

3% 和 7%.

8Б33 磁性流体动力学和热交换类比——*J. Aero/Space Sci.*,1960,27,No.6,469-470(英文).

文章证明了在定常二元流动中,当其每一点处的电场强度等于零时,向量磁势 A 和运动液体的温度 T 遵循具有相同形式的微分方程,如果磁黏性系数 $1/\mu_\sigma$ 等于热传导系数 $k/c_p\rho$,即

$$\frac{1}{\mu_\sigma} = \frac{k}{c_p\rho} \tag{1}$$

则这两个微分方程完全一致.

文章指出,在固体–液体分界面上,T 和 A 的边界条件和在绕流体内部 T 和 A 的微分方程当满足下列条件时,它们是相同的

$$\mu = (\beta k)^{-1} \tag{2}$$
$$j_s = \beta Q_s$$
$$i = \beta q$$

式中,μ——黏性系数,k——热传导系数,j_s——沿液体–固体分界面上的电流,Q_s——沿固体–液体分界面放出的热量,i——固体内部的电流密度,q——固体内部单位体积中放出的热量,β——比例系数常数.因此,若条件(1)和(2)能满足,则热交换问题相似于磁性流体动力学问题.所以,利用热交换问题的已知解,便可用所述的类比方法求得磁性流体动力学问题的解.

在文章附录中,介绍了利用类比方法求解某些磁性流体动力学问题的例子.必须指出,所述的类比方法仅当在磁场不影响液流中速度分布,即有质动力小得可以略去时才是正确的.

8Б34 磁性流体动力学中做周期运动的不可压缩液体附面层——(Masakazu Katagiri),*Mem. Fac. Engng,Nagoya Univ.*,1959,11,No.1-2,137-142(英文).

本文研究当来流速度随时间以简谐规律改变时半无穷平板的平板附面层问题,认为流体是黏性、不可压缩并具有有限导电率,外加磁场是均匀的而且垂

直于平板.当感应磁场可略去不计时,大家所熟知的大雷诺数下的附面层方程(在文章的附录中介绍了方程式的推导)可用希里斯汀(H. Schlichting, *Phys. Z.*, 1932, 33, 327;附面层理论. M., Изд-во Ин. Лит., 1956)的方法求解.文章找到了流函数的头两个近似,分析所得解表明:磁场能使黏性效应减小,黏性效应使远离平板处产生副流.

8Б35 具有磁场时楔形物附近的不可压缩导电黏性流体流动——(K. T. Yen), *Механика. Период. Сб. Перев. Ин. Статей*, 1960, 27, No. 1, 74-75(俄文).

参阅《苏联力学文摘》, 1961, 5Б23.

8Б36 磁性流体动力学中的旋流——(W. Peschka), *Österr. Ingr-Arch.*, 1959, 13, No. 1, 17-23(德文).

本文主要介绍理想流体的流体动力学方程基本解推广到无限导电的磁流体动力流的熟知方法.若有质动力有势或磁场平行于传导电流,则在磁性流体力学的情况下,汤姆逊的速度环量守恒理论也是成立的.除此之外,当流体以阿尔文速度运动,且速度与磁场强度 H 以关系式 $v=\pm H/\sqrt{4\pi\rho}$(ρ——液体密度)表示时,伯努利积分可推广到磁性流体动力学中.在磁性流体动力学中也有表示类似于卡门涡街过程的解;此时电流沿涡线流动,而其值 I 与涡强 Γ 之间的关系式为

$$\Gamma=\frac{\mu I}{\sqrt{4\pi\rho}}$$

作者详细论述了能量方程式的自然推广,并指出磁性流体动力学中不连续解的多样性及其间的相互关系.

8Б37 地磁暴理论中等离子体动力学的理想化问题——(Sydney Chapman), *Revs. Mod. Phys.*, 1960, 32, No. 4, 919-933(英文).

文章中介绍了作者和菲拉洛早先发表的一批地磁暴理论论文中的结果和方法,并且还引进了一系列新的结果;讨论了微粒子流热速度的影响(使其膨胀和充电),估计了流动粒子自身间以及它和星际介质

离子之间的碰撞次数,两种效应都没有重要意义.文章列举了一系列作者认为有可能应用于地磁暴理论中的等离子体动力学的具体问题,采用宏观的磁性流体动力学方程来研究微粒子流是不实际的,因为粒子流中的速度分布和麦克斯韦分布差别很大.参考文献有 26 种.

8Б38 *F* 层小尺度结构的磁性流体动力学——(J. P. Dougherty), *J. Geophys. Res.* , 1959, 64, No. 12, 2215-2216(英文).

本文提出了小尺度"凝冻"磁场波动对无线电星球闪光振动及电离层 *F* 层宽度影响的意见.参考文献有 8 种.

8Б39 等离子体磁性流体动力学方程——(A. Hruska), *Pokroky Mat.* , *Fys. Astron.* , 1960, 5, No. 3, 308-326(捷克文).

8Б40 带电物体在等离子体中的电气体动力运动——(L. Kraus, H. Yoshihara), *IAS Rept*, 1959, No. 75, 18pp. (英文).

本文研究高密度等离子体定常流动的一般方程.方程式经线化并归结为离子流的压力和电位的四阶方程.和未受气流扰动的静电场的简单情况相比,仅在超音速流中有很大的差别.在这种情况下,等势线沿特征线延伸到无穷远处并出现电离度增高的区域.文章研究了等离子体在薄二元介电体上部流动的例子.选择电势使物体上不存在附面层.文章计算了波阻和电阻系数;在所研究的情况下,后者是很小的,可略去不计.等离子体的波阻和中性粒子的波阻是不同的.

8Б41 电子等离子体运动方程柯西问题的解——(С. В. Иорданский), *Докл. АН СССР*, 1959, 127, No. 3, 509-512(俄文).

在均匀的情况下,等离子体中电子的运动方程可写作下列形式

$$\frac{\partial n}{\partial t}+v\frac{\partial n}{\partial x}-\frac{e}{m}E(x,t)\frac{\partial n}{\partial v}=0 \qquad (1)$$

式中, E 由下列方程确定

$$\frac{\partial E}{\partial x}=4\pi e\left\{\iint_{-\infty}^{+\infty}n(v,x,t)\,\mathrm{d}v-N_0\right\} \qquad (2)$$

此处 N_0 ——正离子密度假定等于常数. 磁场强度可取为零. 作者称下列问题为方程组(1)(2)的柯西问题:求解满足方程组(1)(2)的函数 $n(v,x,t)$ 和 $E(x,t)$,并使

$$n|_{t=0}=f(x,v),\lim E=0$$

式中, $f(x,v)>0$ —— x,v 全平面上给定的连续函数.

文章研究了当电子和离子的总电荷等于零时的情况

$$\int_{-\infty}^{+\infty}\left\{\int_{-\infty}^{+\infty}f(x,v)\,\mathrm{d}v-N_0\right\}\mathrm{d}x=0 \qquad (3)$$

除此之外,还假定存在着一个极限函数

$$\lim f(x,v)=N(v) \qquad \left(\int_{-\infty}^{+\infty}N(v)\,\mathrm{d}v=N_0\right) \qquad (4)$$

使得

$$|f(x,v)-N(v)|<k(v)\varphi(x) \qquad (0<N(v)<k(v))$$
$$(5)$$

式中函数 $\varphi(x)$ 为有限, $k(x)$ 随 $|v|$ 的增加而单调递减,而且

$$\int_{-\infty}^{+\infty}k(v)v^2\,\mathrm{d}v<\infty ,\int_{-\infty}^{+\infty}\varphi(x)\,\mathrm{d}x<\infty$$

作者将所提出的问题归结为若干非线性的积分方程,且证明了下列定理:方程组(1)(2)柯西问题的解,对任意的满足条件(4)和(5)的连续函数 $f(x,v)=n|_{t=0}$ 来说是存在的,并且这个解是唯一的.

8Б42 一维等离子体中大振幅波的稳定性——(David Montgomery), *Phys. Fluids*,1960,3,No. 2,274-277(英文).

文章讨论了由其他作者早先研究过的等离子体非线性振动的稳定性问题(I. B. Bernstein,J. Green,M. Kruskal,*Phys. Rev.*,1957,108,No. 3,546-550).

8Б43 电子等离子体中的非线性效应——（P. A. Sturrock），*Proc. Roy. Soc.*，1957，A242，No. 1230，277-299（英文）.

为了研究发生在冷等离子体振动时的非线性效应，作者利用了逐次逼近的方法. 非衰减的简谐振动（在线性近似下）由于非线性效应而"瓦解"，而此时形成副波. 文章估计了初始振动的降落（扩散系数）速度及其与振幅间的关系.

8Б44 等离子体振动的线化理论——（L. Oster），*Revs. Mod. Phys.*，1960，32，No. 1，141-168（英文）.

本文根据磁场中电子与离子混合物线化的流体动力学运动方程组和麦克斯韦电动力学方程组，在气体运动理论范围内研究了等离子体横向及纵向振动的各种不同情况. 参考文献有 28 种.

8Б45 研究热等离子体的光谱方法——（A. H. Зайдель，Г. М. Малышев，Е. Я. Шрейдер），*Ж. Техн. Физ*，1961，31，No. 2，129-166（俄文）.

短评. 参考文献有 119 种.

8Б46 各向异性的稀薄等离子体中磁流及磁声波的柄状振荡——（Н. Л. Цинцадзе，А. Д. Патарая），*Ж. Техн. Физ.*，1960，30，No. 10，1178-1185（俄文）.

文章对在各向异性稀薄等离子体中的载流闭合回路及带电线高速运动的结果做了理论的分析. 为此，文章利用了周氏-高尔特贝尔格-罗氏（*В Сб. Проблемы Современной Физики*，1957，No. 7，139）方程. 在各向异性的等离子体中存在着强烈的激励磁流波，这是在介质中产生各向异性阿尔文波的结果. 文章研究了在无限各向异性的等离子体中垂直于磁场方向运动的无穷细的带电细丝磁流波的激励；当载流直导线垂直于磁场方向运动时，磁流波和磁声波的同时激励；沿固定磁场运动的载流直线的磁声波的激励；当载流直回路沿表面运动，且内部固定磁场指向 y 轴，而等离子体受外加磁场控制处于平衡状态时，等离子体的表面扰动（例如等离子体充满 $z<0$ 的半空

间),在这种情况下,如果载流回路的运动速度很大,则由电流产生的磁场将激励出磁声波;文章还研究了与圆柱形等离子体细绳同轴的环形电流流动时,在圆柱形等离子体细绳内磁声波的振荡.在所有这些情况求得了柄状辐射的功率表示式.参考文献有4种.

8Б47 用分光镜方法确定在高温等离子体中电场波动——(H. Wulff),*Z. Naturforsch.*,1960,15a,No. 1,13(德文;摘要:英文).

在哥尔德斯马克理论中,引起扩大光谱线的电场波动可用粒子间距离 $\sqrt{E^2} \sim en^{\frac{2}{3}}$ 来确定.和电子碰撞引起的扩大光谱线,可用"魏斯科弗半径"ρ 来确定.文章进行了估计并且表明,在哥尔德斯马克理论的基础上,确定光谱线的斯塔科夫扩大时高温等离子体的电场波动在温度 $T \gtrsim \leqslant 10^4$ K 及密度 $n < 10^{17}$ 厘米$^{-3}$ 时,是没有意义的,因为这时 ρ 小于粒子间的距离,而且对扩大光谱线的作用主要是与电子的碰撞.

8Б48 磁性流体动力学及其在等离子体发动机和火箭重返地球问题上的应用——(X. Meyer Rudolf),*Xth Internat. Astronaut. Congr.*,London,1959,*Vol.* 1,Wien,1960,33-42(英文;摘要:法文,德文).

在文章的第一部分综述了磁性流体动力学的主要原理并对某些应用问题进行了讨论,写出了磁性流体动力学的方程组,并研究了它的适用条件.文章对于涉及火箭重返大气层时利用磁场减少空气动力加热问题的一些著作做了综述.为了显著地减少空气动力加热,需用的磁场强度约为 10 000 高斯.本文研究了制出等离子体发动机的可能性,并援引了一种可能的结构方程,在这种方案中,用磁场来加速等离子体.文章的第二部分给出在附加磁场的条件下,高超音速来流中的球体临界点附近流动问题的近似解.

8Б49 天文物理和等离子体物理的关系——(L. Biermann),*Revs. Mod. Phys.*,1960,32,No. 4,1008-1011(英文).

本文评论了一些须应用等离子体物理来解决的

天文物理学问题,从量上说明磁场对太阳黑子形成的作用,讨论了日冕的加热机制.假定日冕和星际磁场伸向极远点,且在那里有无力场特性.文章特别注意星际空间,其中包括彗星和微粒子流.第一种类型的彗星尾迹(按勃美奇兴分类)是因彗星尾迹的等离子体和微粒子流相互作用而加速的.文章讨论了这种相互作用的可能机制(在作者较早期发表论文的基础上)及尾迹内分子 CO 和 N_2 的离子化制机(假定过量充电).

8Б50 宇宙和实验室条件下的等离子体物理——(B. Lehnert), *Nuovo Cimento*, 1959, 13, Suppl. No. 1, 59-107, Discuss., 107-110(英文).

本文推导了部分电离气体的方程式.假定气体由电子和离子以中性气体组成.文章写出了对每一种成分的质量、动量及电荷守恒方程.在这时,考虑了电场、磁场、重力以及离心力和由于气体混合物中质量旋转所引起的哥氏力的作用,并认为电子在与离子和中性分子碰撞时,电子将失去其全部动量,而离子和中性分子碰撞时只损失一半动量.假定自由行程长度比所讨论问题的特征长度小,每种成分的应力张量等于标量压力,确定了每种成分的温度并提出了音速.能量守恒方程用下列条件代替

$$\mathrm{d}p_s = G_s^2 m_s \,\mathrm{d}n_s, C_s = \left(\frac{\gamma_s k T_s}{m_s}\right)^{\frac{1}{2}} \quad (s=i,e,n)$$

式中下标 i, e, n 分别相当于离子、电子和中性气体,p_s——相应的局部压力,C_s——相应气体的音速,γ_s——比热,T_s——温度.然后,文章以有因次及无因次的形式推导出普遍欧姆定律及整个混合气体的运动方程,并研究了偏离电中性的条件.研究表明,在宇宙条件和气体高温放电时,拟电中性的假定是正确的.文章估计了惯性力、哥氏力、重力、离心力、霍尔效应的影响,然后研究平面小扰动在部分电离气体中的传播问题.假定在相对于小扰动传播的各种不同的磁场方向下,位移电流均可忽略不计时,文章导出了耗

散方程.文章研究了等离子体和中性气体之间的强相互作用和弱相互作用,并导出了部分电离气体电导率效应和小扰动衰减距离大小间关系的表示式.在电离度及等离子体与中性气体相互作用的个别条件下,文章推出了其他作者所得结果.文章以两个例子作用对理论研究的实验说明:(1)研究在圆柱形磁性流体动力波导管中的扭转振动;研究表明,只是当放电时($T \approx 10^6$ K),放电管的横向尺寸相当大(约0.1米)时,阿尔文波方可以存在于实验室的条件下;(2)研究了存在纵向磁场时,在氦气中放电的条件下,粒子向放电管壁的扩散,这时,电离度认为是很低的.实验结果和磁场在超过某一临界值前由于碰撞引起的粒子扩散理论极为符合.当磁场超过临界值时,可看到扩散迅速增加.这一结果可用电荷密度的波动及等离子体振动引起的横向电场的作用来解释.带电粒子横越磁场的相似扩散最初是由鲍姆和他的合作者发现的(Bohm,Burhop,Massey,Williams,*The Characteristics of Electrical Discharges in Magnetic Fields*,New York,1949).

在附录中提到对本文结果讨论的简短说明.参考文献有70种.

8Б51 气体的磁导率——(Jecques Joussot-Dubien),*J. Chim. Phys. et Phys. Chim.*,1960,57,No.9,734-744(法文).

文章评述了一些确定气体及蒸汽磁导率的实验和理论方法,介绍可用来测量磁导率的主要仪器.文章介绍了研究温度和压力对具有顺磁和逆磁性质的气体磁导率影响的理论研究结果,并列出温度为20 ℃,压力为1个大气压下,常见的气体和蒸汽的磁导率图表.作者提出所进行过的测量年份和研究方法.参考文献有75种.

8Б52 利用高压电弧等离子体发生器模拟卫星和导弹重返地球的条件——(P. H. Rose, W. E. Powers, D. Hritzay), *Amer. Rocket Soc.* (Preprints), 1959, No.838, 30 pp., ill.(英文).

文章介绍了一种由高压球形室组成的电弧发生器. 在这种发生器中, 将 20 个大气压力的空气沿切向射入球形室, 空气由电弧加热并通过喷管向外喷出. 电弧在用水冷却的铜质阳极和石墨阴极之间建立. 由电池(12—2 000 伏)供给的电功率(~15 毫瓦)有一半耗散在阳极、阴极及球形室和喷口的边壁上. 采用由几个电弧组成的系统可减少装置的尺寸和能量损失. 阳极、阴极和引射喷口的相互位置对试验装置的工作影响很大. 从喷管流出的气体含有重量为 5% —8% 的石墨. 利用发生器作为风洞气源进行模型试验, 其模型尺寸可为 5 厘米, 在热焓量为 H/RT_0 ~150—250 时, 气流速度为 $M_\infty = 4$.

8Б53 磁学、力学和温度的通用单位——(A. T. Gresky), *J. Franklin Inst.*, 1959, 268, No. 5, 388-400(英文).

基本量测量准确度的不断提高, 有可能最后得出磁场强度、质量、长度、时间和温度等五个十分准确的"通用单位". 文章说明了选择和应用这些单位可能性的设想, 并认为, 这些假想的单位可推导出许多对基本理论有更大意义的通用单位, 及解释某些难以解释的物理学秘密的因果关系. 这些新的单位假定为下列值: 磁场强度单位 $M = 1.842\ 53$ 高斯; 质量单位 $m = 217.699$ 克; 长度单位 $r = 1.615\ 62$ 厘米; 时间单位 $t = 0.538\ 912$ 秒; 温度单位 $T = 0.070\ 868\ 1$ K. 参考文献有 10 种.

8Б54 存在磁性流体动力学效应时的球体消熔的实验研究——(H. Boynton John), *J. Aero/Space Sci.*, 1960, 27, No. 4, 306-307(英文).

将熔点为 48 ℃ 的易熔合金铸造的半球模型置于热水流中, 用电影胶卷拍摄半球的熔化过程. 根据所拍镜头可计算出半球的熔化速度. 为了研究磁场对熔化过程的影响, 部分实验是在磁场的磁感应强度为 ~5 400 高斯下进行的, 磁场由绕得使半球表面的磁场方向呈径向的线圈产生. 文章介绍了没有磁场时熔化速度的计算公式. 没有磁场时的实验结果证明, 按这一公式计算的结果是正确的. 正如实验结果表明, 由于磁场的作用, 熔化速度减小. 这一效应是因为在熔化层中存在磁场使黏性效应增加而引起的(文章引进了计算黏性效应的公式). 黏性效应增加了金属熔化层的厚度. 出于这个原因而减小了传到物体上的热量, 从而会使熔化速度降低.

8Б55 与超环状磁场有关的旋成位形问题——(B. Shankaranarayana Rao), *Proc. Nat. Inst. Sci. India*, 1958, A24, No. 6, 315-318(英文).

文章研究了当存在超环状磁场时, 理想导电质量可能的平衡位形. 文章假定旋转轴和磁场对称轴重合. 如果每一点的旋转线速度 v 和阿尔文速度 v_A 相合, 则正如文章所证实的, 只有球形才是可能的平衡位形. 文章研究了阿尔文速度与旋转速度无甚差别的情况. 在这种情况下, 在一次近似中, 如果 $v_A < v$, 则平衡位形为长轴沿旋转轴方向的椭球, 而当 $v < v_A$ 时为扁平椭球.

8Б56 在强流电弧中, 质量流、热流和流动速度的确定——(T. B. Reed), *J. Appl. Phys.*, 1960, 31, No. 11, 2048-2052(英文).

本文研究氩气和氦气中电流为100到300安培的强流电弧中的等离子体环流(靠近弧轴处等离子体从阴极向阳极运动, 而在周边处, 则沿相反方向). 根据奥尔逊已发表的(H. N. Olsen, *Phys. Fluids*, 1959, 2, No. 6, 614-623——《苏联力学文摘》, 1961, 1Б46)及发表前告诉本文作者的电弧中电流密度、温度及压力的实验数据进行了计算. 实验证明, 在柱形电弧中, 电流密度的径向分布呈高斯曲线状. 根据电流密度可确定已从总压中减去的磁压. 这样可近似地找到尖阴极在平阳极之上的系统内的气体压力分布. 温度分布可用分光镜的方法找到. 根据气体压力和温度可确定密度和热焓分布. 垂直于阳极表面的速度分量可用伯努利气体压力方程算出. 如果知道法向分速度 $v(r)$, 密度

$\rho(r)$和热焓$h(r)$的径向分布,便有可能算出总质量流和热流

$$G = \int 2\pi r \rho(r) v(r) \, dr$$

$$Q = \int 2\pi r v(r) h(r) \, dr$$

文章引进了不同电流的电弧所有量的径向分布图,以及总流量的计算表. 在电弧中等离子体的流动现象可直观地用二元模型来说明. 如果在平圆盘中注入厚度为 0.5 厘米的水银,并安上较小的阴极和大的阳极,通以 500 安培的电流,则在水银表面上的白色粉末使流体环流成为可以明显看出的现象:阴极延长线附近水银从阴极流向阳极,而周边处则相反. 在表面上的铁屑示出了磁力线. 文章登出了实验照片.

8Б57 在电解槽和导电纸上模拟电磁泵电场的原理——(Л. В. Ницецкий), *АН ЛатвССР*, 1959, 221-225. Дискус. ,226(俄文).

文章利用电解槽和其他有势模型以研究电动势连续分布的场,特别是涡场的可能性. 将电场强度分为感应和有势分量时,作者提出,如果解析地计算了电场的感应分量,那么,在电解槽中或导电纸上能模拟的量只是电场 E 的有势部分,文章介绍了应用分析方法研究金属液体电磁泵中所产生的现象的例子.

8Б58 书 黏性不可压缩流体磁性流体动力学及流体动力学的数学问题. 论文汇编——(编辑者:О. А. Ладыженская), *Тр. Матем. Ин-та. АН СССР*,59, М.-Л. , 1960,188 стр. ,илл. ,11р.80к(俄文).

8Б59 学位论文 断开鲁贝尔开关(用压缩空气熄弧的高压开关)内电弧的气流研究——(Lothar Kutschke), *Untersuchungen der Gasstromung zur Lichtbogenu- nterbrechung in Druckgasschaltern. Diss. , Dokt. –Ingr. Fak. Maschinenwesen und Elektrotechn. Techn. Hochschule München*,1958,66(德文).

(王甲升译,李昌俊校)

9Б1 磁性流体动力学在宇宙航行上的应用——

（Arthur Kantrowitz）, *Xth Internat. Astronaut. Congr. London*, 1959, *Vol.* 2, Wien, 1960, 843-844（英文, 德文, 法文）.

现在, 我们可预计到磁性流体动力学用于宇宙航行方面的两个主要领域. 其一, 这是非常可能的, 用磁性流体动力学的方法产生电推力, 这对获得比冲在1 500到5 000秒范围内的喷射气流将是极有利的. 当比冲较大时, 离子火箭和磁性流体动力发动机的相对价值仍是不敢肯定的. 文章讨论了用来产生不同比冲范围推力的各种磁性流体动力装置. 其二, 磁性流体动力学在星际气体质量动力学上占有很重要的地位, 由于这些质量使得对人类极为有害的高能气体质点发生运动. 所以, 星际云气体动力学将具有很重要的意义. 文章讨论了用实验方法模拟存在于星际等离子体中的高速激波, 并列出了速度数量级为50厘米/微秒的激波的某些初步实验结果.

9Б2 小旋转收缩——（Agnar Pytte）, *Phys. Fluids*, 1960, 3, No. 6, 1034-1035（英文）.

作者根据理想液体磁性流体动力学方程, 研究了等离子体内存在磁场 B 时, 旋转对收缩稳定性的影响. 文章指出, 在满足下列条件

$$\left| \frac{\mathrm{d}}{\mathrm{d}r} \left(\frac{1}{2} B^2 \right) \right| > \rho r \Omega^2$$

和 $\mathrm{d}B^2/\mathrm{d}r$ 为负值时（Ω——旋转频率, r——半径, ρ——密度）, 有旋转时的平衡比静平衡来得稳定.

9Б3 磁性流体动力学的一个能量关系式——（Giovanni Carini）, *Boll. Unione Mat. Ital.* , 1959, 14, No. 4, 477-481（意大利文; 摘要: 英文）.

文章从热力学第一定律出发, 将鲍齐格的磁性流体力学方程和作者早先得到的能量方程加以推广而求出热迁移方程. 参考文献有5种.

9Б4 物体在导电液体中的运动——（K. Stewartson）, *Revs. Mod. Phys.* , 1960, 32, No. 4, 855-857, Discuss. , 857-859（英文）.

文章研究了在强磁场作用下,物体在理想导电的、无黏性不可压缩液体中的定常平面运动.作者把这种运动作为下列条件下的极限过渡的结果来研究:$\sigma\to\infty, v\to 0, t\to\infty, A/a\to\infty, V/U\to\infty$,此外 a 和 A——物体的特征长度和场域,V 与 U——阿尔文速度及未扰动流的速度,σ——导电率,v——运动黏性系数.这时提出了解与极限过渡方式之间的关系问题,即与 $v\sigma, A/vt, t/\sigma$ 等量的关系.文章讨论了远离物体处,存在由物体引起的扰动,当绕流体导电率不同时,边界条件的提法以及某一瞬时在物体表面上产生的切向间断传播等问题.文章求得 $t/\sigma\ll 1$ 和 $t/\sigma\gg 1$ 时,物体绕流问题的近似解;在后一种情况下研究得出,扰动可顺着气流或逆向气流传到任意远处.总的来说,作者所得的结果与西阿斯和雷斯勒的结论不同.(W. R. Sears, E. L. Resler, *J. Fluid Mech.* , 1959, 5, No. 2, 257-273——《苏联力学文摘》, 1960, No. 11, 14190),这就是在评论中讨论的内容.

9Б5　非导电物体在理想导电液体中的运动——(K. Stewartson), *J. Fluid Mech.* , 1960, 8, No. 1, 82-96 (英文).

文章研究物体在理想导电的液体中沿平行附加磁场方向的平面运动.研究表明,除物体的运动速度远小于液体中的阿尔文波速的特殊情况外,液体受运动物体的扰动不可能是很小的.但在后一种情况下,扰动并不局限于物体附近,而是在与圆柱体表面相切平行于未受扰动磁场的平面内传至无穷远处.物体在液体中运动时受到阻力.

9Б6　磁性流体动力学中的一元运动——(Г. С. Голицын), *Ж. Эксперим. И Теор. Физ.* , 1958, 35, No. 3, 776-781(俄文;摘要:英文).

文章介绍了无限导电率的介质不定常一元流动的磁性流体动力学方程,求得磁性流体动力学中黎曼不变量的推广表示式,指出了在理想导电气体的管中做等加速运动的活塞问题的求解途径.在这种情况下,推出确定形成激波瞬间的公式,给出单原子气体流入真空的定常与不定常流动的最大速度表示式,研究了间断面前沿平行于磁场时有激波的运动.文中表明,激波前面磁场强度的增加可使介质的压缩性减小,研究了在其他数值一定时,激波中的密度、温度和压力突跃与参数 $\eta \pm H_1^2/8\pi p_1$(H_1——磁场强度,p_1——波前压力)的关系,并以曲线形式引进了激波从绝对固体边壁反射问题的数值解.

9Б7 导电气体在磁场中的一维自模拟运动——(В. П. Коробейников),*Докл. АН СССР*,1958,121,No.4,613-615(俄文).

文章研究了具有柱形及平面波的完全导电气体一元不定常自模拟的绝热运动,导电率是无限的,磁场垂直于运动方向.对于自模拟运动的磁性流体动力学方程组可归结为四个一阶常微分方程组.在一般情况下,这种方程组有两个积分:绝热性和凝冻性,即所有的自模拟问题的解归结为两个常微分方程组的积分.在一定的条件下,若同时存在能量积分,则问题可归结为一个方程的求解.文章列出自模拟运动激波波前的条件,指出了某些问题的求解可归结为自模拟方程组的积分问题:在磁场中,导电气体按一定形式给定的初始条件运动的问题(柯西问题),这类问题最简单的例子是:任意间断面的分离问题;在初瞬时以等速运动的平面或圆柱形活塞问题;强间断问题(电荷沿直线问题).

9Б8 一元磁性流体动力学的交互定理——(Teresa Marra),*Atti Accad. Ligure Sci. Lettere*,1957(1958),14,188-193(意大利文;摘要:英文).

文章应用拉普拉斯变换导出了表示在磁性流体动力学中及材料有内摩擦的弦振动理论中常见的常系数 $2F$ 和 b^2 的三阶偏微分

$$\frac{\partial^2 y(z,t)}{\partial t^4} = 2F \frac{\partial^3 y(z,t)}{\partial t \partial z^4} + b^2 \frac{\partial^2 y(z,t)}{\partial z^2}$$

的解的交互关系的表示式.

9Б9 磁性流体动力学中简单波的一元流动——
(O. G. Owens) , *Actes. IX Congr. Internat. Mécan. Appl.*
T. 3 , Bruxelles , Univ. Bruxelles , 1957 , 47-48 (英文) .

9Б10 导电液体在交变磁场中的平面流动——
(Л. Ю. Устименко , Е. И. Янтовский) , *Изв. АН*
СССР. Отд. Техн. И. Механ. И Машиностр. , 1960 ,
No. 5 , 187-188 (俄文) .

文章研究了不可压缩无黏性导电流体在垂直于
交变磁场 H 中的流动. 解的结果用来确定液流与转子
间的动量与能量交换的可能性, 转子在本身与导磁静
子之间的环形槽道中造成磁场 H. 结果表明, 交变磁
场有可能使无叶片的(磁性剖面)转子获得旋转力矩.

9Б11 在具有垂直磁场方向各向同性和各向异
性压力的等离子体中的有限振幅流磁波——(K.
Hain , R. Lüst , A. Schlüter) , *Revs. Mod. Phys.* , 1960 , 32 ,
No. 4 , 967-971 , 评论 , 972 (英文) .

文章研究等离子体压力不等于零时, 等离子体中
的激波结构. 文章利用宏观方程式来说明等离子体的
状态及其运动. 等离子体用密度 ρ, 平行于磁场的压力
$p_{/\!/}$ 和垂直于磁场的压力 $p_\perp$ 来表征. 磁场只在 z 轴方
向有分量, 而速度指向 x 轴, 并假定运动是沿 x 轴方
向的一元稳定运动. 文章研究了两种情况 : (1)垂直于
磁场的压力是各向同性的, 且电子和离子的压力等于
$p_\perp^e = p_\perp^i = 1\frac{1}{2} p_\perp$; (2)垂直于磁场的气体压力是各向异
性的(假定垂直于磁场的压力和平行于磁场的压力不
等), 除此之外, 在垂直于磁场平面上的压力也是各向
异性的. 文章找到并分析了上述每一种情况下的可能
解, 并对它们进行了讨论.

9Б12 等离子体中关联波和激波的结构——
(O. W. Greenberg , Y. M. Tréve) , *Phys. Fluids* , 1960 , 3 ,
No. 5 , 769-785 (英文) .

文章根据等离子体的简单运动模型, 研究了在无
外加磁场的氢等离子体中的平面定常激波和关联波.
在这一模型中, 利用了质子的摩脱-斯米脱分布和电

子的麦克斯韦分布. 在激波波前内部, 由于质子和电子质量的差别, 产生了放电分解. 特征长度数量级为 $10M\lambda_D$ (此处 M——马氏数, λ_D——德拜半径) 的激波内部, 质子及电子密度和电场均具有微细的振动结构. 这种振动使密度值超过由兰金-居戈尼奥条件所确定的极限值: 振动减少 $1/e$, 且厚度取作激波厚度的距离, 在所研究的 M 数范围内等于 4λ, 此处 λ 为激波前面气体平均自由程长度. 当 M 数超过 2.19 时, 对这种模型而言不存在连续解. 激波内部的电场强度的案值是很高的, 当 M 数为 2.1 时, 比值 $\lambda/\lambda_D = 2 \times 10^4$ 的等离子体中, 电场强度达 2.2×10^6 伏特/厘米. 文章对作为激波微结构的主要组成部分的大振幅的关联波也进行了单一的研究, 并给出这些由全部等离子体流及因放电分解而感应出的电场之间相互作用所引起的关联波增长有启发性的图形. 文章还确定了这些关联波的衰减速度.

9Б13 在压力小于磁场压力的气体中的波及其在高层大气空气动力学中的应用——(M. J. Lighthill), *J. Fluid Mech.*, 1960, 9, No. 3, 465-472 (英文).

文章定量地介绍了在电离层 F_2 区域内, 物体以宇宙速度运动问题的解. 在所给定的情况下, 阿尔文波速大大超过物体的运动速度和音速. 根据作者的意见, 在这种情况下的物体绕流问题可归结为作者早先研究过的 (*Philos. Trans. Roy. Soc. London*, 1960, A252, No. 1014, 397-430) 通过黏性极大的气体时, 声音扰动的一元传播问题. 文章引进了表示与磁力线交角为 30° 做运动的物体前面尖锥由压缩波传播的图形. 参考文献有 5 种.

9Б14 无外加磁场时, 完全电离等离子体的小扰动——(S. I. Pai), *Revs. Mod. Phys.*, 1960, 32, No. 4, 882-887, 讨论, 887 (英文).

文章认为等离子体是单电荷离子和电子的混合物. 离子和电子可看成两种完全无黏性和不导热的气体, 假定电子和离子之间的作用力和它们的平均速度之差成正比,而摩擦系数用等离子体的导电率表示.
对18个扰动量有18个线化方程,而按6个离子和电子的气体动力方程有6个向量 E 和 H 的麦克斯韦尔方程.所有这些扰动可用平面波的形式求得.所得的扩散方程描述了纵波和横波.在无限导电率的情况下,横波就是通常在各向同性等离子体中传播的电磁波.加入这两种气体之间的摩擦便会引起这些波的衰减.若在等离子体中没有摩擦,则有两种类型的纵波.第一种类型仅是离子的声振动,而第二种类型则主要是电子的声振动.在频率值为有限时,这些振动便相互影响.频率很低的离子振动就是等离子体中通常的声波.计及导电率时,这些波是衰减的.在等离子体中,可能产生其他类型的振动,甚至在不计及摩擦时,其波长也会衰减.

9Б15 在磁性流体动力学中,具有各向异性导电率及黏性波的衰减——(P. B. Дойч), Ж. Эксперим. И. Теор. Физ,1961,40,No. 2,524-526(俄文;摘要:英文).

文章从理论上研究了处于外加磁场中,且其频率小于质点碰撞频率,而自由行程小于波长的各向异性等离子体中弱磁流波和磁声波的衰减,分析了等离子体在电磁场中运动的线化方程组的波动解.这些方程组中包含导电率张量和黏性张量.文章得出各向异性不影响阿尔文速度及磁声波速度分布的结论.在磁场强度增加时,加速磁声波变为类似的阿尔文波.参考文献有5种.

9Б16 在漂移等离子体中纵向电声振动传播的各向异性问题——(B. A. Липеровский), Ж. Эксперим. И Теор. Физ. ,1960,39,No. 5,1363-1366(俄文;摘要:英文).

作者从理论上解释了在计及带电质点和中性原子碰撞的流体动力学近似范围内,当低频电声振动在低压气体放电等离子体中传播时,实验所观察到的各向异性效应.从所得的扩散方程可知,在一元流动情况下,对于给定频率的振动,在一定条件下,将从阳极到阴极以增长的振幅传播,而从阴极到阳极则以衰减的振幅传播.这种各向异性主要取决于带电质点和原子的碰撞以及等速漂移的组合.边界的存在使各向异性变剧.

9Б17 导电液体在环形管中不定常流动的一些情况——(Я. Уфлянд),Ж. Техн. Физ.,1960,30,No. 7,799-802(俄文).

文章研究了黏性导电液体在以 $r=a$ 和 $r=b(a<b)$ 的圆周为界的共轴圆柱体之间的空间中,在径向外磁场 $H_r=H_0a/r$ 作用下的不定常轴向流动,写出了一般磁性流体动力学方程;然后在下列初始条件下作变量中的拉普拉斯变换

$$v|_{t=0}=v_0(r),H|_{t=0}=0$$

为了求解变换后的方程,加入了四个变换函数的边界条件,其中两个由边界 $r=a$ 和 $r=b$ 处给定的速度来确定,而另外两个则和电场与磁场切向分量的连续性有关,并可从所研究的、在导体 $r<a$(导电率为 σ_a)和 $r>b$(导电率为 σ_b)的麦克斯韦方程中求得.

文章研究了两种特殊情况:(1) $R_e=R_m,b\to\infty$,$\sigma_a\to\infty$(此处 R_e 和 R_m 分别为黏性和磁性雷诺数);(2)液体是没有黏性的.解以收敛求积法出现,并且在第二种情况下,圆柱体表面的速度具有下列简单形式:$v|_{r=a}=v_0e^{-t/T}$,式中 $T=c^2\rho/H_0^2\sigma(\rho$——密度,$\sigma$——液体导电率).参考文献有4种.

9Б18 关于导电液体沿位于横向磁场中圆形管所做的定常流动——(Г. А. Гринберг),Ж. Техн. Физ.,1961,31,No. 1,18-22(俄文).

文章研究有限导电率的黏性不可压缩液体在截面外围由许多电解电质和理想导体组成的管道中的定常直线运动,管子被放置在与管轴相垂直的均匀磁场中,沿运动方向的速度、磁场和电场被认为是不变的.文章以一般的形式指出了两种可使问题归结为一个四阶偏微分方程或积分方程的辅助函数方法,通过

求积法或直接地可以解出这些方程并可求得速度分布和磁感应分量的分布.

9Б19 管道中的轴对称流磁流动——(F. D. Hains, A. Yoler Yusuf, Ehlers Edward), *Amer. Rocket. Soc.* (Preprints),1959,No. 901,44 pp. ill. (英文).

本文研究了磁场对部分电离的可压缩气体在不导电边壁的等截面圆管中定常流动的作用. 磁场由与管道共轴的金属线圈产生. 假定磁雷诺数是很小的,对所研究的以超音速运动的磁性流体动力学方程可用数值法求解. 文章也研究了在跨音速和超音速流的情况下,对表征气流和磁场相互作用的小参数线化方程的解,并讨论了在直径为7.5厘米的激波管管壁上压力的测量结果,此时磁场强度为 3 600 高斯(最大值),工作气体采用氩,膨胀 *M* 数从 8 到 10,初压从 1 到 4 毫米水银柱时这些结果均以图表示出. 参考文献有 12 种.

9Б20 具有自由表面的水银运动的一些磁性流体动力学研究——(R. A. Alpher, H. Hurwitz, R. H. Jr, Johnson, D. R. White), *Revs. Mod. Phys.*,1960,32, No. 4,758-768,讨论,769(英文).

文章阐述了当存在横向磁场时,几乎是处于水平面上的导电液薄层中所产生的磁性流体动力学效应的一些研究结果. 研究的主要目的是,拟定出小磁雷诺数时,相似于众所周知的气体动力学类比方法的模拟磁性流体动力学过程的方法,介绍了所谓"水银槽"的实验装置. 它的主要参数是:水银层厚度 0. 5—1 厘米,槽宽 10—15 厘米. 磁场强度为 4 200 高斯,沿水银槽长度方向的均匀磁场区域约为 50 厘米. 在槽中研究了导体及表面波进入气流时所引起的扰动流动. 在另一装置——水银发动机中,研究了具有自由表面的薄环状水银层旋转运动的衰减. 在论文的理论部分中,详细分析了自由表面条件与熟知的哈德曼问题不同的横向磁场中的黏性液体流动问题. 文章还提出表面波传播及直接模拟方法的某些见解. 在文章的附录中给出势流的表面波方程,并研究了旋涡的衰减.

9Б21 当存在磁场时,球体在导电液体中运动的迎面阻力——(K. P. Chopra, S. F. Singer),1958 *Heat Transfer and Fluid Mech. Inst.* (*Berkeley, Calif.*, 1958), Stanford, Calif., Univ. Press, 1958, 166-175(英文).

9Б22 绕物体流动的导电液体——(Isao. Imai), *Revs. Mod. Phys.*, 1960, 32, No. 4, 992-999(英文).

本文从理论上分析了两种情况. 第一种情况是位于磁场中,未扰动气流的速度向量平行于磁力线的可压缩无黏性理想导电介质的三元流动. 文章指出,这种流动类似于有相当压力和密度比的假想非导电气体的一般流动. 第二种情况,文章利用小扰动理论研究了小磁雷诺数或大磁雷诺数下的磁性流体动力流动. 特别是,文章求得了当普通雷诺数或磁雷诺数较小时,速度、磁场以及作用于气流中物体的力和力矩的表达式. 文章研究了球体在直角坐标 x, y, z 及定磁场内以任意慢的速度在导电液体中运动的磁性流体动力学的绕流作为应用所得公式的例子. 球体沿 x 轴或 y 轴做平动,同时绕轴旋转. 求得的力和力矩的表示式为

$$F_x = 6\pi\left(1+\frac{3}{4}k\right)\rho v U_a$$

$$F_y = 6\pi\left(1+\frac{9}{8}k\right)\rho v U_a$$

$$M_x = -8\pi\left(1+\frac{4}{15}k^2\right)\rho v \Omega_a^3$$

$$M_y = -8\pi\left(1+\frac{4}{45}k^2\right)\rho v \Omega_a^3 \qquad (1)$$

式中,a——球半径,U 和 Ω——球的线速度和角速度,ρ 和 v——介质密度和运动黏性系数,$k = H/\alpha$,H——哈德曼数. 从式(1)可看出,物体受到的力和力矩与平动及转动的方向有关. 由于球体有着使平动方向平行于磁力线,而旋转轴垂直于磁力线的趋向,因此,当球体做任意运动时,其运动为不断改变旋转轴

427

的曲线运动.

9Б23 有限导电率介质中的某些磁性流体动力学效应——(V. N. Zhigulev)，*Revs. Mod. Phys.* ，1960，32，No. 4，828-830（英文）.

本文是研究磁附面层方面的一篇综述. 这些研究结果是作者（*Докл. АН СССР*，1959，124，No. 5，1001-1004——《苏联力学文摘》，Рж Mex，1960，No. 9，11241；*Докл. АН СССР*，1959，126，No. 3，521-523——《苏联力学文摘》，1960，No. 9，11230；*Докл. АН СССР*，1960，130，No. 2，280-283）以及作者和 E. A. 罗米谢夫斯基（*Докл. АН СССР*，1959，127，No. 5，1001-1004——《苏联力学文摘》，1960，No. 2，280-283）及 А. Г. 古里哥夫斯基（*Докл. АН СССР*，1957，117，No. 2，199-202——《苏联力学文摘》，1960，No. 10，12788）早先所发表过的.

9Б24 高超音速流中的不定常可压缩磁性层流附面层——(S. Lykoudis Paul，P. Schmitt John)，*Xth Internat. Astronaut. Congr.* ，London，1959，*Vol.* 2，Wien，1960，604-624（英文；摘要：德文，法文）.

本文研究了来流加速度和附着磁场对驻点附近二元附面层的联合影响问题. 在外边界处，来流速度 U 随时间以 $U \sim 1/(1+aC_0t)$ 的规律做变化，式中 a 和 C_0 为常数，磁场方向垂直于表面. 采用下列的简化假定后，文章求得了问题的解：电场处处为零，磁雷诺数很小，所以磁场的变化可略去不计. 所测定的与磁场有关的能量是很小的，并且可将能量方程取无磁场时的一般形式. 在连续性方程中，不计与物体相关的坐标系中的密度随时间的变化. 运动气体的导电率 σ 按 $\sigma \sim 1/(1+aC_0t)$ 的规律变化. 从量上看，这相当于导电率随激波强度减小时，物体进入大气层的情况. 文章研究了利用无磁场情况的解来寻求问题近似能的方法. 文中对所得的方程组进行了积分，并对表征加速度和磁场大小的参数的不同值进行了计算. 计算的条件是，蒲朗道数 $P=1$，边壁温度等于零. 当加速度为常

428

数时,摩擦和热流随磁场强度增加而减少.文章指出用与几何坐标及时间有关的气流参数表示的定常运动的解和实际的加速度值是很近似的.参考文献有12种.

9Б25 一种磁性层流附面层的类型——(S. Lykoudis Paul), 1958 *Heat Transfer and Fluid Mech. Inst.* (*Berkeley, Calif., 1958*), Stanford, Calif., Univ. Press, 1958, 176-186(英文).

9Б26 旋转磁场对水银紊流热传导的影响——(A. Везе, Я. Клявиньш), *Latv PSR Zinatnu Akad. Vestis. Изв. АН ЛатвССР*, 1960, No. 5, 67-70(俄文).

文中列出了存在旋转磁场时,在长方形断面的环形槽中运动的导电液体(水银)热传导的实验结果.水银沿槽的运动也就是由上述磁场所引起的,其磁场强度达 300 高斯.水银在槽中的运动平均速度直接用皮托管测定,而雷诺数达 $R = 10^5$.实验还测定了通过水银层的热流.文章根据所得数据,写出了纳塞尔数和贝克尔数的关系式.为了弄清磁场对热交换的影响,作者将所得曲线和金属液体在管道中的紊流流动理论曲线做了比较.这两条曲线相差 15%—40%.但是仅仅根据这一点,是不能得出圆断面直管的流动特性和长方形断面环形槽的流动特性不相同的任何结论.参考文献有 6 种.

9Б27 有热交换时,磁性流体动力学中驻点附近的轴对称流动——(G. Poots, L. Sowerby), *Quart. J. Mech. and Appl. Math.*, 1960, 13, No. 4, 385-407(英文).

文章从理论上研究了当存在垂直于边壁的磁场时,导热和导电的不可压缩黏性液体在驻点附近的轴对称稳定流动.假定边壁是绝热的,而液体的物理性质为运动黏性系数(v)、导电率(σ)、导热率和磁导率(μ)等与温度 T 及磁场强度 H 无关,且均为常数,从而求得了问题的解.描述所研究的磁性流体动力学流动的偏微分方程可用特殊变换转换为两个常微分方程组,所得方程组的解可按参数 $m = \mu H^2 2\sigma/\rho\alpha$($\rho$——密度)的幂次展开为幂级数形式求解.

问题的解可归结为求解令参数 m 的不同幂次项之前的表达式等于零而得到的方程.分析这些方程可得,这一问题存在三个流动区域,离边壁较远的势流区域,接近边壁的磁性有黏层区域,以及位于二者之间的磁性无黏性层区域.在磁性有黏性层中,贯穿这一层的静压力为常数.在没有磁场时,这一层厚度的数量级和普通附面层厚度的数量级相同.在磁性无黏性层中,黏性力很小可略去不计,而洛伦兹力和惯性力为同一数量级.这一层厚度的数量级稍大于磁性有黏性层的厚度数量级.问题的通解可分别由上述三个区域边界上的近似解的衔接求出.当 $\beta = \lambda/2v = 10^6$($\lambda$——磁黏性系数,$v$——运动黏性系数),蒲朗道数 $P = 0.72$ 时,文章求得了问题的数值解.从这一解中得出,由于磁场的作用,边壁上的摩擦应力和边壁的固有温度急剧减少.

9Б28 关于太阳面上红焰中磁场和热传导的一些设想——(S. Rosseland, E. Jensen, E. Trandberg-Hanssen), *Electromagnet. Phenomena Cosm. Phys.*, Cambridge, Univ. Press, 1958, 150-156, 讨论, 156-157(英文).

当太阳面上的红焰延伸到温度为 106 K 的白光环深处时,在没有磁场的作用下,经过若干小时后,红焰将加热到同一数量级的温度.但是,为了阻碍紊流度和热传导达到上述数量级,以致白光环中的某些红焰有可能继续存在,则红焰内部应有足够而显著的磁场.参考文献有 6 种.

9Б29 高超音速气流中的放电现象——(Gary Marlotte, A. Demetriades), *Phys. Fluids*, 1660, 3, No. 6, 1028-1029(英文).

文章研究了截面为 1.27×1.27 厘米^2,气流 M 数为 $M = 5.8$,温度等于 150 ℃ 的高超音速风洞的气流中低电流放电问题.放电是在使电场垂直于气流和平行于气流这两种形式的电极作用下产生的. 与最初的预计相反, 当电场垂直时, 气流中的击穿电压小于同样几何尺寸下的静止气流的数值. 同时, 也不能证明巴申的相似准则, 因为按照这一准则, 击穿电压仅与气体密度和电极之间的距离乘积有关. 看来这种现象可做这样的解释: 在气流中, 沿风洞截面的气体密度不是常数. 因而引起所选择的密度的不可确定性. 文章研究了密度不均匀时, 在相同电场中的气体击穿问题, 研究表明, 击穿电压和附面层厚度与电极之间距离的比值有关. 其结果和实验极为密合. 由于在电场作用下的离子速度(相当于流动性为 ~200—300/(厘米/秒)/(伏特/厘米))大于气流速度, 所以气流速度对击穿条件的影响不大. 文章研究了平行于气流的电场中的放电, 为此, 在气流中放入两个电极. 电弧拍成了照片.

9Б30 用磁感应方法直接测量血液流动的问题——(D. G. Wyatt), *Phys. in Med and Biol.*, 1961, 5, No. 3, 289-320(英文; 摘要: 德文, 法文).

文章详细地分析了一种磁性流体动力学仪器的结构, 利用这种仪器可在不破坏血管完整的情况下, 对人类或动物的心脏——血管系统进行生理上的研究. 为了实现这一目的, 将血管置于磁力线垂直于血管轴线方向的磁场中. 当血液沿血管流动时, 产生垂直于血液流动及磁场强度方向的电流. 从电极来的电流流向放大器, 根据电流和沿血管截面血液的平均速度之间的关系, 可判断出单位时间内血液的流量. 文章研究了与设计这种仪器有关的一些问题: 如磁场的曲率和不稳定性; 实际磁场沿血管轴线的不均匀性; 电极特性, 干扰和噪音的消除问题等.

9Б31 磁性流体动力学发动机——(A. Yoler Yusuf), *Advances Astronaut. Sci. Vol. 2*, New York, *Amer. Astronaut. Soc.*, 1958, 13-45(英文).

本文对一些在管道中用磁性流体动力加速的、工作介质作为中性导电等离子体的发动机方案做了理论分析. 文章研究了冲压式和火箭式等离子体发动机. 当通过电极, 在发动机中供给纯电能的情况下, 将遇到热的危机问题. 因此, 最好是利用磁性流体动力将能量直接转换为推力能. 此时, 磁性流体动力发动机便可以设计成运动磁场的或静止磁场的. 文章写出了等离子体发动机的动力学方程组, 并指出, 若以磁场运动速度 v 代替静止磁场下的电磁参数 $\beta = E/B$, 此处 E——电场强度, 而 B——磁通, 这时对运动磁场和静止磁场的情况的分析是相同的. 作者以类似于运动的可压缩介质的磁泵那样研究了上述发动机的系统. 根据不同的磁流体动力参数值 $N = u/\beta$(u——气流速度)作者得到了当 $N>1$ 时, 产生了可以从中取得能量的气流制动, 而当 $N<1$ 时, 则能量消耗在气流加速上, 使气流加速.

所进行的分析表明, 当速度高于 3 000 米/秒时, 用热力学和磁性流体动力学联合作用来加速等离子体的方法, 可以使所得的发动机诸参数和效率均高于化学燃料发动机. 这时导入的总能量的主要部分来自电加热, 而在等断面管道中的热危机条件可能变更或者在受磁场的作用下根本消除. 这样, 单位质量的工作介质所带入的能量便可无限制地增加. 但气流速度则趋于某一极限, 因为供给的能量到达某一值后, 主要供给的是热能, 而磁性流体动力为压力梯度所平衡. 文章得出结论, 在等断面的管道中, 直接用磁性流体动力学的方法不能高效率地将电能转化为动能. 要使大部分热能转化为推力能, 则应采用喷管形的管道. 因为相当于发动机效率的 N 值趋于值 $(\gamma-1)/\gamma$ (γ——比热比值), 因此, 最好是利用单原子气体作为工作介质, 这时在极限情况下, 其效率可达 40%.

9Б32 等离子发动机——(H. Bostick Wintson), *Advances Astronaut. Sci. Vol. 2*, New York, *Amer. Astronaut. Soc.*, 1958, 1-2; 2-11(英文).

参阅: *Conf. Extremely High Temperatures*(Boston, Mass, March 18th—19th, 1958), New York, John Willey and Sons, Inc. , London, Chapman and Hall, Ltd, 1958, 169-178——《苏联力学文摘》,1959,No. 10,11336.

9Б33 等离子体物理引论——(W. B. Thompson) , *Electr. Rev.* ,1961,168,No. 9,367-368(英文).

文章简单介绍了 1961 年 2 月 17 日在英国电气工程师协会电子及电讯分会会议上所做的关于等离子体物理的报告. 文章提到了当直流电弧激励时,在阳极附近等离子体发光的柱形成机理,寻出了作用在等离子体中离子和电子上的、各种力的平衡方程式,研究了这种等离子体和磁场的相互作用、洛伦兹力的作用和磁场俘获等离子体的条件. 文章列举一系列在磁性流体动力学中应用等离子体特性的例子,其中包括,当拉姆半径远小于质点自由行程长度时,将稀薄等离子体限制在两个强磁场的区域内. 此时等离子体的平衡由下列方程确定

$$\frac{\partial p_{//}}{\partial x}+\frac{1}{\boldsymbol{B}}\frac{\partial \boldsymbol{B}}{\partial x_{//}}(p_{\perp}-p_{//})=0$$

式中,p——等离子体气体的压力,$\boldsymbol{B}$——磁场的磁感应向量,x——坐标,下标 $//$ 和 $\perp$ 分别表示沿磁力线和垂直于磁力线的方向.

9Б34 涉及质点与波相互作用的完全电离气体中的位移现象——(K. S. W. Champion, S. P. Zimmerman) , *Proc. 4th Internat. Conf. Ionization Phenomena Gases. Uppsala* ,1959, *Vol.* 2,Amsterdam,1960,589-594(英文).

9Б35 研究等离子体柱在纵向磁场作用下的扩散实验——(F. C. Hoh, B. Lehnert) , *Proc. 4th Internat. Conf. Ionization Phenomena Gases. Uppsala* ,1959, *Vol.* 2,Amsterdam,1960,604-608(英文).

9Б36 用电动力学方法从磁"镜"中推出的刚性等离子体环的计算——(Б. М. Мороз, И. С. Шпигель) , *Ж. Техн. Физ.* ,1961,31,No. 1,78-83(俄文).

文中进行了在磁"镜"旋涡场中理想导电刚性环

运动方程的数值积分,求得了环的平动动能和耦合系数的关系,以及与加速系统的工作和寄生感应性之间的关系.

9Б37 使等离子体存留在磁场向外围增强的捕集器中——(С. Ю. Лукьянов, И. М. Подгорный, В. Н. Сумароков), *Ж. Эксперим. М Теор. Физ.* , 1961, 40, No. 2, 448-451(俄文;摘要:英文).

本文通过实验研究了在不同瞬时内,等离子体凝块在捕集器中的形状以及等离子体共轴点源工作状态对捕集器中质点浓度的影响.捕集器由置于真空箱中的两个螺管线圈的同名极之间的磁场构成.探针测量表明,在等离子体中点源电路放电电流中断后,捕集器中的等离子体还可存在很长时间.等离子体在捕集器中的存留时间为 ~40 微秒.随着等离子体源电极电压的增加,捕集器中带电质点的密度也随之很快增长,且当电压为 11 千伏时,其数值达 2×10^{13} 厘米$^{-3}$.当切断一个或一对螺管线圈时,在真空箱中,未曾看到等离子体的聚集现象,在过程的各个不同阶段内,捕集器中等离子体凝块的形状曾用快速电影摄影加以研究.为此利用了时间放大型的 СФР 照相机.根据照相结果,甚至可以判断等离子体源停止工作数十微秒后,在捕集器中所形成的盘状等离子体凝块的稳定性.但同时,在这种实验的条件下所能观察到的常常是等离子体凝块的畸变形状,这种形状减少了等离子体在捕集器中的生存时间.文章指出,要查明这种不稳定性原因,还有待于今后的实验.参考文献有 5 种.

9Б38 在自由分子等离子体流中的磁场凝冻现象——(太阳微粒子流的地磁偶极子绕流理论)——(В. Н. Жигулев), *Докл. АН СССР*, 1960, 135, No. 6, 1364-1366(俄文).

文章研究了完全电离的自由分子等离子体流绕本身具有磁场的物体的流动情况,讨论了由恰普曼和靠拉洛(L. Dunger, *Cosmical Electrodynamics*, Cambridge, 1956)所引进的返回层概念.在返回层尺度小于磁场和气流相互作用的特征长度的假定下,文章研究了气流绕磁场的流动图形.文章指出,当等离子体流绕过某一内腔 S 时,其外面不存在磁场.绕流乃是电离质点从内腔 S 边界上的弹性反射.边界 S 可作为返回层加以研究.文中提出了寻找内腔 S 的边界和内腔内部磁场的数学问题,并提出,这一问题和本文作者(Докл. AH CCCP,1959,126,No.3,521-523——《苏联力学文摘》,1960,No.9,11230)和作者与罗米谢夫斯基(Докл. AH CCCP, 1959, 127, No. 5, 1001-1004——《苏联力学文摘》,1960,No.8,9920)的其他论文中讨论过的经典磁性流体动力学中磁场凝冻问题是一致的.文章阐明了将所得结果应用于研究太阳微粒子流绕地磁场流动问题的条件.结果表明,在这种情况下,内腔 S 是指向来流方向的半体,力 $P_1 \sim (M/c)^{2/3}\rho_0^{4/3}u_0^{8/3}$ 和力矩 $p_2 \sim (M/c)\rho_0^{3/2}u_0^3$ 从来流方向加于地磁偶极子上,式中 M——地磁场偶极子的大小,ρ_0——微粒子流中的质点密度,u_0——微粒子来流的速度.在地磁轴与内腔边界 S 的相交叉区域内存在临界点,在这一临界点上,所假想的理论是不正确的.作者认为 S 腔内部俘获部分质点是可能的.参考文献有3种.

9Б39 磁场和紊流度对电离层中电子密度波动的影响——(I. D. Howells),J. Fluid Mech.,1960,8,No.4,545-564(英文).

文章研究了电离层中电子密度的光谱函数,研究时利用了唐奇模型(J. W. Dungeg, J. Atmos. Terr. Phys.,1956,8,No.1-2,39-42——《苏联力学文摘》,1957,No.3,3234),这种模型假定,中性气体的紊流运动是已知的,离子运动仅由它与中性分子的碰撞及磁场强度来确定,而质点的惯性可略去不计,磁场强度为已知,且不随时间改变.和唐奇的论文不同,本文计及带电质点的扩散和分压力.在这种条件下,所得的运动方程可借傅里叶变换转化为光谱函数的方程,当高度低于110公里时,动能的光谱函数可表示为两项之和,第一项与 $k^{-5/3}$ 成比例,它相应于通常的紊流度,第二项与 k^{-1} 成比例,它是由磁场的影响引起的. 在高空时,质点的碰撞次数很少,而大部分的质点均沿磁力线运动. 这里,紊流度的大小是相同的,而对于平均能量光谱得到的关系为 $\sim k^{2/3}$,沿磁场的密度波动光谱为 $k^{-1/3}$,与磁场相交时,为 $k^{4/3}$. 这就是说,按照理论上看,密度波动应当沿磁场相交方向延伸,但根据观察结果,却是沿磁场方向延伸的. 文章指出在高度小于 110 公里(从 k^{-1} 到 $k^{-2/3}$)处,能量的理论光谱和观察结果相矛盾. 按照观察所得应是 $\sim k^{-2}$—k^{-4}. 参考文献有 9 种.

9Б40 高密度费米气体的等离子体振动的温度效应——(И. В. Тросников),*Докл. АН СССР*,1960,153,No. 6,1347-1350(俄文).

本文以再生量子方法诸方案之一为基础,研究了高密度电子气体微团振动的光谱,所采用的方法可以唯一的形式来研究高温和低温的情况. 文章求得了能量的扩散方程. 无论是低温区域或高温区域,在一系列的情况下都表明,这一方程所导出的结果和其他作者早先所得的结果相一致.

9Б41 电子流中的附面层——(М. Ц. Кшивоблоки),В. сб.:*Пробл, Пограничн. Слоя И Вопр. Теплопередачи*(热传导和附面层问题),М.-Л.,Госэнергоиздат,1960,91-100(俄文).

在未经发表的霍华特的论文中(B. E. Howard,*Hydrodynamics properties of an electron gas*,ph. D. Thesis. Math. Dept. Univ. Ill. Urhana,111,1951),曾导出过如下形式的电子气体的运动方程

$$\rho\left[\frac{\partial U}{\partial t}+(U\nabla)U\right]=F-\nabla p+\mu^*\left[\Delta U+\frac{1}{3}\nabla\text{div }U\right]+$$
$$\gamma^*\left[(U\nabla)U+U\text{div }U-\frac{1}{3}\nabla U^2\right] \quad (*)$$

式中,μ^* 和 γ^*——切向和法向黏性系数. 这一方程假定在连续介质力学的一般原理仍适用于电子气体,应

力张量分量是变形速度张量分量的线性函数,并且是速度分量的二次齐次函数. 根据霍华特的意见,使方程(∗)中出现 γ^* 项的二次关系的存在,反映了质点间相互作用的洛伦兹力的影响. 为了恒便于计算相对论效应,霍华特改进了所得的方程. 在这篇论文中还研究了不可压缩气体二元非相对论流动的霍华特方程. 假定,在刚性边壁附近的电子流类似于通常液体的流动,作者用估计方法求得了定常情况下的流函数简化方程. 这一方程的结构主要取决于与无因次的附面层厚度相当的比值 γ^*/ρ. 这些方程可进行一般形式的变数变换,并说明了某些自模拟的情况. 文章给出了帕拉修斯的解作为例子,但由于缺乏 γ^* 值的数据,故不能得出定量的结果.

9Б42 评论 等离子体物理的基本数据——(C. Brown Sanborn),*Basic Data of Plasma Physics*, Cambridge,Technol. Press; New York,John Wiley and Sons, Inc.,1959,Viii,334 pp.,ill.,6. 50 doll(评论者:Tamor Stephen,*Proc. IRE*,1960,48,No. 12,2046(英文)).

(王甲升译,冯罗康校)

我们再来看看本书的目录:

1　等离子体的定义与分类
2　等离子体中的碰撞
3　带电粒子的运动
4　等离子体流体
5　运输
6　等离子体边界
7　等离子体表面相互作用
8　粒子波和共振
9　电磁波
10　等离子体建模
11　低温直流等离子体
12　低温射频等离子体

13　磁约束核聚变等离子体

参考文献

作者传记

　　关于流体力学的文献可以说浩如烟海,这里给大家推荐一篇很有可读性的文献.①

　　摘要:1975 年 2 月 4 日是 L.普朗特 100 周年诞辰纪念日,同时 7 月 16 日是他的马克斯普朗克–流体力学研究所在哥廷根落成 50 周年纪念日.首先,这两个日子的到来促使我首先以一个当年的同事身份亲切地回忆起 L.普朗特.其次,我也想来介绍 L.普朗特走过的通往流体力学问题的精确道路,以及近似和精确求解中的问题,正如 L.普朗特和其他人曾经认识到的和现在我们所了解的那样.这里还将提到一些值得注意的类似观点,我将给出关于 Couette 流动的稳定性问题和在纵向弯曲壁面上的高阶边界层流动及其稳定性的例子.

　　由于 L.普朗特的影响,我们的思想达到了一个新的认识高度,使我们对技术领域中重要的物理过程有了过去不可思议的理解,也使这些过程的理论描述成为可能.

　　L.普朗特的思维方式及其成果广为人们所关注和接受.一次,他在谈到他的一个研究项目时对我说,他要做的东西总会堂而皇之地从手头溜走.要是他把一个新的课题公之于众,无须他动手,该课题就可能会迅速发展成为一个独立的专门领域.

------

　　①　Fritz Schultz-Grunow（RWTH Aachen, Aachen／Germany）,第 18 届普朗特纪念报告,哥廷根,1975 年 4 月 3 日,题目为:通往流体力学问题的精确途径.

　　中文由祁海鹰译(清华大学热能工程系),章光华校(清华大学航天航空学院).

L. 普朗特的学说并非总是立即完全得到接受. 他提到 1924 年他在因斯布鲁克的讲座所引起的那些争论, 因为他提出了一个当时看来具有革命性的观点: 关于旋涡在理想流体中的形成.

L. 普朗特的著作是技术科学发展历史的重要组成部分. 至今它依然是新一代科学家解决所有可能遇到的问题的坚实基础.

20 世纪 20 年代晚期, 我在苏黎世学习机械制造期间, 就先后通过 A. Stodola 和 J. Ackeret 与普朗特建立了密切的专业联系, 并清晰地感受到来自哥廷根的思想的力量. 给人的印象是, 那里有很多极其新鲜的事物正在迅速发展, 人们必须迫切地紧随其后. 人们按照普朗特的方法学习函数论, 并为 L. 普朗特首次以边界层理论和机翼理论的形式运用奇异摄动方法所折服. 人们在有了全新的理解之后, 感受到了特征值理论在气体运动以及塑性和沙粒型介质变形过程中的应用的逐渐形成. 人们贪婪地使用普朗特的混合长度, 因为它忽然间使湍流问题变得容易理解和计算了. 人们感受到走在了技术发展的前面并为之拓宽了道路的一系列成就.

继伯努利和欧拉之后, 在 Felix Klein 的有力推动下, 再次促成了数学和技术的结合, 技术中提出的各种新问题滋养了数学, 并由此开辟了应用数学的广阔领域. 就在普朗特受聘从汉诺威去哥廷根工作的同一年, 1904 年, 他在汉诺威的同事 Karl Runge 也应聘到了哥廷根, 并建立了数学科学领域第一个独立的应用数学学科.

后来在哥廷根, 在 20 世纪 30 年代当时的威廉皇帝 (Kaiser-Wilhelm) 流体力学研究所工作时, 我怀着感激的心情, 体会到了在困难和充满危险的时光中, 什么是高尚慷慨的品格. L. 普朗特正是凭借这样的品格领导他的研究所. 他勇于承担, 甘愿在艰难的情况下经受痛苦与磨难, 以保护他的同事们. 他的乐于助人让人难以忘怀. 事实上, 在当时严重的经济危机中,他曾用自己的收入接济过陷入窘境的同事们.

人们会回忆起那间装饰有 Felix Klein 肖像的所长办公室. 人们在那里提交载入史册的博士论文. 有人说, 新来的博士生偶然从废纸篓中拣起一个信封就找到了课题的解答. 这个废信封是如此珍贵, 因为上面就有详细的程序, 就像有一次大家都知道的, 上面居然有一道数学题的答案.

L. 普朗特那种轻松自然的个性源于他的家乡. 在那里, 他的夫人 Gertrud Prandtl (娘家姓 Föppl) 热情好客, 有一栋始终对年轻人敞开大门的房子. 但令客人费解的是, 那栋房子丝毫没有透露主人的职业. 它不是工作室, 更算不上是专业图书室, 尽管 L. 普朗特习惯于在那里工作到深夜. 总之, L. 普朗特对那里的知识储量十分熟悉. 他的工作好像只是在行走中不费力地拾起落在眼前的果实, 因为他体察入微和充满热情地深入到表象世界的深处, 总比其他人看到的更多. 他在山间度假期间完成了关于传热问题的开创性研究, 由于这一工作他获得了用他的名字命名"普朗特数"的荣誉. 我记得, 在去他的度假地点访问他时, L. 普朗特还深深沉浸在他的工作中, 尽管周围充斥着孩子们的吵闹, 但他从不觉得受到烦扰. 这给我留下了难忘的印象, 尤其是在那个对孩子们的管教多于理解的年代.

L. 普朗特曾在慕尼黑工业大学学习机械制造, 接着他担任了 August Föppl 的私人助手——当时还没有计划内的工作位置可供选择, 如他对我所说, 他的第一份工作就是为 August Föppl 的力学教材画插图. 但他当时的心思都集中在做博士论文这个远大的理想上. 凭借这篇论文他在 1900 年就已名声显赫. 随后, 他在 MAN 从事特殊应用部门工作, 从而有了短暂的工业界经历. 在货运车厢车间, 他曾尝试过安装扩压段来改进木屑吸尘器, 但并未达到预期效果. L. 普朗特年轻时就表现出逆向思维的特点, 他自己把它看成是认识的重要来源, 正如他所说的, 这是他深入思考的契机. 1901 年他受聘到汉诺威从事力学教学后, 就专门从事流动研究. 他说, 正因为这样, 一年之后他建立了边界层理论. 在受聘哥廷根的同一年, 他在海德堡的第三届国际数学家大会上, 做了关于这个理论的著名演讲. 这个演讲引领了流体力学的新时代. 演讲的题目是"论摩擦很小的流体运动". 他明确提出了一种新型的渐近方法. 对此, L. 普朗特于 1947 年被德国物理协会授予荣誉会员资格时, 在回答 W. Heisenberg 的致辞时他说:

"当整个问题看上去无法用数学解决时, 就应当尝试去研究当该问题的某个重要参数趋于零的极限时会发生什么事情. 在自然界中这个参数可能很小, 但并不为零. 因此, 这个参数不应从一开始就设为零, 即使这个参数为零时问题就能严格求解."

L. 普朗特用独创的方式了解事物深层之间各种意想不到的关系. 他的近似方法是如此精巧, 以至于随着扰动参数变小而越发精确. 这样, 他就找到了通往解决问题, 尤其是流动阻力和翼型升力问题的精确途径.

L. 普朗特早在他 1900 年的博士论文中就描述了对他来说显得尤为重要的近似方法的难点, 它至今都未失去其现实意义.

他写道: "在上面, 我十分仔细地甚至是有目的地对待问题的基础和此后必要的忽略处理, 因为我认为这对彻底弄清这些问题是至关重要的. 把错误的结果归结到一个在所有的结果中都不起作用的假设或忽略上, 这种情况太容易出现了."

L. 普朗特在后来处理一个气象学问题时感到, 问题也可能是没有解的. 如他所说, 他发现问题出在所做的假设上.

其他人的言论也证实了上述情况, 并与 L. 普朗特的看法类似. H. Poincaré 的至理名言是: 科学的问题从来不可能完全解决, 只能或多或少地得到解决. J. Hadamard 指出, 出于数学的原因, 基本运动方程的解恰恰具有这样的特性, 即它应该是物理问题的解. K. O. Friedrich 不久前在亚琛也向我们解释说, 基本方程的简化需要有足够的定解条件, 否则, 即使一个简化处理看似理所当然,也无法得到问题的解答.

尽管如此,采用近似方法仍是一门高深和宝贵的艺术.人们因此首先总是会发问,是否有时少一点近似的做法可能更好,也就是说,少一些近似或者根本不忽略掉某些东西是否会使答案更简单,更有说服力.因为接着人们就会无意识地去考虑一个潜在的对称性或度量估算,或抓住某个参数不放.对此,我们下面将举例说明.

在较早的时候,两个同轴套管之间的 Couette 流动曾有一段时间扮演过重要的角色.这里,外管旋转,内管静止.因为人们在用小幅纵向波动的方法研究稳定性问题时,希望找到认识实验中显示的湍流形成的关键——这里涉及的还不是导致环形涡的不稳定离心力,尽管人们后来对此产生了特别的兴趣.

当 H. A. Lorentz 忽略圆管表面的曲率,并假定流体做直线运动时,他希望看到,这种流动的 Navier-Stokes 方程最简单的精确解也会遇到一个简单的稳定性问题.对此,A. Sommerfeld 还提出了一个定解条件.F. Noether 则把 R. von Mises 和 L. Hopf 对这个条件所做的研究作为稳定性的严格论据加以引用.然而 R. von Mises 仅仅指出,如果稳定性在较低的雷诺数下被证实的话,它在高雷诺数下也会存在.Hopf 也指出,在定解条件中出现的贝塞尔函数给复杂的论证造成了困难,从而对一些特殊情况形成限制,这样,就很难找到关于稳定性的明确论据.C. C. Lin 认为,这样的论证是无法获得关键性结果的,同时也看不出所有波长下的运动是否稳定.

L. 普朗特于 1953 年 8 月 15 日逝世.我们对他至今充满感激和怀念之情.此后,流体力学在过去未曾想到的领域得到了发展,这一方面是通过航天技术,另一方面则是通过新的数学方法来实现的.在航天领域,强激波的出现对流动起到了支配作用,负压以及高压缩温度也使各种新的物理现象对流动产生重要影响,也就是分子动力学与反应动力学在流动问题中的作用. 在这些领域, L. 普朗特的思想继续发挥着作用, 影响着我们的生活. 我们衷心感谢他为后人开辟的崭新领域.

所摘录的这本书是《普朗特纪念报告译文集——一部哥廷根学派的力学发展史》, 由清华大学出版社出版, 是专门为了纪念张维先生诞辰百年 (张维先生诞生于 1913 年 5 月 22 日) 而出版的. 对于一般的读者来说, 张维先生是陌生的, 尽管他曾任清华大学的副校长. 但如果介绍他是高晓松的外公, 相信大家就都知道了.

据说, 认识有四个层次: 不知道自己不知道; 知道自己不知道; 知道自己知道; 不知道自己知道. 有人提出还有一个令人尴尬的层次: 不知道别人知道.

读完此书, 您在哪个层次就知道了!

刘培杰

2020 年 7 月 25 日

于哈工大

⊙ 编辑手记

英国著名诗人莎士比亚说：

> "书籍是全世界的营养品. 生活里没有书籍,就好像没有阳光;智慧里没有书籍,就好像鸟儿没有翅膀."

按莎翁的说法书籍应该是种生活必需品. 读书应该是所有人的一种刚性需求,但现实并非如此. 提倡"全民阅读""世界读书日"等积极的措施也无法挽救书籍在中国的颓式. 甚至有的图书编辑也对自己的职业意义产生了怀疑. 有人在网上竟然宣称:我是编辑我可耻,我为祖国"霍霍"纸.

本文既是一篇为编辑手记图书而写的编辑手记,也是对当前这种社会思潮的一种"反动". 我们先来解释一下书名.

姚洋是北京大学国家发展研究院院长,教育部长江学者特聘教授,国务院特殊津贴专家.

在一次毕业典礼上,姚洋鼓励毕业生"去做一个唐吉诃德吧",他说"当今的中国,充斥着无脑的快乐和人云亦云的所谓'醒世危言',独独缺少的,是'敢于直面惨淡人生'的勇士."

"中国总是要有一两个这样的学校,它的任务不是培养'人才'(善于完成工作任务的人)","这个世界得有一些人,他出来之后天马行空,北大当之无愧,必须是一个".

姚洋常提起大学时对他影响很大的一本书《六人》,这本书借助 6 个文学著作中的人物,讲述了六种人生态度,理性的浮士德、享乐的唐·璜、犹豫的哈姆雷特、果敢的唐吉诃德、悲天悯人的梅达尔都斯与自我陶醉的阿夫尔丁根.

他鼓励学生,如果想让这个世界变得更好,那就做个唐吉诃德吧!因为"他乐观,像孩子一样天真无邪;他坚韧,像勇士一样勇往直前;他敢于和大风车交锋,哪怕下场是头破血流!"

在《藏书报》记者采访著名书商——布衣书局的老板时有这样一番对话:

> 问:您有一些和大多数古旧书商不一样的地方,像一个唐吉诃德式的人物,大家有时候批评您不是一个很会赚钱的书商,比如很少参加拍卖会.但从受读者的欢迎程度来讲,您绝对是出众的.您怎样看待这一点?
>
> 答:我大概就是个唐吉诃德,他的画像也曾经贴在创立之初的布衣书局墙壁上.我也尝试过参与文物级藏品的交易,但是我受隆福寺中国书店王玉川先生的影响太深,对于学术图书的兴趣更大,这在金钱和时间两方面都影响了我对于古旧书的投入,所以,不能在这个领域有一席之地,是正常的.我不是个"很会赚钱"的书商,知名度并不等于钱,这中间无法完全转换.由于关注点的局限,普通古旧书的绝对利润很低,很多旧书的售价才几十块甚至于几块,利润可想而知,且旧书无大量复本,所以消耗的单品人工远高于新书,这是制约发展的一个原因.我的理想是尝试更多的可能,把古旧书很体面地卖出去,给予它们尊严,这点目前我已经做到了,不足的就是赚钱不多,维持现状可以,发展很难.

这两段文字笔者认为已经诠释了唐吉诃德在今日之中国的意义:虽不合时宜,但果敢向前,做自己认为正确的事情.

再说说加号后面的西西弗斯.笔者曾在一本加缪的著作中读到以下这段:

> 诸神判罚西西弗,令他把一块岩石不断推上山顶,而石头因自身重量一次又一次滚落.诸神的想法多少有些道理,因为没有比无用又无望的劳动更为可怕的惩罚了.
>
> 大家已经明白,西西弗是荒诞英雄.既出于他的激情,也出于他的困苦.他对诸神的蔑视,对死亡的憎恨,对生命的热爱,使他吃尽苦头,苦得无法形容,因此竭尽全身解数却落个一事无成.这是热恋此岸乡土必须付出的代价.有关西西弗在地狱的情况,我们一无所获.神话编出来是让我们发挥想象力的,这才有声有色.至于西西弗,只见他凭紧绷的身躯竭尽全力举起巨石,推滚巨石,支撑巨石沿坡向上滚,一次又一次重复攀登;又见他脸部绷紧,面颊贴紧石头,一肩顶住,承受着布满黏土的庞然大物;一腿蹲稳,在石下垫撑;双臂把巨石抱得满满当当的,沾满泥土的两手呈现出十足的人性稳健.这种努力,在空间上没有顶,在时间上没有底,久而久之,目的终于达到了.但西西弗眼睁睁望着石头在瞬间滚到山下,又得重新推上山巅.于是他再次下到平原.
>
> ——(摘自《西西弗神话》,阿尔贝·加缪著,沈志明译,上海译文出版社,2013)①

丘吉尔也有一句很有名的话:"*Never*! *Never*! *Never Give Up*!" 永不放弃! 套用一句老话:保持一次激情是容易的,保持一辈子的激情就不容易,所以,英雄是活到老、激情到老! 顺境要有激情,逆

---

① 这里及封面为尊重原书,西西弗斯称为西西弗.——编校注

境更要有激情.出版业潮起潮落,多少当时的"大师"级人物被淘汰出局,关键也在于是否具有逆境中的坚持!

其实西西弗斯从结果上看他是个悲剧人物.永远努力,永远奋进,注定失败!但从精神上看他又是个人生赢家,永不放弃的精神永在,就像曾国藩所言:屡战屡败,屡败屡战.如果光有前者就是个草包,但有了后者,一定会是个英雄.以上就是我们书名中选唐吉诃德和西西弗斯两位虚构人物的缘由.至于用"+"号将其联结,是考虑到我们终究是有关数学的书籍.

现在由于数理思维的普及,连纯文人也不可免俗地沾染上一些.举个例子:

文人聚会时,可能会做一做牛津大学出版社网站上关于哲学家生平的测试题.比如关于加缪的测试,问:加缪少年时期得了什么病导致他没能成为职业足球运动员?四个选项分别为肺结核、癌症、哮喘和耳聋.这明显可以排除癌症,答案是肺结核.关于叔本华的测试中,有一道题问:叔本华提出如何减轻人生的苦难?是表现同情、审美沉思、了解苦难并弃绝欲望,还是以上三者都对?正确答案是最后一个选项.

这不就是数学考试中的选择题模式吗?

本套丛书在当今的图书市场绝对是另类.数学书作为门槛颇高的小众图书本来就少有人青睐,那么有关数学书的前言、后记、编辑手记的汇集还会有人感兴趣吗?但市场是吊诡的,谁也猜不透只能试.说不定否定之否定会是肯定.有一个例子:实体书店受到网络书店的冲击和持续的挤压,但特色书店不失为一种应对之策.

去年岁末,在日本东京六本木青山书店原址,出现了一家名为文喫(Bunkitsu)的新形态书店.该店破天荒地采用了入场收费制,顾客支付 1 500 日元(约合人民币 100 元)门票,即可依自己的心情和喜好,选择适合自己的阅读空间.

免费都少有人光顾,它偏偏还要收费,这是种反向思维.

日本著名设计杂志《轴》(Axis)主编上條昌宏认为,眼下许多地方没有书店,人们只能去便利店买书,这也会对孩子们培养读书习惯造成不利的影响.讲究个性、有情怀的书店,在世间还是具有存在的意义,希望能涌现更多像文喫这样的书店.

447

因一周只卖一本书而大获成功的森冈书店店主森冈督行称文喫是世界上绝无仅有的书店，在东京市中心的六本木这片土地上，该店的理念有可能会传播到世界各地. 他说，"让在书店买书成为一种非日常的消费行为，几十年后，如果人们觉得去书店就像去电影院一样，这家书店可以说就是个开端. "

本书的内容大多都是有关编辑与作者互动的过程以及编辑对书稿的认识与处理.

关于编辑如何处理自来稿，又如何在自来稿中发现优质选题？这不禁让人想起了美国童书优秀的出版人厄苏拉·诺德斯特姆，在她与作家们的书信集《亲爱的天才》中，我们看到了她和多名优秀儿童文学作家和图画书作家是如何进行沟通的. 这位将美国儿童文学推入"黄金时代"的出版人并不看重一个作家的名气和资历，在接管哈珀·柯林斯的童书部门后，她甚至立下了一个规矩：任何画家或作家愿意展示其作品，无论是否有预约，一律不得拒绝. 厄苏拉对童书有着清晰的判断和理解，她相信作者，不让作者按要求写命题作文，而是"请你告诉我你想要讲什么故事"，这份倾听多么难得. 厄苏拉让作家们保持了"自我"，正是这份编辑的价值观让她所发现的作家和作品具有了独特性. 编辑从自来稿中发现选题是编辑与作家双向选择高度契合的合作，要互相欣赏和互相信任，要有想象力，而不仅仅从现有的图书品种中来判断稿件. 在数学专业类图书出版领域中，编辑要具有一定的现代数学基础和出版行业的专业能力，学会倾听，才能像厄苏拉一样发现她的桑达克.

在巨大的市场中，作为目前图书市场中活跃度最低、增幅最小的数学类图书板块亟待品种多元化，图书需要更多的独特性，而这需要编辑作为一个发现者，不做市场的跟风者，更多去架起桥梁，将优质的作品从纷繁的稿件中遴选出来，送至读者手中.

我们数学工作室现已出版数学类专门图书近两千种，目前还在以每年 200 多种的速度出版. 但科技的日新月异以及学科内部各个领域的高精尖趋势，都使得前沿的学术信息更加分散、无序，而且处于不断变化中，时不时还会受到肤浅或虚假、不实学术成果的干扰. 可以毫不夸张地说，在互联网时代学术动态也已经日益海量化. 然而，选题策划却要求编辑能够把握学科发展走势、热点领域、交叉和新兴领域以及存在的亟须解决的难点问题.面对互联网时代的巨量信息,编辑必须通过查询、搜索、积累原始选题,并在积累的过程中形成独特的视角.在海量化的知识信息中进行查询、搜索、积累选题,依靠人力作用非常有限.通过互联网或人工智能技术,积累得越多,挖掘得越深,就越有利于提取出正确的信息,找到合理的选题角度.

复旦大学出版社社长贺圣遂认为中国市场上缺乏精品,出版物质量普遍不尽如人意的背后主要是编辑因素:一方面是"编辑人员学养方面的欠缺",一方面是"在经济大潮的刺激作用下,某些编辑的敬业精神不够".在此情形下,一位优秀编辑的意义就显得特别突出和重要了.在贺圣遂看来,优秀编辑的内涵至少包括三个部分.第一,要有编辑信仰,这是做好编辑工作的前提,"从传播文化、普及知识的信仰出发,矢志不渝地执着于出版业,是一切成功的编辑出版家所必备的首要素养",有了编辑信仰,才能坚定出版信念,明确出版方向,充满工作热情和动力,才能催生出精品图书.第二,要有杰出的编辑能力和极佳的编辑素养,即贺圣遂总结归纳的"慧根、慧眼、慧才",具体而言是"对文化有敬仰,有悟性,对书有超然的洞见和感觉""对文化产品要有鉴别能力,要懂得判断什么是好的、优秀的、独特的、杰出的,不要附庸风雅,也不要被市场愚弄""对文字加工、知识准确性,对版式处理、美术设计、载体材料的选择,都要有足够熟练的技能".第三,要有良好的服务精神,"编辑依赖作者、仰仗作者,因为作者配合,编辑才能体现个人成就,因此,编辑要将作者作为'上帝'来敬奉,关键时刻要不惜牺牲自我利益".编辑和作者之间不仅仅是工作上的搭档,还应该努力扩大和延伸编辑服务范围,成为作者生活上的朋友和创作上的知音.

笔者已经老了,接力棒即将交到年轻人的手中.人虽然换了,但"唐吉诃德+西西弗斯"的精神不能换,以数学为核心、以数理为硬核的出版方向不能换.一个日益壮大的数学图书出版中心在中国北方顽强生存大有希望.

出版社也是构建、创造和传播国家形象的重要方式之一.国际社会常常通过认识一个国家的出版物,特别是通过认识关于这个国家内容的重点出版物,建立起对一个国家的印象和认识.莎士比亚作品的出版对英国国家形象,歌德作品的出版对德国国家形象,卢梭、伏尔泰作品的出版对法国国家形象,安徒生作品的出版对丹麦国家形象,《丁丁历险记》的出版对比利时国家形象,《摩柯波罗多》的出版对印度国家形象,都具有很重要的帮助.

中国优秀的数学出版物如何走出去,我们虽然一直在努力,也有过小小的成功,但终究由于自身实力的原因没能大有作为.所以我们目前是以大量引进国外优秀数学著作为主,这也就是读者在本书中所见的大量有关国外优秀数学著作的评介的缘由.正所谓:他山之石,可以攻玉!

在写作本文时,笔者详读了湖南教育出版社曾经出版过的一本朱正编的《鲁迅书话》,其中发现了一篇很有意思的文章,附在后面.

青　　年 必读书	从来没有留心过, 所以现在说不出.
附　　注	但我要趁这机会,略说自己的经验,以供若干读者的参考—— 　我看中国书时,总觉得就沉静下去,与实人生离开;读外国书——但除了印度——时,往往就与人生接触,想做点事. 　中国书虽有劝人入世的话,也多是僵尸的乐观;外国书即使是颓唐和厌世的,但却是活人的颓唐和厌世. 　我以为要少——或者竟不——看中国书,多看外国书. 　少看中国书,其结果不过不能作文而已,但现在的青年最要紧的是"行",不是"言".只要是活人,不能作文算什么大不了的事. 　　　　　　　　　　　　　　　　　(二月十日)

少看中国书这话从古至今只有鲁迅敢说,而且说了没事,

笔者万万不敢. 但在限制条件下, 比如说在有关近现代数学经典这个狭小的范围内, 窃以为这个断言还是成立的, 您说呢?

刘培杰
2021 年 10 月 1 日
于哈工大